KB078719

수질환경기사 실기

손기수 편저

일진사

머리말

우리나라는 1970년 이후 개발도상국에서 선진국으로 급속한 경제 성장을 함에 따라 산업이 발달되고 국민의 생활이 향상되고 있다. 그러나 이에 따른 환경오염의 문제가 심각하게 대두되고 있음을 아주 많은 수질 오염의 실태를 비추어 볼 때 분명하게 알 수 있다. 문화가 발달한 나라일수록 환경, 특히 수질 오염에 대한 국민의 관심과 이해가 높아져 가는 것은 지극히 당연한 일이다. 이제 우리나라도 선진국으로 나아가는 과정에서 수질 오염에 대한 심각성을 알고 정부는 물론 각 산업체나 모든 국민들이 관심을 가져야 한다. 앞으로 많은 수질환경기술인이 양성되고, 수질환경기술인들은 우리나라의 수질보전에 관한 기술적인 면들을 지원하고 미래 세대에 좋은 환경을 계승시킬 수 있도록 해야 한다.

이에 따라 본 저자는 수질환경 기사 1차 시험에서 합격한 여러분들이 2차(주관식) 시험에서도 쉽게 합격할 수 있도록 오랫동안 학원에서의 강의 경험을 바탕으로 최근 출제 경향에 맞게 다음과 같은 특징으로 이 책을 구성하였다.

첫째, 지금까지 출제되었던 과년도 문제를 중심으로 자세한 해설을 하였다.
둘째, 문제를 풀이하는 동안 자연스럽게 응용력이 향상되도록 만전을 기하였다.
셋째, 실험에 대한 과정과 데이터 연습에 대한 자세한 설명을 하였다.

이 책으로 열심히 공부에 임한다면 수험자 여러분들에게 합격의 영광이 반드시 있을 것이다.

여러분의 많은 관심과 사랑 아래 앞으로 계속 수정과 보완을 하여 최고의 수험서가 될 수 있도록 최선을 다할 것을 약속드리며, 수험자 여러분의 자격취득과 더불어 앞날에 영광과 행운이 가득하길 기원한다. 끝으로 본 책자의 집필을 위해 많은 도움을 주신 선후배 제현과 발행되기까지 수고하신 도서출판 **일진사** 직원 여러분들께 감사드린다.

저자 손기수

■ 본 책자에 관한 문의는 www.kstech.co.kr으로 하시면 됩니다.

수질환경기사 출제기준(실기)

직무 분야	환경 · 에너지	중직무 분야	환경	자격 종목	수질환경기사
○직무내용 : 수질분야에 측정망을 설치하고 그 지역의 수질오염상태를 측정하여 다각적인 실험분석을 통해 수질오염에 대한 대책을 강구하며 수질오염물질을 제거하기 위한 오염방지시설을 설계, 시공, 운영하는 업무 등의 직무 수행 ○수행준거 : 1. 물의 특성과 수자원 현황을 이해하고, 수질오염의 특성에 관련된 제반 기초지식 및 응용지식을 활용하여 2. 수질오염공정시험기준에 따라 수질을 분석할 수 있다. 3. 수질환경 관계 법령에 따라 오염물질량 산정과 처리방법을 결정할 수 있다. 4. 상하수도 및 수질오염 방지시설을 설계 및 시공, 운영할 수 있다. 5. 환경에 미치는 영향평가 및 예측업무를 수행할 수 있다.					
실기검정방법	복합형	시험시간	필답형 : 2시간, 작업형 : 4시간 정도		

실기 과목명	주요 항목	세부 항목	세세 항목
수질오염방지 실무	1. 수질공정관리 계획 수립	1. 공정별 운영관리하기	1. 각 공정의 운영방식을 파악할 수 있다. 2. 전체 공정을 효율적으로 운영할 수 있도록 수질공정관리 계획을 수립할 수 있다.
	2. 문제점 및 비상시 대책수립	1. 예상되는 문제점 파악하기	1. 처리시설로 유입하는 처리구역 내 오염원 및 오염부하량 관련 예상 문제점을 파악할 수 있다. 2. 물리적 처리, 화학적 처리, 생물학적 처리, 고도 처리 등 각각의 수 처리 단위공정별로 원리를 이해하고 예상 문제점을 파악할 수 있다.
		2. 문제점 대안 도출하기	1. 처리시설로 유입하는 처리구역 내 오염원 및 오염부하량 관련 예상 문제점에 대한 대안을 도출할 수 있다. 2. 물리적 처리, 화학적 처리, 생물학적 처리, 고도처리 등 각각의 수 처리 단위공정별 예상 문제점에 대한 대안을 도출할 수 있다.
	3. 수질관리 최적화 방안 도출	1. 수 처리 공정의 설계 인자 파악하기	1. 수 처리 공정의 전체적인 특성을 파악하고, 주요 포인트가 되는 수 처리 설계 인자를 파악할 수 있다. 2. 단위공정별 공정흐름 및 배출시설의 오염물질 발생현황과 배출시설별 특성을 파악할 수 있다. 3. 수 처리 설계 인자를 도출하고, 수 처리 단위공정을 이해하여 최적의 수질관리 기법을 파악할 수 있다.
	4. 표준 수질 공정 운전	1. 물리적 처리시설 운전하기	1. 물리적 처리시설의 처리 메커니즘 및 운전방식을 설명할 수 있다. 2. 공정의 운전 기준 및 공정의 효율을 파악할 수 있다. 3. 유입 수질 변동 및 부하량에 따른 최적의 운전조건을 도출할 수 있다.
		2. 화학적 처리시설 운전하기	1. 화학적 처리시설의 처리 메커니즘 및 운전방식을 설명할 수 있다. 2. 유입 수질 변동 등 현장 상황에 따라 약품의 종류 및 사용량을 결정할 수 있다. 3. 공정의 설계 인자를 이해하고 사용 약품용도 및 취급 시 주의사항을 파악할 수 있다.

실기과목명	주요항목	세부항목	세세항목
		3. 생물학적 처리시설 운전하기	1. 생물학적 처리시설의 처리 메커니즘 및 운전방식을 설명할 수 있다. 2. 공정의 운전 기준 및 공정의 효율을 파악할 수 있다. 3. 원수의 성상 및 부하에 따라 운전 인자 및 운전 조건을 파악할 수 있다.
	5. 고도처리시설 운전	1. 질소인 처리 공정 운전하기	1. 질소, 인 제거 원리를 이해하고 설치된 공정의 운전조건 및 운영 방식을 파악할 수 있다. 2. 전체 공정의 효율 최적화를 위한 설계 및 운전 인자를 파악할 수 있다. 3. 원수 수량 및 부하 변동에 따라 전체 공정을 효율적으로 운영할 수 있도록 운전 계획을 수립할 수 있다.
		2. 막 분리 공정 운전하기	1. 막 분리 공정을 이해할 수 있다. 2. 막의 성능 검사를 통하여 막의 손상 및 상태를 파악할 수 있다. 3. 막 오염 방지 및 성능 유지를 위한 역세 및 세정을 수행할 수 있다. 4. 막 오염의 원인을 파악하여 이를 제어하는 방안을 마련할 수 있다.
		3. AOP처리 공정 운전하기	1. AOP 공정의 처리 메커니즘 및 운전방식을 이해할 수 있다. 2. 원수 및 유입 부하에 따른 AOP 공정의 운전인자를 파악할 수 있다.
	6. 슬러지 처리 공정 운전	1. 슬러지 처리하기	1. 수 처리 공정에서 발생하는 슬러지 발생량 및 성상 등 발생 특성을 파악할 수 있다. 2. 농축, 소화, 탈수 등 슬러지처리 단위공정별 기술의 특징을 파악하여 효율적인 운영 관리를 수행할 수 있다.
	7. 상 · 하수도	1. 기본계획 수립하기	1. 상수도 기본계획을 수립할 수 있다. 2. 하수도 기본계획을 수립할 수 있다.
		2. 상수도 관리하기	1. 집수와 취수 설비를 설계 및 관리할 수 있다. 2. 도수, 송수, 배수, 급수, 정수, 기타 상수설비를 설계 및 관리할 수 있다. 3. 설계요소 및 유지관리를 할 수 있다.
		3. 하수도 관리하기	1. 관거시설을 설계 및 관리할 수 있다. 2. 하폐수처리시설 및 기타 하수설비를 설계 및 관리할 수 있다. 3. 설계요소 및 유지관리를 할 수 있다.
	8. 수질오염방지시설	1. 하폐수 및 정수처리의 기본 설계하기	1. 하폐수 및 정수처리 공정계통도를 작성할 수 있다. 2. 하폐수 및 정수처리 기본설계를 할 수 있다.
		2. 각종 방지시설의 설계하기	1. 방지시설의 설계를 할 수 있다. 2. 부대설비의 설계를 할 수 있다.
	9. 수질오염측정 및 수질관리	1. 수질오염물질 등 분석하기	1. 분석 기한 내 시료분석을 처리할 수 있다. 2. 표준작업절차서(SOP)를 인지하고 분석을 수행할 수 있다. 3. 결과 값의 정도 관리를 위하여 정확도와 정밀도를 산출할 수 있다.
		2. 수질관리하기	1. 하폐수 및 정수처리시설의 운전 및 운영 관리를 할 수 있다. 2. 기타 수질관리 실무에 관한 사항을 파악할 수 있다.

차례

제4장 상 · 하수도

부록 1 작업형 문제(실험)

부록 2 과년도 출제 문제

제 1 장
수질오염개론

1 BOD(생화학적 산소 요구량)

(1) 정의

어떤 유기물을 호기성 bacteria에 의하여 분해 안정화시키는 데 요구되는 산소의 양으로 단위는 ppm(=mg/L)로 표시하고 유기물의 양을 간접적으로 나타내는 값이다.

(2) BOD 곡선

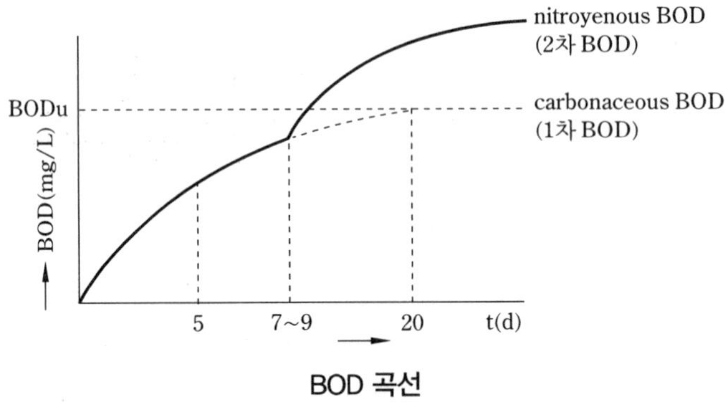

BOD 곡선

① **1차 BOD(=C-BOD)** : 유기물 중 탄소 화합물 분해시 요구되는 산소의 양

② **2차 BOD(=N-BOD)** : 유기물 중 질소 화합물 분해시 요구되는 산소의 양, 즉 7~9일 후에 탄소 화합물에 의한 BOD 외에 질소 화합물의 산화, 즉 질산화(nitrification)가 진행되는데 이를 2차 BOD(=NOD)라고 한다.

- 질산화 과정

$$2NH_3 + 3O_2 \xrightarrow[\text{nitrosomonas}]{} 2NO_2^- + 2H^+ + 2H_2O$$

$$2NO_2^- + O_2 \xrightarrow[\text{nitrobactor}]{} 2NO_3^-$$

(3) BOD 일차 반응식(BOD 소비 공식, 탈산소 반응식)

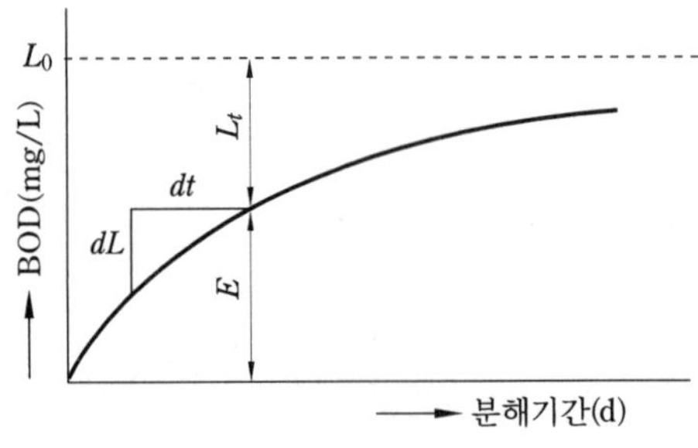

BOD 1차 반응 곡선

① 탈산소 반응식(L_t=BOD_t(잔존 BOD))

$$\frac{dL}{dt}=-KL\ (\text{1차 반응식})$$

$$\frac{dL}{L}=-Kdt$$

조건 $t=0$에서 $L=L_0$, $t=t$에서 $L=L_t$ 이용하여 적분하면

$$\int_{L_0}^{L_t}\frac{dL}{L}=-K\int_0^t dt$$

$$\therefore\ [\ln L]_{L_0}^{L_t}=-K[t]_0^t$$

$$\therefore\ \ln L_t-\ln L_0=-Kt$$

$$\therefore\ \ln\frac{L_t}{L_0}=-Kt$$

여기서 양변에 e^x(자연 대수)를 취하면

$$L_t=L_0e^{-Kt}$$

이 식을 상용대수(10^x)로 표시하면

$$L_t=L_0 10^{-K_1t}$$

여기서, L_t : t 시간 후의 잔존 BOD(remaining BOD)
L_0 : 최초의 BOD(=최종 BOD=BOD_u)
K_1 : 탈산소 계수(d^{-1}), t : 시간(d)

즉, 탈산소 반응식은

$BOD_t=BOD_u\times10^{-K_1t}$ 의 형태로 표시한다.

(주로 이 식은 며칠 후, 어떤 지점의 BOD 등 잔존하는 BOD 값을 구할 때 사용한다.)

② BOD 소비 공식(E : 소비 BOD(BOD_t))

$E=L_0-L_t=L_0(1-e^{-Kt})$에서 상용대수로 표시하면

$$E=L_0(1-10^{-K_1t})$$

즉, BOD 소비 공식은

$BOD_t=BOD_u\times(1-10^{-K_1t})$ 의 형태로 표시한다.

(이 식은 t시간 동안 소비된(분해된) 유기물의 양을 구할 때 사용한다.)

③ K_1의 온도 보정식

$$K_T = K_{20} \times \theta^{T-20}$$

여기서, K_T : t[℃]에서의 탈산소계수(d^{-1})
K_{20} : 20℃에서의 탈산소계수(d^{-1})
θ : 온도보정계수(≒1.047)

2 혼합공식(C_m공식=산술 평균)

$$C_m = \frac{Q_1 C_1 + Q_2 C_2}{Q_1 + Q_2}$$

여기서, C_m : 혼합 후의 수질 오염물질 농도
Q_1 : 하천수의 유량, Q_2 : 폐수(오수) 유량
C_1 : 하천의 수질 오염물질 농도, C_2 : 폐수(오수) 중의 오염물질 농도

단, 이 식은 일정한 수질의 오수가 하천에 일정한 비율로 연속적으로 방류되고 오수와 하천수가 완전 혼합된다는 가정하에 성립한다.

3 BOD 제거율(η) 구하는 방법

(1) BOD 제거율(η) $= \dfrac{\text{BOD 제거량}}{\text{유입수 BOD량}} \times 100$

$$= \frac{\text{유입수 BOD량} - \text{유출수 BOD량}}{\text{유입수 BOD량}} \times 100$$

$$= \frac{\text{유입수 BOD 농도} - \text{유출수 BOD 농도}}{\text{유입수 BOD 농도}} \times 100$$

∴ 유출수 BOD 농도=유입수 BOD 농도×$(1-\eta)$

유입수 농도 → [ ] → [ ] → 유출수 농도
=유입수 농도×$(1-\eta_1)\times(1-\eta_2)$

η_1　　η_2

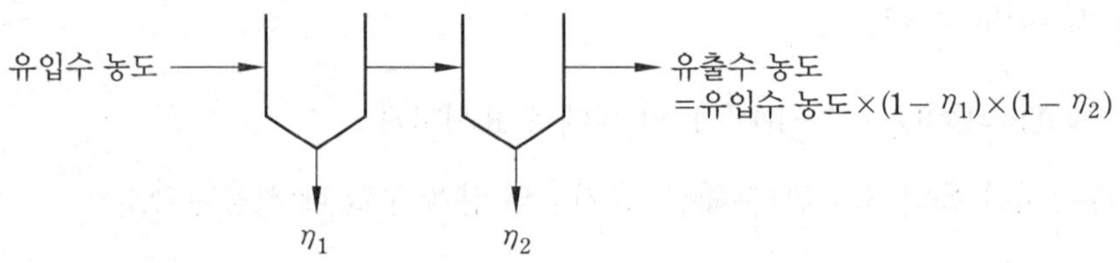

(2) C_m공식을 이용하여 BOD 제거율 구하는 법

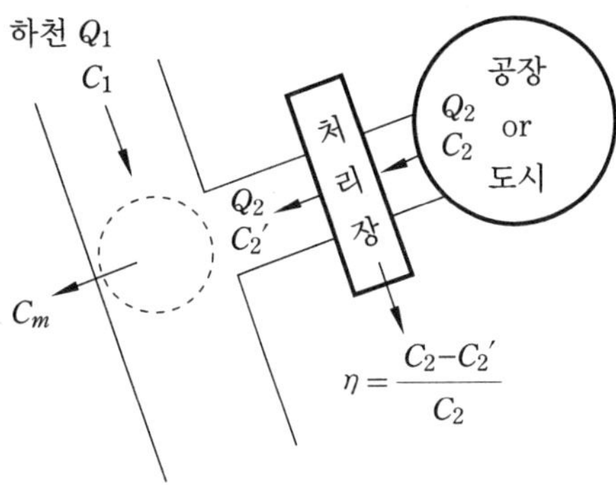

① C_m공식을 이용하여 C_2'(처리 후 유출수 농도)를 구한다.

즉, $C_m = \dfrac{Q_1C_1 + Q_2C_2'}{Q_1 + Q_2}$

② BOD 제거율$(\eta) = \dfrac{\text{유입수 농도}(C_2) - \text{유출수 농도}(C_2')}{\text{유입수 농도}(C_2)} \times 100$

4 BOD, COD 및 SS와의 관계식

(1) $\begin{cases} \text{BOD} = \text{IBOD} + \text{SBOD} \\ \text{COD} = \text{ICOD} + \text{SCOD} \end{cases}$

BOD 및 COD 시험에서 시료를 여과시켜 여지를 통과한 BOD와 COD를 용해성(soluble)이라고 하며 여지를 통과하지 않은, 즉 휘발성 부유물에 의한 BOD와 COD를 불용성(insoluble)이라고 한다.

(2) $\begin{cases} \text{COD} = \text{BDCOD} + \text{NBDCOD} \\ \text{BDCOD} = \text{BOD}_u = K \times \text{BOD}_5 \\ \text{NBDCOD} = \text{COD} - \text{BOD}_u \end{cases}$

여기서, 최종 BOD를 BOD_u, 5일 BOD를 BOD_5, 생물학적으로 분해 가능한(biodegradable) COD를 BDCOD, 분해 불가능한(non-biodegradable) COD를 NBDCOD라고 한다.

(3) $\begin{cases} \text{ICOD} = \text{BDICOD} + \text{NBDICOD} \\ \text{BDICOD} = \text{IBOD}_u = K \times \text{IBOD}_5 \\ \text{NBDICOD} = \text{ICOD} - \text{IBOD}_u \end{cases}$

위의 식에서 K는 비례상수이며 도시 하수인 경우 K=1.5 정도이다.

(4) $\text{NBDSS}=\text{FSS}+\text{VSS}\times\dfrac{\text{NBDICOD}}{\text{ICOD}}$

여기서, NBDSS(생물학적 분해 불가능한 SS)에는 FSS와 VSS 중 생물학적 분해 불가능한 VSS가 포함된다. 즉, NBDSS=FSS+NBDVSS

(5) $\text{SS 제거율}(\%)=\dfrac{\text{유입수 IBOD 농도}-\text{유출수 IBOD 농도}}{\text{유입수 IBOD 농도}}\times 100$

SS(부유물질)는 IBOD로 나타낼 수 있다.

즉, SS 제거율=IBOD 제거율이다.

5 경도(hardness), 알칼리도(alkalinity), 산도(acidity)

(1) 경도(hardness)

물의 세기 정도를 나타내는 것으로 주로 수중에 녹아 있는 Ca^{++}, Mg^{++} 등에 의해서 유발이 되며 $CaCO_3$ppm으로 환산한 값으로 나타낸다.

① **경도 유발물질 :** Ca^{++}, Mg^{++}, Fe^{++}, Mn^{++}, Sr^{++} 등 2가의 양이온

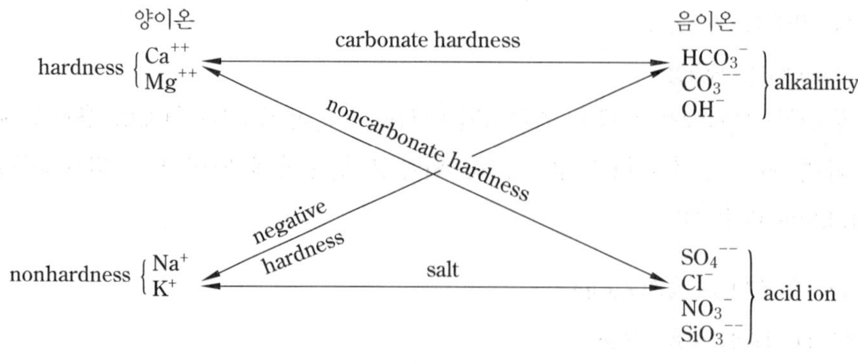

경도와 알칼리도의 관계

② **종류**

- 일시 경도(temporary hardness) (=탄산 경도) { 끓이면 연수화됨 / $Ca(OH)_2$ 주입으로 제거됨 }
- 영구 경도(permanent hardness)(=비탄산 경도) { 끓여도 연수화되지 않음 / Na_2CO_3 주입으로 제거됨 }

여기서, 일시 경도 유발물질은 OH^-(수산화물), CO_3^{-2}(탄산염), HCO_3^-(중탄산염)이고 영구 경도 유발물질은 SO_4^{-2}, NO_3^-, Cl^-, SiO_3^{-2}이다.

③ 총 경도=탄산 경도+비탄산 경도

여기서, 총 경도≦M－알칼리도일 때 탄산 경도(mg/L)=총 경도(mg/L)

총 경도＞M－알칼리도일 때 탄산 경도(mg/L)=알칼리도(mg/L)

④ 경도 구하는 식

$$경도(mg/L) = Ca^{++}mg/L \times \frac{50}{20} + Mg^{++}mg/L \times \frac{50}{12}$$

$$= Ca^{++}mN \times 50 + Mg^{++}mN \times 50$$

$$= Ca^{++}mM \times 원자가 \times 50 + Mg^{++}mM \times 원자가 \times 50$$

(2) 알칼리도(alkalinity)

① 산을 중화시키는 능력의 척도이다.

② **유발물질 :** OH^-, CO_3^{-2}, HCO_3^-, PO_4^{-3}

③ 수중의 수산화물(OH^-), 탄산염(CO_3^{-2}), 중탄산염(HCO_3^-)의 형태로 함유되어 있는 알칼리분을 이에 대응하는 $CaCO_3$ ppm으로 환산한 값이다.

④ 수산화물로 된 알칼리도를 수산기 알칼리도(hydroxide alkalinity), 탄산염에 의한 알칼리도를 탄산 알칼리도(carbonate alkalinity), 중탄산염에 의한 알칼리도를 중탄산 알칼리도(bicarbonate alkalinity)라 한다.

⑤ 알칼리도의 구분

㈎ hydroxide(OH^-)만 있는 경우 : pH가 매우 높으며 산을 주입시키는 경우 사실상 phenolphthalein end point만 찾을 수 있다. 즉, hydroxide alkalinity는 phenophthalein alkalinity와 같다.

㈏ carbonate(CO_3^{--})만 있는 경우 : pH가 약 9.5 이상이며 phenolphthalein end point는 total alkalinity의 꼭 절반이 되며 carbonate alkalinity는 total alkalinity와 꼭 같다.

㈐ hydroxide와 carbonate가 있는 경우 : pH가 보통 10 이상이고 phenol phthalein end point에서 methylorange end point 사이의 alkalinity의 두 배가 carbonate alkalinity이다. 따라서 hydroxide alkalinity는 total alkalinity에서 carbonate alkalinity를 뺀 값과 같다.

㈑ carbonate와 bicarbonate(HCO_3^-)가 있는 경우 : pH가 8.3 이상이며 보통 11보다는 낮다. 이 경우 phenolphthalein alkalinity의 두 배가 carbonate이며 나머지가

bicarbonate에 의한 alkalinity이다.

(마) bicarbonate만 있는 경우 : pH가 8.3이거나 그 이하이며 total alkalinity는 bicarbonate alkalinity와 같다.

지금까지 설명한 것을 요약하면 다음 표와 같다.

알칼리도의 계산

산주입 결과	OH^-	CO_3^{--}	HCO_3^-
$P=0$	0	0	T
$P<\frac{1}{2}T$	0	$2P$	$T-2P$
$P=\frac{1}{2}T$	0	$2P$	0
$P>\frac{1}{2}T$	$2P-T$	$2(T-P)$	0
$P=T$	T	0	0

⑥ P와 T는 각각 phenolphthalein alkalinity와 total alkalinity를 뜻한다.

(가) P－알칼리도 : 알칼리 상태에 있는 시료에 산(H_2SO_4, HCl)을 주입하면 pH가 점차 감소하는데 pH 8.3(지시약 p.p 사용)까지 낮추는 데 (이 때의 종말점(e.p) 색깔은 분홍색에서 무색이 됨) 주입된 산의 양을 이에 대응하는 $CaCO_3$ ppm으로 환산한 값

(나) M－알칼리도(＝T－알칼리도) : pH 4.5(지시약 M.O 사용)까지 낮추는 데(e.p : 주황색에서 적색이 됨) 주입된 산의 양을 $CaCO_3$로 환산한 값

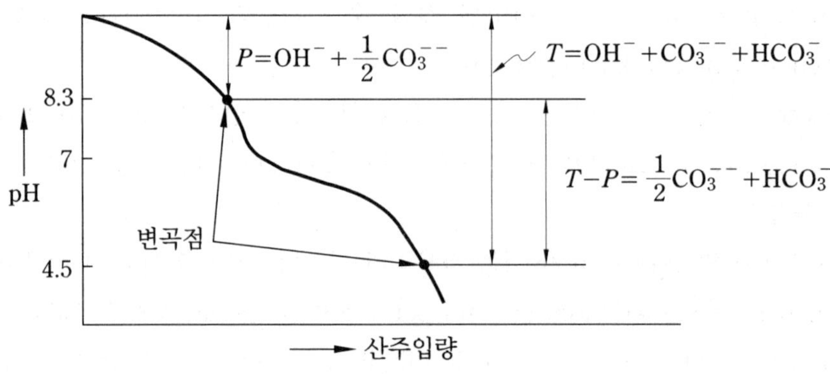

pH와 알칼리도

⑦ **알칼리도 구하는 공식**

(가) 알칼리도(mg/L as $CaCO_3$)$=a \times N \times f \times \frac{1000}{V} \times 50$

여기서, a : 소비된 산의 양(mL) N : 산의 규정농도(N농도)
f : factor(=역가) V : 시료의 양(mL)
50 : $CaCO_3$의 1당량

(나) 알칼리도(mg/L)$=OH^{-}$mg/L$\times \frac{50}{17} + HCO_3^{-}mg/L\times \frac{50}{61} + CO_3^{-2}mg/L\times \frac{50}{30}$

(경도 구하는 공식과 같은 개념으로 생각하면 된다.)

(3) 산도(acidity)

① 알칼리를 중화시킬 수 있는 능력의 척도이다.

② 수중의 탄산, 광산(황산, 염산, 질산), 유기산(초산, 낙산 등) 등의 산분(酸分)을 중화하는 데 필요한 알칼리분을 $CaCO_3$ ppm으로 나타낸 값이다.

③ **M-산도 :** 산성 상태에 있는 물에 알칼리(주로 NaOH)를 가해 methylorange 지시약을 사용 end point(종말점)인 pH 4.5까지 높이는 데 사용한 알칼리의 양을 $CaCO_3$ ppm으로 환산한 값. 광산 산도(mineral acidity)라고도 한다.

④ **P-산도(=T-산도) :** 계속해서 phenolphthalein 지시약을 사용하여 pH 8.3까지 높이는 데 사용한 알칼리의 양을 $CaCO_3$ ppm으로 환산한 값

⑤ 산도(mg/L)$=a \times N \times f \times \frac{1000}{V} \times 50$

여기서, a : 소비된 알칼리의 양(mL), N : 알칼리의 N농도

6 유기물 함량을 나타내는 지표

(1) ThOD(theoretical oxygen demand)

이론적 산소요구량은 주어진 화합물을 완전히 산화시키는 데 요구되는 양론적 산소량에 상당하는 것으로 실제로 폐수를 완전히 화학적으로 분석하기는 어려우므로 그 이용도는 매우 제한되어 있다.

(2) TOD(total oxygen demand)

총산소요구량은 유기물질을 백금촉매 중에서 900℃로 연소시켜 산화한 경우의 산소소비

량을 말하며 기계적으로 분석하여 신속히 측정된다(3분 이내).

(3) TOC(total organic carbon)

총유기탄소(TOC) 시험은 유기물 내의 탄소를 이산화탄소로 산화하고 KOH에 흡수시키거나 기기 분석(적외선 분석기)에 의해 CO_2를 측정하는 것에 기초를 둔다.

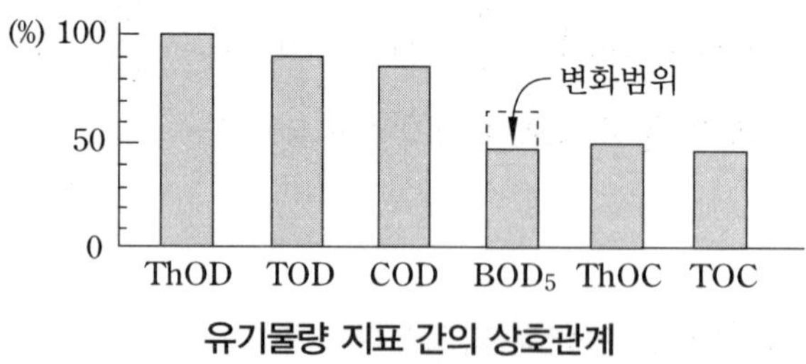

유기물량 지표 간의 상호관계

7 유독성 시험법

(1) 간단한 유독성 측정을 위하여 보통 사용되는 표준법은 TLm 시험법이다.

여기서, TLm(median tolerance limit)이란 어류에 대한 급성 독성 물질의 유해도를 나타내는 지수로서 선택된 시험 동물의 50%가 정한 노출 시간에 살아남을 수 있는 농도, 즉 반수 생존 한계 농도이다.

노출 시간에 따라 96h TLm, 48h TLm, 24h TLm이 있다. 또, 시험을 하는 동안 충분한 용존 산소를 유지할 수 있도록 해야 한다.

(2) 안전 농도(safe concentration)

- 급성 농도 $= \dfrac{\text{incipient TLm}}{10}$
- 만성 농도 $= \dfrac{\text{incipient TLm}}{100}$

여기서 incipient TLm이란 가장 낮은 농도의 TLm 값으로 보통 96h TLm을 말하지만 48h TLm을 사용하기도 한다.

(3) toxic unit $= \dfrac{\text{독성 물질 농도}}{\text{incipient TLm}}$

8 용존 산소(DO) 곡선(산소 하락 곡선(oxygen sag curve))

(1) 정의

하천에 유기물질이 유입되고 재폭기(reaeration)가 진행되면 물의 흐름에 따라 DO 부족량의 선도를 그리면 스푼 모양(spoon shaped)을 형성한다.

이 곡선을 DO 부족 곡선이라 부른다.

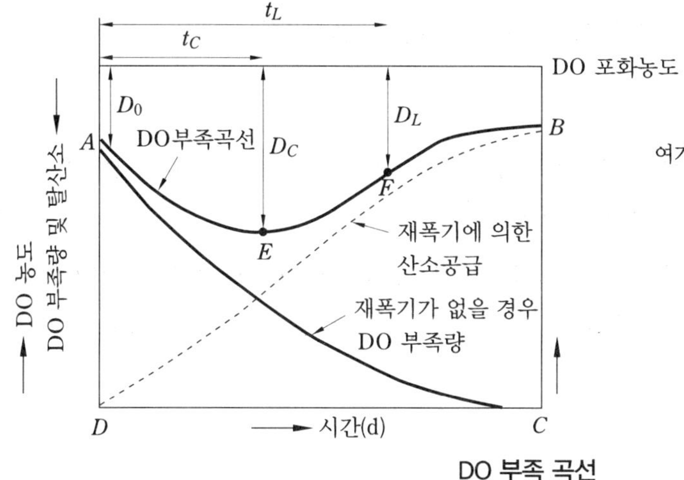

DO 부족 곡선

여기서, E : 임계점
F : 변곡점
D_0 : 초기(t=0일 때) DO 부족량
D_C : 임계 부족량
D_L : 변곡점에서의 DO 부족량
t_C : 임계 시간
t_L : 변곡점까지의 시간
$A-C$: 탈산소 곡선
$D-B$: 재폭기 곡선

(2) 공식

① $D_t = \dfrac{K_1 L_0}{K_2 - K_1}(10^{-K_1 t} - 10^{-K_2 t}) + D_0 10^{-K_2 t}$

여기서, D_t : t시간 후의 DO 부족량(mg/L)
L_0 : 최초의 BOD(=BOD_u)(mg/L)
D_0 : 초기 DO 부족량(mg/L)
K_1 : 탈산소 계수(d^{-1})
K_2 : 재폭기 계수(d^{-1})

참고 K_1과 K_2의 온도 보정식 $\begin{cases} K_1(t℃) = K_1(20℃) \times 1.047^{t-20} \\ K_2(t℃) = K_2(20℃) \times 1.018^{t-20} \end{cases}$

② $t_C = \dfrac{1}{K_1(f-1)} \log\left[f\left\{1-(f-1)\dfrac{D_0}{L_0}\right\}\right]$

여기서, $f\left(=\dfrac{K_2}{K_1}\right)$: 자정계수(self purification constant), t_C : 임계 시간(d)

③ $D_C=\frac{L_0}{f}10^{-K_1tc}$

여기서, D_C : 임계 DO 부족량(mg/L)

9 기체의 이전

(1) Henry의 법칙

기체가 수중으로 녹아 들어갈 때 분압이 미치는 영향은 아래와 같다.

$$C_s=K_s\times P$$

여기서, C_s : 수중에서의 기체의 포화 농도　　K_s : 기체의 흡기계수(비례상수)
P : 기체의 분압(partial pressure)

즉, 기체의 포화 용존 농도(C_s)는 공기중에서의 그 기체의 분압에 비례한다. 그런데 일반 공기중에는 수증기가 포함되어 있으므로 위의 식을 적용할 때에는 수증기 압력을 고려해 주어야 한다.

즉, $P'=P-P_w$

여기서, P' : 수증기 압력을 감한 분압　　P_w : 공기중의 수증기 압력

(2) 포기 및 용존 산소

자연에서 수면이 고요하지 않고 난류(turbulence)가 생기는 경우 대기중의 산소는 빠르게 수중으로 녹아 들어간다.

이처럼 대기중의 산소가 수중으로 녹아 들어가는 것을 전달 또는 이전(transfer)이라 하고 그 속도를 전달률(=이전율)이라고 한다.

$$\frac{dC}{dt}=\alpha K_{La}\times(\beta C_s-C_t)\times 1.024^{T-20}$$

여기서, $\frac{dC}{dt}$: 미소시간(dt) 사이의 용존 산소 농도의 변화량(mg/L · h)
(=산소 전달률(transfer rate))
K_{La} : 산소전달계수(h^{-1})
α : 어느 물과 증류수의 표준상태하에서의 K_{La}의 비
C_s : 증류수의 20℃, 1atm에서의 산소포화농도(mg/L)
β : 어느 물과 증류수의 표준상태(STP)하에서의 C_s의 비

C_t : 물 속에 녹아 있는 산소의 양(mg/L)
T : 온도(℃)

(3) 총괄적 기체 이전 계수(K_{La})

정상적인 상태에서 확산 계수 D, 노출 시간 t_c 등이 일정하고 계면 면적 A와 비표면적(specific surface area) $a=\frac{A}{V}$ 등이 일정하다면 상수 $K_L=\sqrt{2\times\frac{D}{\pi\cdot t_c}}$ 로 구한다.

여기서, K_L : 기체이전계수(m/s), D : 확산계수(m^2/s)
t_c : 기포노출시간(=접촉시간)(s)

$$\begin{cases} \text{산기식 : } t_c=\dfrac{d_B}{V_r} \\ \text{기계식(=분무식) : } t_c=\dfrac{h}{V_r} \end{cases}$$

여기서, V_r : 액중 기포 상승 속도(m/s), d_B : 기포 지름(m)
h : 수포가 하강하는 높이(m)

10 부영양화, 적조 현상

(1) 부영양화(eutrophication)

① **정의 :** 물의 체류 시간이 긴 호수나 정체 수역에 유기물이 유입되어 영양염류가 증가되는데 특히 도시하수나 농업배수(질소비료, 인산비료), 유기성 공장 폐수 중의 질산염, 인산염 등의 유입으로 algae(조류)의 영양분인 질소(N), 인(P), 탄소(C) 등이 증가하여 호수에 축적될 때 일어나는 현상이다. 부영양화를 나타내는 질소와 인의 농도는 각각 0.2～0.3ppm 이상 및 0.01～0.02ppm 이상이다.

② **부영양화 호수의 특징**

㈎ COD가 높다(어패류 폐사).
㈏ 취미가 발생한다.
㈐ 투명도가 저하한다.
㈑ 생태계가 변화하여 죽음의 호수가 된다.

③ **방지 대책**

㈎ 저수지나 호수에 유입되는 N, P의 농도를 감소시킨다.

(나) 인을 함유하고 있는 세제의 사용을 금지한다.

(다) 폐수의 3차 처리(고도처리)를 한다.

(라) 조류가 번식할 경우에는 $CuSO_4$나 활성탄을 주입하여 제거한다.

(2) 적조(red–tide) 현상

① **정의 :** 산업폐수나 도시 하수의 유입에 의한 해역의 부영양화가 기반이 되어 해수 중에서 부유 생활을 하고 있는 고밀도의 미소 생물군에 의해 해수가 적색 또는 갈색 등으로 변색하는 현상이다.

② **적조의 발생 요인 :** 아직까지 명확한 결론은 나와 있지 않지만 해양에서 식물성 플랑크톤이 증식하기 위해서는 빛, 수온, 염분도, pH, 수층의 안정성 등의 환경적 조건이 알맞아야 하며 N, P, Si, Ca, Mg 등 영양염류 이외에도 미량의 금속과 비타민 등이 필요하다. 일반적으로 적조 현상은 N, P, Si 등의 영양염류가 풍부한 도시 하수, 산업 폐수, 농업 배수 등이 유입하는 정체 해역인 내만에서 주로 발생된다. 그러나 원양 해역에서도 상승류(upwelling)가 발생하는 곳에서 적조 현상이 나타난다.

③ **적조의 영향**

(가) 식물성 플랑크톤이 대량 증식 후 죽으면 분해시 DO 감소로 H_2S, CO_2 등의 가스가 증가하여 어패류가 질식사한다.

(나) 점액물질이 많은 플랑크톤이 물고기의 아가미에 붙어 호흡 장애로 인해 질식사한다.

(다) 적조 생물(예 gymnodinium, gonyaulax 등)이 배출하는 독소(toxin)나 번식하는 세균의 독성에 의해서 중독사한다.

(라) 수질변화 및 생태계의 막대한 변형으로 환경 조건에 악영향을 미친다.

11 환경영향평가

(1) 환경영향평가제도의 발생

① 세계 최초의 환경영향평가의 제도화는 미국의 국가환경정책법(national environme–ntal policy act, NEPA)이다.

② 환경영향평가제도는 생산 활동을 위한 개발에 대한 필요와 자연보전에 대한 필요를 조화시키고자 하는 의지를 충족시키고 현재의 기술 능력에 대한 불신과 결함에 대한 의혹의 감소 수단으로서, 그리고 현 사회제도 결함에 대한 개선책으로서 발생하였다.

③ 우리 나라의 경우는 1977년 말에 환경영향평가제도를 도입하였다.

(2) 환경영향평가서의 작성과 내용

① 환경영향평가서 작성의 필요성

㈎ 정부, 지역사회, 개인이 시행하고자 하는 개발사업 계획도구의 하나

㈏ 개발사업으로 인한 환경영향과 그 영향 중 부정적인 영향의 저감 방안을 마련하고 이를 검토하기 위한 정보와 자료를 확보하기 위한 수단

㈐ 정부나 지방자치단체의 사업계획 수립과정에서 또는 행정기관에 신청된 개발 사업의 인허가를 위한 사업 검토 및 결정 과정에서 필요하다.

② 환경영향평가서의 구성 내용

㈎ 요약문 : 사업의 내용, 환경에 미칠 주요 영향, 환경에 미칠 악영향의 저감 방안 및 대안의 선정

㈏ 사업개요 : 사업의 배경, 목적 및 필요성, 사업 내용 및 효과

㈐ 환경현황 : 자연환경(기상, 지형 및 지질, 토양계, 해양, 천연자원 등), 생활환경(토지이용, 대기, 수질오염, 소음과 진동, 악취, 폐기물, 위락, 경관 등), 사회 및 경제(인구, 산업, 주거, 공업시설, 교통, 문화재 등)

㈑ 사업으로 인한 환경에의 영향 : 자연환경, 사회경제환경 등에 대한 장단기의 유익한 환경영향과 악영향의 규명, 회복 불가능한 자원의 기술

㈒ 환경에 미칠 악영향의 저감 방안

㈓ 불가피한 환경에의 악영향

㈔ 대안

㈕ 사후 환경 관리 계획

㈖ 종합평가 및 결론

㈗ 사업과 관련된 상위계획 및 관계법령

㈘ 기타 : 비용 평가자, 참고문헌 등

㈙ 부록 : 관계자료 등

12 농업용수의 수질

(1) 농업용수의 수질

① 농업용수에 있어서는 토양과 수질이 함께 고려되어야 한다.

② **SAR(sodium adsorption ratio) :** 농업용수 중의 Na^+의 함유도가 증가하면 알칼리성이 되고 Ca^{++}, Mg^{++} 등과 치환되어 투수성이 감소되며 따라서 배수가 잘 안되고 통기성도 나빠진다. 토양은 Na^+에 의하여 일시적으로 알칼리성이 되나 물 속의 H^+에 의해서 치환되어 산성이 된다.

$$SAR = \frac{Na^+}{\sqrt{\frac{Ca^{++}+Mg^{++}}{2}}} \text{ 또는 } SAR = \frac{Na^+ \times 100}{Na^+ + Ca^{++} + Mg^{++} + K^+}$$

여기서, Na^+, Mg^{++}, Ca^{++}, K^+의 농도 단위는 me/L이다.

SAR
- 0~10 : Na^+이 흙에 미치는 영향이 적은 편
- 10~18 : 중간 정도
- 18~26 : 비교적 높은 편
- 26~30 : 매우 높은 편

토양 허용기준치는 SAR 26 이하이다.

여기서, 경수가 연수보다 토양에 좋은 영향을 미친다고 볼 수 있다.

13 공정 분석(process analysis)

(1) 반응 속도론(rates of reaction)

모든 반응이 반응 속도에 기초하면 다음과 같은 식을 이용한다.

반응 속도 = (농도)^n, 즉 log(속도) = n log(농도)

여기서, n은 반응차수이다.

즉, $n=0$이면 반응 속도는 농도와 무관하며, $n=1$이면 반응 속도가 반응물의 농도에 비례하며, $n=2$이면 반응 속도는 농도에 제곱에 비례한다.

① **0차 반응(zero-order reaction) :** 반응물의 농도에 독립적인 속도로 진행되는 반응이다. 반응 속도식은 다음과 같다.

$$\frac{dC}{dt} = -K \quad \cdots\cdots ①$$

여기서, $\frac{dC}{dt}$: 시간에 대한 농도 변화율(mg/L · h)

K : 반응 속도 상수(mg/L · h)

− : 농도가 시간에 따라 감소하는 것을 의미

① 식을 적분하면

$$C = -Kt + \text{적분 상수} \quad \cdots\cdots ②$$

$t=0$에서 $C=C_0$라고 하면 C_0=적분 상수가 된다.

$$\text{즉, } C - C_0 = -Kt \quad \cdots\cdots ③$$

가 된다.

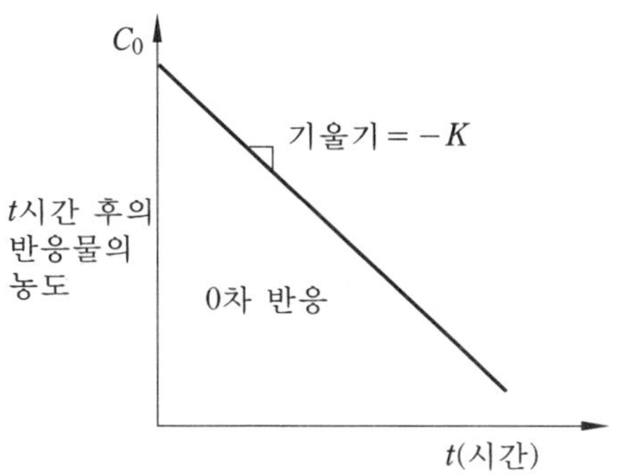

0차 반응 경로의 플롯

② **1차 반응(first-order reaction)** : 반응 속도가 반응물의 농도에 비례하여 진행되는 반응이다. 반응물의 농도에 의존하고 반응물의 농도가 시간에 따라 변하므로 이를 그래프로 나타내면 다음과 같다.

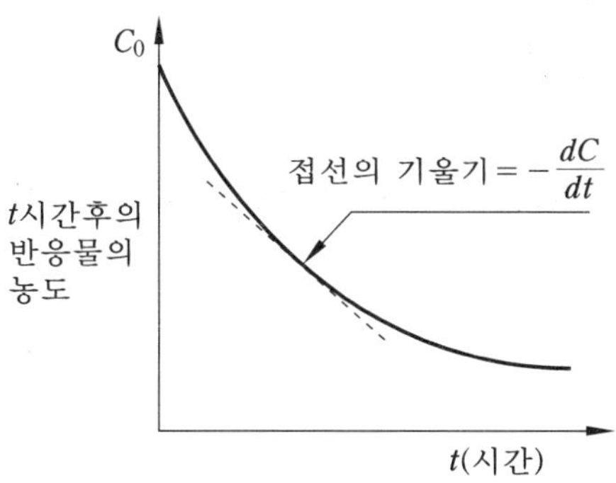

1차 반응 경로의 플롯

하나의 반응물이 하나의 생성물이 된다고 생각하면

$$A\,(\text{반응물}) \rightarrow P\,(\text{생성물})$$

여기서, A의 소실률은 다음의 속도식으로 나타난다.

$$\frac{dC}{dt} = -KC \quad \cdots\cdots ①$$

여기서, $\frac{dC}{dt}$: 시간에 대한 A의 농도 변화율(mg/L · h)

C : 시간 t에서의 A의 농도(mg/L)

K : 반응 속도 상수(h^{-1})

① 식을 $t=0$에서 $C=C_0$, $t=t$에서 $C=C$ 이용 적분하면

$$\ln\frac{C}{C_0} = -Kt \quad \cdots\cdots ②$$

혹은 상용대수인 경우에는

$$\log\frac{C}{C_0} = -Kt \quad \cdots\cdots ③$$

가 된다.

③ **2차 반응(second-order reaction)** : 반응 속도가 한 가지 반응물의 농도 제곱에 비례하여 진행하는 반응이다. 하나의 반응물이 하나의 생성물이 된다고 하면

$$2A \rightarrow P$$

여기서, A의 소실률은 다음과 같다.

$$\frac{dC}{dt} = -KC^2 \quad \cdots\cdots ①$$

여기서, 조건 $t=0$에서 $C=C_0$, $t=t$에서 $C=C$ 이용 적분하면

$$\frac{1}{C_0} - \frac{1}{C} = -Kt \quad \cdots\cdots ②$$

가 된다.

(2) 반응차수(reaction orders)

속도 방정식에 나타난 농도항의 지수의 전체 합계를 반응 차수라고 한다.

$$aA + bB + \cdots \rightarrow mM + nN + \cdots$$

에서

$$V=-\frac{dA}{dt}=K[A]^a[B]^b \quad \cdots\cdots ①$$

여기서, K는 반응 속도 상수이며 이것은 온도의 함수이며 또한 반응 차수에 따라 변한다.

보통 반응식을 보고 화학 반응의 차수를 결정하는 것은 대체로 불가능하다. 이것은 반응식의 경과에 의존하고 단순히 최초와 최종 물질에는 의존하지 않기 때문이다.

예를 들면 과산화수소수의 분해는 보통 $2H_2O_2 \rightarrow 2H_2O+O_2$로 쓰이는데 이것은 2차 반응임을 나타내지만 실험적으로는 이 반응은 1차로 관측된다. 일반적으로 반응 차수를 결정하는 데는 시행법, 반감기법(half-life period) 및 미분법(differential method) 등이 이용된다.

(3) 반응 속도의 온도 의존성(temperature dependence of reaction rates)

대개의 화학 반응 속도는 온도가 상승하면 증가한다.

이것은 Van't Hoff의 보고에 의하여 설명된다. 즉, 온도가 10℃ 증가함에 따라 반응 속도는 2배로 증가한다.

① Arrhenius equation

$$d(\ln K)/dT=E/RT^2 \quad \cdots\cdots ①$$

여기서, K는 반응속도상수, T는 절대온도, R은 기체상수, E는 활성에너지(보통 폐수처리법에서는 200~2000kcal/kg · mol의 범위)이다.

① 식을 T_1과 T_2한계에서 적분하면

$$\ln\frac{K_2}{K_1}=[E(T_2-T_1)/RT_1T_2] \quad \cdots\cdots ②$$

② **대부분의 폐수 처리 공정(waste water treatment process)** : 거의 상온에서 일어나기 때문에 E/RT_1T_2 항은 거의 상수이다.

이 값을 C라고 하면

$$\ln\left(\frac{K_2}{K_1}\right)=C(T_2-T_1) \quad \cdots\cdots ①$$

$$\therefore \frac{K_2}{K_1}=e^{C(T_2-T_1)}$$

여기서, $e^c=\theta=$온도 보정계수라고 하면

$$\frac{K_2}{K_1}=\theta^{T_2-T_1} \quad \cdots\cdots ②$$

상수 K의 값은 20℃에서 실험적으로 결정되므로 주로 온도 T에서의 상수 K값을 계산하는데 이용한다.

$$K_T = K_{20} \times \theta^{T-20} \cdots\cdots ③$$

여기서, K_T : T[℃]에서의 반응속도상수
K_{20} : 20℃에서의 반응속도상수
T : 온도

(4) 반응조의 종류와 특성

① **압출류형 반응기(plug-flow reactor, PFR) :** 이 반응조는 인접한 유체 사이에서 혼합이 발생하지 않는다고 가정한 흐름으로 이동되는 위치만큼이 회분 반응조 내의 변동 시간에 상당하는 특성이 있다. 즉, 이 반응조의 처리 시간은 batch reactor와 같으며 충격부하에 약하다는 단점이 있으나 CFSTR을 연속으로 연결하여 처리 효율을 높일 수 있다.

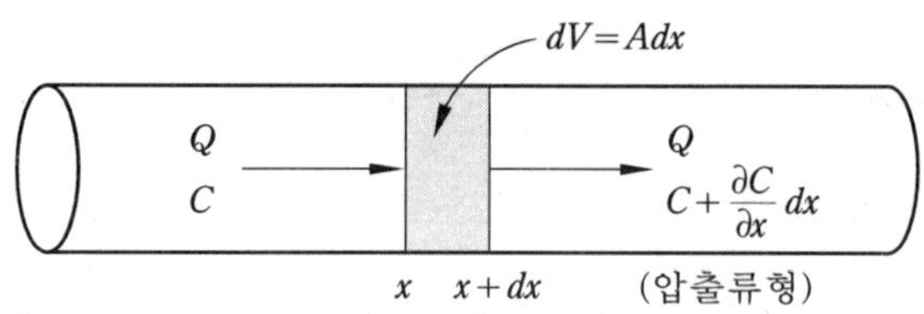

이 반응기에서는 위치에 따라 유체의 농도가 다르므로 물질수지식을 미소 부피에 대하여 생각한다.

㈎ 1차 반응인 경우

물질수지식 : 변화량=유입량−유출량±반응량에서

$$dV \cdot \frac{\partial C}{\partial t} = QC - Q\left(C + \frac{\partial C}{\partial x}dx\right) - dV \cdot KC \cdots\cdots ①$$

정상 상태에서 $\frac{\partial C}{\partial t}=0$이므로

$$0 = QC - Q\left(C + \frac{\partial C}{\partial x}dx\right) - dV \cdot KC \cdots\cdots ②$$

정리하면

$$dV \cdot KC = -Q\frac{\partial C}{\partial x}dx$$

$$\therefore dV = A \cdot dx = -\frac{Q}{K}\frac{dC}{C} \cdots\cdots ③$$

조건 $x=0$에서 $C=C_0$, $x=L$에서 $C=C$ 이용 적분하면

$$A\int_0^L dx=-\frac{Q}{K}\int_{C_0}^{C}\frac{dC}{C}$$

$$\therefore AL=V=-\frac{Q}{K}\ln\frac{C}{C_0} \quad \cdots\cdots ④$$

$$\therefore \begin{cases} V_{\text{PFR}}=-\dfrac{Q}{K}\ln\dfrac{C}{C_0} & \cdots\cdots ⑤ \\ t_{\text{PFR}}=\dfrac{V}{Q}=\dfrac{\ln\dfrac{C}{C_0}}{-K} & \cdots\cdots ⑥ \end{cases}$$

④ 식은 $\ln\frac{C}{C_0}-K\left(\frac{V}{Q}\right)=-Kt$ 이므로 1차 반응식과 동일하다.

(나) 2차 반응인 경우

$$dV\cdot\frac{\partial C}{\partial t}=QC-Q\left(C+\frac{\partial C}{\partial x}dx\right)-dV\cdot KC^2 \quad \cdots\cdots ①$$

정상 상태에서 $\frac{\partial C}{\partial t}=0$이므로

$$0=-Q\frac{\partial C}{\partial x}dx-dV\cdot KC^2 \quad \cdots\cdots ②$$

정리하면

$$dV=A\cdot dx=-\frac{Q}{K}\frac{dC}{C^2} \quad \cdots\cdots ③$$

조건 $x=0$에서 $C=C_0$, $x=L$에서 $C=C$ 이용 적분하면

$$A\int_0^L dx=-\frac{Q}{K}\int_{C_0}^{C}\frac{dC}{C^2}$$

$$\therefore AL=V=-\frac{Q}{K}\left(\frac{1}{C_0}-\frac{1}{C}\right) \quad \cdots\cdots ④$$

$$\therefore \begin{cases} V_{\text{PFR}}=-\dfrac{Q}{K}\left(\dfrac{1}{C_0}-\dfrac{1}{C}\right) & \cdots\cdots ⑤ \\ t_{\text{PFR}}=\dfrac{V}{Q}=\dfrac{\left(\dfrac{1}{C_0}-\dfrac{1}{C}\right)}{-K} & \cdots\cdots ⑥ \end{cases}$$

⑥ 식은 $\frac{1}{C_0}-\frac{1}{C}=-Kt$ 이므로 2차 반응식과 동일하다.

② **완전 혼합형 반응기**(continuous flow stirred tank reactor, CFSTR, CMFR, CMF) : 이 반응조는 전시스템을 통한 특정치들이 시간에 따라 변하지 않는 정상 상태의 조건에서 운전이 되며 연속적으로 유입, 유출이 되므로 반응조 내의 농도는 일정하게 유지된다. 유입 유량과 유출 유량이 같으며 반응조 내의 농도는 유출수의 농도와 같다. 특징은 충격부하에 강하며 반응 속도가 느려 반응조의 용량이 커야 하고, 비교적 운전이 용이하다.

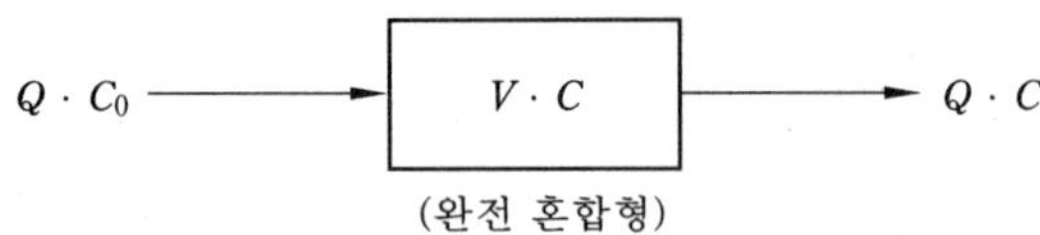

(완전 혼합형)

(가) 반응이 수반되는 경우

ⓐ 1차 반응인 경우

물질수지식 : 변화량=유입량−유출량±반응량에서

$$V\cdot\frac{dC}{dt}=QC_0-QC-V\cdot KC \quad \cdots\cdots ①$$

정상 상태에서 $\frac{dC}{dt}=0$이므로

$$0=QC_0-QC-V\cdot KC \quad \cdots\cdots ②$$

$$\therefore \begin{cases} V_{\text{CFSTR}}=\dfrac{Q(C_0-C)}{KC}=\dfrac{Q}{K}\left(\dfrac{C_0}{C}-1\right) \quad \cdots\cdots ③ \\ t_{\text{CFSTR}}=\dfrac{V}{Q}=\dfrac{(C_0-C)}{KC}=\dfrac{\left(\dfrac{C_0}{C}-1\right)}{K} \quad \cdots\cdots ④ \end{cases}$$

ⓑ 2차 반응인 경우

$$V\cdot\frac{dC}{dt}=QC_0-QC-V\cdot KC^2 \quad \cdots\cdots ①$$

정상 상태에서 $\frac{dC}{dt}=0$이고 식을 정리하면

$$\therefore \begin{cases} V_{\text{CFSTR}}=\dfrac{Q(C_0-C)}{KC^2} \quad \cdots\cdots ② \\ t_{\text{CFSTR}}=\dfrac{(C_0-C)}{KC^2} \quad \cdots\cdots ③ \end{cases}$$

(나) 반응이 수반되지 않는 경우

물질수지식 : 변화량=유입량−유출량에서

$$V \cdot \frac{dC}{dt} = QC_0 - QC \quad \cdots\cdots ①$$

$$\frac{dC}{C_0 - C} = \frac{Q}{V}dt$$

$t=0$에서 $C=C_1$, $t=t$에서 $C=C_2$ 이용 적분하면

$$\int_{C_1}^{C_2} \frac{dC}{C_0 - C} = \frac{Q}{V}\int_0^t dt$$

$$\therefore \ -\ln\frac{C_0 - C_2}{C_0 - C_1} = \frac{Q}{V}t$$

$$\therefore \ \ln\frac{C_0 - C_2}{C_0 - C_1} = -\left(\frac{Q}{V}\right)t \quad \cdots\cdots ②$$

만약 $C_0=0$라면

$$\ln\frac{C_2}{C_1} = -\left(\frac{Q}{V}\right)t \quad \cdots\cdots ③$$

③ **회분식 반응기(batch reactor) :** 이 반응조는 폐쇄된 시스템으로 반응물을 반응조에 첨가하고 반응이 목적하는 정도까지 진행시킨 후 내용물을 제거하게 되며 주어진 반응 시간 동안에는 유입, 유출량이 없는 반응조이다.

즉, 회분식 반응기에는 물질의 유입, 유출이 없으므로

$$\frac{dC}{dt} = -KC \text{(1차 반응)}$$

$$\frac{dC}{dt} = -KC^2 \text{(2차 반응)}$$

으로 생각한다.

(5) 분산수와 Morrill 지수

혼합의 정도를 수로 나타내는 방법으로는 분산수(dispersion unmber), 통계학의 분산(variance), Morrill 지수가 있다.

① 분산을 구하는 식

$$\text{variance}=\sigma^2=2\frac{D}{VL}-2\left(\frac{D}{VL}\right)^2(1-e^{-VL/D})$$

여기서, $\frac{D}{VL}$: 분산수

D : 분산 계수

L : 반응조의 길이

V : 반응조 내의 유체의 속도

위의 식은 상부가 개방된 반응조가 유입관과 유출관으로 연결된 상태에 적용되는 식이다.

② Morrill 지수 구하는 식

$$\text{Morrill 지수}=\frac{t_{90}}{t_{10}}$$

여기서 t_{10}, t_{90}은 각각 반응조에 주입된 물값의 10%와 90%가 유출되기까지의 시간을 의미한다.

ICM과 IPF의 비교

혼합 정도를 표시하는 항수	ICM(이상적 완전혼합)	IPF(이상적 plug flow)
분산(variance)	1	0
Morrill 지수	값이 클수록	1
분산수(dispersion No.)	∞	0
지체 시간(lag time)	0	이론적 체류 시간

관련 기출 문제

01. $BOD_t=y=BOD_u\times10^{-K_1t}$, $BOD_u=L_0$라고 할 때 하천의 BOD 변화공식을 유도하시오. (단, base=10이다.) [05. 기사]

답 ⓐ 소비 $BOD=L_0-y$

ⓑ BOD 변화는 1차 반응이므로 $\frac{dL}{dt}=-K_1L$에서

$$\frac{dL}{L}=-K_1\cdot dt$$

조건 $t=0$에서 $L=L_0$, $t=t$에서 $L=y$를 적용하여 적분하면

$$[\log L]_{L_0}^{y}=K_1[t]_0^t \qquad \therefore \log\frac{y}{L_0}=-K_1t$$

양변에 상용대수를 취하면

$$\frac{y}{L_0}=10^{-K_1t}$$

$$\therefore y=L_0 10^{-K_1t}$$

$\therefore$ 소비 $BOD(E)=L_0-L_0 10^{-K_1t}=L_0(1-10^{-K_1t})$

즉, $BOD_t=BOD_u\times(1-10^{-K_1t})$

여기서, BOD_t는 소비 BOD값, 즉 t시간 동안 산화된 유기물의 양을 나타내는 값이다.

02. 폐수의 BOD_5는 20℃에서 270mg/L이고 K(base 10)값은 $0.2d^{-1}$로 알려져 있다. 실험이 18℃에서 이루어진다면 BOD_5는 몇 mg/L인가? [93, 95. 기사]

해설 BOD_u를 구한다.

$$BOD_u=\frac{BOD_t}{1-10^{-K_1t}}=\frac{270}{1-10^{-0.2\times5}}=300\text{mg/L}$$

또 $K_{18}=K_{20}\times1.047^{T-20}=0.2\times1.047^{18-20}=0.182d^{-1}$

$$\therefore BOD_5(18℃)=300\times(1-10^{-0.182\times5})=263.10\text{mg/L}$$

답 $BOD_5(18℃)=263.10$mg/L

참고 위의 결과에서도 알 수 있듯이 온도가 낮아지면 미생물의 활동성이 저하하여 BOD의 값이 작아진다.

03. **토마스 도해법에 의한 탈산소계수(K_1, 밑수 10)와 최종 BOD를 구하기 위해 경과 시간에 대한 BOD를 측정하여 그래프에 표시하였다.** [92. 기사]

(가) 탈산소계수(K_1, 밑수 10)와 최종 BOD(mg/L)는?

$$\left(\text{단, 경사}(B) = \frac{(2.3K_1)^{\frac{2}{3}}}{6L_0^{\frac{1}{3}}},\ \text{절편}(A) = \frac{1}{(2.3K_1L_0)^{\frac{1}{3}}}\right)$$

t[d]	y[BOD, mg/L]
0	0
1	32
2	57
4	84
6	106
8	111

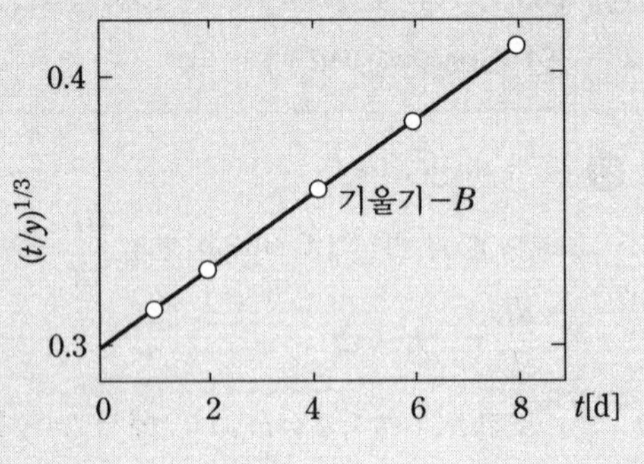

(나) 이 시료의 BOD가 50% 감소하기 위한 소요 시간(d)은?

해설 (가) 주어진 조건을 이용하여 다음과 같은 표를 만든다.

(1) t	(2) y	(3)=(1)÷(2) t/y	(4)=[(3)]$^{1/3}$ $(t/y)^{1/3}$
0	0	−	
1	32	0.03125	0.315
2	57	0.03509	0.327
4	84	0.0476	0.362
6	106	0.05660	0.384
8	111	0.07207	0.416

그림으로부터 절편 A와 기울기 B(경사)를 구할 수 있다.

즉, 절편 A=0.3

$$\text{기울기 } B = \frac{0.416-0.3}{8-0} = 0.0145$$

또 주어진 식으로부터 K_1과 L_0를 구하면

$$\text{경사 } B = \frac{(2.3K_1)^{2/3}}{6L_0^{1/3}} \quad \cdots\cdots ①$$

$$\text{절편 } A = \frac{1}{(2.3K_1L_0)^{1/3}} \quad \cdots\cdots ②$$

①÷②를 하면

$$\frac{B}{A}=\frac{2.3K_1}{6}$$

$$\therefore K_1=\frac{6B}{2.3A}=\frac{6\times0.0145}{2.3\times0.3}=0.126=0.13\text{d}^{-1}$$

②식으로부터

$$L_0=\frac{1}{2.3K_1A^3}=\frac{1}{2.3\times0.126\times0.3^3}=127.80\text{mg/L}$$

(나) $y(\text{BOD}_t)=L_0(\text{BOD}_u)\times(1-10^{-K_1t})$

$$\therefore t=\frac{\log\left(1-\frac{y}{L_0}\right)}{-K_1}=\frac{\log\left(1-\frac{0.5}{1}\right)}{-0.126}=2.389=2.39\text{d}$$

답 (가) $K_1=0.13\text{d}^{-1}$, $L_0=127.80\text{mg/L}$ (나) 소요 시간(t)$=2.39\text{d}$

참고 **토마스의 도해법(Thomas graphical method)**

이 방법은 주로 실험 결과의 정확도가 제한된 경우, 정당화시킨 대략적인 방법이다. 이외에도 매개 변수 K와 L_0의 결정 방법에는 대수-미분법(log-difference method), 모멘트법(method of moments)이 있다.

04. BOD 200mg/L, 유량 600m³/d인 폐수가 BOD 10mg/L, 유량 2m³/s인 하천에 유입되고 있다. 폐수가 유입되는 지점으로부터 하류 10km 지점의 BOD를 구하여라. (단, 하천의 유속 0.05m/s, 온도는 20℃, 탈산소계수(base 10) 0.1/d이다.) [87. 기사]

해설 합류 후의 BOD 농도를 구한다.

$$C_m=\frac{172800\times10+600\times200}{172800+600}=10.657\text{mg/L}$$

($\because$ $Q_1[\text{m}^3/\text{d}]=2\text{m}^3/\text{s}\times86400\text{s/d}=172800\text{m}^3/\text{d}$)

또, 유하 시간(t)$=\dfrac{L(\text{길이})}{V(\text{유속})}=\dfrac{10000\text{m}}{0.05\text{m/s}\times86400\text{s/d}}=2.315\text{d}$

$\therefore$ 10km 하류 지점의 BOD$=10.657\times10^{-0.1\times2.315}=6.253=6.25\text{mg/L}$

답 합류 후의 BOD 농도$=6.25\text{mg/L}$

05. 다음은 신도시의 폐수 처리 계획을 위한 기본 자료이다. 물음에 답하여라. [94, 98. 기사]

- 생활하수 : 인구 10만, 계획 1인 1일 하수량 400L, 계획 1인 1일 오탁부하량 80gBOD
- 하천 : 연평균 유량 $18m^3/s$, 갈수량 $2m^3/s$, 상류 BOD 3mg/L
- 공장폐수 : 유량 $60000m^3/d$, BOD 400mg/L

(가) 처리장 설계시의 BOD를 기준한 대상 인구 수를 구하시오.
(나) 처리 대상 원수의 수질(BOD)을 구하시오.
(다) 하천수의 BOD를 항상 5.0mg/L 이하로 유지하려면 처리장에서의 목표 처리 효율은 몇 %인가? (단, 소수 첫째자리까지 구한다.)

해설 (가) 대상 인구 수=도시 인구 수+공장 폐수의 BOD 배출량에 대한 환산 인구 수

즉, 대상 인구 수$=100000$인$+\dfrac{400g/m^3\times60000m^3/d}{80g/인\cdot d}=400000$인

(나) C_m공식을 이용하면 된다.

$$C_m=\frac{Q_1C_1+Q_2C_2}{Q_1+Q_2}=\frac{8000000+60000\times400}{40000+60000}=320mg/L$$

$\because$ $Q_1[m^3/d]=400L/인\cdot d\times100000인\times10^{-3}m^3/L=40000m^3/d$

$Q_1C_1[g/d]$는 생활 하수 BOD량의 값이므로 인구당량×인구 수로 구한다.

즉, $Q_1C_1[g/d]=80g/인\cdot d\times100000인=8000000g/d$

∴ 처리 계획 대상 원수의 수질=320mg/L

(다) 처리 후 유출수의 농도를 구한다.

$$C_m=\frac{Q_1C_1+Q_2C_2'}{Q_1+Q_2}$$

$$\therefore 5=\frac{172800\times3+100000\times x}{172800+100000}$$

$$\therefore x=\frac{5\times(172800+100000)-172800\times3}{100000}=8.456mg/L$$

$$\therefore \text{목표 처리 효율}(\%)=\frac{320-8.456}{320}\times100=97.36=97.4\%$$

답 (가) 인구 수=400000인
(나) 원수의 수질=320mg/L
(다) 처리 효율=97.4%

06. 그림과 같이 A 하천에 지천 B가 유입되고 있다. 하천 B의 인근에는 2001년도에 계획인구 50000명을 수용할 신도시가 건설 예정이다. 과거의 수문자료 및 수질측정 자료로부터 장기간의 기록치를 분석한 결과 A와 B 하천의 갈수량은 각각 80CMS와 20CMS이며 BOD 농도는 각각 1.8 및 1.5mg/L이었다. 계획년도에 인구 1인당 BOD 발생부하량은 80g/d이며 하수량은 150L/d로 추정된다. 도시 전역에 발생된 오염 부하량의 약 80%가 하천에 유입된다고 할 때 계획년도에 하천 B의 목표수질을 현행 3mg/L를 유지하기 위하여 필요한 하수처리 시설의 효율은? [94, 98. 기사]

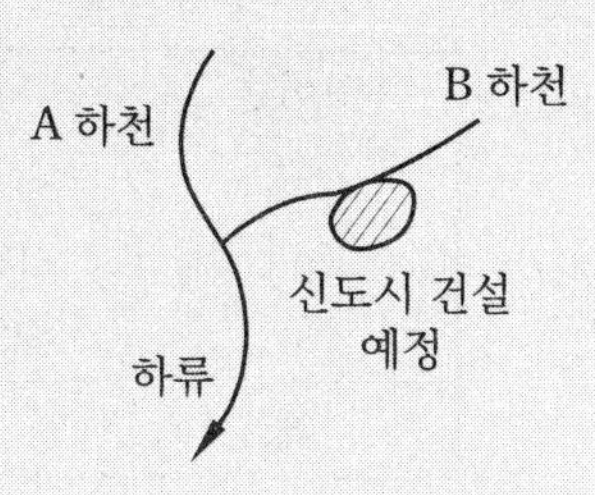

해설 신도시에서 계획년도 하수량을 구한다.

계획년도 하수량(m^3/d)=150L/인 · d×50000인×$10^{-3}m^3/L = 7500m^3/d$

B 하천의 유량$(m^3/d) = 20m^3/s \times 86400s/d = 1728000m^3/d$

$$C_m = \frac{Q_1C_1 + Q_2C_2'}{Q_1 + Q_2} \text{에서}$$

$$C_2'[\text{mg/L}] = \frac{3 \times (1728000 + 7500) - 1728000 \times 1.5}{7500} = 348.6\text{mg/L}$$

또 하수처리장에 유입되는 BOD 농도를 구하면

$$C_2 = \frac{80\text{g/인} \cdot \text{d} \times 50000\text{인} \times 0.8}{7500\text{m}^3/\text{d}} = 426.67\text{mg/L}$$

$$\therefore \text{하수 처리 효율}(\%) = \frac{426.67 - 348.6}{426.67} \times 100 = 18.297 = 18.30\%$$

답 하수 처리 효율=18.30%

07. 어떤 물을 수질 검사하였더니 다음과 같은 결과를 얻었다. 다음의 결과를 보고 비탄산 경도 값을 구하시오. (단, M, W는 Ca=40, Mg=24, Cl=35.5, H=1, C=12, O=16, S=32, Na=23이다.) [90, 94. 기사]

〈검사결과〉 Ca^{+2} : 60mg/L, Cl^- : 71mg/L, Mg^{+2} : 24mg/L, HCO_3^- : 183mg/L, Na^+ : 46mg/L, SO_4^{-2} : 96mg/L

해설 각 이온의 당량 수를 구한다.

양이온	당량 수(me/L=mN)	음이온	당량 수(me/L=mN)
Ca^{++} Mg^{++} Na^{+}	60mg/L÷20=3me/L 24mg/L÷12=2me/L 46mg/L÷23=2me/L	Cl^{-} HCO_3^{-} SO_4^{-2}	71mg/L÷35.5=2me/L 183mg/L÷61=3me/L 96mg/L÷48=2me/L
계	7mN	계	7mN

bar diagram을 이용하여 풀면

3	5	7
Ca^{++}	Mg^{++}	Na^{+}
HCO_3^{-}	SO_4^{-2}	Cl^{-}

비탄산 경도는 $MgSO_4$에 의해서만 유발이 된다.

∴ 비탄산 경도(mg/L as $CaCO_3$)$=SO_4^{-2}$mN×50=2mN×50=100mg/L

답 비탄산 경도=100mg/L

08. 수질을 분석한 결과 다음과 같은 결과가 나왔다. 물음에 답하여라. (단, Na=23, Ca=40.1, Fe=55.8, Mg=24.3, S=32.1) [89. 기사]

> Na^{+} : 15mg/L, Ca^{+2} : 55mg/L, Mg^{+2} : 20mg/L, Fe^{+3} : 5mg/L, HCO_3^{-} : 85mg/L, SO_4^{-2} : 35mg/L, pH6.5

(가) 총 경도는 얼마인가? (나) 알칼리도는 얼마인가?

(다) 비탄산 경도는 얼마인가? (라) 탄산 경도는 얼마인가?

해설 (가) 총 경도(mg/L as $CaCO_3$)$=Ca^{++}\text{mg/L}\times\dfrac{50}{20.05}+Mg^{++}\text{mg/L}\times\dfrac{50}{12.15}$

$$=55\times\frac{50}{20.05}+20\times\frac{50}{12.15}=219.462=219.46\text{mg/L}$$

(나) 알칼리도(mg/L as $CaCO_3$)$=HCO_3^{-}\text{mg/L}\times\dfrac{50}{61}$

$$=85\text{mg/L}\times\frac{50}{61}=69.672=69.67\text{mg/L}$$

(다) 비탄산 경도=총 경도−탄산 경도=총 경도−알칼리도

∴ 비탄산 경도(mg/L as $CaCO_3$)=219.462−69.672=149.79mg/L

여기서, 총 경도>알칼리도이므로 탄산 경도=알칼리도이다.

(라) 탄산 경도=알칼리도

∴ 탄산 경도(mg/L as $CaCO_3$)=69.67mg/L

답 (가) 총 경도=219.46mg/L

(나) 알칼리도=69.67mg/L

(다) 비탄산 경도=149.79mg/L

(라) 탄산 경도=69.67mg/L

09. 다음은 공장 폐수를 분석한 결과이다. 물음에 답하시오. [96. 기사]

〈분석결과〉 TCOD=520mg/L, SCOD=200mg/L, TSS=211mg/L, VSS=154mg/L, BOD_5=260mg/L, $SBOD_5$=120mg/L, $BOD_5 \times 1.5 = BOD_u$

(가) NBDCOD (나) NBDSCOD

(다) NBDICOD (라) $IBOD_u$

(마) FSS

해설 (가) NBDCOD=COD−BOD_u=520−1.5×260=130mg/L

(나) NBDSCOD=SCOD−$SBOD_u$=200−1.5×120=20mg/L

(다) NBDICOD=NBDCOD−NBDSCOD=130−20=110mg/L

(라) $IBOD_u$=1.5×(260−120)=210mg/L

(마) FSS=TSS−VSS=211−154=57mg/L

답 (가) NBDCOD=130mg/L (나) NBDSCOD=20mg/L (다) NBDICOD=110mg/L

(라) $IBOD_u$=210mg/L (마) FSS=57mg/L

10. 물속에 알칼리도를 유발하는 대표적인 물질로는 OH^-, CO_3^{-2}, HCO_3^-가 있다. 어느 하수의 수질을 분석한 결과 pH는 10.0, CO_3^{-2} 32.0mg/L, HCO_3^- 56mg/L이었다. 총알칼리도(mg $CaCO_3$/L)를 구하시오. [07. 기사]

해설 OH^-의 농도(mg/L)를 구한다.

$$OH^- \text{ 농도} = 10^{-4}\text{mol/L} \times \frac{17\text{g}}{\text{mol}} \times \frac{10^3\text{mg}}{\text{g}} = 1.7\text{mg/L}$$

$$\therefore \text{ 알칼리도(mg/L)} = 1.7\text{mg/L} \times \frac{50}{17} + 32\text{mg/L} \times \frac{50}{30} + 56\text{mg/L} \times \frac{50}{61} = 104.235\text{mg/L}$$

$$= 104.24\text{mg/L}$$

답 총알칼리도=104.24mg/L

11. Mg(OH)$_2$ 100mL를 중화하는 데 0.01N−H_2SO_4 40.4mL가 소비되었다면 이 용액의 경도는? [99. 기사]

해설 $NV=N'V'$에서

$x\times100=0.01\times40.4$

$\therefore x=0.00404N=4.04mN$

$\therefore$ 경도(mg/L)$=4.04\times50=202$mg/L

답 경도=202mg/L

12. 칼슘 경도를 제거하기 위하여 다음 식과 같은 석회(CaO) 첨가 연수화 공정을 이용하였다. 칼슘 농도 40mg/L를 완전히 제거하는 데 이용된 석회가 70mg/L일 때 사용된 석회의 순도는? [00. 기사]

$$CaO+Ca(HCO_3)_2 \rightarrow 2CaCO_3+H_2O$$

해설 $CaO+Ca(HCO_3)_2 \rightarrow 2CaCO_3+H_2O$

Ca^{++} : CaO=40g : 56g=40mg/L : 70mg/L×x

$$\therefore x=\frac{40\times56}{40\times70}=0.8$$

답 석회의 순도=80%

13. pH9.2인 폐수 100mL를 pH8.3 및 pH4.5로 중화시키는 데 0.1N−HCl 용액이 각각 10mL 및 30mL가 소모되었다. 이 폐수의 P−알칼리도와 총 알칼리도는? [84. 기사]

해설 알칼리도(mg/L as $CaCO_3$)$=a\times N\times f\times\frac{1000}{V}\times50$

① P−알칼리도(mg/L as $CaCO_3$)$=10\times0.1\times1\times\frac{1000}{100}\times50=500$mg/L

② T−알칼리도(mg/L as $CaCO_3$)$=30\times0.1\times1\times\frac{1000}{100}\times50=1500$mg/L

답 ① P−알칼리도=500mg/L

② T−알칼리도=1500mg/L

14. glycine 1mol의 이론적 산소 요구량과 질산화 과정에서 소비되는 총 산소량은 얼마인가? [90. 기사]

해설 ① 전체 반응식을 만들면

$$CH_2(NH_2)COOH+\frac{7}{2}O_2 \rightarrow 2CO_2+2H_2O+HNO_3$$

∴ 이론적 산소 요구량(mol-O_2/mol) $= \frac{7}{2}$ mol-O_2/mol

② 질산화 과정은

$$NH_3+\frac{3}{2}O_2 \rightarrow HNO_2+H_2O \quad \cdots\cdots ①$$

$$+)\ HNO_2+\frac{1}{2}O_2 \rightarrow HNO_3 \quad \cdots\cdots ②$$

$$NH_3+2O_2 \rightarrow HNO_3+H_2O$$

∴ 소비되는 총 산소량(g-O_2/mol) $=2\times 32$g/mol $=64$g-O_2/mol

답 ① ThOD $=\frac{7}{2}$ mol-O_2/mol

② 소비 총 산소량 $=64$g-O_2/mol

15. $Ca(HCO_3)_2$, CO_2의 g당량을 각각 구하고, 반응식도 기술하시오. (단, Ca의 원자량은 40이다.) [04. 기사]

해설 ① $Ca(HCO_3)_2+Ca(OH)_2 \rightarrow 2CaCO_3+2H_2O$

∴ $Ca(HCO_3)_2$의 g당량 $=37g\times\frac{162g}{74g}=81g$

② $CO_2+H_2O \rightarrow H_2CO_3$

∴ CO_2의 g당량 $=31g\times\frac{44g}{62g}=22g$

답 ① $Ca(HCO_3)_2$의 당량 $=81g$

② CO_2의 당량 $=22g$

16. CO_2의 g당량(가수분해 적용)을 구하고 설명하시오. [06. 기사]

해설 $CO_2 + H_2O \rightarrow 2H^+ + CO_3^{-2}$

$44g : 2g$

$x[g] : 1g$

$\therefore x = \frac{44 \times 1}{2} = 22g$

답 CO_2의 당량$=22g$

17. 초산(CH_3COOH)이 함유된 시료의 BOD_u가 30mg/L일 때 TOC(mg/L)를 구하시오. [07. 기사]

해설 $CH_3COOH + 2O_2 \rightarrow 2CO_2 + 2H_2O$

$\therefore 2C : 2O_2 = 2 \times 12g : 2 \times 32g = x[mg/L] : 30mg/L$

$\therefore x = \frac{30mg/L \times 2 \times 12}{2 \times 32} = 11.25mg/L$

답 $TOC = 11.25mg/L$

18. 다음 성분을 함유한 물의 이론적 산소요구량과 유기탄소 농도 및 용액 안에 있는 유기물의 화학식량($C_xH_yO_z$)을 구하시오. [09. 기사]

글루코스($C_6H_{12}O_6$) 150mg/L, 벤젠(C_6H_6) 15mg/L

(가) 총 이론적 산소요구량 (나) 총 유기탄소 농도 (다) 용액 내 유기물 화학식량

해설 (가) ⓐ $C_6H_{12}O_6 + 6O_2 \rightarrow 6CO_2 + 6H_2O$

$180g : 6 \times 32g$

$150mg/L : x[mg/L]$

$\therefore x = 160mg/L$

ⓑ $C_6H_6 + 7.5O_2 \rightarrow 6CO_2 + 3H_2O$

$78g : 7.5 \times 32g$

$15mg/L : x[mg/L]$

$\therefore x = 46.153mg/L$

$\therefore$ 총 이론적 산소요구량$=160+46.153=206.153=206.15mg/L$

(나) ⓐ $C_6H_{12}O_6$: 6C=180g : 6×12g=150mg/L : x ∴ x=60mg/L

ⓑ C_6H_6 : 6C=78g : 6×12g=15mg/L : x ∴ x=13.846=13.85mg/L

∴ 총 유기탄소 농도=60+13.85=73.85mg/L

(다) ⓐ C의 농도 $=150\text{mg/L}\times\frac{72}{180}+15\text{mg/L}\times\frac{72}{78}=73.85\text{mg/L}$

H의 농도 $=150\text{mg/L}\times\frac{12}{180}+15\text{mg/L}\times\frac{6}{78}=11.2\text{mg/L}$

O의 농도 $=150\text{mg/L}\times\frac{96}{180}=80\text{mg/L}$

ⓑ M농도로 환산하면

C의 농도 $=73.85\text{mg/L}\times\frac{10^{-3}\text{g}}{\text{mg}}\times\frac{\text{mol}}{12\text{g}}=6.15\times10^{-3}\text{M}$

H의 농도 $=11.2\text{mg/L}\times\frac{10^{-3}\text{g}}{\text{mg}}\times\frac{\text{mol}}{1\text{g}}=11.2\times10^{-3}\text{M}$

O의 농도 $=80\text{mg/L}\times\frac{10^{-3}\text{g}}{\text{mg}}\times\frac{\text{mol}}{16\text{g}}=5\times10^{-3}\text{M}$

∴ 유기물 화학식량 $=C_{6.15}H_{11.2}O_5$

답 (가) 산소요구량=206.15mg/L

(나) 유기탄소량=73.85mg/L

(다) 화학식량 $=C_{6.15}H_{11.2}O_5$

19. 글리신($CH_2(NH_2)COOH$)의 TOC/ThOD 비를 구하시오. (단, 탄소는 CO_2, 질소는 암모니아로 전환되며 질산화는 일어나지 않는다.) [01. 06. 기사]

해설 질산화를 무시한 글리신($CH_2(NH_2)COOH$)의 산화반응식을 만든다.

$$C_2H_5O_2N+\frac{3}{2}O_2 \rightarrow 2CO_2+H_2O+NH_3$$

$$\therefore \text{TOC/ThOD}=\frac{2\times12\text{g}}{\frac{3}{2}\times32\text{g}}=0.5$$

답 TOC/ThOD=0.5

20. 1kg의 glucose($C_6H_{12}O_6$)로부터 발생 가능한 CH_4 가스의 용적(0℃, 1기압)을 산출하시오. [98. 기사]

해설 $C_6H_{12}O_6 \rightarrow 3CO_2 + 3CH_4$

180kg : $3 \times 22.4m^3$

1kg : $x[m^3]$

$\therefore x = \dfrac{1 \times 3 \times 22.4}{180} = 0.37m^3$

답 발생 가능한 CH_4의 용적=$0.37m^3$

21. **박테리아의 유기질 성분(무게 기준)을 원소 분석한 결과 C 53%, O 29%, N 12%, H 6%로 구성되어 있다. 이 박테리아의 분자식을 구하시오. (단, 분자식은 C, H, O, N의 순으로서 가장 간단한 정수비로 표현할 것)** [07. 기사]

해설 ⓐ 탄소, 산소, 질소, 수소의 몰비를 구한다.

$C:O:N:H = \dfrac{0.53}{12} : \dfrac{0.29}{16} : \dfrac{0.12}{14} : \dfrac{0.06}{1} = 0.044 : 0.018 : 0.0086 : 0.06$

ⓑ 가장 간단한 정수비로 나타내기 위해서 양변을 0.0086으로 나눈다.

ⓒ $C:H:O:N = 5.15 : 7 : 2.11 : 1$

∴ 박테리아의 분자식은 $C_5H_7O_2N$이다.

답 박테리아의 분자식=$C_5H_7O_2N$

22. **6일 후의 DO를 구하여라.** [85. 기사]

〈설계 조건〉 $K_1 = 0.1/d$, $K_2 = 0.2/d$, 포화 DO 9mg/L, 하천 현재 DO 5mg/L, 20일 BOD 10mg/L

해설 6일 후의 DO 부족량을 구한다.

$$D_t = \frac{K_1 L_0}{K_2 - K_1}(10^{-K_1 t} - 10^{-K_2 t}) + D_0 10^{-K_2 t}$$

$$= \frac{0.1 \times 10.1}{0.2 - 0.1} \times (10^{-0.1 \times 6} - 10^{-0.2 \times 6}) + (9-5) \times 10^{-0.2 \times 6} = 2.152\text{mg/L}$$

$$(\because BOD_u = \frac{BOD_t}{1 - 10^{-K_1 t}} = \frac{10}{1 - 10^{-0.1 \times 20}} = 10.1\text{mg/L})$$

여기서, 20일 BOD=BOD_u로 생각해서 풀어도 되지만 더욱 정확하게 풀기 위하여는 BOD 소비 공식을 이용하여 BOD_u값을 구하는 것이 좋다.

∴ 6일 후의 DO 농도(mg/L)=포화 DO 농도$-D_6 = 9 - 2.152 = 6.848 = 6.85$mg/L

답 6일 후의 DO 농도=6.85mg/L

23. 어느 하천에서 축산 폐수가 유입되고 있고 축산 폐수 방류지점에서의 혼합은 이상적으로 이루어지고 있다면 혼합수의 수질 및 조건이 다음과 같을 때 물음에 답하시오. [08. 기사]

〈조건〉 1. DO 포화농도 : 9.5mg/L 2. DO 농도 : 3.5mg/L
3. 탈산소계수 : 0.1/d 4. 재폭기계수 : 0.24/d
5. 최종 BOD 농도 : 20mg/L(상용대수 기준)

(가) 2일 후 DO 농도(mg/L)
(나) 혼합 후 최저 DO 농도가 나타나는 임계시간(d)
(다) 최저 DO 농도(mg/L)

해설 (가) 2일 후 DO 농도(mg/L)

$$D_t = \frac{0.1 \times 20}{0.24 - 0.1} \times (10^{-0.1 \times 2} - 10^{-0.24 \times 2}) + (9.5 - 3.5) \times 10^{-0.24 \times 2} = 6.27\text{mg/L}$$

∴ 2일 후 DO 농도=9.5−6.27= 3.23mg/L

(나) 혼합 후 최저 DO 농도가 나타나는 임계시간(d)

$$t_c = \frac{1}{0.1(2.4-1)} \log\left\{2.4\left[1-(2.4-1)\frac{6}{20}\right]\right\} = 1.026 = 1.03\text{d}$$

(다) 최저 DO 농도(mg/L)

$$D_c = \frac{20}{2.4} \times 10^{-0.1 \times 1.026} = 6.58\text{mg/L}$$

∴ 최저 DO 농도=9.5−6.58=2.92mg/L

답 (가) 2일 후 DO 농도=3.23mg/L
(나) 임계시간=1.03d
(다) 최저 DO 농도=2.92mg/L

24. 포화 DO 9mg/L, BOD_u 10mg/L, 현재 DO 5mg/L의 조건에서 36시간 후의 DO를 구하시오. (단, $K_1=0.1$/d, $K_2=0.2$/d) [03, 04, 06, 08. 기사]

해설 $$D_t = \frac{0.1 \times 10}{0.2 - 0.1}(10^{-0.1 \times 1.5} - 10^{-0.2 \times 1.5}) + 4 \times 10^{-0.2 \times 1.5} = 4.072\text{mg/L}$$

∴ DO 농도=9−4.072=4.927=4.93mg/L

답 DO 농도=4.93mg/L

25. 다음은 하천수의 기본적인 용존산소 모델식인 streeter-phelphs model을 표현한 것이다. 공식에서 사용하는 기호의 의미와 단위는 무엇인가? [06. 기사]

$$D_t = \frac{K_1 L_a}{K_2 - K_1}(10^{-K_1 t} - 10^{-K_2 t}) + D_a 10^{-K_2 t}$$

답 ⓐ L_a : 최종 BOD 농도(mg/L)

ⓑ K_1 : 탈산소계수(d^{-1})

ⓒ K_2 : 재폭기계수(d^{-1})

ⓓ D_a : 최초 DO 부족 농도(mg/L)

26. 수중의 총괄 산소전달계수(K_{La})에 대한 다음 물음에 답하시오. [91, 93. 기사]

(가) K_{La}를 Fick's 법칙에 따라 유도하고 이때 사용되는 용어를 간단히 설명하고 단위도 쓰시오.

(나) Fick's 법칙에 따라 유도된 식을 이용하여 K_{La}를 구하는 방법을 기술하여라.

답 (가) Fick의 확산 제일 법칙을 식으로 나타내면

$$\frac{dM}{dt} = -D \cdot A \cdot \frac{dC}{dL} \quad \cdots\cdots ①$$

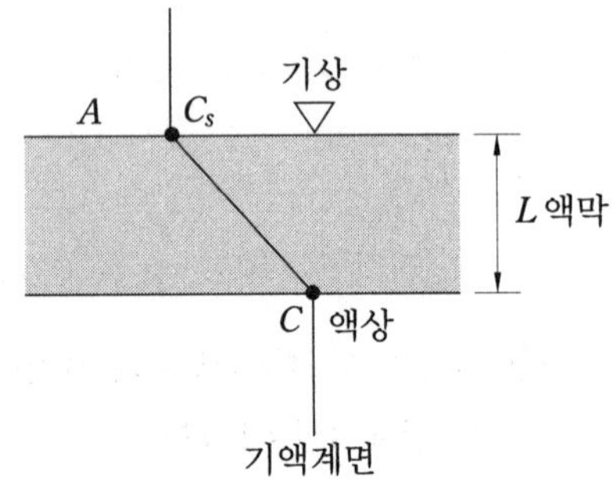

여기서, $\frac{dM}{dt}$: 산소전달속도(MT^{-1})

D : 확산계수(L^2T^{-1})

A : 기상과 액상 사이의 접촉 면적(L^2)

$\frac{dC}{dL}$: 액막 거리에 따른 산소 농도 구배(ML^{-4})

① 식에서 실제 액막의 두께는 0에 가까우므로 다음과 같이 나타낸다.

$$\frac{dM}{dt} = -D \cdot A \cdot \frac{C - C_s}{L} = D \cdot A \cdot \frac{C_s - C}{L} \quad \cdots\cdots ②$$

② 식 양 변을 액체의 체적(V)로 나누면

$$\frac{1}{V}\frac{dM}{dt} = \frac{dC}{dt} = D \cdot \frac{A}{V} \cdot \frac{C_s - C}{L} \quad \cdots\cdots ③$$

여기서, K_L(산소전달계수=m/s)$=\frac{D}{L}$을 도입하고

$a = \frac{A}{V}$라면

$$\frac{dC}{dt}=K_{La}(C_s-C) \cdots ④$$

여기서, $\frac{dC}{dt}$: 산소전달속도(mg/L · h)

K_{La} : 총괄 산소전달계수(h^{-1})

C_s : Henry의 법칙에 의한 액체 중의 산소 포화 농도 (mg/L)

C : 액체 중의 산소 농도 (mg/L)

(나) $\frac{dC}{dt}=K_{La}(C_s-C)$에서

$$\frac{dC}{C_s-C}=K_{La}dt \cdots ①$$

조건 $t=t_1$에서 $C=C_0$, $t=t_2$에서 $C=C_t$를 이용 적분하면

$$\int_{C_0}^{C_t}\frac{dC}{C_s-C}=-K_{La}\int_{t_1}^{t_2}dt \cdots ②$$

$$\therefore \left[-\ln(C_s-C)\right]_{C_0}^{C_t}=K_{La}\left[t\right]_{t_1}^{t_2} \cdots ③$$

$$\therefore \ln(C_s-C)-\ln(C_s-C_t)=K_{La}(t_2-t_1) \cdots ④$$

$$\therefore K_{La}=\frac{1}{t_2-t_1}\ln\frac{C_s-C_0}{C_s-C_t} \cdots ⑤$$

참고 t_2-t_1을 t로 보고 ④식을 정리해 보면

$$\ln(C_s-C_t)=-K_{La}\cdot t+\ln(C_s-C_0)$$

이 식은 $y=ax+b$의 함수식이므로 다음과 같은 그래프를 그릴 수 있다.

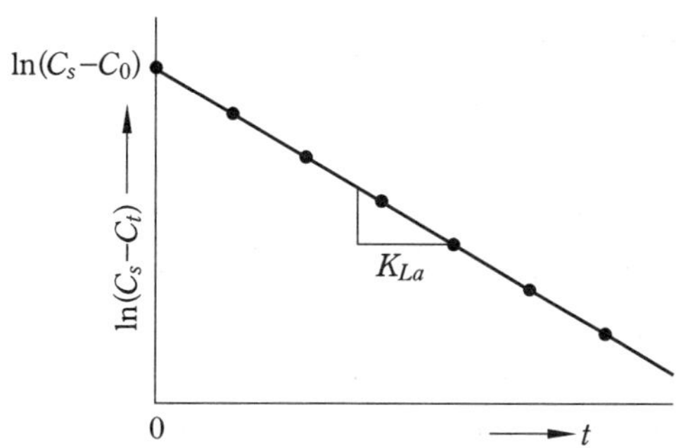

27. 호수의 부영양화 정도를 판정하는 데 사용되는 TSI 지수를 설명하여라. [95. 기사]

답 Carlson에 의하여 고안된 것으로 부영양화도를 평가하는 것을 목적으로 한 지수이다. TSI가 작을수록 빈영양이며 클수록 부영양화가 진행했다고 볼 수 있다.

28. 호수의 TSS 농도가 0.5mg/L이고 TSS 유입량은 10000kg/d이다. 이 호수의 유출유량이 60m³/s이고 호수 체적이 10⁸m³이다. 호수에서 TSS의 농도가 다음 식으로 주어질 때 TSS 손실계수 K_S를 결정하시오. [02. 기사]

$$S=\frac{\frac{W}{Q}}{1+K_S\cdot t}$$

여기서, S : TSS 농도, W : TSS 유입량(M/T), Q : 유량

K_S : TSS 손실계수, t : 체류시간

해설 ⓐ $\frac{W}{Q}=\frac{10000\text{kg/d}}{60\text{m}^3/\text{s}\times 86400\text{s/d}\times 10^{-3}}=1.929\text{mg/L}$

ⓑ $t=\frac{10^8\text{m}^3}{60\text{m}^3/\text{s}\times 86400\text{s/d}}=19.29\text{d}$ $\therefore 0.5=\frac{1.929}{1+x\times 19.29}$

$\therefore x=\frac{1.929-0.5}{0.5\times 19.29}=0.148=0.15\text{d}^{-1}$

답 TSS 손실계수$(K_S)=0.15\text{d}^{-1}$

29. 바다의 적조 현상의 원인이 되는 환경 조건 2가지와 영양 조건(원소명) 3가지를 쓰시오. [89. 기사]

답 ① 환경 조건 : ⓐ 햇빛이 강하고 수온이 높을 때
ⓑ 영양염류가 과다 유입되고 염분 농도가 낮을 때
② 영양 조건 : 질소(N), 인(P), 규소(Si)

30. 환경영향평가에서 수질 모델링 절차 중 감응도 분석(sensitivity analysis)이란 무엇인지 간단히 설명하시오. [07. 기사]

답 입력자료의 변화 정도가 수질항목 농도에 미치는 영향을 분석하는 것을 말한다.

31. 호수의 부영양화 억제 방법으로 호수 내에서 통제 대책 3가지를 기술하시오. [96. 기사]

답 ⓐ 영양염류의 과다 유입 억제
ⓑ 부영양호에 대한 수면관리 대책의 수립 · 시행
ⓒ 호수 수질의 측정에 따른 부영양화 대책 강구 → 수질을 상시 측정

32. 환경영향평가 과정을 7단계로 나누어 기술하시오. [98, 02. 기사]

평가사업 대상 결정 → (①) → (②) → (③) → (④) → 대안 평가 → (⑤)

답 ① 중점 평가 항목 선정 ② 현황 조사 ③ 예측 및 평가
④ 저감 방안 설정 ⑤ 사후 관리

33. 15℃, 750mmHg 하에서의 산소전달시험 결과 아래와 같은 데이터를 얻었다. 총괄 산소전달계수를 구하시오. (단, 1기압 15℃에서의 포화산소농도는 10.15mg/L이다.) [96. 기사]

시간(min)	0	10	20	30	40	50	60
DO(mg/L)	0.0	2.6	4.8	6.0	7.1	7.9	8.5

해설 15℃, 750mmHg 하에서의 포화 DO 농도를 구하면

$C_s = 10.15\text{mg/L} \times \dfrac{750}{760} = 10.02\text{mg/L}$(증기압 효과 무시)

시간(min)	0	10	20	30	40	50	60
DO(mg/L)	0.0	2.6	4.8	6.0	7.1	7.9	8.5
$C_s - C$	10.02	7.42	5.22	4.02	2.92	2.12	1.52

$\dfrac{dC}{dt} = K_{La}(C_s - C)$에서 $\dfrac{dC}{C_s - C} = K_{La}dt$

조건 $t=t_1$에서 $c=c_0$, $t=t_2$에서 $c=c$를 이용하여 적분하면

$$\int_{C_0}^{C} \frac{dC}{C_s - C} = K_{La}\int_{t_1}^{t_2} dt$$

$$\therefore \Big[-\ln(C_s - C)\Big]_{C_0}^{C} = K_{La}\Big[t\Big]_{t_1}^{t_2}$$

$$\therefore \ln\frac{C_s - C_0}{C_s - C} = K_{La}(t_2 - t_1)$$

$$\therefore K_{La} = \frac{1}{t_2 - t_1}\ln\frac{C_s - C_0}{C_s - C} = \left(\frac{1}{60-0}\ln\frac{10.02}{1.52}\right)\text{min}^{-1} \times 60\text{min/h} = 1.885 = 1.89\text{h}^{-1}$$

답 산소전달계수 $= 1.89\text{h}^{-1}$

34. 공장폐수 등 온배수가 계속 유입될 때 일어나는 열 오염으로 인해 일어나는 수중 생태계의 변화 4가지를 쓰시오. [99. 기사]

답 ⓐ 수중 미생물의 활동을 증가시켜 DO 소모율을 크게 한다.
ⓑ 수중 미생물이나 물고기의 번식률을 증가시킨다.
ⓒ 수중 미생물을 질식시킬 수 있다.
ⓓ 수중 생물의 독성물질에 대한 예민도를 증가시킨다.

35. 각 온도에 대한 물의 포화증기압은 다음과 같다. 이때 25℃에서 상대습도가 75%일 때 공기 중의 수증기압(mmHg)은? [00. 기사]

0℃ : 4.58mmHg, 15℃ : 12.79mmHg, 25℃ : 23.76mmHg

해설 $R = \frac{e}{E} \times 100$

$\therefore e = 23.76\text{mmHg} \times 0.75 = 17.82\text{mmHg}$

답 수증기압=17.82mmHg

참고 **상대습도** : 습한 공기 중에 함유되어 있는 수증기의 양과 같은 온도에서의 포화수증기량과의 비를 백분율로 나타낸 것이다. 이 값은 습한 공기의 수증기압(e)과 같은 온도에서의 포화공기 수증기압(E)과의 백분율과 같다. 단순히 습도라고 할 때는 상대습도를 가리키는 경우가 많다.

36. 물의 온도가 0℃에서 30으로 변할 때 각 항목의 변화는? (단, 증가, 감소, 변화무로 답하시오.) [00. 기사]

(가) pH : (나) 용해도 :
(다) 밀도 : (라) 점도 :

답 (가) pH : 감소 (나) 용해도 : 기체는 감소, 고체는 증가
(다) 밀도 : 4℃까지 증가하다가 감소 (라) 점도 : 감소

37. 환경영향평가 기법 중 대안 평가 기법의 종류를 3가지만 쓰시오. [02. 기사]

답 ⓐ 비용 편익 분석 ⓑ 목표 달성 매트릭스 ⓒ 확대 비용 편익 분석

참고 이 외에도 다목적 계획 기법이 있다.

38. **전도현상이 일어나는 호수 (깊이 20m로 가정함)에 대하여 봄, 여름, 가을, 겨울 4계절에 발생하는 수온 분포도를 각각의 그래프에 나타내고 전도현상이 일어나는 계절을 표시하시오.** [07. 기사]

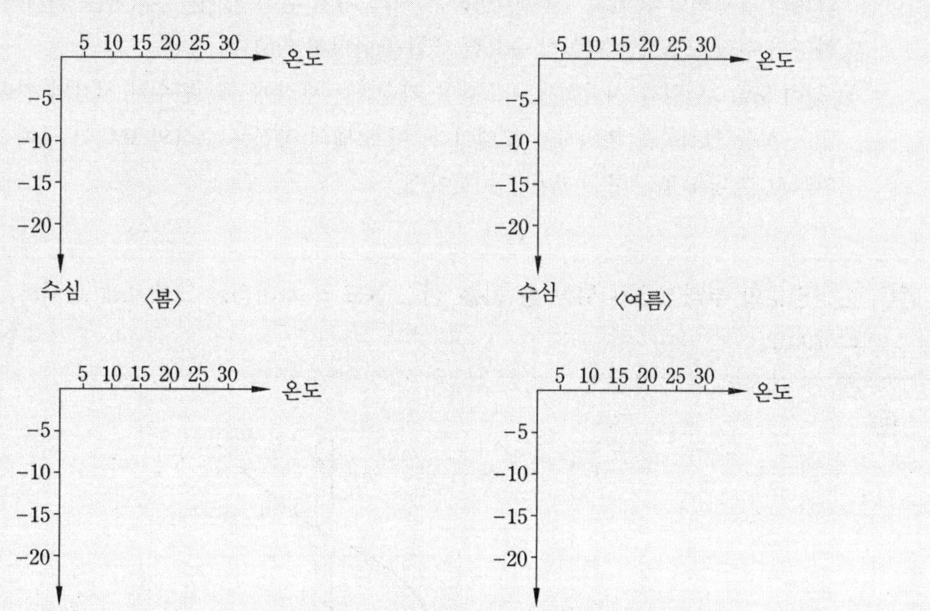

답 ① 〈봄〉

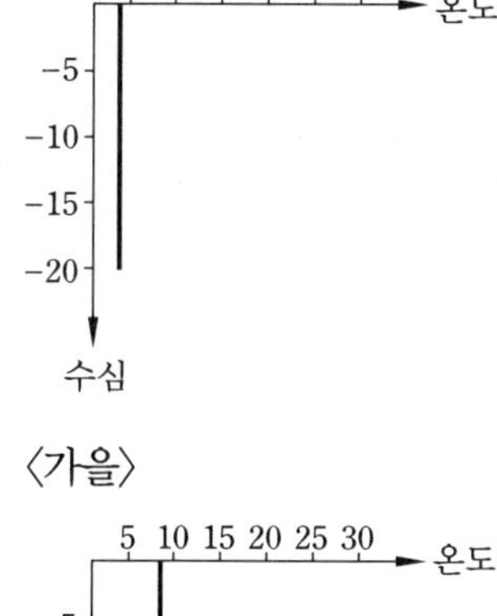

〈여름〉

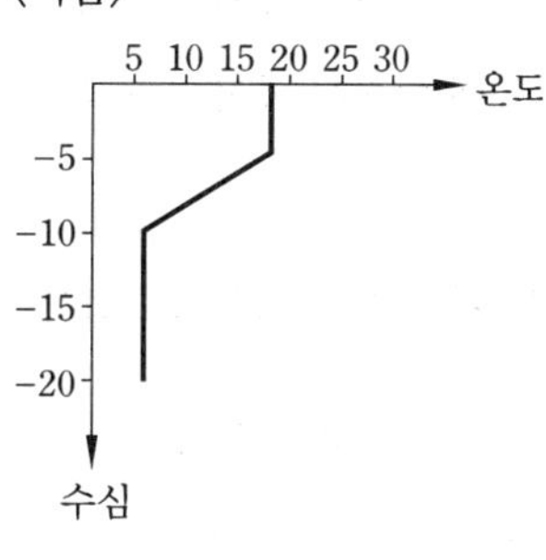

〈가을〉

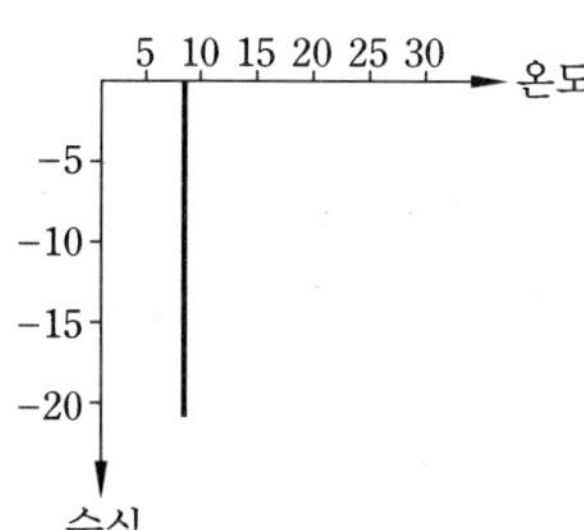

〈겨울〉

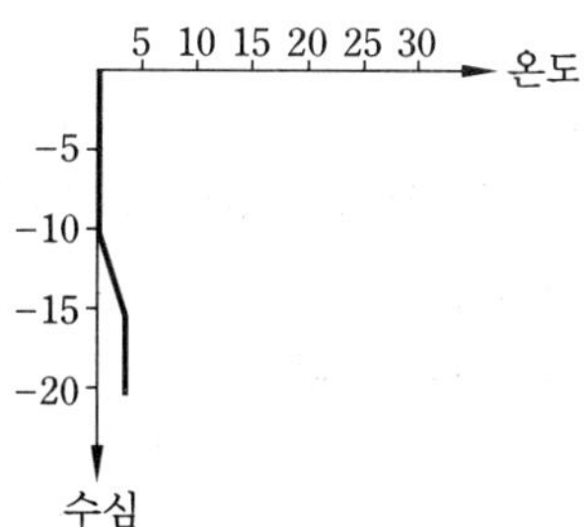

② 전도현상이 일어나는 계절 : 봄, 가을

39. 수질의 모델 중 동적 모델과 정적 모델에 대하여 각각 설명하시오. [00. 08. 기사]

답 ⓐ **동적 모델** : 부영양화의 예측과 관리 등을 위하여 적용된다. 즉, 계절에 따른 식물성 플랑크톤의 군집변화와 이로 인해 발생하는 여러 가지 환경변화를 추적하는 모델이다. 특히 하구의 수질 모델링에 있어서 중요한 역할을 담당하게 된다.

ⓑ **정적 모델** : 엄밀한 의미에서 시스템을 기술하는 수식에서의 변수가 시간의 변화에 상관없이 항상 일정함을 의미하는 모델이다. 이 모델의 장점은 수식의 표현이 극히 단순하며 따라서 그 답도 간단히 계산된다는 것이다.

40. 빈영양호와 부영양호의 특성 중 용존 산소 농도의 차이점을 그래프에 표시하시어 나타내시오. [00. 기사]

답

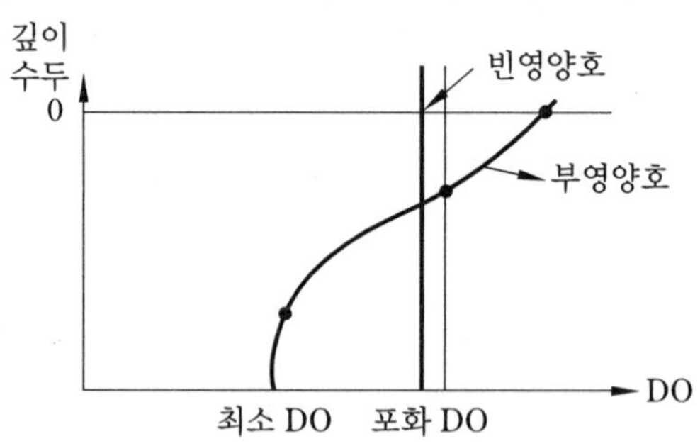

① 빈영양호 : 전층에 걸쳐서 포화에 가깝다.

② 부영양호 : 표수층은 포화 또는 과포화, 저수층은 낮다.

41. 환경영향평가의 모델링 절차를 순서대로 나열하시오. [01. 기사]

모델 선정 → (①) → (②) → (③) → 적용

답 ① 보정 ② 검증 ③ 감응도 분석

42. 호소의 부영양화 방지대책은 호소외 대책과 호소내 대책으로 구분할 수 있고 또한 호소내 대책에서는 물리적, 화학적 및 생물학적 대책으로 각각 나눌 수 있다. 이들 중 물리적 대책 4가지만 쓰시오. [09. 기사]

답 ⓐ 외부의 수류를 끌어들여 수 교환율을 높인다.

ⓑ 성층 파괴를 위하여 심층 포기나 강제 순환을 시킨다.

ⓒ 수심이 깊은 호소에서 영양염류 농도가 높은 심층수를 방류시킨다.

ⓓ 저질토를 합성수지 등으로 도포하여 저질토에서 나오는 물질을 차단시킨다.

참고 ⓐ 영양염류가 농축되어 있는 저질토를 준설한다.

ⓑ 차광막을 설치하여 조류 증식에 필요한 광을 차단한다.

ⓒ 수체로부터 수초 및 부착조류를 제거한다.

43. 호소수의 부영양화 정도를 나타내는 지수인 TSI에 대한 설명이다. 아래 물음에 답하시오. [04. 기사]

(가) TSI의 기준이 되는 대표적인 수질인자는 무엇인가?

(나) TSI가 클수록 수질인자인 (　　　　)가 (커져서, 작아져서) 부영양화로 판정된다.

답 (가) 총인, 클로로필 − a, 투명도

(나) 투명도가 작아져서

44. 다음 공업용수를 분석한 결과 $Na^+=184mg/L$, $Mg^{++}=48mg/L$, $Ca^{++}=80mg/L$일 때 SAR값을 구하여라. [89. 기사]

해설 $$SAR=\frac{Na^+}{\sqrt{\frac{Ca^{++}+Mg^{++}}{2}}}$$

여기서, Ca^{++}, Mg^{++}, Na^+의 농도 단위는 mg/L이다.

$$\therefore SAR=\frac{\frac{184}{23}}{\sqrt{\frac{\frac{80}{20}+\frac{48}{12}}{2}}}=4$$

답 SAR=4

45. 처음 농도 20mg/L, 5시간 후 농도 2mg/L이다. 처음의 농도에서 0.01mg/L이 되려면 반응개시 몇 시간 후인가? (단, 1차 반응, 밑수 e이다.) [07. 09. 기사]

해설 ⓐ 반응속도 상수 K를 구한다.

$$K=\frac{\ln\left(\frac{2}{20}\right)}{-5h}=0.4605h^{-1}$$

ⓑ $t=\dfrac{\ln\left(\dfrac{0.01}{20}\right)}{-0.4605\text{h}^{-1}}=16.506=16.51\text{h}$

답 반응시간=16.51h

46. 다음 용어를 간략히 정의하고 단위를 쓰시오. [07. 기사]

(가) 0차 반응

(나) 1차 반응

(다) 슬러지 여과 비저항계수

(라) 슬러지 용량지표

(마) 콜로이드 제타전위

답 (가) 반응물의 농도에 독립적인 속도로 진행되는 반응이다. $\dfrac{dC}{dt}=-K$

$\dfrac{dC}{dt}$: mg/L · h, K : mg/L · h

(나) 반응속도가 반응물의 농도에 비례하여 진행되는 반응이다. $\dfrac{dC}{dt}=-KC$

$\dfrac{dC}{dt}$: mg/L · h, K : h^{-1}, C : mg/L

(다) 슬러지 탈수 시(여과 탈수) 슬러지가 탈수 안 되려는 저항계수(단위 : m/kg)

(라) 슬러지의 침강 농축성의 지표로서 30분 침전 후 1g의 MLSS가 차지하는 부피를 mL로 나타낸 값 (단위 : mL/g)

(마) 전기적으로 부하되어 있는 콜로이드 입자간에 있어서 서로 밀어내는 힘(단위 : A · s)

47. 어떤 폐수를 살수 여상법으로 처리하였다. BOD를 80% 제거시키는 데 5시간이 소요되었다. 똑같은 조건으로 BOD를 90% 제거시키기 위해서는 얼마의 통과시간이 소요되는지 구하시오. (단, BOD의 제거속도는 1차 반응으로 가정한다.) [08. 기사]

해설 ⓐ $K=\dfrac{\ln\left(\dfrac{20}{100}\right)}{-5\text{h}}=0.322\text{h}^{-1}$

ⓑ $t=\dfrac{\ln\left(\dfrac{10}{100}\right)}{-0.322\text{h}^{-1}}=7.15\text{h}$

답 통과시간=7.15시간

48. A → B+C에서 A의 분해 속도가 실험적으로 2차이다. 어떤 온도에서 [A]=0.10mol/L일 때의 반응 속도는 0.18mol/L·s이었다. [A]=0.20mol/L일 때의 반응 속도(mol/L·s)는? [89. 기사]

해설 A의 분해 속도가 실험적으로 2차이므로 2A → B+C로 생각한다.

$$V=\frac{-d(A)}{dt}=K[A]^2$$

반응속도상수(K)를 구한다.

$$K=\frac{V}{[A]^2}=\frac{0.18\text{mol/L}\cdot\text{s}}{(0.10\text{mol/L})^2}=18\text{L/mol}\cdot\text{s}$$

$$\therefore V=18\text{L/mol}\cdot\text{s}\times(0.20\text{mol/L})^2=0.72\text{mol/L}\cdot\text{s}$$

답 반응 속도(mol/L·s)=0.72mol/L·s

49. 유입 유출량이 각각 1000m^3/d인 용량 100000m^3의 호수가 있다. 호수 상류부에 신설된 공단 지역에서 염소 이온이 배출되기 시작했다. 다음과 같은 조건하에서 호수 내 염소 이온 농도가 300mg/L로 될 때까지 소요되는 시간(d)을 산출하여라. [85. 기사]

〈조건〉 1. 호수는 연속류 완전혼합형 반응조라고 가정한다.
2. 염소 이온은 다른 물질과 반응하지 않는다고 가정한다.
3. 공단 시설 전의 염소 이온 농도는 30mg/L이었다.
4. 공단 신설 후 호수에 가해지는 염소 이온의 부하는 1000kg/d이다.

해설 물질수지식 : $V\cdot\frac{dC}{dt}=QC_0-QC-V\cdot KC$에서

반응이 수반되지 않으므로

$$V\cdot\frac{dC}{dt}=QC_0-QC$$

$$\frac{dC}{(C_0-C)}=\frac{Q}{V}dt$$

조건 $t=0$에서 $C=C_1$, $t=t$에서 $C=C_2$ 이용 적분하면

$$\int_{C_1}^{C_2}\frac{dC}{(C_0-C)}=\frac{Q}{V}\int_0^t dt$$

$$\therefore \Big[-\ln(C_0-C)\Big]_{C_1}^{C_2}=\frac{Q}{V}\Big[t\Big]_0^t$$

$$\therefore -\ln\frac{C_0-C_2}{C_0-C_1}=\frac{Q}{V}t$$

$$\therefore \ln\frac{C_0-C_2}{C_0-C_1}=-\left(\frac{Q}{V}\right)t$$

$$\therefore t=\frac{\ln\left[\frac{(C_0-C_2)}{(C_0-C_1)}\right]}{-\left(\frac{Q}{V}\right)}=\frac{\ln\left[\frac{(1000-300)}{(1000-30)}\right]}{-\left(\frac{1000\text{m}^3/\text{d}}{100000\text{m}^3}\right)}=32.622=32.62\text{d}$$

$$(\because \text{유입수 농도}(C_0)=\frac{1000\text{kg/d}}{1000\text{m}^3/\text{d}\times10^{-3}}=1000\text{mg/L})$$

답 소요 시간$(t)=32.62\text{d}$

50. **400000톤의 저수량을 가진 저수지에 특정 오염물질이 사고에 의하여 유입되어 오염물 농도가 30mg/L로 되었다. 다음의 조건에서 이 오염물 농도가 3mg/L까지 감소하는 데 몇 년이 소요될 것인지 계산하시오.** [89, 95, 06. 기사]

〈조건〉 1. 오염물 유입 전에는 저수지의 오염물 함유는 없었다.
2. 오염물은 저수지 내 다른 물질과 반응하지 않는다.
3. 저수지를 CFSTR이라고 가정한다.
4. 저수지의 유역면적은 100000m^{2}이다.
5. 유역의 연평균강우량은 1200mm이다.
6. 저수지의 유입 유량은 강우량만 고려한다.

해설 물질수지식 : $V\cdot\frac{dC}{dt}=QC_0-QC-V\cdot KC$에서

유입량$(QC_0)=0$, 반응량이 수반하지 않으므로

$$\therefore V\frac{dC}{dt}=-QC$$

$$\therefore \frac{dC}{C}=-\left(\frac{Q}{V}\right)dt$$

조건 $t=0$, $C=C_1$, $t=t$에서 $C=C_2$ 이용 적분하면

$$\int_{C_1}^{C_2}\frac{dC}{C}=-\left(\frac{Q}{V}\right)\int_0^t dt$$

$$\therefore \ln\frac{C_2}{C_1}=-\left(\frac{Q}{V}\right)\cdot t$$

$$\therefore t = \frac{\ln\frac{C_2}{C_1}}{-\left(\frac{Q}{V}\right)} = \frac{\ln\frac{3}{30}}{-\left(\frac{1.2\text{m/년} \times 10^5\text{m}^2}{400000\text{m}^3}\right)} = 7.68\text{년}$$

답 소요 시간(t)=7.68년

51. 생물학적 폐수 처리 시 유기물 제거 반응이 1차 반응 속도식($r=-KC$)에 따른다면 BOD 농도를 90% 감소시키는 데 필요한 CFSTR과 PFR의 부피비를 구하여라. (단, PFR의 물질수지식은 $V \cdot \frac{dC}{dt} = -Q\frac{\partial C}{\partial x}dx + dV(-KC)$로 표현된다.) [92. 기사]

해설 ⓐ CFSTR의 경우

$$V \cdot \frac{dC}{dt} = QC_0 - QC - V \cdot KC$$

정상 상태에서 $\frac{dC}{dt} = 0$

$$\therefore V_c = \frac{Q(C_0 - C)}{KC} = \frac{Q \times (100 - 10)}{K \times 10} = \frac{9Q}{K}$$

ⓑ PFR의 경우

$V \cdot \frac{dC}{dt} = -Q \cdot \frac{\partial C}{\partial x}dx + dV(-KC)$에서

정상 상태인 경우 $\frac{dC}{dt} = 0$ $\quad \therefore dVKC = -Q\frac{\partial C}{\partial x}dx$

$$\therefore dV = A \cdot dx = -\frac{Q}{K} \cdot \frac{dC}{C}$$

조건 $x=0$에서 $C=C_0$, $x=L$에서 $C=C$ 이용 적분하면

$$A\int_0^L dx = -\frac{Q}{K}\int_{C_0}^{C}\frac{dC}{C}$$

$$\therefore AL = V = -\frac{Q}{K}\ln\frac{C}{C_0}$$

$$V_{\text{PFR}} = \frac{Q}{K}\ln\frac{C_0}{C} = \frac{Q}{K}\ln\frac{100}{10} = \frac{2.303Q}{K}$$

$$\therefore \frac{V_{\text{CFSTR}}}{V_{\text{PFR}}} = \frac{9Q/K}{2.303Q/K} = 3.908 = 3.91\text{배}$$

답 부피비$=\frac{V_{\text{CFSTR}}}{V_{\text{PFR}}}=3.91$배

52. CSTR(completely stirred tank reactor)에서 물질을 분해하여 95%의 효율로 처리하고자 한다. 이 물질은 0.5차 반응으로 분해되며, 속도상수는 $0.05(\text{mg/L})^{\frac{1}{2}}/\text{h}$이다. 유입유량은 300L/h이고, 유입농도는 150mg/L로 일정하다면 필요한 CSTR의 부피(m^3)는 얼마인가? (단, $(\text{mg/L})^{\frac{1}{2}}/\text{h}$는 단위, 반응은 정상상태이다.) [08. 기사]

해설 ⓐ 0.5차 반응 : $\dfrac{dC}{dt}=-KC^{\frac{1}{2}}$

ⓑ 물질수지식 : $QC_0=QC+V\dfrac{dC}{dt}+VKC^{\frac{1}{2}}$

정상상태에서 $\dfrac{dC}{dt}=0$

$$\therefore V=\frac{Q(C_0-C)}{KC^{\frac{1}{2}}}=\frac{0.3\text{m}^3/\text{h}\times(150-7.5)\text{mg/L}}{0.05(\text{mg/L})^{\frac{1}{2}}/\text{h}\times(7.5\text{mg/L})^{\frac{1}{2}}}=312.202=312.20\text{m}^3$$

여기서, $C=150\times(1-0.95)=7.5\text{mg/L}$

답 반응조의 부피 $=312.20\text{m}^3$

53. 체적이 1000m^3인 한 맑은 호수의 유입 및 유출유량은 $10\text{m}^3/\text{h}$이다. 이 호수에 페놀이 500kg 일시 불법투기 되었을 때 이 호수를 완전혼합 시스템으로 간주하면 페놀농도가 1mg/L가 될 때까지의 소요시간을 추정하시오. (단, 호수 내 페놀의 분해속도는 1차 반응을 기준으로 하며 분해 속도상수는 0.05/d이다.) [96. 00. 06. 기사]

해설 CFSTR 반응기인 경우 물질수지식(반응이 수반)은

$V\cdot\dfrac{dC}{dt}=QC_0-QC-VKC$에서 $C_0=0$

$$\therefore \frac{dC}{dt}=-\left(\frac{Q+VK}{V}\right)C$$

$$\therefore \frac{dC}{C}=-\left(\frac{Q+VK}{V}\right)dt$$

적분하면(조건 $t=0$에서 $C=C_1$, $t=t$에서 $C=C_2$)

$$\int_{C_1}^{C_2}\frac{dC}{C}=-\left(\frac{Q+VK}{V}\right)\int_0^t dt$$

$$\therefore \ln\frac{C_2}{C_1}=-\left(\frac{Q+V\cdot K}{V}\right)\cdot t$$

$$\therefore t = \frac{\ln\frac{1}{500}}{-\left(\frac{10\text{m}^3/\text{h}\times 24\text{h/d}+1000\text{m}^3\times 0.05/\text{d}}{1000\text{m}^3}\right)} = 21.43\text{d}$$

답 소요시간(t)=21.43d

54. 어떤 하수를 활성오니법으로 처리하기 위한 실험 결과, BOD 90% 제거하는 데 6시간의 포기가 필요하였다. BOD 반응이 1차 반응으로 된다면 같은 조건으로 BOD 95%를 제거하기 위한 포기 시간을 구하시오. (단, 상용대수 기준) [96. 기사]

해설 1차 반응식 : $\log\frac{C_t}{C_0} = -Kt$

ⓐ $K(\text{h}^{-1}) = \frac{\log\frac{10}{100}}{-6\text{h}} = 0.1667\text{h}^{-1}$

ⓑ $t(\text{h}) = \frac{\log\frac{5}{100}}{-0.1667\text{h}^{-1}} = 7.805 = 7.81\text{h}$

답 포기 시간=7.81h

55. 농업용수의 수질은 토양의 통기 및 배수 특성과 밀접한 관계를 갖는다. 농업용수 수질을 SAR값으로 평가하기 위한 어느 용소의 수질분석결과는 다음과 같다. 다음 질문에 답하시오. (수질분석결과 : Na^+=690mg/L, Ca^{++}=30mg/L, Mg^{++}=24mg/L) [96. 기사]

(가) 이 용수의 SAR값은? (단, 계산은 소수 첫째자리까지 할 것)

(나) 농업용수로 적합성은?

해설 (가) $\text{SAR} = \frac{\frac{690}{23}}{\sqrt{\frac{\frac{30}{20}+\frac{24}{12}}{2}}} = 22.678 = 22.7$

답 (가) SAR=22.7

(나) SAR 10 이상이므로 농업용수로 부적당하다.

56. 분산 플러그 흐름 반응조가 설계되고 첫 번째 시행에서 깊이가 4.57m이고 너비가 9.14m, 길이가 61m인 반응조가 얻어졌다. 반응조로의 총 흐름은 10600000L/d이고, 공기 유속 Q_a는 25m³/min−1000m³일 때 분산수 $d=\frac{D}{V\cdot L}$를 구하시오. (단, $D=3.118W^2Q_a^{0.346}$, W : 너비, L : 길이) [03. 기사]

해설 ⓐ $D=3.118\times(9.14)^2\times25^{0.346}=793.333\text{m}^2/\text{h}$

ⓑ 축방향 속도(V)$=\frac{10600\text{m}^3/\text{d}\times\text{d}/24\text{h}}{(9.14\times4.57)\text{m}^2}=10.574\text{m/h}$

$\therefore$ 분산수(d)$=\frac{D}{V\cdot L}=\frac{793.333\text{m}^2/\text{h}}{(10.574\times61)\text{m}^2/\text{h}}=1.229=1.23$

답 분산수=1.23

57. 체적이 50000m³, 평균수심이 4m인 호수로 유입수와 유출수가 각각 7000m³/d씩 동일하게 유출입하고 있다. 호수로의 오염원이 아래와 같고 오염물질의 분해계수가 0.25/d 일 때 정상 상태에서의 오염물질의 농도를 구하시오. [04. 기사]

- 공장으로부터의 오염부하량 : 40kg/d
- 대기로부터 호수면으로의 낙하부하량 : 0.2g/m² · d
- 유입수의 오염물질 농도 : 5mg/L

해설 ⓐ $QC_0=QC+V\frac{dC}{dt}+VKC$에서 정상상태이므로 $\frac{dC}{dt}=0$

$\therefore QC_0=(Q+VK)C$

$\therefore C=\frac{QC_0}{Q+VK}$

ⓑ 유입량=공장배수량+낙하부하량+유입 오염물질량

$=40\text{kg/d}\times\frac{10^3\text{g}}{\text{kg}}+0.2\text{g/m}^2\cdot\text{d}\times12500\text{m}^2+(5\times7000)\text{g/d}=77500\text{g/d}$

여기서, $A=\frac{V}{H}=\frac{50000\text{m}^3}{4\text{m}}=12500\text{m}^2$

$\therefore C=\frac{77500\text{g/d}}{(7000+50000\times0.25)\text{m}^3/\text{d}}=3.974=3.97\text{mg/L}$

답 오염물질의 농도=3.97mg/L

58. CFSTR이 직렬로 연속 3개가 연결되어 있다. 유입 BOD의 농도가 180mg/L, 유량이 $0.2m^3/min$, 1차 반응 속도상수가 $0.2h^{-1}$일 때 세 반응기의 체류시간의 합과 부피의 합을 구하시오. (단, 3개의 반응조를 거쳐 나오는 유출 BOD의 농도는 7.5mg/L이고 반응조는 동일한 크기이다.) [05. 기사]

해설 ① $\frac{C_3}{C_0}=\left(\frac{1}{1+kt}\right)^3$에서

$$\frac{7.5}{180}=\left(\frac{1}{1+0.2t}\right)^3$$

$$\therefore \left(\frac{7.5}{180}\right)^{\frac{1}{3}}=\frac{1}{1+0.2t}$$

$$\therefore 1+0.2t=\left(\frac{180}{7.5}\right)^{\frac{1}{3}}$$

$$\therefore t=\frac{\left(\frac{180}{7.5}\right)^{\frac{1}{3}}-1}{0.2}=9.422\text{h}$$

∴ 체류시간의 합 $=9.422\text{h}\times 3=28.267=28.27\text{h}$

② 부피의 합$(V)=Q\cdot t=0.2\text{m}^3/\text{min}\times 28.267\text{h}\times\frac{60\text{min}}{\text{h}}=339.204=339.20\text{m}^3$

답 ① 체류시간의 합 $=28.27\text{h}$

② 부피의 합 $=339.20\text{m}^3$

59. 완전혼합반응조(CFSTR)에서 물질을 분해하여 95%의 효율로 처리하고자 한다. 이 물질은 1차 반응으로 분해되며 속도상수는 0.1/h이다. 유입 유량은 300L/h이고 유입 농도는 150mg/L로 일정하다. 정상상태에서의 물질수지를 취하여 요구되는 CFSTR 반응조의 부피(m^3)를 구하시오. [08. 기사]

해설 물질수지식 : $QC_0=QC+V\frac{dC}{dt}+VKC$

정상상태에서 $\frac{dC}{dt}=0$

$$\therefore V=\frac{Q(C_0-C)}{KC}=\frac{0.3\times(150-7.5)}{0.1\times 7.5}=57\text{m}^3$$

답 CFSTR 반응조의 부피 $=57\text{m}^3$

60. CSTR(continuous flow stirred tank reactor)에서 물질을 분해하여 95%의 효율로 처리하고자 한다. 이 물질은 1차 반응으로 분해되며, 속도상수는 0.05/h이다. 유입 유량은 300L/h이고, 유입 농도는 150mg/L이라면 필요한 CSTR의 부피(m^3)를 구하시오. (단, 반응은 정상상태이다.) [09. 기사]

해설 물질수지식 : $QC_0 = QC + V\dfrac{dC}{dt} + VKC$

정상상태에서 $\dfrac{dC}{dt} = 0$

$$\therefore V = \frac{Q(C_0 - C)}{KC} = \frac{0.3 \times (150 - 7.5)}{0.05 \times 7.5} = 114\text{m}^3$$

답 CSTR의 부피 $= 114\text{m}^3$

61. 반감기가 2h인 세균이 1차 반응식에 따라 감소된다고 할 때 초기에 세균수가 1000/mL이면 10/mL가 될 때까지 소요되는 시간은? [01, 04. 기사]

해설 속도상수(K)를 구한다.

$$\ln\frac{50}{100} = -K \times 2\text{h}$$

$$\therefore K = \frac{\ln\dfrac{50}{100}}{-2\text{h}} = 0.3466\text{h}^{-1}$$

$$\therefore t = \frac{\ln\dfrac{10}{1000}}{-0.3466\text{h}^{-1}} = 13.287 = 13.29\text{h}$$

답 소요시간 $= 13.29\text{h}$

62. 호수 바닥에 정사각형 덫을 설치하여 유기탄소의 퇴적률 실험을 하였다. 덫의 규격은 1m×1m이고 10일 동안 채취한 유기탄소의 양은 20g이었으며 호수물 속의 유기탄소 농도는 0.5mg/L일 때 호수에서 유기탄소가 침강하는 속도(m/d)는 얼마인가? [08. 기사]

해설 ⓐ 양 = 농도 × 유량 = 농도 × 면적 × 침강속도

ⓑ 침강속도 $= \dfrac{20\text{g}/10\text{d}}{0.5\text{g/m}^3 \times 1\text{m}^2} = 4\text{m/d}$

답 침강속도 = 4m/d

63. 어떤 물질의 반응에서 농도 변화를 알고자 한다. 특성 반응상수 a=0.052/h이고 속도 상수 k=0.095/h인 지연 모델에 의해 시작되는 한 소멸반응이 관찰되었다. 5시간 후 반응물의 농도 감소는 몇 %인가? (단, 반응의 일반식은 $\dfrac{dC}{dt} = -\dfrac{k}{1+at} \cdot C$ 이다.) [02. 04. 기사]

해설 주어진 식 $\dfrac{dC}{dt} = -\dfrac{k}{1+at} \cdot C$에서

$1+at=x$로 치환하고 양변은 미분하면

$adt=dx$

$\therefore\ dt = \dfrac{1}{a} \cdot dx$

$\therefore\ \dfrac{dC}{dt} = -\dfrac{k}{1+at} \cdot C$

$\therefore\ \dfrac{dC}{C} = -\dfrac{k}{a \cdot x} \cdot dx$

조건 $x=1(t=0)$에서 $C=C_0$, $x=at+1(t=t)$에서 $C=C_t$를 이용 적분하면

$$\Big[\ln C\Big]_{C_0}^{C_t} = -\frac{k}{a}\Big[\ln x\Big]_1^{at+1}$$

$\therefore\ \ln\dfrac{C_t}{C_0} = -\dfrac{k}{a}\ln(at+1) = -\dfrac{0.095}{0.052} \cdot \ln(0.052 \times 5+1) = -0.4222$

$\therefore\ C_t = C_0 \times e^{-0.4222}$에서

C_0를 100으로 간주하면

$C_t = 100 \times e^{-0.4222} = 65.56$

$\therefore$ 반응물의 농도 감소율(%) $= \dfrac{100-65.56}{100} \times 100 = 34.44\%$

답 반응물의 농도 감소율 = 34.44%

제 2 장

수질오염 방지기술

제1절 물리적 · 화학적 처리

1 폐수 처리 계획

(1) 폐수 처리 계통 중 도시 폐수 처리 공정의 순서

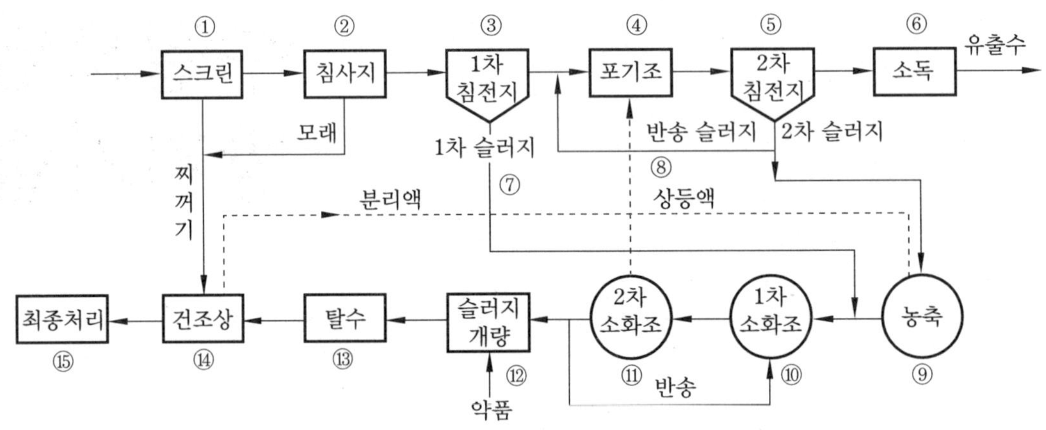

도시하수처리 계통도

(2) BOD 계산식

① BOD 부하량(kg/d)=BOD 농도(mg/L=g/m^3)×유량(m^3/d)×10^{-3}kg/g

=인구당량(g/인 · d)×인구수(인)×10^{-3}kg/g

② $\text{BOD 농도(mg/L)} = \dfrac{\text{BOD량(kg/d)}}{\text{유량}(m^3/d)\times 10^{-3}} = \dfrac{\text{인구당량(g/인 · d)}\times\text{인구수(인)}}{\text{유량}(m^3/d)}$

2 물리적 처리 공법(스크린, 침사지)

(1) 스크린의 설계

① 설치 각도는 일반적으로

- 기계식 조작으로 청소시는 크게(수평에 대해 70° 전후)
- 인력으로 청소시는 적게(수평에 대해 45~60°)
- 유속이 완만한 곳은 완만하게 한다.

② Kirschmer의 screen 설치부 손실수두 계산 공식

$$h_r=\beta\sin\alpha\left(\frac{t}{b}\right)^{\frac{4}{3}}\cdot\frac{V^2}{2g}$$

여기서, h_r : 스크린에 의한 손실수두 (m)　　β : 스크린봉의 형상계수
α : 수평면에 대한 스크린 설치 각도　　t : 스크린의 막대 굵기(cm)
b : 스크린의 유효 간격(cm)　　V : 통과 유속(m/s)
g : 중력 가속도(9.8m/s^2)

(2) 침사지의 설계

① 침사지의 설계

㈎ 평균 유속 : 0.1~0.3m/s(최대 1m/s)

㈏ 소류 속도 : 0.225m/s로 유지, 침전물이 씻겨나지 않도록 함

㈐ 체류 시간 : 30~60s

㈑ 수심 : 3~4m

㈒ 길이는 폭의 3~5배

㈓ 유효 길이는 10~20m 정도(전후에 3~6m 정도의 여유를 둠)

② **소류 속도(scouring velocity)** : 수평 방향의 유체 이동에 따라 침강되는 고형물이 씻겨 나가는 속도로서 계산식은 다음과 같다.

$$V_C=\left(\frac{8\beta gd(s-1)}{f}\right)^{\frac{1}{2}}$$

여기서, V_C : 소류속도(cm/s)　β : 상수(모래인 경우 0.04)　g : 중력 가속도(980cm/s^2)
s : 입자의 비중　　d : 입자의 지름(cm)
f : Darcy−weisbach 마찰계수(콘크리트 재료의 경우 0.03)

③ **수면적 부하**(m^3/m^2 · h)$=\dfrac{Q}{A(=L\times B)}$

$$\therefore A(\text{침사지 수면적})=\frac{Q}{\text{수면적 부하}}$$

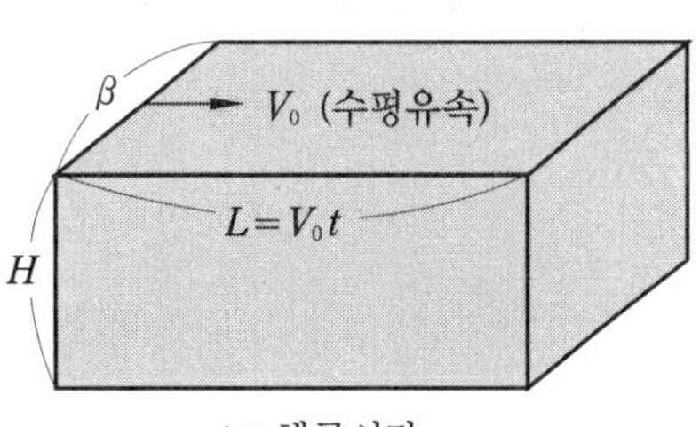

t : 체류시간

④ **체류 시간**(t)$=\dfrac{V(\text{체적})}{Q(\text{유량})}$

여기서, 침사지의 유효길이$(L)=V_0\cdot t$

$$=V_0\times\frac{A\cdot H}{A\cdot V_S}=V_0\times\frac{H(\text{높이})}{V_s(\text{입자의 침강속도})}$$

⑤ **침사지의 유효 수심(effective height)**

$$H=\frac{V_S \cdot L}{V_0}$$

3 침전(sedimentation)

(1) 침전의 종류

① **독립 침전(=분리 침전(discrete setting))** : 침전되는 입자가 각기 개별성을 유지, 즉 다른 입자와 결합하지 않는다. 따라서 입자의 물리적 성질(크기, 모양, 비중)은 침전하는 과정 동안 변하지 않는다. 독립 침전은 스토크의 법칙(stokes law)이 적용되며 주로 침사지 내의 모래 입자 침전이 분리 침전의 대표적인 예이다.

(가) stokes 법칙 : 수중에서 입자의 침강 속도는 부유 고형물의 입경의 제곱에 비례하고 물과 고형물의 비중차에 비례하며 점성도에 반비례한다.

즉, $V_S=\frac{g(\rho_s-\rho_w)d^2}{18\mu}$ (독립 입자이고 $R_e<1$일 경우 성립)

여기서, V_S : 침강 속도(=종속도)(m/s, cm/s)
μ : 유체의 점성계수(kg/m · s, g/cm · s=poise)
g : 중력 가속도(9.8m/s^2, 980cm/s^2)
ρ_s : 입자의 밀도(kg/m^3, g/cm^3)
ρ_w : 유체의 밀도(kg/m^3, g/cm^3)
d : 입자의 지름(m, cm)

(나) stokes law의 증명 유도식

ⓐ 입자의 침강력(중력)

$$F_g=g(\rho_s-\rho_w)V \quad \cdots\cdots ①$$

여기서, F_g : 입자의 유효중력(sedimentation force), ρ_s : 입자의 밀도
ρ_w : 유체의 밀도, V : 입자의 체적$\left(=\frac{\pi d^3}{6}\right)$

ⓑ 중력에 의한 폐수의 저항력(마찰항력)

$$F_D=\frac{1}{2}\cdot C_D \cdot A \cdot \rho_w \cdot V_S^2 \quad \cdots\cdots ②$$

여기서, F_D : 폐수의 마찰 저항력(drag force), C_D : 저항력 계수(drag coefficient)

A : 입자의 투영 단면적$\left(=\dfrac{\pi d^2}{4}\right)$

ⓒ 등속 침강(중력과 저항력이 같을 때)이 일어날 경우 : 입자의 중력이 액체의 부력이나 마찰 저항과 평형을 이룬 상태에서 입자는 종말 침강 속도(terminal settling velocity)라고 불리우는 일정한 침강 속도에 도달한다.

즉, $F_g = F_D$

$$\therefore g(\rho_s - \rho_w)V = \frac{1}{2} C_D \cdot A \cdot \rho_w \cdot V_S^2$$

여기서, $A = \dfrac{\pi d^2}{4}$, $V = \dfrac{\pi d^3}{6}$을 위의 식에 대입하여 풀면

$$V_S = \sqrt{\frac{2g(\rho_s - \rho_w)V}{C_D \cdot A \cdot \rho_w}} = \sqrt{\frac{4g(\rho_s - \rho_w)d}{3C_D \cdot \rho_w}} \quad \cdots\cdots ③$$

이 식은 뉴턴의 법칙(Newton's law)이다.

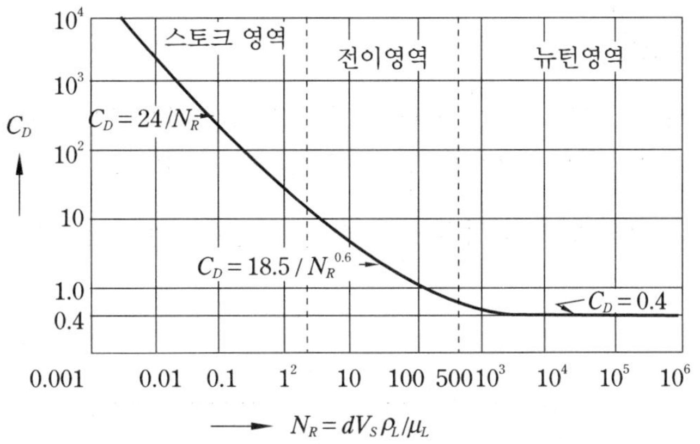

구형 입자에 대한 저항력 계수의 상관 관계

구형 입자의 경우 저항력 계수 C_D는 Reynolds 수(R_e)와 관계가 있다.

$$R_e = \frac{\rho_w V_S d}{\mu}$$

여기서, d : 입자의 지름, V_S : 종말 침강속도, μ, ρ_w : 유체의 점도와 밀도

③식에 $C_D = \dfrac{24}{R_e} = \dfrac{24\mu}{\rho_w V_S d}$를 대입하여 정리하면

$$V_S = \frac{g(\rho_s - \rho_w)d^2}{18\mu} \quad \cdots\cdots ④$$

㈐ 이상 침전지(sedimentation) 개념 : Hazen과 Camp가 개발한 이 개념은 침전조의 설계에 사용되는 관계식을 구하기 위한 기초가 된다.

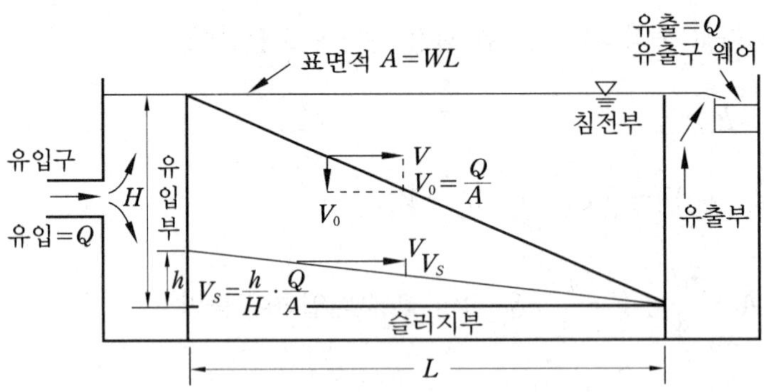

침전효율 설명도

ⓐ 관류 속도(flow−through velocity)

$$V = \frac{Q}{A'} = \frac{Q}{W \times H}$$

여기서, V : 관류 속도(m/s), Q : 유량(m^3/s), A' : 침강 지역의 수직 단면적, W : 침전 지역의 폭(m), H : 침전 지역의 수심(m)

ⓑ 침강 속도 : 분리 침전의 경우 침강 속도는 어떤 특정 침전 경로에 대해서도 일정하다.

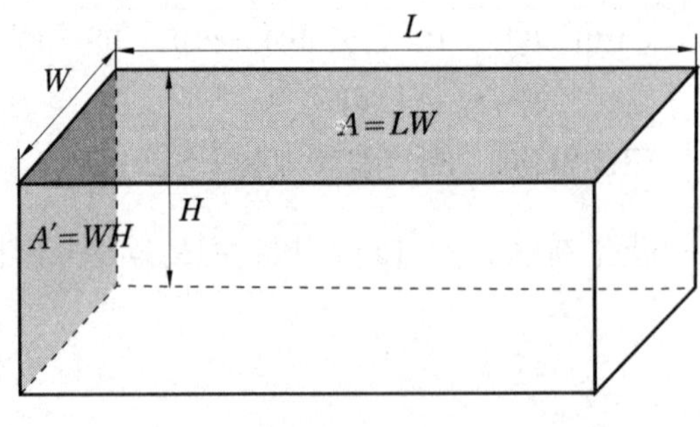

침전 지역의 모형

• 침전지에 침전하는 오탁 부하량과 침전지의 수평 단면적과의 관계식

수면적 부하$(V_0) = \dfrac{Q}{A}$ 　여기서, Q : 유량, A : 침전지의 수면적$(L \times W)$

유입하는 입자를 100% 제거할 수 있는 조건

$$V_S \geq \frac{Q}{A}$$

여기서, V_S : 입자의 침강 속도

- 입자의 침전 효율 구하는 식

$$E = \frac{V_S}{V_0} = \frac{V_S}{\frac{Q}{A}}$$

여기서, E : 침전 처리 효율,

$\frac{Q}{A}$: 표면 부하율, 익류율(over-flow rate)

Q : 유량(m^3/d), A : 침전부의 표면적(m^2)

- 경사판에 의한 유효 분리 면적

침전 효율을 높이기 위하여 침전조에 경사판을 설치하여 유효 분리 면적을 증가시킨다.

$$\text{유효 분리 면적}(m^2) = n\cos\theta A$$

여기서, n : 경사판의 맷수, θ : 경사각, A : 경사판의 면적

- 월류 부하(over flow-rate) 구하는 식

$$\text{월류 부하}(m^3/m \cdot d) = \frac{Q}{L}$$

여기서, L : 침전조의 월류 길이(=weir 길이)

- 체류 시간(retention time) 구하는 식

$$\text{체류 시간}(t) = \frac{V}{Q}$$

여기서, V : 침전조의 유효 용적(m^3),

Q : 원폐수량(m^3/d)

② **응결 침전(flocculent settling) :** 침강하는 동안 입자가 서로 응결(flocculation)하여 입자가 점점 커져 침전속도가 점점 증가해 가라앉는 침전이다.

③ **지역 침전(zone settling)** : 고형 물질의 농도가 높은 경우인 최종 침전조에서 입자가 서로 접하게 되면 상호 인력에 의해 부착되어 겉보기 비중이 커져 침강 속도가 증가해 고형물질인 floc과 폐수 사이에 경계면을 일으키면서 침전할 때, floc의 밑에 있는 물이 floc 사이로 빠져나가면서 동시에 작은 floc이 부착해 동시에 가라앉는 침전이다. 이 때 빠져나간 물이 상승하면서 작은 floc이 침강하는 것을 방해하기도 한다.

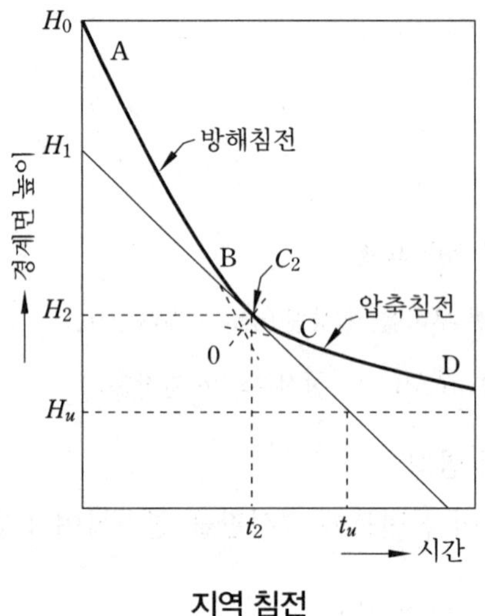

지역 침전

그림에서
- A~B : 부유물과 액체 경계면의 방해 침전
- B~C : 압축 침전으로 들어가기 전의 전이 구역으로 침전 속도가 감소되기 시작
- C~D : 압축 침전으로서 슬러지의 농축

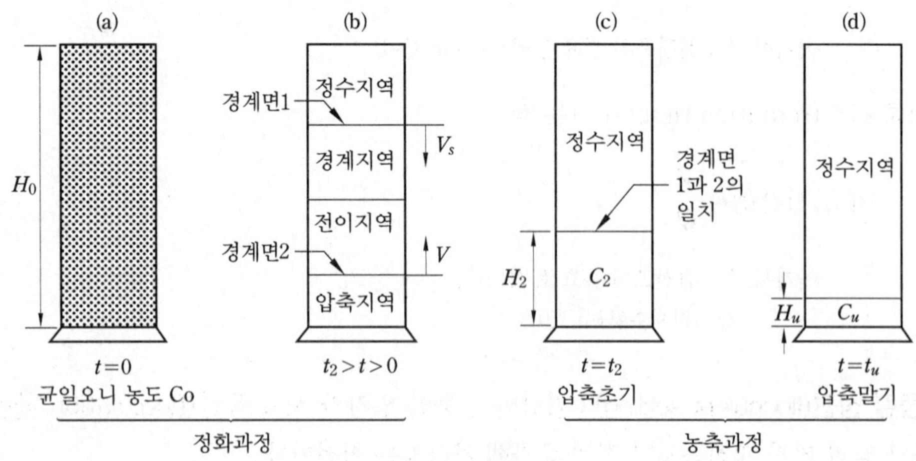

지역 침강

(가) 오니 청등화에 필요한 최소 수면적의 결정

$$A_C = \frac{Q}{V_S}$$

여기서, A_c : 청등화에 요구되는 최소 표면적

V_S : 지역 침강 속도(zone settling velocity : ZSV) ; 임계 농도 C_2에 도달하기 전에 현탁액이 침전하는 속도에 해당하며 그림의 접선 AB의 경사로 구해진다.

즉, $V_S = \frac{\text{OA}}{\text{OB}} = \frac{H_0}{t}$

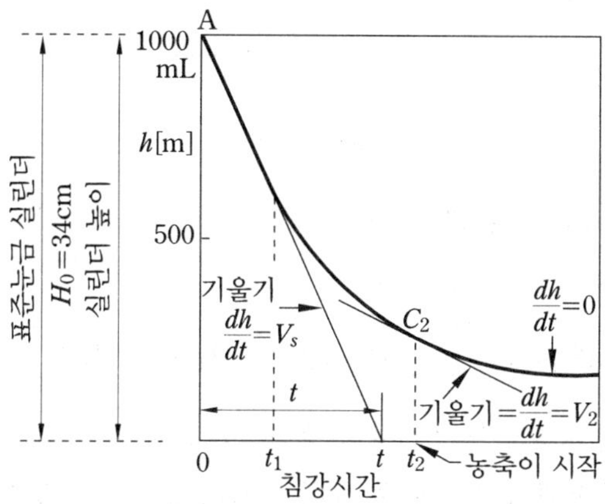

오니 침강 곡선

(나) 오니 농축에 요구되는 최소 표면적 결정 : 실험 초기에서 C_0는 실린더 전체에 걸쳐 균일한 농도라고 하면 이 때 실린더 내의 고형물의 전중량은 C_0AH_0이며 여기서 A는 실린더의 단면적이다. t_2를 실험초부터 측정되는 경계 및 농축 지역이 합쳐질 때의 시간이라고 하면 C_2는 접선 AB와 CD가 만나서 이루는 각을 양분함으로써 구할 수 있고 이 중절선이 침강곡선과 만나는 점의 수평좌표가 t_2이다.

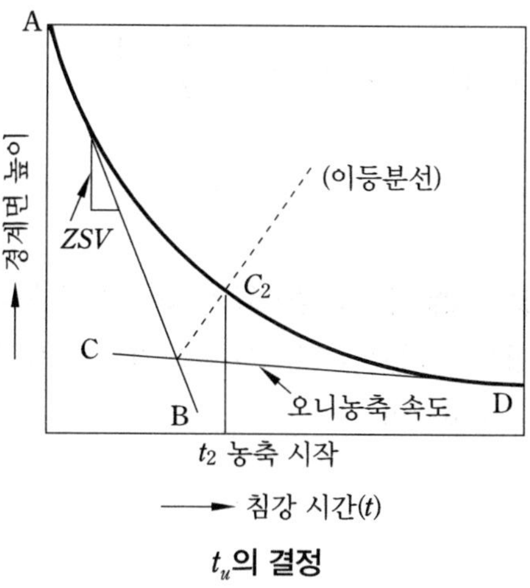

t_u의 결정

이제 농축의 과정을 고려해 보면 농축의 초기 시간 t_2, 오니 지역의 SS 농도 C_2, 오니 지역의 높이는 H_2이다. 농축의 말기의 농축 오니는 요구되는 농도 C_u에 도달하며 이때의 시간을 t_u, 오니 지역의 높이는 H_u이다. 실린더 내의 오니의 전질량은 일정하므로, 다음의 물질수지식을 청등수지역 내의 부유 물질량을 무시하고 다음과 같이 쓸 수 있다.

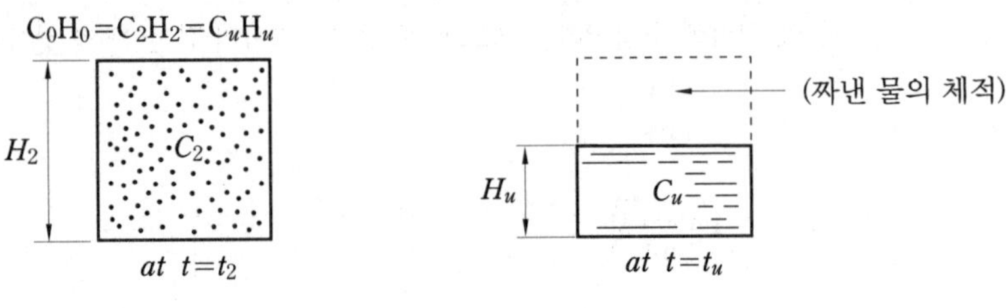

농축 과정

또, t_u를 결정하는 방법은 다음과 같다.

1. C_2에서 침강 곡선에 접선을 그린다.
2. 물질수지식으로부터 $H_u=\dfrac{H_0C_0}{C_u}$를 이용하여 H_u를 구한다.
3. H_u로부터 C_2와 접선과의 교점까지 수평점선을 그린다.
4. 위의 두 선의 교차점에서 수직선을 그어 시간축과 만나는 점이 t_u이다.

그러므로 농축이 요구되는 최소 면적(A_t)은 다음과 같이 구한다.

$$\text{초기 유입량}(Q\cdot C_0)=\text{농축된 양}(Q'\cdot C_u)$$

여기서, 농도 C_u층이 형성될 때의 평균 유량(Q')은 $\dfrac{H_uA_t}{t_u}$이다.

$$\therefore\ Q\cdot C_0=\frac{C_u\cdot H_u\cdot A_t}{t_u}$$

여기서, $C_u\cdot H_u=C_0\cdot H_0$이므로 $Q\cdot C_0=\dfrac{C_0\cdot H_0\cdot A_t}{t_u}$

$$\therefore\ A_t=\frac{Q\cdot t_u}{H_0}$$

④ **압축 침전(compression settling)** : 고형물질의 농도가 아주 높은 농축조에서 슬러지 상호간에 서로 압축하고 있어 슬러지는 하부의 슬러지를 서서히 누르면서 하부의 물을 상부로 보내어 분리시키는 침전이다.

4 부상법(flotation)

(1) 정의

부상법은 액상(liquid phase)에서 저밀도 고형분이나 액상 미립자를 분리시키는 방법이다.

(2) 원리

기포(보통 공기) 거품을 액상으로 주입시킴으로써 분리가 이루어진다. 용액 속에 공기가 포화되도록 충분한 공기로 30~60psia(2~4 기압)의 작동 압력으로 액상에 압력을 가한다. 그리고 나서 감압밸브를 통해 이 포화액을 대기압으로 감압시킨다. 이 압력 강하로 인하여 미세기포가 용액으로부터 방출된다.

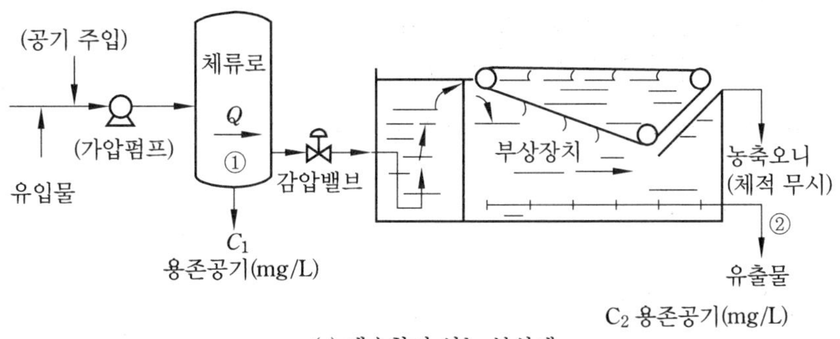

(a) 재순환이 없는 부상계

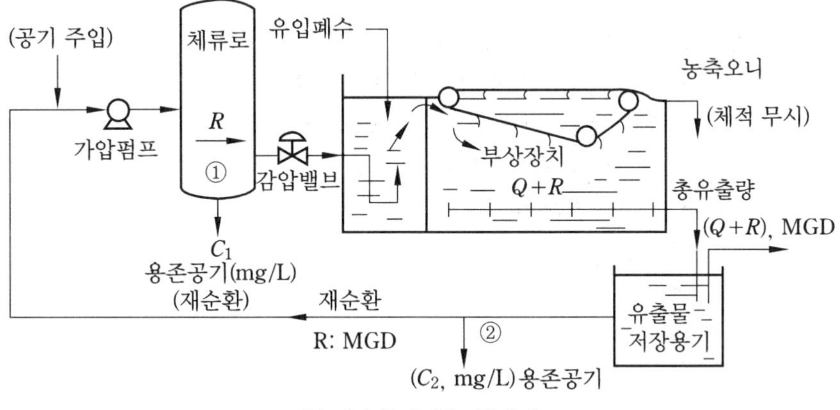

(b) 재순환이 있는 부상계

부상 system

(3) 계산식(설계 공식)

① Stokes 법칙에 따른 부상 속도 계산식

$$V_f = \frac{g(\rho_w - \rho_s)d^2}{18\mu}\ [\mathrm{m/s}]$$

여기서, μ : 폐수 점성도(kg/m · s)
ρ_w : 폐수 비중(kg/m^3)
ρ_s : 고형물 비중(kg/m^3)
d : 고형물 지름(m)

② 매개 변수 A/S 비 : 부상 시스템의 설계에 있어 보통 사용되는 기본적인 매개 변수는 공기 대 고형분의 비를 나타내는 무차원수 $\left(\frac{A}{S}\right)$이다.

$$\frac{A}{S} = \frac{\text{감압으로 방출된 공기량(kg/d)}}{\text{유입물 속의 고형분(kg/d)}}$$

즉, 공기/고형물의 비(Air/Solids)는 다음과 같이 구한다.

$$\frac{A}{S} = \frac{1.3S_a(f \cdot p - 1)}{S}$$

가압수의 반송이 있는 경우

$$\frac{A}{S} = \frac{1.3S_a(f \cdot p - 1)}{S} \cdot \frac{R}{Q}$$

여기서, 1.3 : 공기의 밀도(mg/cm^3, mg/mL)
S_a : 1기압, t[℃]때 공기의 용해도(cm^3/L, mL/L)
f : 포화 상태에 대한 공기의 용해비(0.5가 대표적)
P : 가압탱크 내의 압력(atm)
S : 고형물 농도(mg/L)
$\frac{R}{Q}$: 반송률

5 여과(filtration)

(1) 정의

여과는 공극(空隙)이 있는 매질층(媒質層)을 통하여 물을 통과시켜서 부유물을 제거하는 방법으로 여과제(medium)로서는 모래(sand), 무연탄(anthracite), 규조토(diatomaceous-earth), 혹은 세밀히 짜여진 섬유가 사용된다.

(2) 급속여과와 완속여과의 비교

① 일반사항(장 · 단점)

내용	완속여과	급속여과
여과속도	4~5m/d	20~150m/d
약품 처리	–	필수조건이다.
세균 제거율	크다	작다
손실수두	작다	크다
건설비	크다	작다
유지관리비	적다	많다(약품사용)
수질과의 관계	저탁도에 적합	고탁도, 고색도, 조류가 많을 때
여재세척	시간과 인력이 소요	자동 제어 시설로 적게 든다.

② 구조 및 기능

내용	완속여과	급속여과
모래층 두께	70~90cm	60~70cm
지의 깊이	2.5~3.5m	2.5~3.0m
자갈층(砂利層) 두께	40~60cm	30~50cm
세균 제거율	98~99.5%	95~98%
사상심도(砂上水深)	1m	1m

(3) 여과지의 수리(水理)

① 여과속도$(V)=\dfrac{Q[m^3/h]}{A[m^2]}$

여기서, V : 여과속도(m/h), Q : 여과 수량(m^3/h), A : 여과 면적(m^2)

② 유효경(有效經 : effective size)과 균등계수(均等係數)

$$균등계수(U)=\frac{d_{60}}{d_{10}}$$

여기서, d_{10} : 10%를 통과시킨 체눈의 크기(유효경), d_{60} : 60%를 통과시킨 체눈의 크기

균등계수 U가 1에 가까울수록 입도분포가 양호하고 1을 넘을수록 입도분포가 불량하다.

유효경이 작을수록, 즉 입경이 작을수록 세균이나 부유 물질의 제거 효과는 좋지만 폐색이 잘 되고 균등계수가 클수록 소립(小粒)과 대립(大粒)의 혼합차가 크며 모래의 공극률이 작아지고 여과 저항이 증대된다.

유효경 0.3~0.45mm, 최대경 2.00mm, 균등계수 2.0 이하로 규정하고 있다.

6 흡착(adsorption)

(1) 정의

용액 중의 분자가 물리적 혹은 화학적 결합력에 의하여 고체 표면에 붙는 현상으로 이때 들어붙는 분자를 피흡착제(adsorbate), 분자가 들어올 수 있도록 표면을 제공하는 물질을 흡착제(adsorbent)라 한다.

① **화학적 흡착 (chemisorption)** : 흡착제와 피흡착제 간의 결합이 대단히 강한 경우, 즉 비가역적인 흡착이다.

② **물리적 흡착** : 결합이 약한 경우, 즉 가역적인 흡착이다.

(2) 흡착 등온식(adsorption isotherm)

흡착제와 흡착질 사이의 평형 관계는 흡착 등온식(adsorption isotherm)으로 설명할 수 있다.

① **Freundrich 등온 공식**

$$\frac{X}{M}=KC^{\frac{1}{n}}$$

여기서, $\frac{X}{M}$: 흡착제 단위 무게당 흡착된 흡착제의 양

C : 흡착이 평형 상태에 도달했을 때 용액 내에 남아 있는 피흡착제의 농도

K, n : 경험적인 상수

앞의 식은 양변에 대수를 취함으로써 선형으로 다시 나타내면 다음과 같다.

$$\log\left(\frac{X}{M}\right)=\frac{1}{n}\log C+\log K$$

여기서, $\frac{X}{M}$와 C 사이의 대수 그래프가 직선이 되며, 그 기울기와 절편으로부터 변수 n과 K를 구할 수 있다.

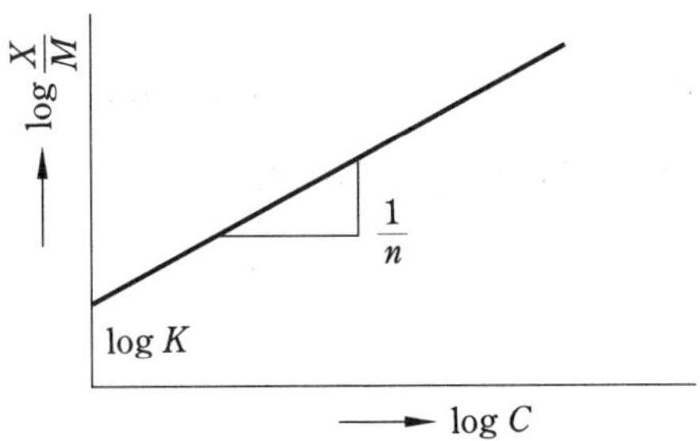

② **Langmuir 등온 공식** : Langmuir 등온선은 용질이 흡착제 표면에 단분자층으로 흡착된다고 가정한다. Langmuir 등온선은 가장 보편적으로 이용되는 흡착 등온선으로 다음 관계식으로 나타낸다.

$$\frac{X}{M}=\frac{abC}{1+bC}$$ 여기서, a, b : 경험적인 상수

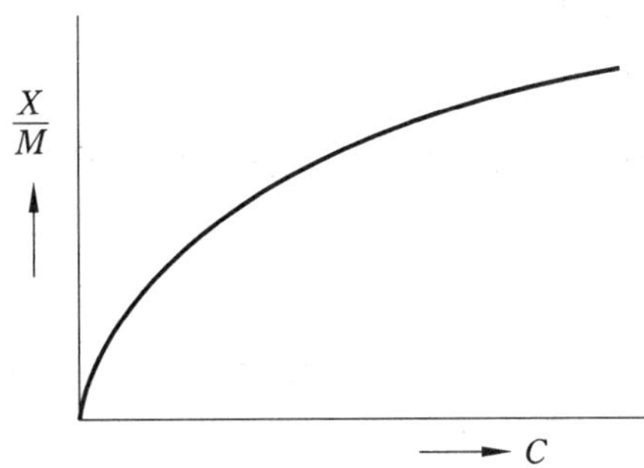

Langmuir식은 다음과 같은 함수식으로 표시하면 직선 그래프를 얻을 수 있고 그래프의 절편과 기울기로부터 상수 a, b를 구한다.

$$\frac{C}{X/M}=\frac{1}{a}C+\frac{1}{ab}$$

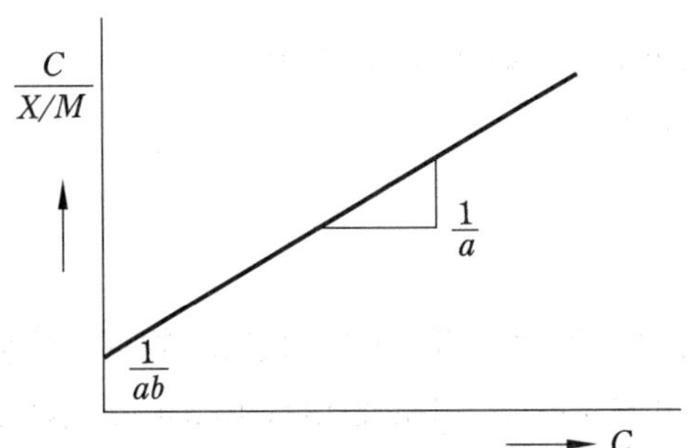

7 중화(neutralization)와 균등화(equalization)

(1) 정의

산성과 염기성을 반응시켜 염과 물을 생성하는 화학 반응으로 화학적 처리법에 주로 이용되는 것으로 여기서 중화란 pH7로 한다는 의미보다는 광의적으로 pH 조정을 의미한다.

(2) 중화제(中和劑)

① 산중화제(酸中和劑)

- 종류 : NaOH, Na_2O_3, CaO, $Ca(OH)_2$, $CaCO_3$, $CaMg(CO_3)_2$
- 적용 : 광산 폐수, 제련소, 금속 표면 처리 공장 등 산성폐수
- 비교 : NaOH와 Na_2CO_3은 산과 반응 속도가 빠르고 슬러지 생산량이 적으나 값이 비싸다. 석회(CaO, $Ca(OH)_2$, MgO, $CaCO_3$ 등)는 값이 싸서 일반적으로 많이 사용되나 반응 속도가 느리고 슬러지량이 많이 생기는 단점이 있다.

② 알칼리 중화제(alkali 中和劑)

- 종류 : H_2SO_4, HCl, CO_2 gas
- 적용 : 제지공업, 피혁공업, 석유정제공업 등 알칼리 폐수

(3) 폐수의 중화 방법

① 공장 내에 유용한 산성 및 알칼리성 폐류(waste stream)를 혼합하는 균등화(equalization)

② 알칼리성 및 산성 폐수를 중화시키기 위해 산이나 염기를 첨가하는 직접 pH 조절법

(4) 직접 pH 조절법 : 직접 pH 조절법에 의한 산성 폐수의 중화

산성 폐수를 직접 중화시키는 다음 방법이 가장 보편적으로 사용된다.

① 석회석층(limestone bed)법

② 슬러리 석회 중화법(slurried lime neutralizallzation)

③ 가성소다(NaOH) 중화법

④ 탄산나트륨 중화법

⑤ 암모니아 중화법

여기에서 석회석층은 H_2SO_4의 농도가 0.6% 이상일 때에는 사용되어서는 안 된다. 이유는 석회석이 $CaSO_4$의 불용성 막으로 덮히게 되어 비효율적으로 되고 CO_2의 방출로 포말

형성의 문제가 야기되기 때문이다.

(5) 알칼리성 폐수의 중화

원리상으로 알칼리성 폐수의 중화에는 어떠한 강산도 사용될 수 있다. 비용을 고려할 때 황산(가장 보편적)과 염산으로 제한된다. 반응은 순간적으로 일어난다.

14% 이상의 CO_2를 포함한 연도 가스(flue gas)가 알칼리성 폐수의 중화에 사용된다. 폐수 속으로 포기시키면 CO_2는 염과 반응하여 탄산을 형성한다. 반응 속도는 느리나 pH를 7이나 8 이하로 조절할 필요가 없다면 충분하다.

(6) 중화에 사용되는 계산식

① 수소 이온 농도 지수(pH)

$pH = -\log[H^+]$

$pOH = -\log[OH^-]$

$pH + pOH = 14$

$\therefore\ pH = 14 - pOH = 14 - (-\log[OH^-]) = 14 + \log[OH^-]$

② 중화 적정식

$$NV = N'V'$$

여기서, N : 산의 규정 농도(노르말 농도), V : 산의 부피
N' : 알칼리의 규정 농도, V' : 알칼리의 부피

③ 혼합 공식

㈎ 액성이 같은 경우(산+산, 알칼리+알칼리)

$$NV + N'V' = N''(V + V')$$

여기서, N'' : 혼합 후의 규정 농도

㈏ 액성이 다른 경우(산+알칼리)

$$NV - N'V' = N''(V + V')$$

여기서, NV : 함량이 높은 쪽의 규정 농도, 부피
$N'V'$: 함량이 낮은 쪽의 규정 농도, 부피

④ 완충 방정식의 유도

㈎ 완충 용액(buffer solution) : 혼합 용액에 약간의 산이나 염기를 가해도 혼합액의

pH 값이 변하지 않는 용액을 말한다.

(나) 전리상수(K) : 산(acid)은 물과 반응하여 H_3O^+(hydronium ion) 및 H^+(hydrogen ion)을 생성하는 물질로서 평형상수 K_a(mol/L)를 산해리정수 또는 전리상수라고 한다.

$$HA(\text{산}) \rightleftarrows H^+ + A^-$$

위의 반응식을 평형식으로 나타내면 다음과 같다.

$$K_a = \frac{[H^+][A^-]}{[HA]}$$

알칼리(base)는 물 및 산으로부터 H^+을 받거나 물에서 OH^-(hydroxygen ion)을 생성하는 물질로서 약알칼리인 NH_3가 대표적인 완충 용액 물질이다.

$$NH_3 + H_2O \rightleftarrows NH_4{}^+ + OH^-$$

위의 반응식을 평형식으로 나타내면 다음과 같다.

$$K_b = \frac{[NH_4{}^+][OH^-]}{[NH_3][H_2O]} \text{ 또는 } K_b = \frac{[NH_4][OH^-]}{[NH_3]}$$

여기서, H_2O에 대한 활성 개념은 너무 커서 무시한다. 평형상수 K_b를 알칼리 해리정수 또는 전리상수라고 한다.

(다) 완충 방정식의 예

$$CH_3COOH \rightleftarrows CH_3COO^- + H^+ \text{(약하게 전리)} \cdots\cdots ①$$

$$CH_3COOK \rightleftarrows CH_3COO^- + K^+ \text{(강하게 전리)} \cdots\cdots ②$$

②식에서 CH_3COOK가 거의 완전히 해리가 되므로 CH_3COO^-농도는 거의 CH_3COOK의 농도에 가깝게 된다. 즉, $[CH_3COOH] \simeq [CH_3COOK]$이다.

그러므로 ①식에 있어서

$$K_a = \frac{[CH_3COOK][H^+]}{[CH_3COOH]} \cdots\cdots ③$$

이 식을 $[H^+]$에 대하여 정리하고 양변에 $-\log$를 취하면

$$-\log[H^+] = -\log K_a + \log\frac{[CH_3COOK]}{[CH_3COOH]}$$

$$\therefore pH = pK_a + \log\frac{[CH_3COOK]}{[CH_3COOH]} \cdots\cdots ④$$

그러므로 완충 방정식의 형태는 다음과 같다.

$$pH = pK_a + \log\frac{[염]}{[산]}$$

8 응집(coagulation)

(1) 원리

폐수 중의 색소, colloid, 유기물, 미생물, 현탁입자 등을 분리, 제거하기 위하여 pH 조정 후 반응조에 응집제를 주입해 미립자들을 서로 엉키게 하여 미립자의 크기를 증대시켜 응집조에서 polymer를 주입해 겉보기 비중을 증가시켜 침강 속도를 빠르게 하여 고액을 분리시켜 처리한다.

(2) 응집제의 종류

① **무기성 응집제 :** 가장 대표적인 응집제는 alum [$Al_2(SO_4)_3 \cdot 18H_2O$], 철염[$Fe_2(SO_4)_3$] 등이다. 명반은 주로 정수처리에 많이 사용되고 철염은 폐수처리에 주로 이용된다.

㈎ 황산 알루미늄[$Al_2(SO_4)_3 \cdot 18H_2O$]을 주입했을 때 : 물에는 침상(針狀)의 결정으로 잘 용해되며, 독성이 없고, 응집 폭이 넓어 좋으나 $Al(OH)_3$인 floc이 가벼워 응집 보조제 및 촉진제 등을 첨가해야 한다.

• 반응식

$$Al_2(SO_4)_3 \cdot 18H_2O + 3Ca(OH)_2 \rightarrow 2Al(OH)_3 + 3CaSO_4 + 18H_2O$$

$$Al_2(SO_4)_3 \cdot 18H_2O + 3Ca(HCO_3)_2 \rightarrow 2Al(OH)_3 + 3CaSO_4 + 6CO_2 + 18H_2O$$

㈏ $FeSO_4 \cdot 7H_2O$를 주입했을 때 : 황산제1철은 반드시 lime(석회)을 동시에 첨가해야 하며 단독으로 사용할 수는 없다.

• 반응식

$$2FeSO_4 \cdot 7H_2O + 2Ca(OH)_2 + \frac{1}{2}O_2 \rightarrow 2Fe(OH)_3 + 2CaSO_4 + 13H_2O$$

㈐ $FeCl_3$를 주입했을 때 : pH 4～11 범위에서 침전이 잘 이루어지며 pH9 이상에서는 Mn, H_2S도 처리가 가능하다.

• 반응식

$$2FeCl_3 + 3Ca(HCO_3)_2 \rightarrow 2Fe(OH)_3 + 3CaCl_2 + 6CO_2$$

② **유기성 고분자 응집제 :** 무기성 응집제에 비하여 널리 이용되지 않지만 슬러지 처리가 훨씬 용이하며 대체로 양이온성, 음이온성, 비이온성으로 분류되며 가장 많이 사용되는 poly acryl amide계가 주원료로서 입자상 및 액상이다.

(3) 응집 보조제(coagulant aid)

응집 보조제는 응집제의 응집 효율을 증가시키기 위하여 통상 소량으로 사용되며 대표적인 것은 산, 염기, 활성규사, poly electrolytes, clays 등이 있다.

(4) 응집에 영향을 주는 인자

① **교반 :** 처리수 중에 응집제를 첨가하려면 먼저 반응조에서 급속교반(120~150rpm) 과정에서 주입하여야 한다. 이는 수중에 응집제가 확산해서 응집제와 반응대상 고형물질의 양호한 접촉을 위해서이다.

다음에는 응집조로 보내 완속교반(20~70rpm)을 시키면서 polymer를 주입시켜 floc이 생성되면 침전조로 보내 고액 분리시켜야 한다.

교반시 입자끼리 충돌 횟수가 많을수록 좋으며 입자의 농도가 높고 입자경이 불균일할수록 응집 효과가 크다.

• 속도 경사(VG : velocity gradient) 구하는 식

$$G=\sqrt{\frac{P}{\mu V}}$$

여기서, G : 속도 경사(s^{-1}), μ : 점성 계수(kg/m · s=N · s/m^2)
V : 반응조의 유효 용적(m^3), P : 동력(watt)

② **pH :** pH는 응집의 양부를 고찰할 때 제일 먼저 고려해야 할 인자이다.

(5) jar test(응집 교반 시험)

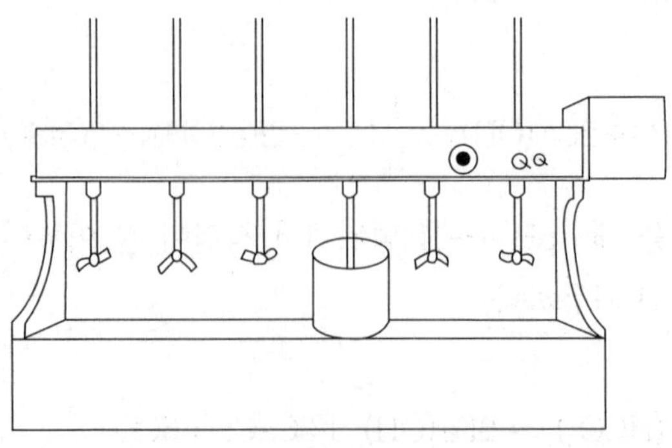

Jar tester

폐수 처리 시 폐수 중에는 각종 용해성 물질과 이온 등이 복합적으로 작용하기 때문에 너무 복잡해 가장 효율적이고 경제적인 응집 효과를 얻기 위해서 최적 pH의 범위와 응집제의 최적 주입 농도를 알기 위한 응집교반시험인 jar test를 거친다.

jar test를 실시할 경우의 순서는 다음과 같다.

1. 처리하려는 폐수를 4～6개의 비커에 500mL 또는 1L씩 동일량을 취한다.
2. 교반기로 최대의 속도로 급속 혼합(120～150rpm)시킨다.
3. pH 조정을 위한 약품과 응집제를 짧은 시간 안에 주입시킨다. 응집제의 주입량은 왼쪽에서 오른쪽으로 증가시켜 주며 이론상으로 3번째의 beaker에서 응집이 가장 잘 일어나도록 한다.
4. 교반기의 회전 속도를 20～70rpm(완속교반)으로 감소시키고 10～30분간 교반시킨다.
5. floc가 생기는 시간을 기록한다.
6. 약 30～60분간 침전시킨 후 상징수를 분석한다.

9 소독(disinfection)

(1) 염소 주입법

염소(Cl_2)는 산화 작용이 강해 대장균, 전염성 병원균 등의 살균제로 이용되고 이외에 악취 제거, 색도 제거, 부식 통제, BOD 제거 등으로 사용한다.

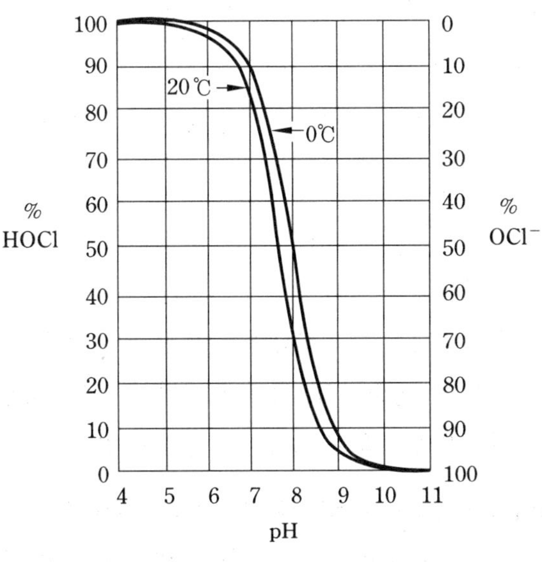

HOCl, OCl⁻와의 관계

폐수 처리 시 염소 1mg/L를 주입할 경우 BOD 2mg/L이 감소되며 철, 망간이 5mg/L 정도 감소된다고 한다.

염소는 수중에서 유리잔류염소(HOCl, OCl^-와 결합잔류염소(NH_2Cl, $NHCl_2$, NCl_3)가 있다.

① **유리잔류염소(free residual chlorine)**

㈎ 수중에서 다음과 같이 화학 반응한다.

$$Cl_2 + H_2O \rightleftarrows HOCl + H^+ + Cl^-$$
$$HOCl \rightleftarrows H^+ + OCl^-$$

이 반응은 물의 pH와 관계가 있으며 낮은 pH에서 HOCl로 존재하다가 pH가 높아지면 OCl^-로 존재한다.

㈏ 살균력은 HOCl이 OCl^-보다 80배 정도 강하다. pH가 5 이하가 되면 염소는 Cl_2 형태로 존재한다.

㈐ 살균력은 pH가 낮고, 수온이 높으며, 염소 농도와 반응 시간이 길수록 강하다.

② **결합잔류염소(combind residual chlorine)**

㈎ 수중에 암모니아(NH_3) 및 질소 화합물이 존재할 때 염소와 반응해 chloramines을 생성한다.

$$Cl_2 + H_2O \rightarrow HOCl + HCl$$
$$NH_3 + HOCl \rightarrow NH_2Cl + H_2O \text{ (monochloramine)}$$
$$NH_2Cl + HOCl \rightarrow NHCl_2 + H_2O \text{ (dichloramine)}$$
$$NHCl_2 + HOCl \rightarrow NCl_3 + H_2O \text{ (trichloramine)}$$

㈏ 생성되는 chloramine의 종류는 pH, NH_3 존재량에 따라 결정된다.

NH_2Cl : pH 8.5 이상

NH_2Cl, $NHCl_2$: pH 8.5~4.5

NCl_3 : pH 4.4 이하

㈐ 결합잔류염소의 살균 작용은 유리잔류염소보다도 약하여 소독시 주입량이 많이 요구되며 접촉 시간은 30분 정도이다. 그러나 이러한 결합잔류염소는 소독 후 냄새와 맛을 남기지 않고 살균작용이 오래 지속되는 장점이 있다.

③ **파괴점 염소 주입(breakpoint chlorination)** : 수중에 기대하는 바의 목적을 달성하기 위하여 주입하는 염소량은 산화될 수 있는 물질 및 암모니아 등과 반응시 염소를 계

속 주입하면 그림처럼 AB 구간에서는 염소가 수중의 피산화성 물질인 유기물과 결합하므로 잔류 염소량이 없거나 아주 적으며 BC구간에서는 염소가 암모니아와 반응해서 chloramine이 형성되어 결합잔류염소가 증가하게 된다.

CD 구간에서는 C점을 넘으면 주입된 염소가 chloramine을 파괴시켜 NO_2 N_2로 되는데 염소가 소모되어 CD에서 잔류염소량은 급격히 감소되며, D점을 넘으면 파괴점(breakpoint) 또는 불연속점으로 chloramine이 없어 이 이후에 주입된 염소는 계속해서 잔류하게 되어 수중의 BOD 제거, 악취 제거, 탈색, 살균을 하게 된다. 따라서 이러한 원리를 이용해서 운전시 최소한 0.5mg/L 정도가 유지되도록 최선을 다해야 한다.

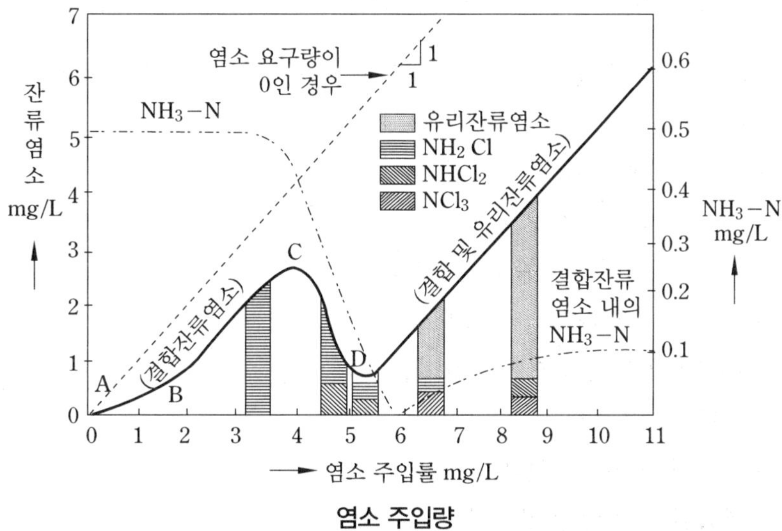

염소 주입량

④ **염소 요구량(chlorine demand) :** 물에 가한 염소의 양과 일정한 시간 후에 잔류하는 유리 및 결합잔류염소와의 차를 염소 요구량이라고 한다. 즉, 수중의 유기물질의 산화에 필요한 이론적인 염소의 양을 말한다.

염소 요구량＝염소 주입량－잔류 염소량

⑤ **폐수 처리를 위한 염소 주입**

㈎ 정수장에서 염소 주입은 살균이 목적이나 폐수 처리시에는 살균 외에 냄새 제거, 부식 통제, BOD 제거 등의 목적에 사용한다.

㈏ 폐수 살균은 100% 살균이 아니고 15분 후의 잔류 염소량이 0.5mg/L 정도 존재시키는 것이다.

㈐ 최근에는 음용수 정수 처리시 원수에 유기물이 많이 함유될 경우 염소로 전처리하게 되면 발암물질인 트리할로메탄(tri－halo methane)이 생성된다고 하여 세상을 깜짝 놀라게 하고 있다.

즉, 원수 중의 humic acid는 토양이나 수중에 유기물인 암흑색 부식물 속에 천연물이 함유되었다가 염소와 반응해 $CHCl_3$, $CHBr_2Cl$, $CHBrCl_2$, $CHBr_3$ 등인 trihalomethane이 발생하게 된다고 밝혀졌다. 이 중에서도 chloroform($CHCl_3$)이 제일 위험성이 높다고 알려졌다.

(2) 기타 소독 방법

① **클로라민(chloramine)법** : 물에 페놀이 존재할 경우에는 염소 주입 전에 암모니아를 가하여 클로로 페놀의 이취미(異臭味)를 제거할 수 있다. 이와 같이 암모니아를 염소로 전후하여 가하는 방법을 클로라민법 또는 암모니아 염소법이라 한다.

② **오존(O_3)** : 오존은 산소 원자 3개로 이루어져 있으며 제3원자가 결합력이 약해 발생기 산소를 내는데 이것이 소독작용을 한다.

(가) 장점
- 적정 농도에서 살균력이 강하다.
- 취미를 유발하지 않는다.
- 2차 오염물질을 유발하지 않는다.
- PH변화에 상관없이 강력한 살균력을 발휘한다.
- 공기와 전력이 있으면 필요량을 쉽게 만들 수 있다.

(나) 단점
- 가격이 고가이다.
- 소독의 잔류성이 없다.
- 복잡한 오존 발생 장치가 필요하다.
- 반감기가 짧아 처리장에 오존 발생기가 있어야 한다.

관련 기출 문제

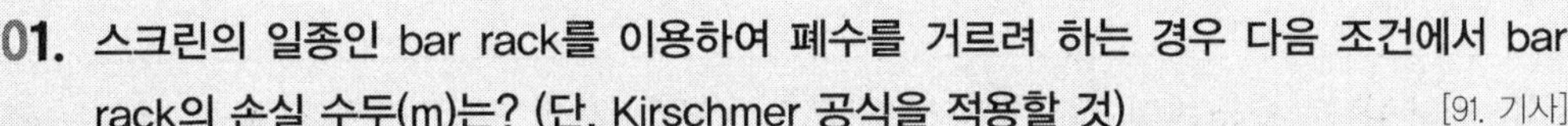

01. **스크린의 일종인 bar rack를 이용하여 폐수를 거르려 하는 경우 다음 조건에서 bar rack의 손실 수두(m)는? (단, Kirschmer 공식을 적용할 것)** [91. 기사]

〈조건〉 Bar 형상계수 : 1.79, Bar의 순간격 : 1.5cm, Bar의 설치각도 : 60°
통과 유속 : 0.45m/s, Bar의 형상(단면) : 원형(지름 2.0cm)

해설 $h_r = \beta \sin\alpha \left(\dfrac{t}{b}\right)^{4/3} \cdot \dfrac{V^2}{2g}$ 에서

β : bar의 형상 계수, α : bar의 설치 각도

t : bar의 두께(cm), b : bar의 유효간격(cm)

V : 스크린의 통과 유속(m/s), g : 중력 가속도(m/s^2)

$\therefore h_r = 1.79 \times \sin 60° \times \left(\dfrac{2.0}{1.5}\right)^{4/3} \times \dfrac{0.45^2}{2 \times 9.8} = 0.0235 = 2.35 \times 10^{-2}\text{m}$

답 손실수두(h_r)$=2.35 \times 10^{-2}$m

02. **어느 도시 하수처리장은 0.473m^3/s의 평균유량을 가지고 있고 두 개의 포기식 침사지가 설계되어 있다. 두 개의 장치가 운전의 융통성을 위해 존재하며 하나는 사용되어지고 다른 하나는 일시적인 운전유지를 위해 필요하다. 장치는 정상적인 운전 동안 모두 사용되어지고, 최대유량은 평균유량의 2.29배이다. 탱크의 폭은 깊이의 1.5배이고 길이는 폭의 4.0배이다. 다음을 구하시오.** [05. 기사]

(가) 체류 시간이 3분일 때 탱크의 이론적인 크기는 얼마인가? (단, 길이×폭×높이로 답하라.)

(나) 탱크 길이 1m당 0.3m^3/min이 공급될 때 총 공기 유량(m^3/min)은 얼마인가?

해설 (가) $V = Q \cdot t = 0.473\text{m}^3/\text{s} \times 3\text{min} \times \dfrac{60\text{s}}{\text{min}} \times 2.29 \times \dfrac{1}{2} = 97.485\text{m}^3$ (탱크 1개의 부피)

$V = L \times B \times h = 6x \times 1.5x \times x = 97.485\text{m}^3$

$\therefore 9x^3 = 97.485\text{m}^3$

$\therefore x = \sqrt[3]{\dfrac{97.485}{9}} = 2.21\text{m}$

$\therefore B=1.5\times2.21=3.315=3.32\text{m}$

$L=6\times2.21=13.26\text{m}$

$\therefore L\times B\times h=13.26\text{m}\times3.32\text{m}\times2.21\text{m}$

(나) $0.3\text{m}^3/\text{m}\cdot\text{min}\times13.26\text{m}=3.978=3.98\text{m}^3/\text{min}$

답 (가) 탱크의 이론적 크기 $=13.26\text{m}\times3.32\text{m}\times2.21\text{m}$ (나) 총 공기 유량 $=3.98\text{m}^3/\text{min}$

03. 기계식 봉 스크린이 접근유속(최대속도) 0.64m/s의 진입 수로에 설치되었다. 봉의 두께는 10mm이고 간격은 30mm이다. 봉 사이의 속도와 손실 수두(m)를 구하여라. (단, 손실수두계수는 1.43이며 $A=WD$, $A'=0.75\text{WD}$이다.) [02. 기사]

(가) 봉 사이의 속도(m/s) (나) 손실 수두(m)

해설 (가) $Q=AV=A'V'$에서

$$V'=0.64\times\frac{WD}{0.75WD}=0.85\text{m/s}$$

(나) $$h_L=f\cdot\frac{V'^2-V^2}{2g}=1.43\times\frac{(0.85^2-0.64^2)}{2\times9.8}=0.0228=0.02\text{m}$$

답 (가) 봉 사이의 속도 $=0.85\text{m/s}$ (나) 손실수두 $=0.02\text{m}$

04. 일 처리 용량이 10000m^3/d인 오수처리시설의 침사지를 아래 조건 하에서 설계하려 한다. 다음 물음에 답하여라. [02. 기사]

〈조건〉 체류 시간 : 10분, 유효 수심 : 3m, 길이/폭 : 5, 수평유속 : 2~7cm/s

(가) 침사지의 규격(가로×세로×수심)을 계산하여라.

(나) 이때 수평 유속을 구하고 설계조건과 비교하여라. (부족, 적합, 초과 등으로 설명)

해설 (가) $$A=\frac{Q\cdot t}{H}=\frac{10000\text{m}^3/\text{d}\times10\text{min}\times\text{d}/1440\text{min}}{3\text{m}}=23.148=23.15\text{m}^2$$

$\therefore 5x\times x=23.15\text{m}^2$

$$\therefore x=\sqrt{\frac{23.15}{5}}=2.15\text{m}$$

$\therefore$ 길이 $=2.15\times5=10.758=10.76\text{m}$

(나) $$V(\text{수평 유속})=\frac{Q}{B\times h}=\frac{10000\text{m}^3/\text{d}\times\text{d}/86400\text{s}\times10^2\text{cm/m}}{(2.15\times3)\text{m}^2}=1.79\text{cm/s}$$

$\therefore$ 설계조건에 부족하다.

답 ㈎ 침사지 규격=10.76m×2.15m×3m

㈏ 수평 유속=1.79cm/s, 부족

05. 아래 조건을 이용하여 입자의 침강속도를 유도하시오. (단, ρ_p, d, ρ, g, μ의 기호를 사용한다.) [05. 기사]

〈조건〉 $F_g=(\rho_p-\rho)\cdot g\cdot V$

$F_d=C_d\cdot A\cdot \dfrac{\rho V_S^2}{2}$

답 ⓐ $F_g=(\rho_p-\rho)\cdot g\cdot V=(\rho_p-\rho)\cdot g\cdot \dfrac{\pi d^3}{6}$

ⓑ $F_d=C_d\cdot A\cdot \dfrac{\rho V_S^2}{2}$에서

㉠ $C_d=\dfrac{24}{Re}=\dfrac{24}{\dfrac{\rho\cdot V_S\cdot d}{\mu}}=\dfrac{24\mu}{\rho\cdot V_S\cdot d}$

㉡ $A=\dfrac{\pi d^2}{4}$

$\therefore F_d=\dfrac{24\mu}{\rho\cdot V_S\cdot d}\cdot\dfrac{\pi d^2}{4}\cdot\dfrac{\rho V_S^2}{2}=3\pi\cdot\mu\cdot V_S\cdot d$

ⓒ $F_g=F_d$에서 $(\rho_p-\rho)\cdot g\cdot\dfrac{\pi d^3}{6}=3\pi\cdot\mu\cdot V_S\cdot d$

$\therefore V_S=\dfrac{g(\rho_p-\rho)d^2}{18\mu}$

06. 수온 15℃의 폐수가 침전지에서 유입되고 있다. 폐수 및 폐수 내 고형물의 조건이 다음과 같을 때 물음에 답하여라. [86, 91, 00. 기사]

〈조건〉 고형물의 지름 : 7×10^{-2}mm, 고형물의 비중 : 1.95

폐수의 점성계수 : 0.015g/cm · s, 폐수의 비중 : 1.12

㈎ 입자의 침강속도(cm/s)를 구하여라. (단, stokes 법칙을 이용하시오.)

㈏ 침강입자의 드래그 포스(drag force)(dyn)를 소수 4자리까지 구하여라. (단, 드래그 계수로서 C_D를 사용하시오.)

해설 (가) $V_S[\text{cm/s}]=\dfrac{980\times(1.95-1.12)\times(7\times10^{-3})^2}{18\times0.015}=0.148=0.15\text{cm/s}$

(나) $F_D=\dfrac{1}{2}C_D\cdot A\cdot\rho_w\cdot V_S^{\,2}$에서

$$C_D=\frac{24}{R_e}=\frac{24}{\dfrac{\rho_w\cdot V_S\cdot d}{\mu}}=\frac{24\mu}{\rho_w\cdot V_S\cdot d}$$

$$\therefore\ C_D=\frac{24\times0.015}{1.12\times0.148\times0.007}=310.259$$

$$A=\frac{\pi d^2}{4}=\frac{\pi\times0.007^2}{4}=3.85\times10^{-5}\text{cm}^2$$

$$\therefore\ F_D=\frac{1}{2}\times310.259\times3.85\times10^{-5}\times1.12\times0.148^2=1.4652\times10^{-4}\text{dyn}$$

|별해| $C_D=\dfrac{24}{R_e}$, $A=\dfrac{\pi d^2}{4}$을 대입하여 정리하면

$F_D=3\pi\cdot\mu\cdot V_S\cdot d=3\pi\times0.015\text{g/cm}\cdot\text{s}\times0.148\text{cm/s}\times0.007\text{cm}$

$=1.4646\times10^{-4}\text{g}\cdot\text{cm/s}^2=1.4646\times10^{-4}\text{dyn}$

답 (가) 침강속도(V_S)=0.15cm/s

(나) $F_D=1.4652\times10^{-4}$dyn 혹은 $F_D=1.4646\times10^{-4}$dyn

참고 dyn은 힘의 단위(C.G.S 단위)이다.

즉, $F=m\cdot a$

여기서, F : 힘 (dyn), m : 질량 (g), a : 가속도 (cm/s^2)

힘의 M.K.S 단위는 N (kg · m/s^2)이다.

07. 수면적 부하 30m^3/m^2·d의 보통 침전지가 있다. 여기에서 유입수 중의 SS 입자의 침강 속도 분포는 다음 표와 같다. 침전지가 이상적인 상태로 있을 때 몇 %의 SS 제거율을 기대할 수 있는가? [97, 00. 기사]

침강 속도(cm/min)	3	2	1	0.5	0.3	0.1
SS 분포율(%)	25	20	20	15	15	5

해설 수면적 부하의 단위를 침강 속도(V_S)의 단위와 맞춘다.

수면적 부하=30m/d×10^{2}cm/m×d/1440min=2.083cm/min

즉, 침강 속도가 2.083cm/min 이상인 입자는 침전지가 이상적 상태에 있으므로 위치에 관

계없이 100% 제거되고 나머지 입자는 침전 제거율$(E)=\frac{V_S}{V_o}=\frac{V_S}{\frac{Q}{A}}$의 원리에 따라 제거율이 정해진다.

$$\therefore \text{SS 제거율}(\%)=25+20\times\frac{2}{2.083}+20\times\frac{1}{2.083}+15\times\frac{0.5}{2.083}+15\times\frac{0.3}{2.083}+5\times\frac{0.1}{2.083}$$
$$=59.806=59.81\%$$

답 SS 제거율=59.81%

08. 수면적 부하가 28.8m^3/m^2·d인 보통 침전지가 있다. 여기에 유입되는 SS의 침강속도 분포는 다음 표와 같다. 전체 SS 제거율은 몇 %로 기대되는지 구하시오. [09. 기사]

침강 속도(cm/min)	3	2	1	0.7	0.5
SS 백분율(%)	20	25	30	15	10

해설 $\text{SS 제거율}(\%)=20+25+30\times\frac{1}{2}+15\times\frac{0.7}{2}+10\times\frac{0.5}{2}=67.75\%$

답 전체 SS 제거율=67.75%

09. 월류부하가 170m^3/m·d인 원형 침전지에서 1일 5000m^{3}를 처리하고자 한다. 원형 침전지의 적당한 지름(m)을 구하시오. [87. 기사]

해설 $\text{월류부하}=\frac{Q}{L}=\frac{Q}{\pi D}$ (원형 침전지 경우)

$$\therefore D=\frac{Q}{\pi\times\text{월류부하}}=\frac{500\text{m}^3/\text{d}}{\pi\times170\text{m}^3/\text{m}\cdot\text{d}}=9.362=9.36\text{m}$$

답 원형 침전지의 지름(D)=9.36m

10. 폐수의 유량 18000m^3/d인 어느 공장에 그림과 같은 원형 침전지가 있다. 지름 40m, 측벽의 유효 높이 3m, 원추형 바닥 깊이가 1.2m이고 톱니형 위어가 설치되어 있을 경우 수리학적 체류시간(h), 표면 부하율 및 월류 부하율(위어의 월류 길이는 원주의 1/2로 간주한다.)을 구하시오. (단, 유효 숫자는 반올림하여 3자리까지로 하고 $\pi=3.14$로 적용할 것) [91, 93, 04. 기사]

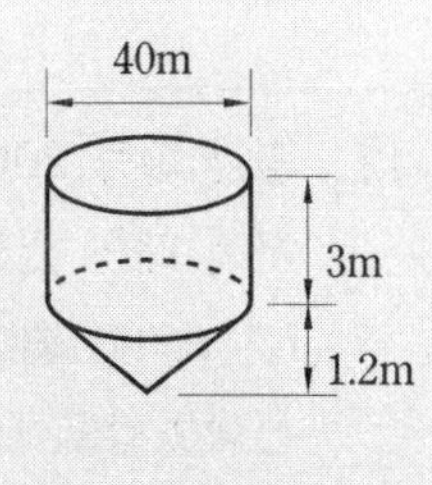

해설 ① 수리학적 체류 시간$(t)=\frac{V}{Q}$에서 V를 구하면

$$V[\mathrm{m^3}]=\frac{\pi D^2}{4}\times\left(h_1+\frac{1}{3}h_2\right)$$

여기서, h_1 : 측벽의 유효 높이, h_2 : 원주형 바닥 깊이

$$\therefore V[\mathrm{m^3}]=\frac{3.14\times40^2}{4}\times\left(3+\frac{1}{3}\times1.2\right)=4270.4\mathrm{m^3}$$

$$t[\mathrm{h}]=\frac{4270.4\mathrm{m^3}}{18000\mathrm{m^3/d}\times\mathrm{d/24h}}5.694=5.69\mathrm{h}$$

② 표면 부하율$(\mathrm{m^3/m^2\cdot d})=\frac{18000\mathrm{m^3/d}}{(3.14\times40^2/4)\mathrm{m^2}}=14.33=14.3\mathrm{m^3/m^2\cdot d}$

③ 월류 부하율$(\mathrm{m^3/m\cdot d})=\frac{Q}{L}=\frac{Q}{\frac{\pi D}{2}}$

$\therefore$ 월류 부하율$(\mathrm{m^3/m\cdot d})=\frac{18000\mathrm{m^3/d}}{(3.14\times40/2)\mathrm{m}}=286.62=287\mathrm{m^3/m\cdot d}$

답 ① 체류시간$(t)=5.69\mathrm{h}$

② 표면 부하율$=14.3\mathrm{m^3/m^2\cdot d}$

③ 월류 부하율$=287\mathrm{m^3/m\cdot d}$

11. 비중 2.6, 직경 0.015mm의 입자가 수중에서 자연 침전할 때의 속도가 0.56m/h이었다. 입자의 침전 속도가 스토크스 법칙에 따른다고 할 때 동일한 조건에서 비중 1.2, 직경 0.03mm인 입자의 침전 속도(m/h)는 얼마인가? [84, 85, 95, 08. 기사]

해설 V_S는 $(\rho_s-\rho_w)$와 d^2에 비례한다.

$$V_S'=V_S\times\frac{(\rho_s'-\rho_w)}{(\rho_s-\rho_w)}\times\left(\frac{d'}{d}\right)^2=0.56\mathrm{m/h}\times\frac{(1.2-1)}{(2.6-1)}\times\left(\frac{0.03}{0.015}\right)^2=0.28\mathrm{m/h}$$

답 입자의 침전속도$(V_S)=0.28\mathrm{m/h}$

12. 평균 유량 20000m^3/d인 도시하수처리장의 1차 침전지를 설계하려고 한다. 1차 침전지에 대한 권장 설계기준은 최대 표면 부하율이 90m^3/m^2·d, 평균 부하율은 35m^3/m^2·d이고 최대 유량/평균 유량=2.75이다. 침전지의 지름을 구하고 표준규격 지름을 선택하시오. (단, 침전지의 표준규격은 지름 기준으로 10m, 15m, 20m, 25m, 30m, 35m, 40m이다.) [99. 기사]

해설 ① 침전지의 지름을 구한다.(최대 지름으로 선택)

ⓐ 평균 표면 부하율$=\dfrac{\text{평균 유량}}{A}$

$\therefore A=\dfrac{\pi D^2}{4}=\dfrac{20000}{35}$

$\therefore D=\sqrt{\dfrac{4\times 20000}{\pi\times 35}}=26.97\text{m}$

ⓑ 최대 표면 부하율$=\dfrac{2.75\times\text{평균 유량}}{A}$

$\therefore D=\sqrt{\dfrac{4\times 2.75\times 20000}{\pi\times 90}}=27.89\text{m}$

② 침전지의 표준 규격 지름=30m

답 ① 침전지의 지름=27.89m ② 침전지의 표준 규격 지름=30m

13. 처리용량이 100000m^3/d일 때 다음을 이용하여 약품 침전지를 설계하시오. [05. 기사]

〈조건〉 체류시간 : 4h, 평균 수평유속 : 0.4m/min 이하, 유효수심 : 4m
수면적 부하 : 20～40m^3/m^2 · d, 길이/폭 : 5, 지수 : 6
Weir 월류부하 : 400m^3/m · d

(가) 약품침전지의 규격(길이×폭×수심)을 구하시오. (단, 1지 기준)
(나) 수평유속(m/min), 수면적 부하율(m^3/m^2 · d)을 구하시오. (단, 1지 기준)
(다) 레이놀즈수를 구하고 층류와 난류를 판단하시오. (단, 동점성계수(ν)=1.35×10^{-2} cm^2/s)
(라) 침전지 1지당 위어의 길이(m)를 구하시오.

해설 (가) ⓐ $V=Q\cdot t=L\times B\times h$

ⓑ $V=100000\text{m}^3/\text{d}\times 4\text{h}\times\dfrac{\text{d}}{24\text{h}}=16666.667\text{m}^3$

$\therefore$ 1지당 부피(m^3/지)$=\dfrac{16666.667\text{m}^3}{6\text{지}}=2777.777=2777.78\text{m}^3/\text{지}$

ⓒ $V=5x\times x\times 4=2777.777\text{m}^3$

$x=\sqrt{\dfrac{2777.777}{20}}=11.785=11.79\text{m}$

$\therefore L=5\times 11.785=58.925=58.93\text{m}$

침전지의 규격$=L\times B\times h=58.93\text{m}\times 11.79\text{m}\times 4\text{m}$

(나) ① 수평유속$=\dfrac{Q}{A}=\dfrac{\dfrac{100000\text{m}^3/\text{d}}{6\text{지}}\times\dfrac{\text{d}}{1440\text{min}}}{(11.79\times4)\text{m}^2}=0.245=0.25\text{m/min}$

② 수면적 부하율$(\text{m}^3/\text{m}^2\cdot\text{d})=\dfrac{Q}{A}=\dfrac{\dfrac{100000\text{m}^3/\text{d}}{6\text{지}}}{(58.93\times11.79)\text{m}^2}=23.988=23.99\text{m}^3/\text{m}^2\cdot\text{d}$

(다) $R_e=\dfrac{\rho\cdot V\cdot D}{\mu}=\dfrac{\rho\cdot V\cdot 4R}{\mu}=\dfrac{V\cdot 4R}{\nu}$

$\left(\text{여기서, } R=\dfrac{D}{4}\quad \therefore D=4\cdot R,\quad \nu(\text{동점성계수})=\dfrac{\mu}{\rho}\right)$

$\therefore R_e=\dfrac{0.25\text{m/min}\times\dfrac{\text{min}}{60\text{s}}\times4\times\left(\dfrac{11.79\times4}{2\times4+11.79}\right)\text{m}}{1.35\times10^{-2}\text{cm}^2/\text{s}\times\dfrac{10^{-4}\text{m}^2}{\text{cm}^2}}=29420.021$

R_e가 4000 이상이므로 난류이다.

(라) $L=\dfrac{\dfrac{100000\text{m}^3/\text{d}}{6\text{지}}}{400\text{m}^3/\text{m}\cdot\text{d}}=41.666=41.67\text{m}$

답 (가) 침전지의 규격=58.93m×11.79m×4m

(나) ① 수평유속=0.25m/min,

② 수면적 부하율=$23.99\text{m}^3/\text{m}^2\cdot\text{d}$

(다) R_e=29420.021, 난류

(라) 위어의 길이=41.67m

14. 활성 슬러지 농축 실험에 대한 침강곡선에서 요구하는 농축 슬러지 농도에 도달할 때까지 걸리는 시간(t_u)을 구하는 방법을 기술한 내용 중 (　) 안에 알맞은 내용을 쓰시오. [90, 00. 기사]

(가) (　)부분과 (　)부분에서 각각 연장선을 그린다.

(나) 연장선이 만나는 점에서 각을 (　)하여 침강곡선과 만나는 점 C_2를 잡는다.

(다) C_2점에서 곡선에 대한 (　)을 그린다.

(라) H_u점에서 time축에 나란히 (　)을 그린다.

(마) (　)과 만나는 점에서 수선을 내린다.

(바) 수선과 (　)이 만나는 점이 t_u이므로 t_u를 scale상에서 구한다.

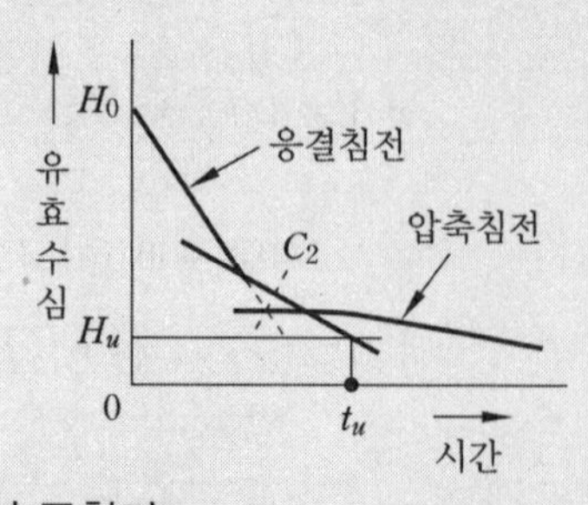

답 (가) 응결 침전, 압축 침전 (나) 2등분 (다) 접선 (라) 수평선 (마) 접선 (바) time 축

15. 초기 슬러지 농도(C_0)가 4000mg/L인 활성슬러지에 대하여 다음 그림과 같은 침강곡선을 얻었다. 다음 조건에서 필요면적(m^2), 고형물 부하량($kg/m^2 \cdot d$), 월류 속도($m^3/m^2 \cdot d$)를 구하여라. [00. 기사]

〈조건〉 1. 농축슬러지의 농도(C_u)=24000mg/L
2. 총 유입량=400m^3/d
3. 초기계면의 높이=0.4m

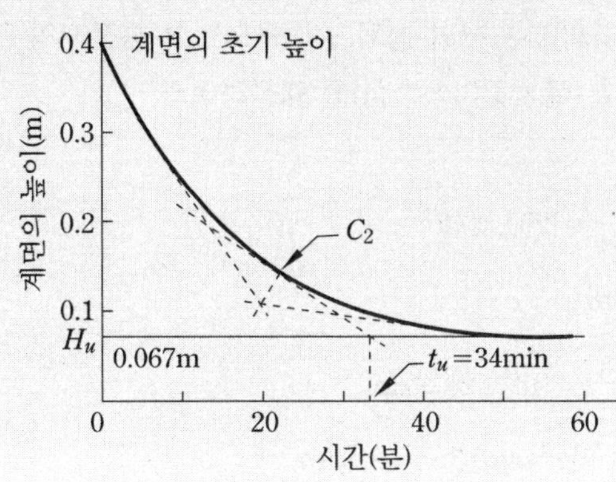

해설 ① $A=\dfrac{Q \cdot t_u}{H_0}=\dfrac{400m^3/d \times 34min \times d/1440min}{0.4m}=23.61m^2$

② 고형물 부하량($kg/m^2 \cdot d$)$=\dfrac{4000mg/L \times 400m^3/d \times 10^{-3}}{23.61m^2}=67.77kg/m^2 \cdot d$

③ 월류 속도($m^3/m^2 \cdot d$)$=\dfrac{333m^3/d}{23.61m^2}=14.10m^3/m^2 \cdot d$

($\because$ 월류 유량(Q_c)$=400m^3/d \times \dfrac{0.4-0.067}{0.4}=333m^3/d$)

답 ① 단면적=23.61m^2 ② 고형물 부하량=67.77$kg/m^2 \cdot d$ ③ 월류 속도=14.10$m^3/m^2 \cdot d$

16. 침전을 4가지 형태로 구분하고 간단히 설명하시오. [99. 기사]

답 ⓐ 독립침전(=분리 침전(discrete settling)) : 독립 침전은 스토크의 법칙(stokes law)이 적용되며 주로 침사지 내의 모래 입자 침전이 분리 침전의 대표적인 예이다.

ⓑ 응결침전(flocculent settling) : 침강하는 동안 입자가 서로 응결(flocculation)하여 입자가 점점 커져 침전 속도가 점점 증가해 가라앉는 침전이다.

ⓒ 지역침전(zone settling) : 고형 물질인 floc과 폐수 사이에 경계면을 일으키면서 침전할 때 floc의 밑에 있는 물이 floc 사이로 빠져 나가면서 동시에 작은 floc이 부착해 동시에

가라앉는 침전이다.

ⓓ 압축침전(compression settling) : 고형 물질의 농도가 아주 높은 농축조에서 슬러지 상호간에 서로 압축하고 있어 슬러지는 하부의 슬러지를 서서히 누르면서 하부의 물을 상부로 보내어 분리시키는 침전이다.

17. 사각 침전조는 급속 모래여과 장치에 대하여 설계된 것이다. 유량은 30300m³/d이고 월류율 또는 표면 부하율은 24.4m³/m²·d이며 체류 시간은 6시간이다. 사각 탱크에 대하여 두 개의 슬러지 스크래퍼 장치가 이용되었고 침전지의 길이와 폭의 비는 2 : 1 이다. 이때 조의 크기(폭×길이×수심)를 결정하여라. [03. 기사]

해설 $A=\dfrac{30300\text{m}^3/\text{d}}{24.4\text{m}^3/\text{m}^2\cdot\text{d}}=1241.803\text{m}^2$

$\therefore x\times 2x=1241.803\text{m}^2$

$x=\sqrt{\dfrac{1241.803}{2}}=24.917=24.92\text{m}$

$\therefore$ 길이$=2x=2\times 24.917=49.835=49.84\text{m}$

그리고 $V=Q\cdot t=L\times W\times h$

$\therefore h=\dfrac{30300\text{m}^3/\text{d}\times 6\text{h}\times \text{d}/24\text{h}}{1241.803\text{m}^2}=6.10=6.1\text{m}$

답 조의 크기$=24.92\text{m}\times 49.84\text{m}\times 6.1\text{m}$

18. 어느 공장의 폐수 유량이 2500m³/d이다. 이 폐수 내의 기름을 부상분리하고자 한다. 기름 방울은 지름 0.15mm, 밀도는 0.85g/cm³이며 물의 밀도와 점성도는 각각 1.0 g/cm³, 0.01g/cm·s이다. 기름 방울을 부상분리하기 위한 부상조의 수면적(m²)을 구하시오. (단, 안전계수 : 1.4) [85, 86, 92. 기사]

해설 V_f를 구한다.

$V_f[\text{cm/s}]=\dfrac{980\times(1.0-0.85)\times 0.015^2}{18\times 0.01}=0.18375\text{cm/s}$

$\therefore A[\text{m}^2]=\dfrac{Q}{V_f}\times$안전계수

$=\dfrac{2500\text{m}^3/\text{d}\times \text{d}/86400\text{s}}{0.18375\text{cm/s}\times 10^{-2}\text{m/cm}}\times 1.4=22.046=22.05\text{m}^2$

답 부상조의 수면적$(A)=22.05\text{m}^2$

19. 다음과 같은 조건 하에서 기름을 제거하기 위한 부상조를 설계하고자 한다. 다음 물음에 답하시오. [88, 93, 08. 기사]

〈조건〉 제거대상 유적의 지름 : 200μm, 유적의 밀도 : 0.9g/cm^3, 액체의 점도 : 0.01g/ cm · s, 액체의 밀도 : 1.0g/cm^3, 처리 유량 : 20000m^3/d, 부상조의 단면 규격 : 유효수심 3m, 폭 4m, 부상조의 유체 흐름은 완전 층류라 가정한다.

(가) 유적이 수면까지 부상하는 데 소요되는 시간(분)은?

(나) 부상조의 소요 길이를 구하여라.

해설 (가) $t=\dfrac{H}{V_f}$에서

$$V_f[\text{m/d}]=\left\{\frac{980\times(1.0-0.9)\times(200\times10^{-4})^2}{18\times0.01}\right\}\text{cm/s}\times10^{-2}\text{m/cm}\times86400\text{s/d}$$

$$=188.16\text{m/d}$$

$$\therefore\ t=\frac{3\text{m}}{188.16\text{m/d}\times\text{d/1440min}}=22.959=22.96\text{min}$$

(나) $V_f=\dfrac{Q}{A}=\dfrac{Q}{L\times B}$

$$L=\frac{20000\text{m}^3/\text{d}}{188.16\text{m/d}\times4\text{m}}=26.573=26.57\text{m}$$

답 (가) 부상 시간(t)=22.96min

(나) 부상조 소요 길이(L)=26.57m

20. 활성슬러지 혼합액을 0.3%에서 4%로 농축시키기 위해 재순환이 없는 부상분리 농축조를 설계하고자 한다. 주어진 조건을 이용하여 탱크 내에 가해지는 압력(atm)과 고형물 부하율(kg/m^2 · d)을 계산하여라. [07. 기사]

〈조건〉
1. 최적 A/S비 : 0.008
2. 온도 : 20℃
3. 공기 용해도 : 18.7mL/L
4. 포화도(f) : 0.5
5. 표면 부하율 : 8L/m^2 · min
6. 슬러지 유량 : 400m^3/d

해설 ① $0.008=\frac{1.3\times18.7\times(0.5\times P-1)}{3000}$

$\therefore (0.5P-1)=\frac{0.008\times3000}{1.3\times18.7}=0.987$

$\therefore P=\frac{0.987+1}{0.5}=3.974=3.97\text{atm}$

② ⓐ 고형물 부하율$(\text{kg/m}^2\cdot\text{d})=\frac{\text{유입고형물 양(kg/d)}}{A(\text{m}^2)}$

ⓑ 부상조의 면적을 구한다.

$A=\frac{400\text{m}^3/\text{d}\times\text{d}/1440\text{min}}{8\text{L/m}^2\cdot\text{min}\times10^{-3}\text{m}^3/\text{L}}=34.722\text{m}^2$

$\therefore$ 고형물 부하율$(\text{kg/m}^2\cdot\text{d})=\frac{3000\text{mg/L}\times400\text{m}^3/\text{d}\times10^{-3}}{34.722\text{m}^2}$

$=34.560=34.56\text{kg/m}^2\cdot\text{d}$

답 ① 압력$=3.97\text{atm}$

② 고형물 부하율$=34.56\text{kg/m}^2\cdot\text{d}$

21. 활성슬러지 혼합액을 0.3%에서 4%로 농축시키기 위한 부상분리 농축조를 가압 순환이 있는 방법과 없는 방법 두 가지를 이용하는 경우 이 때의 면적비를 구하시오. [05. 기사]

〈조건〉 최적 A/S비 : 0.008mL/mg, 온도 : 20℃, 공기 용해도 : 18.7mL/L
가압 순환식에서의 압력 : 275kPa, 포화도 : 0.5, 표면부하율 : 8L/m^2 · min
슬러지 유량 : 400m^3/d, $P=\frac{P_g+101.35}{101.35}$

해설 ① 순환이 없는 경우

표면부하율$=\frac{Q}{A}$

$\therefore A=\frac{400\text{m}^3/\text{d}\times\frac{\text{d}}{1440\text{min}}}{0.008\text{m}^3/\text{m}^2\cdot\text{min}}=34.722\text{m}^2$

② 순환이 있는 경우

ⓐ 표면 부하율$=\frac{Q+Q_R}{A}=\frac{Q(1+R)}{A}$

ⓑ A/S비$=\frac{1.3S_a(f\cdot P-1)}{\text{SS 농도}}\times R$

여기서는 A/S비 단위가 mL/mg이므로 1.3을 고려하지 않는다.

ⓒ $P=\frac{275+101.35}{101.35}=3.713\text{atm}$

ⓓ $0.008=\frac{18.7\times(0.5\times3.713-1)}{3000}\times R$

$\therefore R=\frac{0.008\times3000}{18.7\times(0.5\times3.713-1)}=1.498$

$\therefore A=\frac{400\text{m}^3/\text{d}\times\frac{\text{d}}{1440\text{min}}\times(1+1.498)}{0.008\text{m}^3/\text{m}^2\cdot\text{min}}=86.736\text{m}^2$

∴ 면적비 $=\frac{86.736}{34.722}=2.498=2.5$

답 면적비=2.5

22. 가압부상법을 이용하는 폐수 처리 공정에서 처리수의 일부를 순환시켜 5기압으로 부분 가압한다. 순환수의 유량은 원 폐수량의 몇 %로 해야 하는가? (단, 원 폐수의 SS 농도는 300mg/L이며 실험 결과 A/S 비는 0.05일 때 분리 효율이 가장 양호하였다고 한다. 폐수의 온도는 20℃로 일정하고 이 온도에서 폐수에 대한 공기의 용해도는 1기압에서 30mg/L, 5기압에서 130mg/L이며 부상조에서 감압으로 방출되는 공기량은 공기의 용해도 차이와 같다고 가정한다.) [96. 00. 기사]

해설 A/S비 $=\frac{1.3S_a(f\cdot P-1)}{\text{SS 농도}}\times R$

$\therefore 0.05=\frac{130-30}{300}\times R$ $\therefore R=\frac{0.05\times300}{130-30}=0.15=15\%$

답 반송률=15%

23. 혼합 활성 슬러지 용액을 부상농축(floatation thickening)시킬 때 다음 물음에 답하여라. [01. 기사]

〈조건〉 A/S : 0.008mL/mg, 공기용해도 : 18.7mL/L, 온도 : 20℃, 포화상수 : 0.5
원수 내 고형물 농도 : 0.3%, 표면부하율 : 12L/m^2 · min, 유량 : 2000m^3/d

(가) 압력 P[atm]을 구하시오.

(나) 면적(m^2)을 구하시오.

해설 (가) A/S비(mL/mg)$=\dfrac{S_a[\text{mg/L}]\times(f\cdot P-1)}{\text{SS 농도(mg/L)}}$

$\therefore 0.008=\dfrac{18.7\times(0.5\times P-1)}{3000}$

$\therefore P=\dfrac{\dfrac{0.008\times3000}{18.7}+1}{0.5}=4.566=4.57\text{atm}$

(나) $A=\dfrac{2000\text{m}^3/\text{d}\times\text{d}/1440\text{min}}{12\text{L/m}^2\cdot\text{min}\times10^{-3}\text{m}^3/\text{L}}=115.741=115.74\text{m}^2$

답 (가) 압력(P)=4.57atm　　(나) 면적(A)=115.74m^2

24. 정수 처리 시 급속, 완속 여과법의 건설비, 유지 관리비, 세균 제거에 대하여 장·단점을 비교하시오. [97. 기사]

답

내용	완속 여과	급속 여과
건설비	크다	작다
유지 관리비	적다	많다
세균 제거	좋다	나쁘다

25. 다음과 같은 여과지에서 다음 물음에 답하시오. [86, 88, 08. 기사]

〈조건〉 처리 수량 : 50000m^3/d, 여과 속도 : 5m^3/m^2·h, 여과 지수 : 5지,
1회 역세척 시간 : 20분, 1일 역세척 횟수 : 6회,
1지의 여과지 규격은 길이 : 폭=2 : 1

(가) 1일 실제 여과 시간(h/d)을 산출하시오.
(나) 1지에 소요되는 이론적인 여과 면적(m^2)을 구하시오.
(다) 1지당 여과지의 길이(m)와 폭(m)을 결정하시오.

해설 (가) 실제 여과 시간은 역세 시간을 빼면 구할 수 있다.

즉, 실제 여과 시간(h/d)=24h/d−20min/회×6회/d×h/60min=22h/d

(나) 1지의 여과 면적(m^2/지)$=\dfrac{50000\text{m}^3/\text{d}}{5\text{m}^3/\text{m}^2\cdot\text{h}\times22\text{h/d}\times5\text{지}}=90.909=90.91\text{m}^2/\text{지}$

(다) $A=L\times B=2x\cdot x=90.91\text{m}^2$

$\therefore x=\sqrt{\dfrac{90.91}{2}}=6.742=6.74\text{m}$

길이 $=2x=6.742\times 2=13.484=13.48$m

답 (가) 실제 여과 시간$(t)=22$h/d

(나) 1지의 여과 면적$(A)=90.91\text{m}^2$/지

(다) 길이$(L)=13.48$m, 폭$(B)=6.74$m

26. **1일 80000m³의 물을 여과하는 급속사 여과지(병렬기준)에 대해 아래 물음에 답하시오.** [07. 기사]

(가) 급속여과지가 10지(地)로 되어 있을 경우 1지당 여과면적은 몇 m²인가? (단, 여과속도는 120m/d이다.)

(나) 여과지를 표면세척 및 역세척을 병행하여 세척할 경우 1지당 소요되는 총세척 수량은 몇 m³인가? (단, 1일 기준 표면세척 속도는 30cm/min에서 3분간, 역세척 속도는 50cm/min에서 6분간 한다.)

해설 (가) $A=\dfrac{80000\text{m}^3/\text{d}}{120\text{m/d}\times 10\text{지}}=66.67\text{m}^2/\text{지}$

(나) ⓐ 역세수량$(\text{m}^3/\text{지})=66.67\text{m}^2/\text{지}\times 0.5\text{m/min}\times 6\text{min}=200.01\text{m}^3/\text{지}$

ⓑ 표면세척 수량$(\text{m}^3/\text{지})=66.67\text{m}^2/\text{지}\times 0.3\text{m/min}\times 3\text{min}=60.003\text{m}^3/\text{지}$

∴ ⓐ+ⓑ$=260.01\text{m}^3/\text{지}$

답 (가) 여과면적$=66.67\text{m}^2/\text{지}$

(나) 총세척 수량$=260.01\text{m}^3/\text{지}$

27. **폐수중의 잔류 COD를 활성탄에 흡착시켜 제거하고자 한다. COD 50mg/L인 폐수에 활성탄 20mg/L을 주입하였더니 평형 COD값이 15mg/L로 측정되었다. 이 시료에 50mg/L의 활성탄을 주입한 후 측정된 평형 COD값은 5mg/L이었다. 이 폐수의 COD를 8mg/L로 하기 위해서 필요한 활성탄의 양은 몇 mg/L인가? (단, 흡착 반응식은 Freundrich 등온식을 이용)** [90, 94, 07. 기사]

해설 $\dfrac{50-15}{20}=K\times 15^{\frac{1}{n}}$ ······ ①

$\dfrac{50-5}{50}=K\times 5^{\frac{1}{n}}$ ······ ②

①÷②하면

$1.944=3^{\frac{1}{n}}$에서 양변에 log를 취하면

$$n=\frac{\log 3}{\log 1.944}=1.653$$

① 식에 대입하면

$$1.75=K\times 15^{\frac{1}{1.653}}$$

$$\therefore K=\frac{1.75}{15^{\frac{1}{1.653}}}=0.34$$

$$\therefore \frac{50-8}{M}=0.34\times 8^{\frac{1}{1.653}}$$

$$\therefore M[\text{mg/L}]=\frac{50-8}{0.34\times 8^{\frac{1}{1.653}}}=35.11\text{mg/L}$$

답 필요 활성탄의 양=35.11mg/L

28. 활성탄 흡착 실험으로써 얻은 결과를 Langmuir 등온 흡착식에서 적용하여 다음과 같이 정리하였다. Langmuir 등온 흡착식 : $\frac{X}{M}=\frac{abC}{1+bC}$ [84, 88, 96. 기사]

C[mg/L]	10	20	30
$\frac{X}{M}$(mg/L)	0.133	0.187	0.220

(가) 위의 자료를 사용하여 다음 표를 완성하고 표에 근거하여 선형그래프를 그리시오.
(단, 그래프의 직선에는 절편과 기울기를 명시하여야 한다.)

C[mg/L]	10	20	30
$\frac{C}{\frac{X}{M}}$(mg/L)	①	②	③

(나) 위에 작성한 그래프를 이용하여 상수 a, b를 결정하여라.

해설 (가) ① $\frac{10}{0.133}=75.188=75.19\text{mg/L}$

② $\frac{20}{0.187}=106.952=106.95\text{mg/L}$

③ $\frac{30}{0.220}=136.364=136.36\text{mg/L}$

④ 주어진 Langmuir 식에서 양변에 역수를 취하고 C를 곱하면

$\dfrac{C}{\frac{X}{M}}=\dfrac{1}{a}C+\dfrac{1}{ab}$ 의 함수식이 된다.

∴ 좌표(10, 75.19), (30, 136.36)을 이용하여 함수식(직선 방정식)을 구하면

$y-y_1=\dfrac{y_2-y_1}{x_2-x_1}(x-x_1)$에서

$y-75.19=\dfrac{136.36-75.19}{30-10}(x-10)$

∴ $y=3.06x+44.6$

이것을 이용하여 선형 그래프를 그리면 다음과 같다.

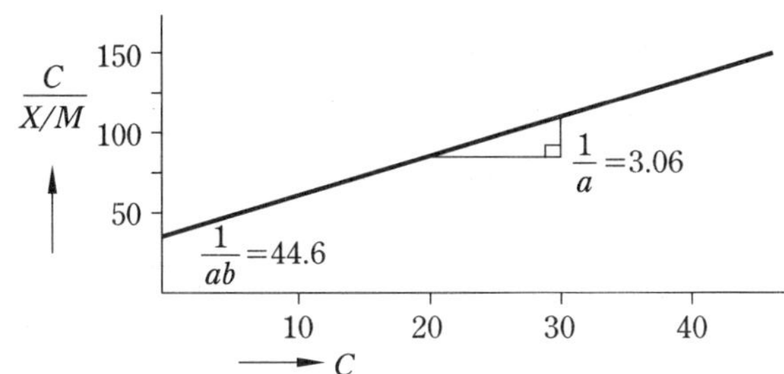

(나) $\dfrac{1}{a}=3.06$　　∴ $a=\dfrac{1}{3.06}=0.327=0.33$

$\dfrac{1}{ab}=44.6$　　∴ $b=\dfrac{1}{0.327\times 44.6}=0.069=0.07$

답 (가) ① 75.19mg/L　② 106.95mg/L　③ 136.36mg/L　④ $\dfrac{C}{X/M}$

$\dfrac{C}{X/M}$ ↑, $\dfrac{1}{a}=3.06$, → C

(나) 상수 $a=0.33$, 상수 $b=0.07$

29. 활성탄의 재생원리를 간단히 설명하시오. [99. 기사]

(가) 건식 가열법　　(나) 약품 재생법

(다) 전기 화학적 재생법　　(라) 생물학적 재생법

답 (가) 건식 가열법 : 증기-공기 분위기에서 약 930℃까지 사용된 탄소(spent carbon)를 가열함으로써 흡착된 유기물을 태워버리고 활성탄은 초기 흡착 용량을 회복한다.

(나) 약품 재생법 : NaOH의 묽은 용액으로 처리 후 수세하고 이어서 묽은 산으로 중화한다.

(다) 전기 화학적 재생법 : 흡착질을 전기 분해하여 제거 또는 파괴시킨다.

(라) 생물학적 재생법 : 유기물을 생물학적으로 산화시켜 활성탄의 표면으로부터 제거함으로써 쉽게 재생될 수 있다.

30. 정수장에서 사용하는 입상 활성탄(GAC)의 제조 공정을 설명하시오. [03. 기사]

답 ⓐ 탄화공정 : 탄소질 원료를 약 500℃ 정도로 가열하면 탈수, 탈산 등의 분해가 일어나서 산소결합이 끊어지며 산소가 물, 일산화탄소, 이산화탄소 등의 형태로 방출되고 휘발분은 거의 제거되는 공정으로 고정탄소가 많이 남게 된다.

ⓑ 활성화공정 : 활성공정은 800~1000℃의 온도 범위에서 일어나는 탄소의 산화반응으로 탄화물의 표면을 침식시켜 탄화물의 미세공 구조를 발달시키는 공정이다.

31. 그림과 같은 규모의 탱크 내에 pH가 2.0인 염산폐수가 들어 있다. 이 폐수를 순도가 70%인 공업용 NaOH로 중화처리 하고자 한다. 필요한 NaOH량(kg)은 얼마인가? (단, 폐수의 밀도는 1) [90. 기사]

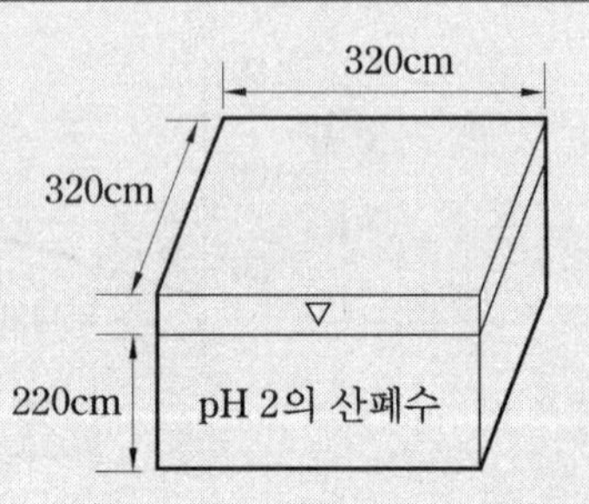

해설 pH 2 → $[H^+]=10^{-2}$ → 산성 폐수의 N 농도$=10^{-2}$N

또, $V=L\times B\times h=3.2\times 3.2\times 2.2=22.528\text{m}^3$

$$\therefore \text{NaOH의 필요량(kg)}=\frac{10^{-2}\text{g 당량/L}\times 40\text{g/g 당량}\times 22.528\text{m}^3}{0.7}$$

$$=12.873=12.87\text{kg}$$

답 NaOH의 필요량=12.87kg

32. 0.04N−HCl 용액 500mL와 0.25N−NaOH 용액 40mL를 혼합했을 때 용액의 pH를 구하여라. [89. 93. 기사]

해설 혼합 공식 : $NV-NV'=N''(V+V')$

$0.04\times 500-0.25\times 40=N''(500+40)$

$$\therefore N''=\frac{0.04\times 500-0.25\times 40}{500+40}=1.852\times 10^{-2}N(\text{as H}^+)$$

∴ 혼합 후의 $[H^+]=1.852\times 10^{-2}M$

∴ $\text{pH}=-\log(1.852\times 10^{-2})=1.732=1.73$

답 혼합 후의 pH=1.73

33. 산성폐수를 배출시키는 공장에서 중화법으로 폐수를 처리하고 있다. 중화제로는 NaOH가 1일 평균 100kg 사용되는데 NaOH대신 $Ca(OH)_2$로 변경해 사용하고자 한다. 1일 평균 소요되는 $Ca(OH)_2$의 양을 구하여라. (단, 두 약품의 용해도는 동일하며 사용하려는 $Ca(OH)_2$의 순도는 80%이다.) [86, 94, 03, 06, 09. 기사]

해설 $Ca(OH)_2$의 사용량(kg/d) $= 100\text{kg/d} \times \frac{37}{40} \times \frac{1}{0.8} = 115.625 = 115.63\text{kg/d}$

답 $Ca(OH)_2$의 사용량 $= 115.63\text{kg/d}$

참고 NaOH의 당량수 = 대체된 $Ca(OH)_2$의 당량수의 개념이다.

34. 산성폐수를 중화처리하고자 NaOH 5% 용액 40L를 사용하였다. 그런데 NaOH는 가격이 고가이므로 경제적인 측면과 침전효과 증대를 위하여 $Ca(OH)_2$로 대치하기로 하였다. 사용하고자 하는 $Ca(OH)_2$는 순도 95%이며 물에 대한 용해도가 80%라 할 때 사용할 $Ca(OH)_2$의 소요량(kg)을 구하여라. (단, NaOH 용액의 비중은 1이다.) [89, 96, 04. 기사]

해설 사용된 NaOH의 양을 구한다.

NaOH의 사용량(kg) $= 40\text{L} \times 1\text{kg/L} \times 0.05 = 2\text{kg}$

$\therefore$ $Ca(OH)_2$의 사용량(kg) $= 2\text{kg} \times \frac{37}{40} \times \frac{1}{0.95 \times 0.8} = 2.434 = 2.43\text{kg}$

답 $Ca(OH)_2$의 사용량 $= 2.43\text{kg}$

35. 어떤 화학 공장의 A공정에서는 pH 3인 폐수가 배출되고 B공정에서는 pH 10인 폐수가 배출되어 혼화지에서 혼합되고 있다. A공정과 B공정에서의 폐수 배출 용량비가 2 : 5라면 혼화지에서 예상 pH는? (단, 두 용액 혼합시 중화 반응이 일어나고 완충작용 등 기타 영향은 없다. 또한 폐수 용량단위는 가정하여 풀 수 있다.) [90, 01, 06. 기사]

해설 pH 3 → $[H^+] = 10^{-3}M$ → H^+의 N 농도 $10^{-3}N$

pH 10 → pOH 4 → $[OH^-] = 10^{-4}$ → OH^-의 N 농도 $= 10^{-4}N$

$\therefore N'' = \frac{10^{-3} \times 2 - 10^{-4} \times 5}{2+5} = 2.143 \times 10^{-4} N (\text{as } H^+)$

$\therefore$ 혼합 후의 $[H^+] = 2.143 \times 10^{-4}M$

$\therefore \text{pH} = -\log(2.143 \times 10^{-4}) = 3.669 = 3.67$

답 혼합 후의 pH $= 3.67$

36. 1L 폐수에 2.4g의 CH_3COOH와 0.73g의 CH_3COONa을 용해시켰을 때 pH를 구하여라. (단, CH_3COOH의 K_a는 1.8×10^{-5}이다.) [90. 08. 기사]

해설 완충 방정식 : $pH=pK_a+\log\frac{[CH_3COONa]}{[CH_3COOH]}$

$[CH_3COONa]=0.73g/L\times mol/82g=0.0089mol/L$

$[CH_3COOH]=2.4g/L\times mol/60g=0.04mol/L$

$\therefore\ pH=-\log(1.8\times10^{-5})+\log\frac{0.0089}{0.04}=4.092=4.09$

답 pH=4.09

37. A공장에서 배출하는 폐수 $50m^3/d$ 중에 약 1%의 HCl이 포함되어 있다. 이 폐수를 NaOH 용액으로 완전히 중화처리하고 있는데 경제적인 이유 때문에 NaOH를 $Ca(OH)_2$로 대체하고자 한다. $Ca(OH)_2$ 분말의 순도는 90%, 물에 대한 용해도는 80%라고 하면 $Ca(OH)_2$로 대체하여 얻은 경제적인 이득(원/일)은 얼마인가? (단, NaOH는 250원/kg, $Ca(OH)_2$는 100원/kg이다.) [93. 02. 기사]

해설 폐수 중에 함유되어 있는 HCl의 양부터 구한다.

HCl의 함량(kg/d)$=50m^3/d\times1t/m^3\times10^3kg/t\times0.01=500kg/d$

중화에 필요한 NaOH의 양(kg/d)$=500kg/d\times\frac{40}{36.5}=547.945kg/d$

대체된 $Ca(OH)_2$의 사용량(kg/d)$=547.945\times\frac{37}{40}\times\frac{1}{0.9\times0.8}=703.957kg/d$

∴ 대체 시 얻는 경제적인 이득(원/d)

=250원/kg×547.945kg/d−100원/kg×703.957kg/d=66590.55원/d

답 경제적인 이득=66590.55원/d

38. 정수장에서 부식 제어 목적으로 사용되는 화학 약품 2가지를 선택하고 그 상태(고체, 액체, 기체)를 기재하시오. [02. 기사]

답 ⓐ NaOH : 액체

ⓑ $Ca(OH)_2$: 고체

39. 아래 표를 이용하여 다음을 구하시오. [05. 기사]

alum 주입농도(mg/L)	100	200	300	400	500	600
COD 제거율(%)	60	70	80	85	90	90

(가) COD 제거율만 고려하는 경우 alum의 최적 주입 농도는 얼마인가?
(나) 유량이 $200m^3/d$이고 alum의 순도가 20%일 때 사용량(kg/d)은 얼마인가?

해설 (가) 최적 주입 농도란 동일한 COD 제거율을 나타내는 경우 주입농도가 낮은 것이다.
∴ 최적 주입 농도=500mg/L

(나) 사용량$=\dfrac{(500\times200\times10^{-3})\text{kg/d}}{0.2}=500\text{kg/d}$

답 (가) 최적 주입 농도=500mg/L
(나) 사용량=500kg/d

40. 저류판(baffles)이 설치된 플록형성지에서 유입 유량이 $10m^3/min$, 체류 시간이 35분, 손실수두가 0.8m일 때 단위 용적당 주입 동력($watt/m^3$), 속도 경사($G[s^{-1}]$)와 $G\cdot t$는 각각 얼마인가? (단, 점성계수(μ)는 $1.13\times10^{-1}g/cm\cdot s$이다.) [90. 기사]

해설 ① 주입 동력(watt)$=\left(\dfrac{1000\times10/60\times0.8}{102}\right)\text{kW}\times10^3\text{watt/kW}=1307.19\text{W}$

용적$(V)=Q\cdot t=10\text{m}^3/\text{min}\times35\text{min}=350\text{m}^3$

∴ 단위 용적당 주입 동력$(\text{watt/m}^3)=\dfrac{1307.19\text{watt}}{350\text{m}^3}=3.735=3.74\text{watt/m}^3$

② 속도 경사$(G)=\sqrt{\dfrac{P}{\mu V}}=\sqrt{\dfrac{W}{\mu}}$에서 우선 μ의 단위를 kg/m · s로 환산한다.

점성계수$(\mu)=1.13\times10^{-1}\text{g/cm}\cdot\text{s}\times10^{-3}\text{kg/g}\times10^2\text{cm/m}=1.13\times10^{-2}\text{kg/m}\cdot\text{s}$

∴ $G[\text{s}^{-1}]=\sqrt{\dfrac{3.735}{1.13\times10^{-2}}}=18.181=18.18\text{s}^{-1}$

③ $G\cdot t=18.181\text{s}^{-1}\times35\text{min}\times60\text{s/min}=38179.072=38179.07$

답 ① 단위 용적당 주입 동력$=3.74\text{watt/m}^3$ ② 속도 경사$=18.18\text{s}^{-1}$ ③ $G\cdot t=38179.07$

41. 폐수량 $2000m^3/d$, SS 200mg/L의 폐수를 $Al_2(SO_4)_3\cdot18H_2O$ 100mg/L로 처리했을 때 생성되는 슬러지량(kg/d)을 구하시오. (단, SS의 제거율은 80%이며 황산칼슘은 모두 용존하는 것으로 본다.) [05. 기사]

해설 ⓐ SS 제거량$=200\times2000\times10^{-3}\times0.8=320$kg/d

ⓑ 반응식 : $Al_2(SO_4)_3\cdot18H_2O+3Ca(OH)_2\rightarrow2Al(OH)_3+3CaSO_4+18H_2O$

$$Al_2(SO_4)_3\cdot18H_2O : 2Al(OH)_3$$
$$666g : 2\times78g$$
$$100\times2000\times10^{-3} : x[kg/d]$$

$\therefore x=46.847$kg/d

$\therefore$ ⓐ+ⓑ$=320+46.847=366.847=366.85$kg/d

답 생성되는 슬러지량$=366.85$kg/d

42. 폐수의 응집처리를 목적으로 280mg/L의 황산제일철($FeSO_4\cdot7H_2O$)과 필요량의 소석회를 혼합 주입하였다. 4500m^3/d의 폐수를 처리할 경우 다음 물음에 답하여라. [00. 기사]

(가) 소요된 소석회의 양(t/d)을 구하여라. (단, 소석회의 순도는 70%이다.)

(나) 생성된 $Fe(OH)_3$의 양(t/d)을 구하여라. (단, 분자량 : $FeSO_4=152$, $Ca(OH)_2=74$)

해설 (가) 반응식 : $2FeSO_4\cdot7H_2O+2Ca(OH)_2+\frac{1}{2}O_2\rightarrow2Fe(OH)_3+2CaSO_4+13H_2O$

$$FeSO_4\cdot7H_2O : Ca(OH)_2$$
$$278g : 74g$$
$$(280\times4500\times10^{-6})t/d : x[t/d]\times0.7$$

$$\therefore x=\frac{280\times4500\times10^{-6}\times74}{278\times0.7}=0.479=0.48t/d$$

(나)

$$FeSO_4\cdot7H_2O : Fe(OH)_3$$
$$278g : 107g$$
$$(280\times4500\times10^{-6})t/d : x[t/d]$$

$$\therefore x=\frac{280\times4500\times10^{-6}\times107}{278}=0.485=0.49t/d$$

답 (가) 소요된 소석회의 양$=0.48$t/d (나) 생성된 $Fe(OH)_3$의 양$=0.49$t/d

43. 일반적으로 수처리를 위한 약품 응집에는 알칼리도가 중요한 의미를 가진다. 다음 무기응집제에 대하여 각각 응집에 필요한 칼슘염 형태의 알칼리도를 반응시켜 floc을 형성하는 완결반응식을 쓰시오. [98. 08. 기사]

(가) $FeSO_4\cdot7H_2O$($Ca(OH)_2$와 반응하며, 이 반응은 DO를 필요로 한다.)

(나) $Fe_2(SO_4)_3$ ($Ca(HCO_3)_2$와 반응)

답 (가) $2FeSO_4 \cdot 7H_2O + 2Ca(OH)_2 + \frac{1}{2}O_2 \rightarrow 2Fe(OH)_3 + 2CaSO_4 + 13H_2O$

(나) $Fe_2(SO_4)_3 + 3Ca(HCO_3)_2 \rightarrow 2Fe(OH)_3 + 3CaSO_4 + 6CO_2$

44. 폐수를 다음과 같은 조건의 플록형성조에서 응집처리할 경우의 소요 동력(kW)을 구하시오. [00. 기사]

〈조건〉 플록형성조의 부피=$50m^3$, 평균속도구배(G)=200/s
점성계수(μ)=1.35×10^{-2}g/cm · s, 교반기의 효율(ζ)=70%

해설 $P=\dfrac{\mu VG^2}{\zeta}=\dfrac{1.35\times10^{-3}\times50\times200^2}{0.7}=3857.143\text{watt}$

∴ 소요 동력(kW)=3.86kW

답 소요 동력=3.86kW

45. $Al_2(SO_4)_3 \cdot 18H_2O + 3Ca(HCO_3)_2 \rightarrow 3CaSO_4 + 2Al(OH)_3 + (\quad) + 18H_2O$

(가) 반응식의 ( )을 완성하시오. [00. 기사]
(나) 명반 10g에 필요한 알칼리도(mg $CaCO_3$)는?
(다) pH의 변화는?

해설 (나) $Al_2(SO_4)_3 \cdot 18H_2O : 6HCO_3^-$

666g : 6×61g

10g : x[g]

$\therefore x=\dfrac{10\times6\times61}{666}=5.49\text{g}$

∴ 소요 알칼리도(mg)=$5.49\text{g}\times10^3\text{mg/g}\times\dfrac{50}{61}=4500\text{mg}$

답 (가) $6CO_2$

(나) 소요 알칼리도(mg)=4500mg

(다) CO_2의 발생으로 pH 감소

46. 다음 조건의 반응조에서 속도 경사(G)를 40/s로 유지하기 위한 이론적 소요 동력(watt)과 패들의 면적(m^2), 수평축의 회전 속도(rpm)를 구하시오. [00, 01. 기사]

〈조건〉 반응조의 부피=5000m^3, 패들의 항력계수=1.5,
패들의 주변속도(V)=0.6m/s, 패들의 상대속도(V_p)=0.75V,
패들의 지름=3m, 점도(μ)=10^{-3}kg/m·s

해설 ① $P=\mu \cdot V \cdot G^2=10^{-3}\times 5000\times 40^2=8000\text{watt}$

② $A=\dfrac{2P}{C_D \cdot \rho_w \cdot V_p^3}=\dfrac{2\times 8000}{1.5\times 1000\times (0.75\times 0.6)^3}=117.055=117.06\text{m}^2$

③ 회전 속도(rpm)$=\dfrac{0.75\times 0.6\text{m/s}\times 60\text{s/min}}{\pi\times 3\text{m}}=2.86\text{rpm}$

답 ① 소요 동력=8000watt ② 패들 면적=117.06m^2 ③ 회전 속도=2.86rpm

47. 처리용량이 20000m^3/d인 폐수처리장에 응집을 위한 약품 혼화조를 설계하고자 한다. 다음 물음에 답하시오. [02. 기사]

(가) 혼화 시간을 1분으로 하고 혼화조의 형태를 정육면체로 할 경우 한변의 길이(m)는?

(나) 경험에 의하여 처리수 1m^3/s당 2.5kW의 동력이 소요될 경우 혼화지의 속도 경사 G값을 계산하여라. (단, 점성계수(μ)=10^{-3}kg/m·s)

해설 (가) $V=20000\text{m}^3/\text{d}\times 1\text{min}\times \text{d}/1440\text{min}=13.889\text{m}^3$

$V=L\times B\times h=x\times x\times x=13.889\text{m}^3$

$\therefore x=(13.889)^{\frac{1}{3}}=2.403=2.4\text{m}$

(나) 소요 동력(P : watt)$=2.5\text{kW}/1\text{m}^3/\text{s}\times 20000\text{m}^3/\text{d}\times \text{d}/86400\text{s}\times 10^3\text{watt/kW}=578.704\text{watt}$

$G=\sqrt{\dfrac{578.704}{10^{-3}\times 13.889}}=204.123=204.12\text{s}^{-1}$

답 (가) 길이=2.4m (나) 속도 경사(G)=204.12s^{-1}

48. 염소 소독 시 수중에 존재하는 2종류의 유리잔류염소와 수중의 암모니아와 반응하여 존재하는 3종류의 결합잔류염소에 대한 반응식을 나타내시오. [90. 기사]

답 ① 유리잔류염소 : $Cl_2+H_2O \rightleftarrows HOCl+H^++Cl^-$

$HOCl \rightleftarrows H^++OCl^-$

② 결합잔류염소 : $NH_3 + HOCl \rightarrow NH_2Cl + H_2O$
$NH_2Cl + HOCl \rightarrow NHCl_2 + H_2O$
$NHCl_2 + HOCl \rightarrow NCl_3 + H_2O$

49. 처음 용량이 100000m^3/d인 장방향의 floc 형성지를 아래 기준에 의해 설계하고자 한다. 물음에 답하여라. [02. 기사]

〈조건〉 체류 시간 : 30분, 수심 : 4m, 지(地)수 : 2지 이상, 속도 경사 : 10/s~75/s
교반기 : paddle형 기계식 교반기, 동력 $P=\mu G^2 V = C_d \cdot A \cdot \rho \cdot V^3$

(가) floc 형성지를 6지로 설치할 경우 1지당 용적(m^3)과 수면적(m^2)을 구하시오.
(나) floc 형성지의 1지를 3단으로 구분하여 각 단의 길이를 수심과 동일하게 할 경우 폭(m)을 계산하시오.
(다) paddle 교반기의 각 단의 속도 경사를 1단, 2단, 3단의 경우 각각 60/s, 40/s, 30/s로 할 때 각 단의 유효 동력(watt)을 계산하시오. (단, $\mu = 10^{-3}$kg/m · s)
(라) paddle의 주변 속도(V)를 0.6m/s로 할 경우 제1단의 paddle의 면적(m^2)을 계산하시오. (단, paddle의 저항계수는 1.4, 물의 밀도는 1000kg/m^3, paddle과 유체와의 상대 속도는 0.75V이다.)

해설 (가) ① $V = Q \cdot t/\text{지수} = \dfrac{100000\text{m}^3 \times 30\text{min} \times \text{d}/1440\text{min}}{6\text{지}} = 347.22\text{m}^3$

② $A = \dfrac{V}{H} = \dfrac{347.22\text{m}^3}{4\text{m}} = 86.805 = 86.81\text{m}^2$

(나) $A = L \times B$

$\therefore B = \dfrac{86.805}{3 \times 4} = 7.233 = 7.23\text{m}$

(다) ① $P = \mu V G^2 = 10^{-3} \times 115.74 \times 60^2 = 416.664 = 416.66\text{watt}$

② $P = 10^{-3} \times 115.74 \times 40^2 = 185.184 = 185.18\text{watt}$

③ $P = 10^{-3} \times 115.74 \times 30^2 = 104.166 = 104.17\text{watt}$

(라) 주어진 식으로부터 $A = \dfrac{P}{C_d \cdot \rho \cdot V^3} = \dfrac{416.664}{1.4 \times 1000 \times (0.75 \times 0.6)^3} = 3.266 = 3.27\text{m}^2$

답 (가) ① 1지당 용적=347.22m^3 ② 수면적=86.81m^2
(나) 폭=7.23m
(다) ① 1단의 유효 동력=416.66watt ② 2단의 유효 동력=185.18watt
③ 3단의 유효 동력=104.17watt
(라) paddle의 면적=3.27m^2

50. 음료수 처리에서 유기물로 오염된 원수를 염소처리하면 발암(發癌) 가능성 물질이 생성된다. 다음 물음에 답하여라. [94. 기사]

(가) 생성되는 발암 가능성 물질은 무엇인가?

(나) 발암 가능성 물질에 의한 피해를 예방하기 위하여 고려될 수 있는 방안 2가지를 쓰시오.

답 (가) THM(trihalomethane)

(나) ⓐ 양호한 수질의 원수 확보로 THM 생성 방지

ⓑ THM이 생성되지 않는 소독제 사용 : O_3, ClO_2 등

51. 100000m^3/d의 처리수 살균에 50kg/d의 염소가 소비되었다. 이때 10분 후의 잔류염소 농도는 0.3mg/L이다. 다음 물음에 답하여라. [95. 기사]

(가) 염소 주입 농도(mg/L)을 구하시오.

(나) 염소 요구량(mg/L)을 구하시오.

해설 (가) $\text{염소 주입 농도(mg/L)} = \dfrac{\text{염소 주입량(kg/d)}}{\text{유량}(m^3/d) \times 10^{-3}} = \dfrac{50kg/d}{100000m^3/d \times 10^{-3}} = 0.5mg/L$

(나) 염소 요구량 = 염소 주입량(mg/L) − 잔류 염소량(mg/L) = 0.5 − 0.3 = 0.2mg/L

답 (가) 염소 주입 농도 = 0.5mg/L

(나) 염소 요구량 = 0.2mg/L

52. 염소 소독에 있어서 파괴점(불연속점) 현상을 설명하는 총괄적인 반응식은 다음과 같다. 아래 물음에 답하시오. [84, 85, 90. 기사]

$$2NH_3 + 2HOCl \rightarrow (\quad ① \quad) + 2H_2O$$
$$2NH_2Cl + HOCl \rightarrow (\quad ② \quad) + H_2O + (\quad ③ \quad)$$

(가) 위의 반응식의 ①, ②, ③을 채우고 두 식을 하나의 식으로 표시하시오.

(나) 불연속점에서의 암모니아성 질소에 대한 염소 투입량의 중량비를 화학양론적으로 계산하시오.

해설 (나) 반응식을 구한다.

$Cl_2 + H_2O \rightarrow HOCl + HCl$ ··········· ①

$2NH_3 + 3HOCl \rightarrow N_2 + 3H_2O + 3HCl$ ··········· ②

①×3+②하면

$2NH_3 + 3Cl_2 \rightarrow N_2 + 6HCl$

$$\therefore \text{ 중량비}\left(\frac{Cl_2}{N}\right)=\frac{3Cl_2}{2N}=\frac{3\times71}{2\times14}=7.607=7.61$$

답 (가) ① $2NH_2Cl$ ② N_2 ③ $3HCl$, $2NH_3+3HOCl \rightarrow N_2+3H_2O+3HCl$
(나) 중량비=7.61

53. HOCl과 OCl^-을 이용한 살균 소독 공정에서 pH가 6.8이고, 온도가 20℃일 때 평형상수가 2.2×10^{-8}이라면 이때 HOCl과 OCl^-의 비율$\left(\frac{[HOCl]}{[OCl^-]}\right)$을 결정하시오. [08. 기사]

해설 $HOCl \rightleftarrows H^+ + OCl^-$

여기서, $K=\frac{[H^+][OCl^-]}{[HOCl]}$에서 $\frac{[HOCl]}{[OCl^-]}=\frac{[H^+]}{K}=\frac{10^{-6.8}}{2.2\times10^{-8}}=7.204=7.20$

답 HOCl과 OCl^-의 비율=7.2

54. 소독을 위한 지표수 처리 규정에 따라 Giardia의 99.9% 감소에 필요한 1일 염소 소비량(kg/d)을 구하시오. (단, 반응조 유출수의 유리잔류염소는 2mg/L, 염소 소멸률은 0.2/h, 유량은 $1.5\times10^4m^3/d$, 소독조의 체류시간은 122분, 소독반응은 1차 반응이며, PF 반응기 기준이다.) [09. 기사]

해설 $C_t=C_0\times e^{-Kt}$에서 $C_0=\frac{2mg/L}{e^{-0.2\times2.03}}=3mg/L$

$\therefore$ 1일 염소 소비량(kg/d)=$3mg/L\times1.5\times10^4m^3/d\times10^{-3}=45kg/d$

답 염소 소비량=45kg/d

참고 국내에서도 최근 미국과 유사한 수준의 "정수 처리에 관한 기준"을 제정하였는데, 정수 처리에 관한 기준은 바이러스 99.99%, Giardia 99.9% 제거를 목표로 하여 정수장 규모에 따라 순차적으로 여과 및 소독 공정에서 탁도 및 필요 소독 농도 등의 요건을 만족하도록 요구하였다.

55. 체류시간이 20분인 완전혼합 연속흐름 염소 접촉실을 직렬방식으로 순차적으로 연결하여 오수 시료 중의 박테리아수를 10^6/mL에서 15.5/mL 이하로 감소시키고자 할 때 필요한 접촉실의 수를 구하시오. (단, 접촉실의 크기는 같으며, 1차 반응 제거율 상수는 $6.5h^{-1}$이다.) [08. 기사]

해설 $\frac{N}{N_0}=\left(\frac{1}{1+Kt}\right)^n$에서

$$\log\frac{N}{N_0}=n\log\left(\frac{1}{1+Kt}\right)$$

$$\therefore n=\frac{\log\left(\frac{N}{N_0}\right)}{\log\left(\frac{1}{1+Kt}\right)}=\frac{\log\left(\frac{15.5}{10^6}\right)}{\log\left(\frac{1}{1+6.5\text{h}^{-1}\times 20\text{min}\times\frac{\text{h}}{60\text{min}}}\right)}=9.608=10\text{개}$$

답 접촉실의 수=10개

56. 다음과 같은 조건 하에서 2차 처리수의 살균을 위한 염소 접촉조를 설계하고자 한다. 접촉조의 소요 길이를 산출하시오. [85. 기사]

〈조건〉 1. 유입 유량 : 1.2m^3/s
2. 접촉조 단면 : 폭=2m, 유효 수심=2m
3. 계획 살균 효율 : 95%
4. 살균 반응은 다음 식에 따른다고 한다.

$$\frac{dN}{dt}=-KNt$$

여기서, N : 시간 t에서의 생존 미생물 수,
K : 살균반응속도상수,
t : 시간
5. 살균반응속도상수 $K=0.1/\text{min}^2$ (밑수 e)
6. 접촉조 내의 흐름은 plug flow라고 가정한다.

해설 V(체적)$=L\times B\times h=Q\cdot t$에서 접촉 시간 t를 구한다.

$$\frac{dN}{dt}=-KN\cdot t\,(\text{base } e)$$

$$\therefore \frac{dN}{N}=-K\cdot tdt$$

조건 $t=0$에서 $N=N_0$, $t=t$에서 $N=N_t$를 이용하여 적분하면

$$\int_{N_0}^{N_t}\frac{dN}{N}=-K\int_0^t tdt$$

$$\therefore \Big[\ln N\Big]_{N_0}^{N_t}=-K\left[\frac{t^2}{2}\right]_0^t$$

$$\therefore \ln\frac{N_t}{N_0} = -K\cdot\frac{t^2}{2}$$

$$\therefore t = \sqrt{\frac{\ln\frac{N_t}{N_0}\times 2}{-K}} = \sqrt{\frac{\ln\frac{5}{100}\times 2}{-0.1/\text{min}^2}} = 7.74\text{min}$$

$$\therefore L = \frac{Q\cdot t}{B\times h} = \frac{1.2\text{m}^3/\text{s}\times 7.74\text{min}\times 60\text{s/min}}{(2\times 2)\text{m}^2} = 139.32\text{m}$$

답 접촉조의 소요 길이=139.32m

57. 접촉시간 1시간에 대한 음용수의 염소요구량 곡선은 다음 그림과 같다. 유량 24000m³/d에서 1시간 접촉 후 유리잔류염소 0.5mg/L, 결합잔류염소 0.4mg/L를 만들기 위해 물에 가해주어야 할 NaOCl의 1일 첨가량은 각각 얼마인가? (단, Na 및 Cl의 원자량은 23 및 35.5이다.) [09. 기사]

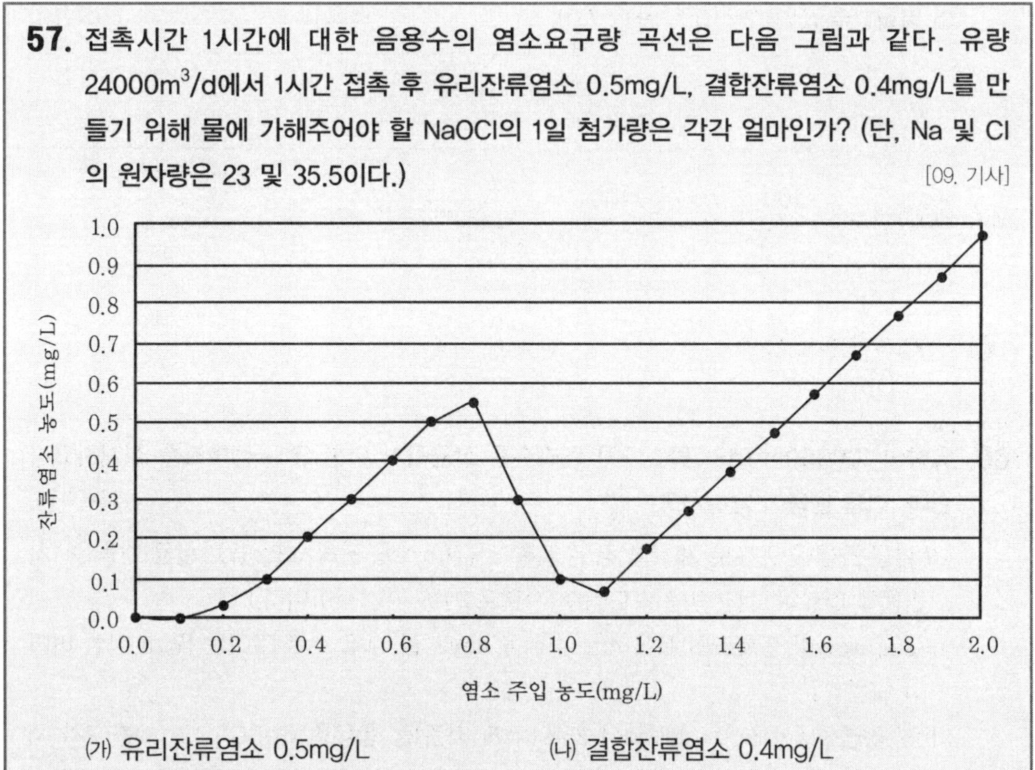

(가) 유리잔류염소 0.5mg/L (나) 결합잔류염소 0.4mg/L

해설 (가) ⓐ Cl_2의 주입량$=(1.1+0.5)\times 24000\times 10^{-3} = 38.4$kg/d

ⓑ NaOCl : Cl_2=74.5g : 71g=x[kg/d] : 38.4kg/d

$\therefore x = 40.29$kg/d

(나) ⓐ Cl_2의 주입량$=0.6\times 24000\times 10^{-3} = 14.4$kg/d

ⓑ NaOCl : Cl_2=74.5g : 71g=x[kg/d] : 14.4kg/d

$\therefore x = 15.1$kg/d

답 (가) NaOCl의 1일 첨가량=40.29kg/d

(나) NaOCl의 1일 첨가량=15.1kg/d

58. 정수공정에서 물에 차아염소산염(OCl^-)을 주입하여 살균·소독을 할 경우, 물의 pH는 어느 방향(증가, 감소 또는 변화가 없음)으로 변화하는지 화학식을 사용하여 설명하시오. [08. 기사]

답 $NaOCl + H_2O \rightarrow HOCl + NaOH$

∴ pH는 증가한다.

59. 다음 반응에서 전체 유리 잔류염소 중의 HOCl의 비율(%)를 구하시오. (단, 25℃에서의 평형상수 $K=3.7\times10^{-8}$, pH=7.0) [09. 기사]

$$HOCl \rightleftarrows H^+ + OCl^-$$

해설 $HOCl(\%) = \dfrac{100}{1+\dfrac{K}{[H^+]}} = \dfrac{100}{1+\dfrac{3.7\times10^{-8}}{1\times10^{-7}}} = 72.993 = 72.99\%$

답 HOCl의비율=72.99%

60. 유량이 100000m^3/d인 하수 2차 처리수를 살균하기 위한 염소 접촉조를 설계하고자 한다. 다음 물음에 답하시오. [02, 06. 기사]

(가) 살균 효율을 99%로 계획할 경우 접촉 시간(min)을 구하시오. (단, 살균 반응은 1차 반응을 따르며, 살균반응 속도상수(자연로그) $K=0.1\text{min}$이다.)

(나) plug flow형 접촉조의 폭을 4m, 수심을 4m로 할 경우 수로 길이는 몇 m 이상 이어야 하는가?

(다) 유효염소(available chlorine) 25%(무게 기준)를 함유한 $CaOCl_2 \cdot 2H_2O$를 2차 처리수에 6mg/L 투입한 결과 잔류염소가 0.5mg/L가 되었다. 2차 처리수의 잔류염소 농도를 0.2mg/L 유지하기 위해 투입하여야 할 $CaOCl_2 \cdot 2H_2O$의 양(kg/d)은 얼마인가?

해설 (가) $t = \dfrac{\ln\dfrac{1}{100}}{-0.1} = 46.051 = 46.05\text{min}$

(나) $V = L\times B\times h = Q\cdot t$

$\therefore L = \dfrac{100000\text{m}^3/\text{d}\times 46.051\text{min}\times \text{d}/1440\text{min}}{(4\times4)\text{m}^2} = 199.874 = 199.87\text{m}$

(다) 염소 주입 농도를 구한다.

$CaOCl_2 \cdot 2H_2O : Cl_2 = 100 : 25 = 6 : x$

$\therefore x = 1.5$mg/L

∴ 염소 요구 농도=1.5−0.5=1mg/L

다시, 잔류 염소 농도 0.2mg/L를 유지하기 위한 염소 주입 농도=1+0.2=1.2mg/L

$\therefore CaOCl_2 \cdot 2H_2O$의 주입 농도$= \dfrac{1.2\text{mg/L}}{0.25} = 4.8$mg/L

$\therefore CaOCl_2 \cdot 2H_2O$의 주입량(kg/d)$= 4.8 \times 100000 \times 10^{-3} = 480$kg/d

답 (가) 접촉 시간=46.05분

(나) 수로 길이=199.87m

(다) $CaOCl_2 \cdot 2H_2O$ 투입량=480kg/d

61. 미생물을 살균하기 위해서는 살균제를 투입하게 된다. 이때 살균 작용에 영향을 미치는 인자들을 5가지만 쓰시오. [02. 기사]

답 ① 살균제의 접촉시간 ② 살균제의 종류와 농도 ③ 적용 온도

④ 미생물의 수 ⑤ 적용 pH

제 2 절 생물학적 처리

1 생물학적 처리의 개요

(1) 생물학적 처리(biological treatment)

폐수 중에 함유된 탄수화물인 유기물을 bacteria나 원생동물(protozoa) 등의 미생물에 의하여 생물·화학적으로 산화하여 안정화시키는 처리 공법이다.

(2) 호기성 처리(aerobic treatment)

- 유기물 + O_2 → CO_2 + H_2O + energy ······ 호흡 반응
- 유기물 + O_2 → NH_3 + 세포 물질 형성(MLSS) + CO_2 + H_2O + Energy ······ 합성 반응
- 세포 물질 + O_2 → CO_2 + H_2O + energy ······ 자기산화 반응

(3) 혐기성 처리(anaerobic treatment)

유기물 —(유기산균 / 미생물)→ 유기산 (중간 생성물) —(메탄균 / 미생물)→ CH_4 (최종 생성물)

1단계 (액화 단계 산성 단계)	중간 생성물	2단계 (가스화 단계 알칼리성 단계)	최종 생성물
	알코올		CO_2
	CO_2		H_2S
	H_2		NH_3
	NH_3		H_2O
	세포		세포

(4) 유기물 분해와 미생물의 성장 관계

① **Ⅰ기(지체기 : lag phase)** : 지체기는 접종(seeding)된 세균이 새로운 배양기, 즉 접종한 미생물이 새로운 환경에 적응하는 기간이다.

② **Ⅱ기(지수성장기 및 대수성장기 : exponential phase 및 logarithmic growth phase)** : 미생물의 먹이인 유기물이 풍부해 빠른 속도로 증식하는 기간이다. 이때 미생물은 서로 엉키지 않고 자라는 분산 성장 상태에 있다.

③ **Ⅲ기(감소성장 단계 : decling growth phase) :** 미생물의 영양부족과 신진대사 결과로 생긴 독성 물질의 축적 때문에 세포의 증식 속도는 더 이상 증가하지 않고 오히려 감소하기 시작한다. 이 기간은 곡선상의 변곡점으로 시작되는데 이 직전에 세포의 성장 속도는 가장 높고 유기물이 적어짐에 따라서 성장 속도가 감소한다. 대수 성장기에 비하여 미생물의 수가 감소하는 기간이다.

④ **Ⅳ기(내생성장 단계 : endogenous growth phase) :** 살아 있는 미생물들이 조금 있는 영양분을 두고 서로 경쟁을 하게 됨으로써 신진대사 속도는 계속 더 큰 속도로 감소하고 살아 있는 미생물의 수도 크게 감소한다. 특히 세균이 외부로부터 에너지원을 얻지 못할 경우 세포 내에 축적된 원형질을 이용하게 되는데 이것을 내생호흡이라고 한다. 내생호흡이 오래 지속되고 세포 외에 새로운 에너지 공급원이 없어지면 세포가 자기분해(autolysis)하기 시작한다.

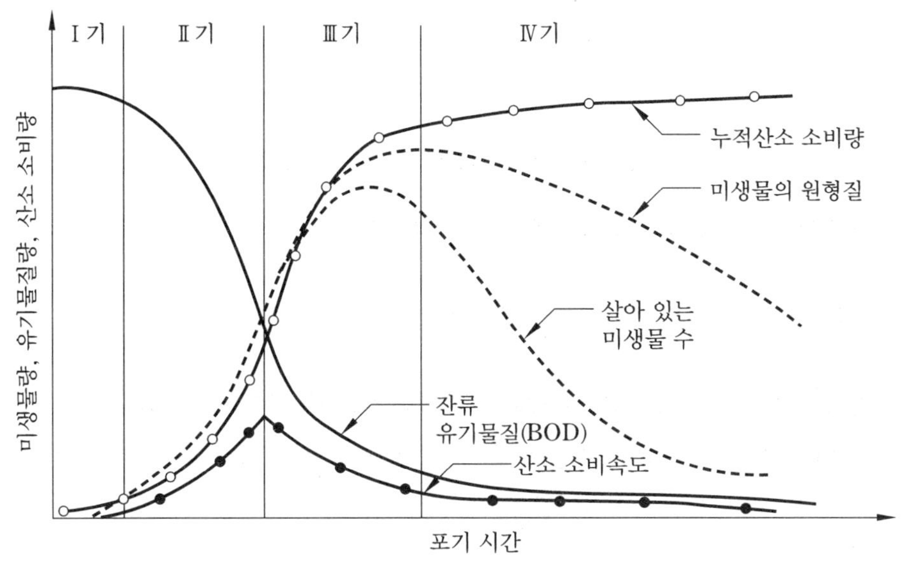

유기물질의 분해와 미생물 증식 곡선

(5) 생체량의 증식 속도(성장 속도)

세포 배양기 내의 생체량 성장에 대한 중요한 필요 조건은 에너지원, 탄소원, 필요할 때의 외부 전자 수용체, 적당한 물리 화학적 환경 등이다.

① Monod식

$$\mu = \mu_{max} \times \frac{S}{K_S + S}$$

여기서, μ : 증식 속도, 비성장 속도(T^{-1}, d^{-1})
μ_{max} : μ의 최대치(T^{-1}, d^{-1})
S : 제한 기질의 농도(ML^{-3}, g/L)
K_S : $\mu = \frac{1}{2}\mu_{max}$일 때의 S(ML^{-3}, g/L), 반속도상수

참고 M : 질량, L : 길이, T : 시간

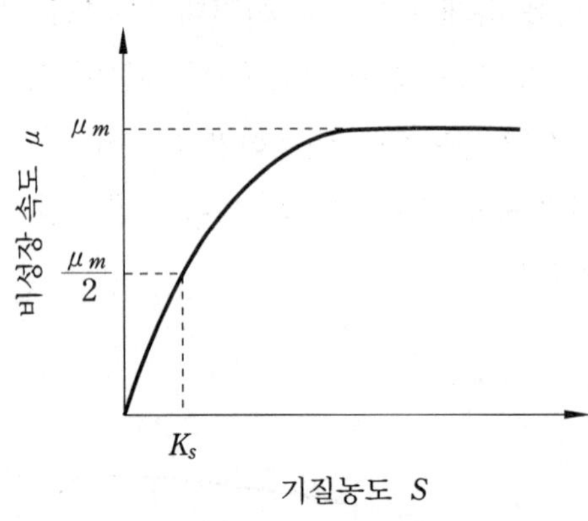

비성장 속도(μ)와 제한기질(S)과의 관계

② 비기질 이용 속도(specific substrate utilization rate)

$$q = \frac{\mu}{Y}$$

여기서, q : 비기질 이용 속도(T^{-1}, d^{-1})

(6) 효소 반응(simple enzyme kinetics, Michaelis–Menten kinetics)

생물학적 반응의 반응 속도는 주반응 중 효소의 촉매 활동도에 의존한다. Michaelis와 Menten은 하나의 기질(sbstrate)을 함유하는 단분자(單分子) 반응에 대한 효소의 반응 속도를 정의하고 있다.

폐수 처리 공정 중에서 일어나는 다기질 반응 및 혼합 배양 반응 등의 반응 속도와 유사한 많은 경우에도 동일한 형태의 반응식이 사용될 수 있다.

일반적으로 효소 촉매 반응은 효소(E) 및 기질(S)이 효소–기질 착화합물(enzyme–substrate complex) ES를 형성하는 가역 반응과 효소가 생성물 P를 탈리시키는 착화합물의 비가역 분해 과정도 동시에 진행된다.

$$E + S \underset{K_2}{\overset{K_1}{\rightleftarrows}} ES \overset{K_3}{\rightarrow} E + P \quad \cdots\cdots ①$$

효소 반응에서 K_1, K_2 및 K_3는 속도상수이다.

정상 상태, 즉 [생성 속도]=[분해 속도]라면 다음과 같이 식을 나타낼 수 있다.

$$K_1[E]\cdot[S]=K_2[ES]+K_3[ES] \quad \cdots\cdots ②$$

여기서, $[E]$: 반응하지 않은 효소의 농도(ML^{-3})
$[S]$: 기질의 농도(ML^{-3})
$[ES]$: 효소-기질의 착화합물 농도(ML^{-3})

② 식을 정리하면

$$\frac{[E]\cdot[S]}{[ES]}=\frac{K_2+K_3}{K_1}=K_m \quad \cdots\cdots ③$$

여기서, K_m : Michaelis 상수

생성물에 대한 최대 반응 속도는 존재하는 모든 효소가 효소-기질의 착화합물에 관련지어질 때 얻어진다. 즉,

$$R_{max}=K_3[E_{\text{total}}] \quad \cdots\cdots ④$$

여기서, R_{max} : 최대 성장 속도($ML^{-3}T^{-1}$, g/L · h)
$[E_{\text{total}}]$: 계의 총 효소 농도(ML^{-3}, g/L)

효소로 포화된 다른 단계에서는 생성물에 대한 반응 속도 r는

$$r=K_3[ES] \quad \cdots\cdots ⑤$$

계 내의 총 효소 농도를 물질수지식으로 나타내면

$$[E_{\text{total}}]=[E]+[ES] \quad \cdots\cdots ⑥$$

식 ④, ⑤를 ⑥식에 대입하면

$$[E]=\frac{R_{max}}{K_3}-\frac{r}{K_3} \quad \cdots\cdots ⑦$$

⑦식을 ③식에 대입하면

$$\frac{[S]}{K_3[ES]}=(R_{max}-r)=K_m \quad \cdots\cdots ⑧$$

식 ⑤를 ⑧식에 대입하면

$$\frac{[S]}{r}(R_{max}-r)=K_m \quad \cdots\cdots ⑨$$

이 식을 정리하면 Michaelis–Menten식이 된다.

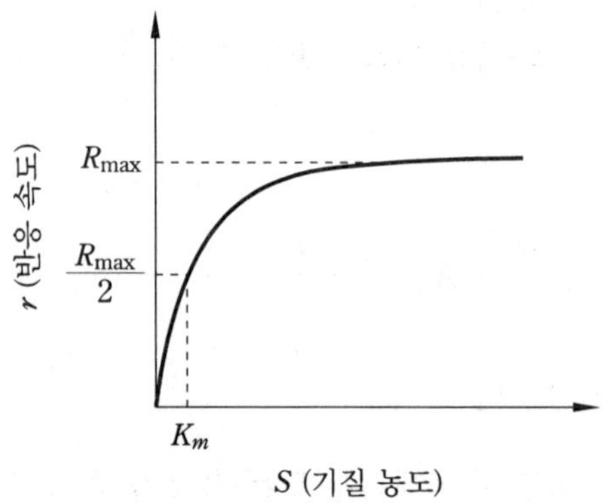

Michaelis–Menten의 도표

$$r=\frac{R_{max}\cdot[S]}{K_m+[S]} \quad \cdots\cdots ⑩$$

여기서, K_m : 포화 상수라고도 하며 반응 속도가 $\frac{R_{max}}{2}$과 같아질 때의 기질 농도

2 활성슬러지법(activated sludge process)

(1) 폐수 처리 시 운전 조건

① 활성슬러지(세포)에 크게 영향을 주는 환경인자

(가) pH를 6~8 정도로 유지할 것

(나) 온도를 20~35℃ 정도로 유지할 것

(다) 포기조는 대개 길이가 3~5m의 장방형으로 할 것

(라) 슬러지와 상징수의 분리가 빨리 이루어져야 할 것

(마) KCN은 2mg/L 이하, Cu 1mg/L 이하, ABS 20mg/L 이하, Cl^- 1800mg/L 이하 유지할 것

(바) BOD : N : P의 영양분은 대체로 100 : 5 : 1로 유지할 것

② **활성슬러지 처리 시 시설의 충족 조건**

㈎ 포기조 환경 조건이 활성 슬러지의 세포 증식에 적합할 것

㈏ 포기조 내 적정 농도의 활성슬러지 농도(MLVSS)가 유지될 것

㈐ 활성슬러지의 침강성(SV)이 양호할 것

(2) 처리 시 원리

1차 처리된 폐수의 2차 처리를 위해서 주로 채택되며 주요 반응공정은 포기조, 2차 침전조, 슬러지 반송 및 일반 설비 등으로 이루어진 호기성 process이다.

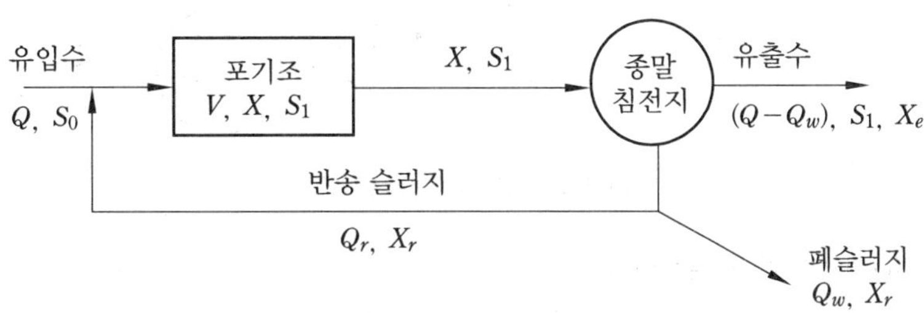

활성슬러지법의 주요 계통도

(3) 활성슬러지 공법의 종류

① **표준 활성슬러지법(standard activated sludge process)**

㈎ 재래식 활성슬러지법이라고도 한다.

㈏ 미생물이 감소 성장기에서 내생호흡기까지 걸치게 되어 침강성이 양호하다.

㈐ plug flow형의 포기조이기 때문에 유입구 부근은 산소 부족 상태가 되기 쉽고 유출구 부근은 과포기가 될 경우가 있으며 충격 부하에 약하다.

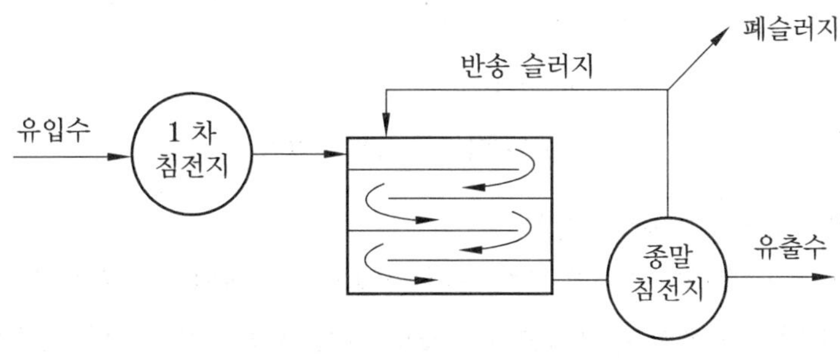

재래식 활성슬러지법

② 단계식 포기(step aeration)법

㈎ 재래식 공법을 수정한 것이다.

㈏ 폐수를 포기조 길이에 걸쳐 골고루 유입시켜 산소 요구량을 균등하게 하고 처리의 균등성을 기할 수 있다.

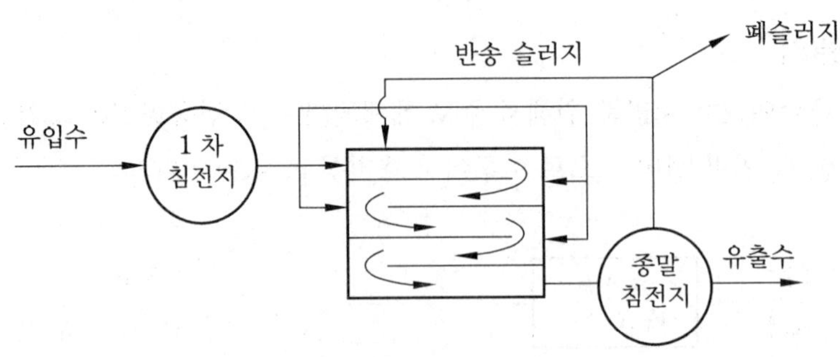

단계식 포기 활성슬러지법

③ 장기 포기(extended aeration)법

㈎ 세포의 내생호흡기에서 유기물질이 제거되도록 설계된 것이다.

㈏ 잉여 슬러지 생산량이 적다.

㈐ 소규모 처리장에 적합하다.

㈑ 장시간 포기로 인해 미생물이 파괴 또는 세분화되어 오히려 처리 효과가 악화될 수 있다.

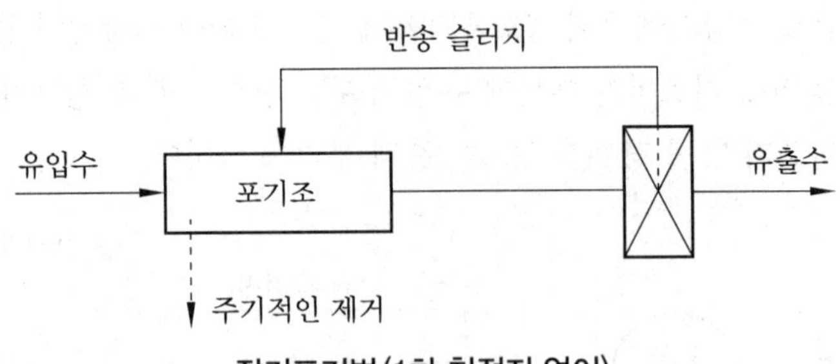

장기포기법(1차 침전지 없이)

④ 접촉 안정(contact stabilization)법

㈎ floc의 흡착과 흡착된 floc의 산화 또는 안정화를 별개의 포기조에서 진행시킨다.

㈏ 유기물 용적 부하율이 증가되고 포기조의 전체 용량이 감소된다(재래식의 1/2).

㈐ 용존성 유기물이 많은 폐수가 유입되는 경우 접촉조에서 흡착이 완전히 이루어지지 않아 처리 수질이 악화될 수 있다.

㈑ 질산화에 필요한 소도시 하수나 패키지형 처리장에 사용한다.

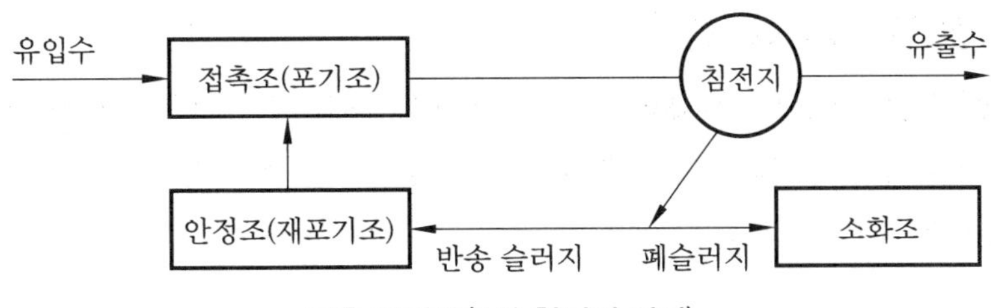

접촉 안정법(1차 침전지 없이)

⑤ **고율(high rate) 및 수정식 포기법(modified aeration process)**

(가) 미생물의 대수 성장 단계에서 폐수를 처리시키는 방법이다.

(나) F/M 비가 매우 높고 포기 시간이 짧다.

(다) 포기조의 용적과 포기를 위한 동력비가 적다.

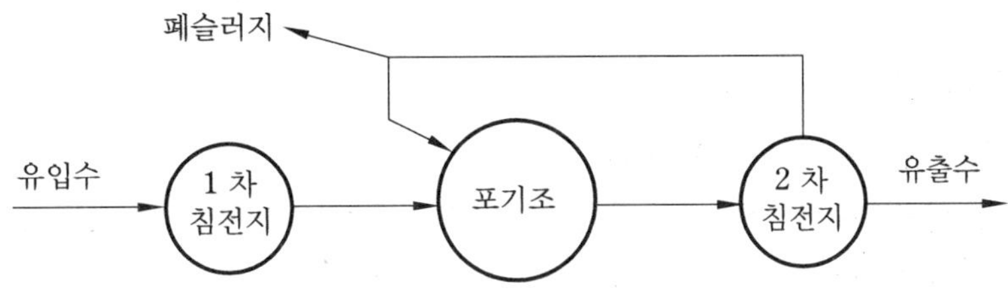

고율(완전 혼합) 활성슬러지법

⑥ **산화구법(oxidation ditch process)**

(가) 장기포기법에 기초를 둔 것이다.

(나) 소규모의 경우 회분식(batch)이 있는데, 이는 산화구가 최초침전, 포기, 최종침전, 슬러지의 호기성 기능을 다하는 것이다.

(다) 포기 시간이 매우 길고 처리 수질은 표준법과 같으나 부지 면적이 크게 요구되어 주로 농촌 지역에서 적용한다.

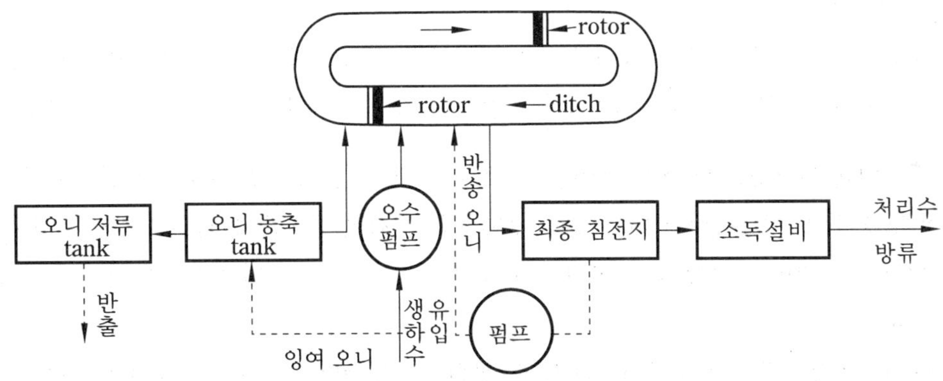

oxidation ditch법의 flow sheet

(4) 폐수처리장 운전 시 문제점

① **슬러지 팽화 현상(sludge bulking) :** 포기조 중의 DO, BOD, pH, 영양분 등의 불균형으로 fungi가 과다 번식하거나 미생물이 분산 성장 단계에 있어 최종 침전지에서 쉽게 침전하지 않는 것을 말한다.

㈎ 원인

- SVI가 200 이상으로 운전될 때
- 사상균의 과다 번식
- 유기물이 과부하될 때
- 영양원 중 N, P가 부족할 때
- DO가 부족할 때, pH가 낮을 때

㈏ 방지 대책

- BOD 부하를 감소시킨다.
- 포기조의 체류 시간을 증대시킨다.
- 염소를 희석수에 살수하거나 활성 슬러지의 중량 개량제(소화 슬러지, 규조토, 석회석)를 투입하여 SVI를 200 이하로 감소시킨다.
- 반송 오니를 재포기시킨다.
- 반송 슬러지에 10~20mg/L의 염소를 주입하여 통제한다.(일시적 효과)

② **슬러지 부상 현상(sludge rising) :** 침전은 잘되나 침전 후(1~2시간) 활성 슬러지가 탈질산화가 이루어져 N_2, CO_2가스로 인하여 슬러지 표면에 부착해 부상함으로써 수면에 흑색, 담갈색의 슬러지 덩어리가 생긴다.

㈎ 원인 : SVI가 높고 잉여 슬러지의 인출량이 부족하거나 고착성 섬모충류 발생 및 지방을 함유한 부패성균의 성장, 침전조의 수면적 부하가 높고 침전 슬러지량이 많을 경우이다.

㈏ 방지 대책 : 침전조의 유효 수심을 낮추고 일시적으로 포기조의 포기량을 감소시켜 질산화 정도를 줄이고 반송 슬러지량을 증가시키거나 1년에 1~2회 침전조를 청소한다.

③ **floc 해체 현상(floc disintegration) :** 슬러지 중 폐수를 처리할 세균이 사멸되고 해체되어 조그만 조각으로 되어 떠오르며, 부패균의 급격한 증식으로 침전조 상등액의 pH가 약산성으로 떨어지고 반응이 정지되어 폐수의 BOD 등이 그대로 통과하여 효율이 떨어진다.

㈎ 원인 : 유해물질이 유입되거나 BOD 부하의 F/M비가 0.1 이하로 과소하거나 0.4 이상으로 과대해 생물 밀도가 과다 및 과소로 되며, MLVSS 농도가 낮거나 통기량의

과잉과 NaCl 농도가 높고 ABS인 합성세제가 유입될 경우이다. 특히 이때는 아메바 소형 편모충류 등인 특수 원생동물이 이상 증식한다.

(나) 방지 대책 : 포기조 내의 통기량을 감소시키고 과소 BOD 부하 시는 유입 폐수량을 증가시키고 식종(seeding)을 해야 한다.

④ **핀 floc 현상 :** SRT가 너무 길면 세포가 과도하게 산화되어 활성을 잃게 되어 floc 형성 능력을 상실하여 작은 floc 현탁 상태로 분산하면서 잘 침강하지 않는 현상이다. 대책으로는 SRT를 감소시킨다.

⑤ **두꺼운 갈색 거품**

(가) 원인 : 너무 긴 SRT, 포기량이 증가하여 과도하게 산화되었을 때, 대기 온도가 높은 상태, MLSS 농도가 아주 낮을 때

(나) 방지 대책 : SRT 감소시켜 세포의 과도한 산화방지, 소포제 첨가, 물을 뿌린다. MLSS 농도를 증가시켜 F/M비를 0.3 이하로 낮춘다.

⑥ **과도한 흰거품**

(가) 원인 : SRT가 너무 짧거나 경성세제(ABS)가 포함되어 있을 때

(나) 방지 대책 : SRT를 증가시킨다. 소포제를 뿌린다.

⑦ **부패 현상 :** 슬러지가 흑색으로 변색되거나 기존의 활성미생물인 각종 황(S) 세균인 beggiatoa, thiotrix 등이 출현되며 황화수소(H_2S) 가스가 5ppm 이상 발생된다. 대책은 유입 폐수 중에 황화합물이 유입되지 않도록 억제하거나 포기량을 증대시키면서 pH 4 이하에서 H_2S 가스를 방출시켜야 하며 DO 농도가 2~3mg/L정도 되었을 때 처리수를 유입시켜야 한다.

(5) 활성슬러지법의 운전 조건

① **BOD 용적 부하 :** 유효 용적 $1m^3$당 하루에 가해지는 BOD 부하량을 중량 단위($kg/m^3 \cdot d$)로 표시한 것이다.

$$\text{BOD 용적 부하}(kg/m^3 \cdot d) = \frac{\text{BOD 농도}(mg/L) \times \text{유량}(m^3/d) \times 10^{-3}}{V[m^3]}$$

$$= \frac{\text{BOD 농도}(mg/L) \times 10^{-3}}{\text{체류 시간}(d)}$$

$$= \text{F/M비}(d^{-1}) \times \text{MLSS 농도}(mg/L) \times 10^{-3}$$

② **슬러지 부하 :** 포기조 내 슬러지(MLSS) 1kg당 하루에 가해지는 BOD 부하량으로서 F/M비로 나타내기도 한다.

$$\text{슬러지 부하(kg BOD/kg MLSS}\cdot\text{d)}=\frac{\text{BOD 농도}\times Q}{\text{MLSS 농도}\times V}=\frac{\text{BOD 농도}}{\text{MLSS 농도}\times t}$$

③ **F/M비 :** 혼합액 부유 고형물(mixed liguor suspended solid, MLSS)의 단위 무게당 하루에 가해지는 BOD 무게로서 슬러지 부하와 단위가 같으나 MLSS 대신에 MLVSS(혼합액 휘발성 고형물)를 사용하여 kg BOD/kg MLVSS · d로 나타내기도 한다.

$$\text{F/M비(kg BOD/kg MLSS}\cdot\text{d)}=\frac{\text{BOD 농도}\times Q}{\text{MLSS 농도}\times V}$$

$$\text{F/M비(kg BOD/kg MLVSS}\cdot\text{d)}=\frac{\text{BOD 농도}\times Q}{\text{MLVSS 농도}\times V}$$

④ **포기 시간(aeration time) :** 폐수가 포기조에 머무르고 있는 시간으로 체류 시간(retention time)과 같다.

$$t=\frac{V}{Q}$$

여기서, V : 체적(포기조의 부피), Q : 유량

반송비 고려 시(포기 시간은 반송 유량을 고려하지 않는다.)

$$t=\frac{V}{Q+Q_R}$$

여기서, t : 체류 시간, Q_R : 반송 유량

⑤ **슬러지 일령(sludge age)과 고형물 체류 시간(SRT : solid retention time) :** 미생물이 포기조에서 생성된 다음 잉여 슬러지로 폐기되기까지의 기간으로 포기 시간보다는 긴 시간 동안 조 내에 체류하게 된다.

$$\text{슬러지 일령}=\frac{V\cdot X}{SS\cdot Q}=\frac{X\cdot t}{SS}$$

여기서, X : 포기조 내의 부유물(MLSS) 농도(mg/L) V : 포기조의 부피(m^3)
SS : 유입수의 부유 물질 농도(mg/L) Q : 유입수의 유량(m^3/d)
t : 포기 시간(d)$=\frac{V}{Q}$

$$\text{SRT}=\frac{V \cdot X}{X_r \cdot Q_w+(Q+Q_w)X_e} \fallingdotseq \frac{V \cdot X}{X_r \cdot Q_w}$$

여기서, X_r : 반송 슬러지 SS 농도(mg/L)
Q_w : 폐슬러지 유량(m^3/d)
Q : 원수의 유량(m^3/d)
X_e : 유출수 내의 SS 농도(mg/L)−무시할 정도로 매우 적다.
V : 포기조의 부피(m^3)
X : MLSS 농도(mg/L)

$$\frac{1}{\text{SRT}}=\frac{Y \cdot Q(S_0-S_1)}{V \cdot X}-K_d=\frac{Y \cdot Q \cdot S_0 \times \zeta}{V \cdot X}-K_d$$
$$=Y(F/M)\times\zeta-K_d$$

여기서, Y : 세포 합성 계수(0.4~0.7)
S_0 : 유입수 BOD 농도(mg/L)
S_1 : 유출수 BOD 농도(mg/L)
K_d : 미생물의 내호흡 계수(d^{-1})
ζ : BOD 제거율

$$\text{MCRT}=\frac{(V+V_S)X}{X_r \cdot Q_w+(Q-Q_w)X_e}$$

여기서, MCRT(mean cell residance time) : 미생물 체류 시간
V_S : 최종 침전지 용적(m^3)

⑥ 슬러지 반송률(return ratio : R)

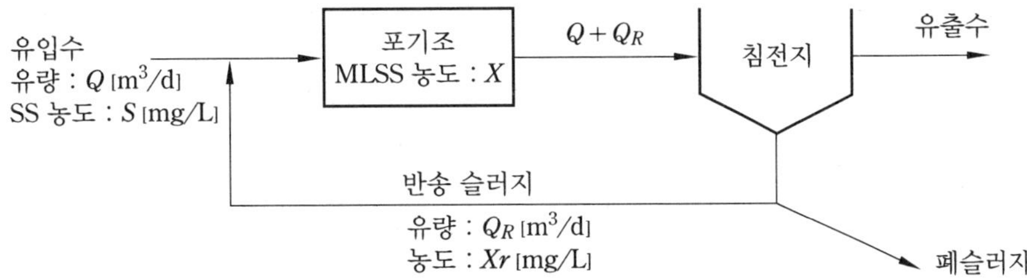

(가) 유입수 SS를 무시할 경우

물질수지식 : $X_r \cdot Q_R=X(Q+Q_R)$

양변을 Q로 나누고 반송률(R)$=\frac{Q_R}{Q}$를 적용하면

$$X_r \cdot R=X(1+R)$$

$$R=\frac{X}{X_r-X}=\frac{X}{10^6/\text{SVI}-X}$$

여기서, $X_r \fallingdotseq \frac{10^6}{\text{SVI}}$

(나) 유입수 SS를 고려하는 경우

물질수지식 : $X_r \cdot Q_R+Q \cdot S=X(Q+Q_R)$

양변을 Q로 나누고 반송률$(R)=\frac{Q_R}{Q}$를 적용하면

$X_r \cdot R+S=X(1+R)$

$$R=\frac{X-S}{X_r-X}$$

(다) 슬러지 침강률(SV)에서 슬러지 반송률 구하는 식

$$R=\frac{\text{SV}(\%)}{100-\text{SV}(\%)}$$

여기서, SV(%) : sludge volumn이 차지하는 %

⑦ 슬러지 지표(slude indicator)

(가) 슬러지 용적지수(sludge volumn index : SVI) : 슬러지의 침강성과 농축성을 나타내는 지표이고, 슬러지 부피(SV)는 포기조의 혼합액 1L를 imhoff cone이나 mass cylinder에 넣어서 30분간 침전시킨 후 침전한 부유물이 차지하는 부피이다.

$$\begin{aligned}\text{SVI}&=\frac{\text{30분 침강 후 SV(mL/L)}\times 10^3}{\text{MLSS 농도(mg/L)}}\\&=\frac{\text{30분 침강 후 SV(\%)}\times 10^4}{\text{MLSS 농도(mg/L)}}\\&=\frac{\text{30분 침강 후 SV(\%)}}{\text{MLSS 농도(\%)}}\end{aligned}$$

(나) 슬러지 밀도지수(sludge density index : SDI)

$$\text{SDI}=\frac{\text{MLSS 농도(\%)}\times 100}{\text{SV(\%)}}$$

$$\text{즉, SDI}=\frac{100}{\text{SVI}}$$

(6) 포기(aeration) 장치

① 포기조의 종류

(가) 기계교반식(mechanical aeration system)

(나) 산기식(airblow system)

(다) 산기교반식(paddle-aerator system)

② 포기 장치의 설계 요소

(가) 산소의 필요량 : 산소는 유기물의 산화와 세포물질의 자산화에 소비된다.

$$O_2[\text{kg/d}]=aL_r+bS$$

여기서, O_2 : 유기물(BOD)의 산화와 세포물질의 자산화에 소비되는 산소의 양(kg/d)

a : BOD 제거량(L_r) 중 산화 분해되는 비율(0.35~0.55)

L_r : BOD 제거량(kg/d)

b : 슬러지의 자기 산화 속도 정수(d^{-1})(0.05~2.0)

S : 활성슬러지량(kg/d)

$$O_2[\text{kg/d}]=\frac{Q(S_0-S_1)\times 10^{-3}}{f}-1.42P_x$$

여기서, Q : 유량(m^3/d)

S_0 : 유입수 BOD 농도(mg/L)

S_1 : 유출수 BOD 농도(mg/L)

$$f=\frac{\text{BOD}_5}{\text{BOD}_u}\fallingdotseq 0.68$$

$$P_x=\left[\frac{Y\cdot Q(S_0-S_1)}{1+K_d\cdot \text{SRT}}\right]\times 10^{-3}(\text{kg/d})$$

여기서, P_x : 잉여 슬러지량(kg/d)

Y : 세포 합성 계수

K_d : 내호흡 계수(d^{-1})

(나) 산소의 전달률

$$\frac{dC}{dt}=K_{La}(C_s-C)$$

여기서, $\frac{dC}{dt}$: 산소 전달 속도(mg/L · h)

K_{La} : 총괄 산소 전달 계수(h^{-1})

C_s : 포화 용존 산소 농도(mg/L)

C : 포기조 내의 용존 산소 농도(mg/L)

(다) 포기조의 산소 이전(전달)계수 : 총괄 산소 이전 계수(K_{LA})는 포기 장치의 성능을 평가하는 지표가 된다. 활성슬러지가 있는 포기조 중의 DO 농도의 시간적 변화는 다음과 같다.

$$\frac{dC}{dt}=K_{La}(C_s-C)-R_r$$

여기서, $\frac{dC}{dt}$: 시간 dt 동안의 용존 산소 변화율(mg/L · h)

K_{La} : 총괄 산소 이전 계수(h^{-1}), C_s : 포기조 내 혼합액의 포화 DO 농도(mg/L)

C : 포기조 내 혼합액의 DO 농도(mg/L)

R_r : 활성슬러지의 산소 이용 속도(mg/L · h)

K_{La}는 수온, 폐수 중의 유기물, 무기물의 농도, 포기 장치의 형상, 수심 및 포기조의 형상에 따라서 변하기 때문에 가능한 실제 시설의 포기조에서 K_{La}를 구하는 것이 원칙이나 부득이한 경우에는 실험조를 사용하여 구한다.

ⓐ 비정상법 : 포기 장치의 성능을 실험실에서 평가하는 방법으로 실험조 내에 물을 넣고 일정 공기량으로 포기하여 저농도 용존 산소 농도에서 포화 용존 산소 농도까지의 농도 변화를 측정하여 K_{La}를 구하는 방법이다.

ⓑ 정상법 : 실제 시설의 포기조에서는 포기 장치의 방해에 의하여 원래의 성능을 발휘하기가 어렵고, 유기물과 무기물이 존재하므로 수돗물에서의 산소이전율보다 낮다. 정상법은 실제 시설의 포기조에 있어서 K_{La}를 수시로 측정하여 사용하는 포기 장치의 성능을 알아보는 것이다.

$\frac{dC}{dt}=K_{La}(C_s-C)-R_r$에서

정상 상태에서 $\frac{dC}{dt}=0$

$$R_r=K_{La}(C_s-C)$$

(7) 슬러지 제거량 및 생성량

① $$1차\ 슬러지\ 습량(m^3/d)=\frac{SS\ 제거량(t/d)}{순도\times 비중(t/m^3)}$$

여기서, SS 제거량(t/d) = (유입 SS 농도 − 유출 SS 농도) × 유량 × 10^{-6}

= 유입 SS 농도(mg/L) × 유량(m^3/d) × 10^{-6} × ζ(제거율)

② 2차 슬러지 건량(kg/d)=BOD 제거량 중 세포 합성량

참고

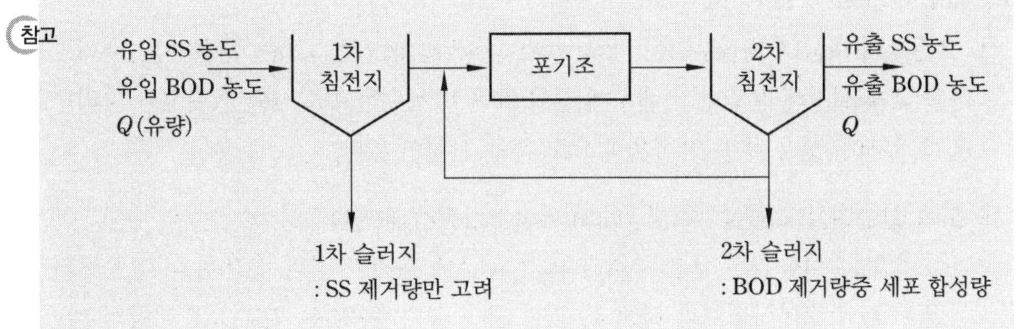

③ **슬러지 증가량(kg/d)**

$$\Delta S = a \cdot L_r - b \cdot S + I$$

여기서, S : 슬러지 증가량(잉여 슬러지량)(kg/d)
a : BOD 제거량 중 세포 합성량
L_r : BOD 제거량(kg/d)
b : 슬러지의 자산화 속도(내호흡 계수)(d^{-1})
S : 포기조 중 미생물의 양(MLSS량)(kg)
I : 폐수 중에 유입되는 SS량(kg/d)

④ **단위 시간당의 폐슬러지량(W_1)**

$$W_1 = X_r \cdot Q_w = \frac{V \cdot X}{\text{SRT}} = Y \cdot Q(S_0 - S_1) - K_d \cdot V \cdot X = \frac{Y \cdot Q(S_0 - S_1)}{1 + K_d \cdot \text{SRT}}$$

여기서, Y : 세포 합성 계수　　　　K_d : 내호흡 계수(d^{-1})

3 살수여상법(trickling filter treatment)

(1) 개요

살수여상법은 활성슬러지법과 비슷한 공법으로 폐수 중에 함유된 큰 고형물을 전처리공정인 최초 침전지에서 제거한 후 처리수를 여상에 유입한다.

여상(濾床)에서는 부착 미생물에 의한 유기물이 분해되어 그 일부는 섭취되어 미생물 증식이 되고 생물막은 차츰 비후(肥厚)해졌다가 박리(剝離)되어 처리수와 함께 유출된다. 따

라서 살수여상법에는 반드시 최종 침전지가 필요하다.

(2) 살수여상법의 종류 및 특징

① **표준 살수여상(저율살수여상 : low-rate trickling filter)법** : 표준 살수여상법은 BOD 부하를 낮게 설정해 운전하기 때문에 정화 효율이 우수하고 질산화가 진행된 처리수를 얻을 수 있지만 넓은 부지 면적을 필요로 하는 단점이 있다.

② **고속 살수여상(고율살수여상 : high-rate trickling filter)법**

(가) 고속 살수여상법은 살수 부하가 크기 때문에 용지 면적의 절감은 되지만 처리 수질은 표준 살수여상법보다 나쁘다. 또한 고속 살수여상법은 원칙으로 대량의 재순환을 행함으로 다음과 같은 장점이 있다.

ⓐ 유입 폐수의 유량, 온도, 유독 물질의 영향을 받는 것이 적다.

ⓑ 살수기의 자동운전이 용이하다.

ⓒ 여상 파리의 발생, 비산이 방지된다.

ⓓ 악취의 발생이 방지된다.

(나) 재순환의 목적

ⓐ 여상유출수를 반송해 폐수 농도를 희석하고 부하를 균일화함과 동시에 반송수 중에 함유되어 있는 슬러지로서 여상생물막을 활성화한다.

ⓑ 최종 침전지의 유출수, 즉 처리수를 여상유입수에 반송해 그 농도를 희석한다.

ⓒ 최종 침전지 처리수를 최초 침전지에 반송해 유입 폐수를 희석함과 동시에 최초 침전지의 용존 산소 농도를 높여 부패를 방지한다.

ⓓ 여상유출수를 최종 침전지에서 침전시켜 그 상등수와 슬러지를 최초 침전지에 반송하여 최초 침전지의 침전 효율을 향상시키며 또한 슬러지를 최초 침전지에 모은다.

(3) 살수여상 부하

① 살수 부하란 여상에 1일 살수된 폐수량을 여상 표면적으로 나눈 값으로 나타내고 단위는 $m^3/m^2 \cdot d$이다.

$$\text{수리학적 부하(=살수 부하)}(m^3/m^2 \cdot d) = \frac{Q+Q_r}{A} = \frac{Q(1+r)}{A}$$

여기서, Q : 유입 폐수량 (m^3/d)　　Q_r : 재순환수량(m^3/d, r : 재순환비)
A : 여상 표면적 (m^2)

② BOD 부하란 단위 부피(용적 : volume)의 여상에 1일 공급되는 BOD, 즉 여상에 살수되는 폐수의 BOD와 살수량과의 곱을 여상 부피로 나눈 값으로 단위는 kg BOD/m^3 · d이다.

$$\text{BOD 부하}(\text{kg/m}^3 \cdot \text{d}) = \frac{\text{여상에 유입되는 BOD 총량}(\text{kg/d})}{V[\text{m}^3]}$$

(4) BOD 제거의 영향 인자와 설계를 위한 공식

① **수온 :** 살수여상에 의한 유기물 제거 반응은 미생물의 신진대사 작용에 의한 것으로서 효율은 수온의 변동에 대해서 민감하다. 그렇지만 살수여상법의 온도 의존성은 다른 생물산화법, 다시 말하면 활성슬러지법에 비해서 일반적으로 적다.

$$E_T = E_{20} \times 1.035^{T-20}$$

여기서, E_T : T℃에서의 BOD 제거 효율
E_{20} : 20℃에서의 BOD 제거 효율

② **처리수 반송 :** 표준 살수여상법은 정화 효율은 우수하지만 살수 부하에 한계가 있고 처리 시설이 크게 되는 단점이 있는데, 이 결점을 개선하기 위하여 처리수 반송에 관한 연구가 진행되어 종래의 표준 살수여상에서 처리할 수 없었던 고농도 폐수를 높은 부하에서 처리될 수 있게끔 되었다. 이 반송에 의해 기대되는 효과는 다음과 같다.

(가) 살수의 휴지(休止) 기간을 최소로 하고 여상 미생물의 활동력을 유지한다.

(나) 연속적으로 살수함으로써 여재 표면의 비후(肥厚)한 미생물막을 적당히 탈락시켜 혐기성 zone의 성장을 최소로 한다.

(다) 폐수 농도를 낮게 하여 방류수의 수질을 개선하고 여상의 정화 기능을 일정하게 유지한다.

(라) 반송수에 의하여 폐수는 비교적 신선하게 되고 악취 발생을 억제한다.

(마) 유입 폐수에 여상 미생물을 사전에 식종(seeding)한다.

(바) 여상 하층부의 기능을 증대시킨다.

(사) 여상 파리의 발생을 억제한다.

- 반송비(=재순환비(R))

  물질수지식 : $Q \cdot C_0 + Q_R \cdot C_e = C_R(Q + Q_R)$

  양변을 Q로 나누고 $R = \dfrac{Q_R}{Q}$ 을 사용하여 나타내면

$C_0 + R \cdot C_e = C_R(1+R)$

$\therefore R(C_R - C_e) = C_0 - C_R$

$$R = \frac{C_0 - C_R}{C_R - C_e}$$

여기서, C_R : 재순환에 의해 희석된 후 여상 유입수의 BOD 농도(mg/L)

C_0 : 원폐수의 BOD 농도(mg/L)

C_e : 여상 유출수의 BOD 농도(mg/L)

R : 반송비$\left(\frac{Q_R}{Q}\right)$

③ NRC(national research council) 공식

(가) 이 공식은 미국의 병영의 살수여상 운영 기록을 기초로 하여 경험적으로 만든 공식이다.

$$E = \frac{100}{1 + 0.432\left(\frac{W}{VF}\right)^{0.5}} = \frac{100}{1 + 0.432\sqrt{\frac{L_v}{F}}}$$

여기서, E : 20℃ 때 BOD 제거율(%)

$L_v(W/V)$: BOD 부하율(kg/m^3 · d)

F : 재순환 계수$= \frac{1+R}{(1+0.1R)^2}$

R : 재순환율$\left(= \frac{Q_R}{Q}\right)$

(나) 2단 여과상의 두 번째 여과상을 위한 NRC 공식은 다음과 같다.

$$E_2 = \frac{100}{1 + \frac{0.432}{(1-E_1)}\left(\frac{W_2}{VF}\right)^{0.5}}$$

여기서, E_2 : 20℃에서 두 번째 여과상의 BOD 제거율(%)

E_1 : 첫 번째 여과상에 의한 BOD 제거율(%)

$\frac{W_2}{V}$: 두 번째 여과상에 가해진 BOD 부하율(kg/m^3 · d)

(다) 재순환이 없는 경우에 적용되는 일반식

$$E=\frac{100}{1+0.44\sqrt{L_v}}=\frac{100}{1+0.014\sqrt{L}}$$

여기서, L : BOD 부하율 (g BOD/m^3 · d)

4 회전원판법(RBC : rotating biological reactor)

(1) 원리

반응조에서 저류된 폐수면보다 약간 높게 설치된 수평 회전축에 1백여 매의 원판을 수직으로 고정시켜 만든 원판 표면의 홈에 미생물막이 형성되어 그 회전 장치가 회전시 반응조에 적실 때 미생물이 유기물을 섭취하고 그 부분이 대기 중에 노출될 때는 공기 중의 산소를 전달받아 호기성 조건에서 폐수를 처리하는 공법이다.

(2) RBC 공법의 특성

① 질소 제거가 가능하며 저농도에서 고농도의 BOD 처리가 가능하다.
② 잉여 슬러지의 생산량이 적으며 충격 부하에도 잘 적응한다.
③ 포기와 반송 슬러지가 필요 없고 동력비가 싸며 운전도 용이하다.
④ DO는 최소한 0.5~1mg/L 이상 유지해야 한다.
⑤ 회전원판의 미생물층이 백색을 띨 때는 Beggiatoa, Thiothrix 등이 과잉 번식되었다.

(3) 계산 공식

① $$\text{BOD 면적 부하}(\text{g/m}^2\cdot\text{d})=\frac{\text{BOD 농도}(\text{mg/L})\times Q(\text{m}^3/\text{d})}{A[\text{m}^2]}=\frac{\text{BOD 농도}\times Q}{2n\times\left(\frac{\pi D^2}{4}\right)}$$

여기서, n : 회전원판의 맷수, D : 회전원판의 지름(m)

② 필요한 회전원판의 매수$(n)=\frac{Q\cdot t}{V\cdot f}$

여기서, V : 단위 원판당 유효 부피, f : 처리 계수

5 산화지법(oxidation pond process)

(1) 호기성 산화지법

① **원리 :** 폐수 중의 유기물이 호기성 세균(bacteria)에 의해 산화되어 발생하는 CO_2, H_2O 등의 생성물이 조류(algae)의 광합성에 이용되고, 이때 조류가 생성한 산소는 호기성 세균의 신진대사에 재이용되는 공생(symbiosis) 관계를 갖고 있다.

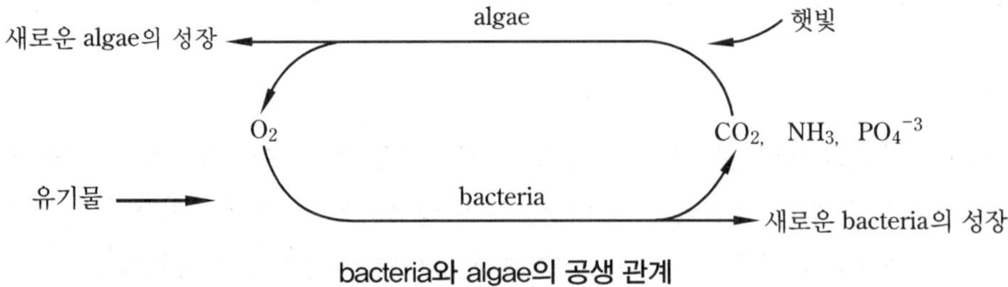

bacteria와 algae의 공생 관계

② **특징**

㈎ 수심은 1~1.5m이고 DO는 조류의 O_2 생산량에 거의 의존된다.

㈏ 조류의 O_2 생성률, 즉 광합성 작용은 수온(10~25℃)과 일조 시간에 크게 지배된다.

㈐ 겨울철에는 BOD 제거율이 떨어지고 야간에는 DO가 부족하다.

(2) 혐기성 산화지법

① **원리 :** 유기물이 분해 시 제1단계, 제2단계로 분해되는데 제1단계는 유기산으로 되어 냄새를 많이 풍기며, 제2단계에서 최종적으로 CH_4, CO_2, NH_3, H_2S 등이 생성되며 분뇨, 천연 섬유 폐수, 즉 고농도 유기물 폐수 처리에 적합한 공법이다.

② **특징**

㈎ 수심은 3~5m, 체류 시간은 30~60일이다.

㈏ 과도한 충격 부하에도 적응성이 높고, 24℃에서 40일 정도가 되면 BOD는 75~85% 제거된다.

관련 기출 문제

01. 생물학적 폐수 처리에서 이론적 산소 요구량은 매일 폐기되는 세포량으로부터 구할 수 있다. 다음 물음에 답하여라. [93, 97. 기사]

(가) 호기성 미생물의 산화 반응식을 쓰시오.

(나) 호기성 미생물 1g을 산화시키는 데 필요한 산소량은 몇 g인가?

(다) 호기성 미생물 1g을 완전히 산화시키면 몇 g의 NH_3가 생성되는가?

해설 (나) 반응식에서, $C_5H_7O_2N : 5O_2$

$$113g : 5 \times 32g$$

$$1g : x[g]$$

$$\therefore x = \frac{1 \times 5 \times 32}{113} = 1.416 = 1.42g$$

(다) 반응식에서, $C_5H_7O_2N : NH_3$

$$113g : 17g$$

$$1g : x[g]$$

$$\therefore x = \frac{1 \times 17}{113} = 0.150 = 0.15g$$

답 (가) $C_5H_7O_2N + 5O_2 \rightarrow 5CO_2 + 2H_2O + NH_3$

(나) 필요 산소량=1.42g

(다) NH_3의 생성량=0.15g

02. 호기성 상태에서 활성 오니(bacteria)가 산화되어 산소를 소모시키는 일반적인 반응식을 기술하시오. [90. 기사]

답 $C_5H_7O_2N + 5O_2 \rightarrow 5CO_2 + 2H_2O + NH_3$

03. 미생물의 성장 과정은 크게 대수성장단계와 감소성장단계, 내생성장단계로 나눌 수 있다. 대수성장단계는 미생물이 최대 속도로 번식하는 단계로서 폐수 내 유기물도 최대의 속도로 제거된다. 그런데 실제 폐수처리장에서는 반응조 운전을 대수성장단계에서 하지 않고 있다. 그 이유는 무엇이며 어느 단계를 이용하는지 쓰시오. [91, 93. 기사]

답 ① 이유 : 대수성장단계에서는 유기물의 제거율은 높지만 분산성장(dispersed growth)으로 인하여 floc이 잘 형성되지 않아 침전성이 불량하기 때문에

② 이용 단계 : 감소성장단계 후반 또는 내생성장단계 초반

04. 호기성 미생물의 분자식을 성분에 따라 이론적으로 구성하면 $C_5H_7NO_2$가 된다. 이 식을 이용하여 호기성 미생물이 분해될 때 BOD(탄소 성분에 따른 산소요구량)와 NOD(질소성분에 따른 산소요구량)의 이론적 비가 5 : 2가 됨을 화학식으로 나타내시오. [08. 기사]

해설 ① $C_5H_7O_2N + 5O_2 \rightarrow 5CO_2 + 2H_2O + NH_3$

② $NH_3 + 2O_2 \rightarrow HNO_3 + H_2O$

$$\therefore \frac{5O_2}{2O_2} = 5 : 2$$

답 BOD/NOD=5 : 2

05. 활성슬러지 반응조 내의 세포 증식속도식과 반응속도상수를 구하기 위해 유기성 폐수의 실험 결과를 그래프로 정리한 것이 다음과 같을 때 질문에 답하시오. [93, 95, 98. 기사]

$$\frac{dX_a}{dt} = Y\frac{dS}{dt} = \mu_{max}\frac{S}{K_s+S}X_a = Y \cdot \frac{k_{max} \cdot S}{K_s+S}X_a$$

(가) 위 반응식에 ① Y, ② μ_{max}, ③ K_s, ④ k_{max}의 의미를 설명하시오. (단, X_a : 활성 세포의 농도(mg VSS/L), t : 경과 시간(d), S : 기질 농도(mg BOD/L)이다.)

(나) Y=0.6gVSS/gBOD일 때 ① K_s(mg BOD/L), ② k_{max}(gBOD/gVSS · d), ③ μ_{max} (gVSS/gVSS · d)를 그래프를 이용하여 구하시오.

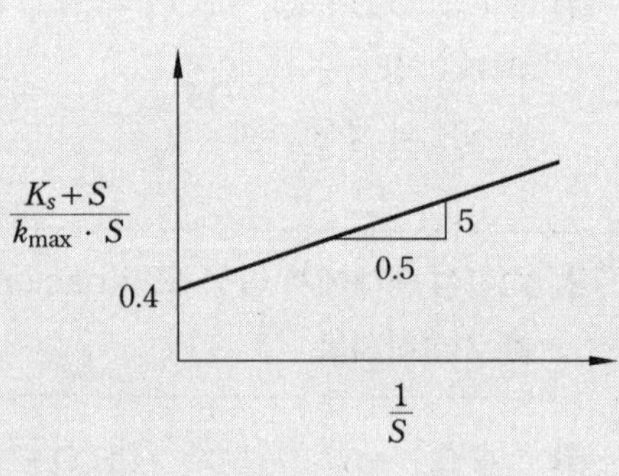

해설 (나) 주어진 식에서,

$$\mu_{max} = \frac{S}{K_s+S}X_a = Y \cdot \frac{k_{max} \cdot S}{K_s+S}X_a$$

$$\therefore \frac{K_s+S}{k_{max} \cdot S} = \frac{Y \cdot K_s}{\mu_{max}} \times \frac{1}{S} + \frac{Y}{\mu_{max}}$$

그래프상에서,

① $\dfrac{Y}{\mu_{max}}=0.4$

$\therefore \mu_{max}=\dfrac{0.6}{0.4}=1.5d^{-1}$

② $k_{max}=\dfrac{\mu_{max}}{Y}=\dfrac{1.5}{0.6}=2.5d^{-1}$

③ $\dfrac{Y \cdot K_s}{\mu_{max}}=\dfrac{5}{0.5}=10$

$\therefore K_s=\dfrac{\mu_{max}}{Y}\times 10=2.5d^{-1}\times 10mg \cdot d/L=25mg/L$

답 (가) ① Y : 미생물 증식 계수(yield coefficient)

② μ_{max} : 세포의 비성장 속도의 최대치

③ K_s : $\mu=\dfrac{1}{2}\mu_{max}$일 때의 기질 농도, 반속도상수(helf-velocity constant)

④ k_{max} : 최대 비기질 이용 속도

(나) ① K_s=25mg BOD/L ② k_{max}=2.5g BOD/g VSS · d ③ μ_{max}=1.5g VSS/g VSS · d

06. 화합물($C_5H_7O_2N$, 박테리아)에 대한 이론적인 BOD_5/COD, BOD_5/TOC, TOC/COD의 비를 구하시오. (단, 반응은 1차 반응, 속도상수는 0.1/d, base는 상용대수, 화합물은 100% 산화, 박테리아는 분해되어 이산화탄소, 암모니아, 물로 된다. BOD_u=COD) [08. 기사]

해설 ① $[BOD_5/COD]=1-10^{-0.1\times 5}=0.684=0.68$

② 박테리아($C_5H_7O_2N$) 내호흡 반응식을 이용한다.

$C_5H_7O_2N+5O_2 \rightarrow 5CO_2+2H_2O+NH_3$

$\therefore BOD_5/TOC=\dfrac{5\times 32g\times 0.684}{5\times 12g}=1.824=1.82$

③ $TOC/BOD_u=\dfrac{5\times 12g}{5\times 32g}=0.375=0.38$

답 ① BOD_5/COD=0.68 ② BOD_5/TOC=1.82 ③ TOC/COD=0.38

07. 미생물의 화학식은 $C_5H_7O_2N$으로 나타낼 수 있는데 이를 BOD로 환산할 때 1.42란 계수를 사용한다. 이를 유도하여 설명하시오. [03, 05, 09. 기사]

답 $C_5H_7O_2N + 5O_2 \rightarrow 5CO_2 + 2H_2O + NH_3$

113kg : 5×32kg=1kg : x[kg]

$$x = \frac{1 \times 5 \times 32}{113} = 1.42\text{kg}$$

∴ 미생물의 양은 BOD로 환산할 때 1.42란 계수를 사용한다.

08. 미생물에 의한 유기폐수처리 실험 결과, 폐수 농도가 높을 때 1g의 미생물이 최대 속도 20g/일로 유기물을 분해하였고, 폐수 농도 15mg/L일 때 같은 양의 미생물에 대해 분해 속도가 10g/일이었다. 이때 유기 폐수 농도가 5mg/L로 유지되고 있다면 2g의 미생물에 의한 유기물 분해 속도를 Michaelis-Menten식을 이용하여 구하시오. [01. 09. 기사]

해설 $r = \dfrac{r_{\max} \cdot S}{K_m + S}$ 에서,

$r = \dfrac{1}{2} r_{\max}$에 대한 기질 농도가 K_m이다.

$$r = \frac{20\text{g/g} \cdot \text{d} \times 5\text{mg/L}}{(15+5)\text{mg/L}} = 5\text{g/g} \cdot \text{d}$$

∴ 2g의 미생물에 의한 분해 속도(g/d)=5g/g · d×2g=10g/d

답 분해 속도=10g/d

09. Michaelie-Menten식을 이용하여 반응 속도(r)가 최대 반응 속도(R_m)의 80%일 때 기질의 농도(S_{80})와 30%일 때 기질의 농도(S_{30})와의 비는? [01. 기사]

해설 $0.8R_m = \dfrac{R_m \cdot S_{80}}{K_m + S_{80}}$ ············ ①

∴ $S_{80} = 4K_m$

$0.3R_m = \dfrac{R_m \cdot S_{30}}{K_m + S_{30}}$ ············ ②

∴ $S_{30} = 0.429K_m$

$$\therefore \frac{S_{80}}{S_{30}} = \frac{4K_m}{0.429K_m} = 9.324 = 9.32$$

답 $\dfrac{S_{80}}{S_{30}} = 9.32$

10. 페놀이 함유된 난분해성 산업폐수를 처리하기 위해 새로운 종류의 미생물을 선택적으로 배양하였다. 폐수 내의 페놀의 농도가 100mg/L이고 선택적으로 배양된 미생물의 최대 비증식 속도가 $1h^{-1}$이며 미생물의 성장은 Monod식을 따른다고 한다. 반속도상수가 20mg/L일 때 미생물의 비증식 속도(h^{-1})를 구하시오. [02, 06. 기사]

해설 $\mu = \dfrac{\mu_{max} \cdot S}{K_s + S} = \dfrac{1 \times 100}{20 + 100} = 0.83h^{-1}$

답 비증식 속도 $= 0.83h^{-1}$

11. 활성슬러지법에서 발생하는 문제점 중 pin floc 현상의 원인과 대책을 2가지씩 적으시오. [05. 기사]

답 ① 원인 : ⓐ 세포의 과도한 산화
ⓑ 긴 SRT

② 대책 : ⓐ SRT를 짧게 한다.
ⓑ MLSS 농도를 증가시켜 과도한 산화를 방지한다.

12. 어느 전분 공장의 폐수량 $200m^3/d$, BOD 2000mg/L인데 N, P가 없다고 한다. 활성슬러지법으로 처리하기 위해서는 황산암모늄[$(NH_4)_2SO_4$] 및 인산(H_3PO_4)은 각각 1일 몇 kg씩 첨가해야 하는지 산출하시오. (단, $(NH_4)_2SO_4$의 분자량=132, BOD : N : P= 100 : 5 : 1이다. H_3PO_4의 분자량=98) [06. 기사]

해설 ① $(NH_4)_2SO_4$의 소요량

ⓐ BOD : N

100 : 5

2000 : x_1

$\therefore x_1 = \dfrac{2000 \times 5}{100} = 1000mg/L$

ⓑ $(NH_4)_2SO_4$: 2N

132 : 2×14

x_2 : $100 \times 200 \times 10^{-3}$

$\therefore x_2 = \dfrac{132 \times 100 \times 200 \times 10^{-3}}{2 \times 14} = 94.286 = 94.29kg/d$

② H_3PO_4의 소요량

ⓐ N : P

5 : 1

100 : x_1

$$\therefore x_1 = \frac{100 \times 1}{5} = 20\text{mg/L}$$

ⓑ H_3PO_4 : P

98 : 31

x_2 : $20 \times 200 \times 10^{-3}$

$$\therefore x_2 = \frac{98 \times 20 \times 200 \times 10^{-3}}{31} = 12.645 = 12.65\text{kg/d}$$

답 ① $(NH_4)_2SO_4$ 소요량=94.29kg/d ② H_3PO_4 소요량=12.65kg/d

13. 생물학적 처리인 활성슬러지법에서 슬러지가 부상하는 원인 3가지를 쓰고 방지책을 1가지 쓰시오. [95. 기사]

답 ① 원인 : ⓐ 탈질산화 현상이 발생되는 경우

ⓑ SVI가 높고 잉여 슬러지의 인출량이 부족한 경우

ⓒ 침전조의 수면적 부하가 높은 경우

② 대책 : 포기조의 포기량을 감소시켜 질산화 정도를 감소시킨다.

14. 유량이 1000m^3/d이고 유입 BOD 농도가 600mg/L인 폐수를 활성슬러지 공법으로 처리하고 있다. 포기 시간은 12시간이며 처리수의 BOD 및 SS 농도가 각각 40mg/L였다. 또한 MLSS 농도는 4000mg/L였으며 실험 결과 세포증식계수는 0.6, 내생 호흡계수는 0.08/d로 측정되었다. 이때의 고형물 체류 시간(d)을 구하여라. [87. 기사]

해설 ⓐ $\frac{1}{\text{SRT}} = \frac{YQ(S_0 - S_1)}{VX} - K_d$에서

포기조의 체적(V)을 구한다.

$V = Q \cdot t = 1000\text{m}^3/\text{d} \times 12\text{h} \times \text{d}/24\text{h} = 500\text{m}^3$

ⓑ $\frac{1}{\text{SRT}} = \frac{0.6 \times 1000 \times (600 - 40)}{500 \times 4000} - 0.08 = 0.088\text{d}^{-1}$

$$\therefore \text{SRT} = \frac{1}{0.088/\text{d}} = 11.364 = 11.36\text{d}$$

답 고형물 체류 시간(SRT)=11.36d

15. 도시하·폐수를 처리하기 위하여 활성슬러지공법의 최종 침전지를 설계하고자 한다. 이 처리장에 반송량을 뺀 포기조로 들어가는 평균 유입 수량은 $30000m^3/d$이고, 재순환되는 반송량은 유입 수량의 50%이며 포기조 내 MLSS는 3000mg/L, 시간 최대 유입 수량과 시간 평균 유입 수량비는 2.0이다. 최종 침전지에 대한 설계기준이 다음과 같을 때 이 기준을 만족할 수 있는 침전지의 최대 월류 위어 부하율($m^3/m\cdot d$)은 얼마인가? [92, 97. 기사]

〈설계 기준〉 형상 : 원형, 최대 월류 부하율$=40m^3/m^2\cdot d$
최대 고형물 부하율$= 200kg/m^2\cdot d$
평균 월류 부하율$=24m^3/m^2\cdot d$

해설 설계 기준을 만족하는 면적을 각각 구하여 최대 면적을 적용하여 침전지의 지름 D를 구한다.

ⓐ 최대 월류 부하율$(m^3/m^2\cdot d)=\dfrac{\text{최대 유량}}{A}=\dfrac{2\times\text{평균 유입 수량}}{A}$

$$A[m^2]=\frac{2\times 30000m^3/d}{40m^3/m^2\cdot d}=1500m^2$$

ⓑ 평균 월류 부하율$(m^3/m^2\cdot d)=\dfrac{\text{평균 유입 수량}}{A}$

$$A[m^2]=\frac{30000m^3/d}{24m^3/m^2\cdot d}=1250m^2$$

ⓒ 최대 고형물 부하율$(kg/m^2\cdot d)=\dfrac{\text{유입 MLSS 농도}\times(\text{최대 유량}+\text{반송 유량})}{A}$

$$A[m^2]=\frac{3000mg/L\times(2\times 30000+30000\times 0.5)m^3/d\times 10^{-3}}{200kg/m^2\cdot d}=1125m^2$$

∴ 침전지의 설계 면적은 $1500m^2$이다.

$A=\dfrac{\pi D^2}{4}$에서

$$D=\sqrt{\frac{1500\times 4}{\pi}}=43.702m$$

∴ 최대 월류 위어 부하율$(m^3/m\cdot d)=\dfrac{\text{최대 유량}}{\pi D}=\dfrac{(30000\times 2)m^3/d}{(\pi\times 43.702)m}$
$=437.019=437.02m^3/m\cdot d$

답 침전지의 최대 월류 위어 부하율$=437.02m^3/m\cdot d$

16. 활성슬러지 포기조에서 혼합액을 채취하여 다음과 같이 SS를 측정하고 침강 실험을 하였다. 이 혼합액의 SVI를 산출하시오. [90. 기사]

〈조건〉 1. 105℃로 건조 후의 유리 섬유여과지의 무게 : 0.1223g
2. 여과 후 105℃로 건조 후의 유리 섬유 여과지의 무게 : 0.1584g
3. 시료량 : 10mL

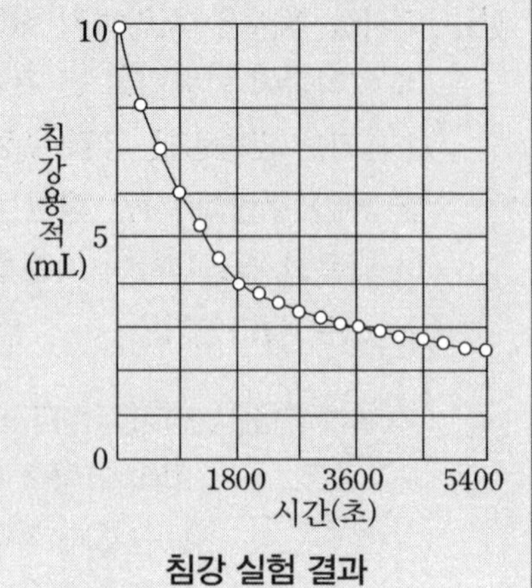

침강 실험 결과

해설 $\text{SVI}=\dfrac{\text{30분 후 SV(\%)}\times 10^4}{\text{MLSS 농도 (mg/L)}}$ 에서 MLSS 농도와 SV를 구한다.

ⓐ MLSS 농도(mg/L)$=(0.1584-0.1223)\text{g}\times 10^3\text{mg/g}\times\dfrac{1000\text{mL/L}}{10\text{mL}}=3610\text{mg/L}$

ⓑ 30분 후 SV(%)$=\dfrac{4}{10}\times 100=40\%$

(그래프에서 30분(=1800s)에 대한 SV 값을 읽는다.)

$\therefore \text{SVI}=\dfrac{40\times 10^4}{3610}=110.803=110.80$

답 SVI=110.80

17. 포화 용존 산소가 9mg/L인 포기조에서 실제 산소 농도를 7mg/L에서 2mg/L로 낮출 경우 포기조로의 산소전달률은 몇 배 증가하는지 계산하시오. (단, 온도는 일정하다.) [90. 01. 기사]

해설 산소전달률 : $\dfrac{dC}{dt}=K_{La}(C_s-C)$에서

$\dfrac{dC}{dt}$는 (C_s-C)에 비례한다.

$$\therefore \frac{\left(\frac{dC}{dt}\right)_1}{\left(\frac{dC}{dt}\right)_2}=\frac{(9-2)}{(9-7)}=\frac{7}{2}=3.5$$

답 산소전달률은 3.5배로 증가한다.

18. 어느 공장폐수의 BOD, SS가 각각 500, 300mg/L일 때 산소전달능력이 40(mg-O_2/L·h)인 수중 aerator를 설치할 경우 포기조의 체류시간을 구하시오. (단, 폐수량은 4000m^3/d, BOD 제거율은 95%이며 산소요구량은 1kg-O_2/kg BOD이다.) [04, 08. 기사]

해설 $t=\frac{V}{Q}$에서 산소전달능력(mg/L·h)을 이용해 V를 구한다.

$V[m^3]=1m^3 \cdot h/40gO_2 \times 1000gO_2/kgBOD제거 \times (500\times4000\times10^{-3}\times0.95)kg/d\times\frac{d}{24h}$
$=1979.167m^3$

$\therefore t=\frac{1979.167m^3}{4000m^3/d\times\frac{d}{24h}}=11.875=11.88h$

답 포기조의 체류시간=11.88h

19. BOD 1350mg/L, Q 1100m^3/d를 처리하고자 할 경우 BOD 1kg당 산소안전계수는 1.76kg이다. 이때, aerator의 1일 전력량(kWh)을 계산하시오. (단, aerator lkWh당 1.3kgO_2를 공급한다.) [05. 기사]

해설 전력량(kWh/d)
$=1kWh/1.3kgO_2\times1.76kgO_2/kgBOD\times(1350\times1100\times10^{-3})kgBOD/d$
$=2010.462=2010.46kWh/d$

답 전력량=2010.46kWh/d

20. SS가 거의 없고 COD가 1500mg/L인 산업폐수를 활성슬러지 공정으로 처리하여 유출수 COD를 180mg/L 이하로 처리하고자 한다. 아래의 주어진 조건을 이용하여 반응시간 θ를 구하시오. [06. 기사]

〈조건〉
1. MLSS=3000mg/L
2. MLVSS=MLSS×0.7
3. MLVSS를 기준으로 한 반응속도상수(K)=0.532L/g·h
4. NBDCOD=155mg/L
5. 반송을 고려한 혼합액의 COD=800mg/L

해설 $(Q+Q_r)S_0=(Q+Q_r)S+V\dfrac{dS}{dt}+VKX_vS$

정상상태에서 $\dfrac{dS}{dt}=0$

$$\therefore t=\frac{V}{Q+Q_r}=\frac{S_0-S}{KX_vS}=\frac{(800-155)-(180-155)}{0.532\times3\times0.7\times(180-155)}=22.198=22.2\text{h}$$

답 반응시간=22.2h

21. 2차 침전지로 유입하는 유량이 30000m³/d이고 수면적부하가 20m³/m²·d이다. 유효깊이가 3m인 원형 침전지로 SS가 140mg/L 유입하여 35mg/L으로 유출된다. 발생하는 슬러지는 비중 1.02, 함수율 99.2%일 때 다음을 구하시오. [06. 기사]

(가) 총 2지로 되었을 때 1지의 지름(m)은?

(나) 체류시간은?

(다) 슬러지 발생량(m³/d)은?

해설 (가) 주어진 수면적부하를 이용하여 A를 구하고 지름을 구한다.

$$A=\frac{\pi\cdot D^2}{4}=\frac{Q}{\text{수면적부하}\times\text{지수}}$$

$$\therefore D=\sqrt{\frac{4\times30000}{\pi\times20\times2}}=30.902=30.90\text{m}$$

(나) 수면적부하$=\dfrac{H}{t}$를 이용하여 체류시간을 구한다.

$$t=\frac{3\text{m}}{20\text{m/d}\times\text{d/24h}}=3.6\text{h}$$

(다) 슬러지 발생량(m³/d)$=\dfrac{(140-35)\text{mg/L}\times30000\text{m}^3\text{/d}\times10^{-6}}{0.008\times1.02\text{t/m}^3}=386.03\text{m}^3\text{/d}$

답 (가) 지름=30.90m

(나) 체류시간=3.6h

(다) 슬러지 발생량=386.03m³/d

22. 유량이 2000m³/d이고, 유입 BOD 농도가 200mg/L인 도시하수를 활성슬러지로 처리하였다. 처리수의 BOD 농도가 20mg/L였으며 운전 F/M비는 0.2kg/kgMLSS·d였다. 이때의 슬러지 생산량(kg/d)을 구하시오. (단, 세포증식계수는 0.7이고, 내호흡계수는 0.04/d이었다.) [87. 기사]

해설 슬러지 생산량(kg/d)$=Y \cdot Q(S_0-S_1)-K_d \cdot V \cdot X$에서 $V \cdot X$(MLSS 양)를 구한다.

ⓐ F/M비$=\dfrac{\mathrm{BOD}\times Q}{\mathrm{MLSS}\times V}$

$$\therefore V \cdot X=\frac{(200\times 2000\times 10^{-3})\mathrm{kg/d}}{0.2\mathrm{d}^{-1}}=2000\mathrm{kg}$$

ⓑ 슬러지 생산량(kg/d)$=0.7\times 2000\times(200-20)\times 10^{-3}-0.04\times 2000=172$kg/d

답 슬러지 생산량=172kg/d

23. **유입 BOD 250mg/L, 유량 2000m^3/d, 체류시간 6시간인 완전혼합 활성슬러지법에서 조건이 다음과 같을 때 물음에 답하시오.** [09. 기사]

〈조건〉	1. MLSS 농도 : 3000mg/L	2. 생산계수(Y) : 0.8
	3. 내생호흡계수(b) : 0.05/d	4. BOD 제거율 : 90%

(가) 세포체류시간(SRT : d)을 구하시오.

(나) F/M비를 구하시오.

(다) 슬러지 생산량(kg/d)을 구하시오.

해설 (가) $\dfrac{1}{\mathrm{SRT}}=\dfrac{0.8\times 2000\times 250\times 0.9}{500\times 3000}-0.05=0.19$

$\therefore$ SRT=5.263=5.26d

(나) F/M비$=\dfrac{250\times 2000}{3000\times 500}=0.333=0.33\mathrm{d}^{-1}$

(다) $W_1=\dfrac{500\times 3000}{5.263}\times 10^{-3}=285.008=285.01$kg/d

답 (가) 세포체류시간=5.26d

(나) F/M비$=0.33\mathrm{d}^{-1}$

(다) 슬러지 생산량=285.01kg/d

24. **유량이 600m^3/d, 포기조의 용적이 200m^{3}인 활성슬러지공법에 있어서 Y=0.7, K_d=0.05/일, MLSS는 5000mg/L이며 유입수 BOD=500mg/L가 90% 처리된다고 할 때에 1일 생산되는 슬러지량(kg/d)을 계산하시오.** [09. 기사]

해설 생산되는 슬러지량(kg/d)$=(0.7\times 600\times 500\times 0.9-0.05\times 200\times 5000)\times 10^{-3}$

$=139$kg/d

답 슬러지량=139kg/d

25. 다음과 같은 조건하에서 운전되고 있는 활성슬러지 공정에서 발생되는 건조 잉여 슬러지량(kgSS/d)을 산출하시오. [09. 기사]

〈조건〉 1. 포기조 유효용량 : 1000m^3
2. 고형물 체류시간(SRT) : 4d
3. 포기조 내 MLSS 농도 : 3000mg/L
4. 2차 침전지 유출수의 SS 농도 : 0mg/L

해설 $W_1 = \dfrac{3000 \times 1000}{4} \times 10^{-3} = 750\text{kg/d}$

답 건조 잉여 슬러지량 = 750kg/d

26. 다음은 활성슬러지 공정의 flow sheet이다. 그림에 있는 기호를 사용하여 물질수지식(mass balance)을 세우고 반송률 $\left(R = \dfrac{Q_r}{Q}\right)$을 유도하시오. (단, Q=유입 유량, Q_r=반송 유량, X=포기조 내 MLSS 농도, V=포기조의 부피, X_r=반송 유량의 MLSS 농도) [96. 02. 06. 기사]

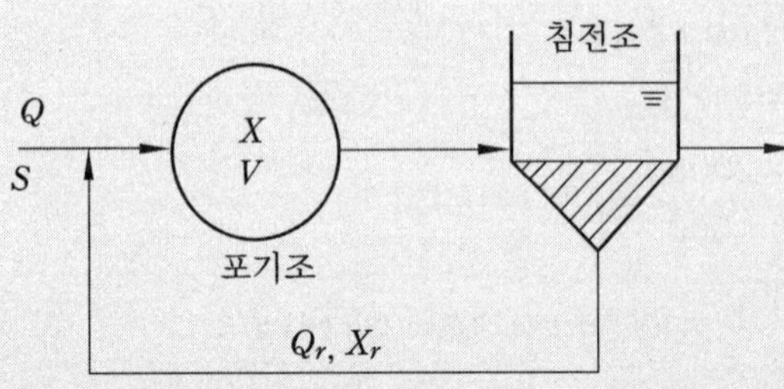

답 물질수지식 : 유입량=유출량

$\therefore\ Q \cdot S + Q_r \cdot X_r = (Q + Q_r)X$

양변을 Q로 나누고 $R = \dfrac{Q_r}{Q}$을 적용하면

$S + R \cdot X_r = (1 + R)X$

$\therefore\ R = \dfrac{X - S}{X_r - X}$

27. BOD 농도가 300mg/L인 폐수를 포기조에서 처리한다. 포기시간 6h, F/M비 0.3일 때의 포기조 내의 MLSS를 계산하시오. [96. 기사]

해설 $F/M비 = \frac{BOD \times Q}{MLSS \times V} = \frac{BOD}{MLSS \times t}$

$\therefore$ MLSS 농도 $= \frac{300}{0.3 \times \frac{6}{24}} = 4000mg/L$

답 MLSS 농도=4000mg/L

28. 유입수 BOD_5가 250mg/L, 유출수 BOD_5가 20mg/L, 유입 하수량 $0.25m^3/s$인 활성 슬러지법에 의한 하수 처리장의 포기조에 대하여 다음 물음에 답하시오. (단, $BOD_5/BOD_u=0.7$, 잉여 슬러지량 1700kg/d, 공기 밀도 $1.2kg/m^3$, 공기중 산소의 중량분율 0.23, 산소전달효율 0.08, 안전율은 2로 하고 $O_2[kg/d] = \frac{Q(S_0 - S)(10^3 g/kg)^{-1}}{f} - 1.42(P_x)$의 식을 이용할 것) [96, 09. 기사]

(가) 산소의 필요량(kg/d)
(나) 설계 시 공기의 필요량(m^3/d)

해설 (가) $O_2[kg/d] = \frac{0.25m^3/s \times (250-20)mg/L \times 10^{-3} \times 86400s/d}{0.7} - 1.42 \times 1700kg/d$

$= 4683.143 = 4683.14kg/d$

(나) 공기 필요량$(m^3/d) = \frac{4683.14kg/d \times 2}{0.08 \times 0.23 \times 1.2kg/m^3} = 424197.464 = 424197.46m^3/d$

답 (가) 산소의 필요량=4683.14kg/d
(나) 설계 시 공기 필요량=$424197.46m^3/d$

29. 완전혼합 활성슬러지 공정의 설계 조건은 다음과 같다. 포기조 부피(m^3), 포기조 체류시간 HRT(h), 그리고 포기조 규격(폭×길이×깊이)을 계산하시오. (단, 포기조는 폭 : 길이=1 : 2, 깊이는 4.4m이다.) [08. 기사]

〈조건〉
1. 포기조 유입유량$=0.32m^3/s$
2. 원폐수 $BOD_5=240mg/L$
3. 원폐수 TSS=280mg/L
4. 유입수 $BOD_5=161.5mg/L$
5. 유출수 $BOD_5=5.7mg/L$
6. 폐수 온도=20℃
7. 설계 평균 세포체류시간(SRT)=10d
8. MLVSS=2400mg/L
9. VSS/TSS=0.8
10. Y=0.5mg VSS/mg BOD_5
11. $K_d=0.06/d$
12. $BOD_5/BOD_u=0.67$

해설 ① 포기조 부피

$$\frac{1}{\theta_c}=\frac{YQ(S_0-S_1)}{VX}-K_d\text{에서}$$

$$V=\frac{YQ(S_0-S_1)}{X_v(K_d+1/\theta)}=\frac{0.5\times 27648\times(161.5-5.7)}{2400\times(0.06+1/10)}=5608.8\text{m}^3$$

② 포기조 체류시간 HRT(h)

$$t=\frac{5608.8\text{m}^3}{27648\text{m}^3/\text{d}\times\text{d}/24\text{h}}=4.869=4.87\text{h}$$

③ 포기조 규격

$V=2x\times x\times 4.4=5608.8\text{m}^3$ $\therefore x=25.246=25.25\text{m}$

∴ 포기조의 규격=25.25m×50.5m×4.4m

답 ① 포기조 부피=5608.8m^3

② 체류시간=4.87h

③ 포기조 규격=25.25m×50.5m×4.4m

30. 활성슬러지 공정으로 운영되는 폐수 처리장에서 정상 상태 조건의 측정 자료는 다음과 같았다. 총괄산소전달계수, K_{La}(/h)값을 소수 첫째자리까지 계산하시오. [98. 05. 기사]

〈정상상태 측정치〉 DO=2.8mg/L, 산소 섭취율=0.835mg/L · min
수온=20℃, 20℃에서의 포화 용존 산소=8.7mg/L

해설 $\frac{dC}{dt}=K_{La}(C_s-C)-r\left(\text{정상상태에서 }\frac{dC}{dt}=0\right)$

$$\therefore K_{La}=\frac{0.835\times 60}{(8.7-2.8)}=8.492=8.5\text{h}^{-1}$$

답 $K_{La}=8.5\text{h}^{-1}$

31. 다음 용어를 간단히 설명하고 단위를 쓰시오. [99. 기사]

(가) 1차 반응 (나) 0차 반응 (다) 비저항 계수
(라) SVI (마) 제타 포텐셜 (바) MPN

답 (가) 1차 반응 : 반응속도가 반응물의 농도에 비례하여 진행되는 반응

$$\frac{dC}{dt}=-KC$$

단위 : $\frac{dC}{dt}$[mg/L · h], K[h^{-1}], C[mg/L]

(나) 0차 반응 : 반응물의 농도에 독립적인 속도로 진행되는 반응

$$\frac{dC}{dt} = -K$$

단위 : $\frac{dC}{dt}$[mg/L · h], K[mg/L · h]

(다) 슬러지의 여과비저항계수 : 슬러지 탈수 시(여과 탈수) sludge가 탈수 안 되려는 저항계수

단위 : m/kg

(라) SVI : 슬러지의 침강 농축성의 지표로써 30분 침전 후 1g의 MLSS가 차지하는 부피를 mL로 나타낸 값

단위 : mL/g

(마) zeta 전위 : 전기적으로 부하되어 있는 colloid 입자간에 있어서 서로 밀어내는 힘

단위 : C[A · s]

(바) 최적확수 : MPN은 총 대장균군의 수를 나타내기 위해서 사용되는 통계학적 해석에 기초한 검수 100mL에 있는 세균의 수

단위 : 총 대장균군 수/100mL

32. 다음 표를 완성하시오. [00. 기사]

미생물	에너지원	탄소원
(가)	빛	탄산가스
(나)	무기물의 산화환원	탄산가스
(다)	빛	탄화수소
(라)	유기물의 산화환원	탄화수소

답 (가) 광합성 독립영양균(photo-synthetic autotrophs)

(나) 화학합성 독립영양균(chemo-synthetic autotrophs)

(다) 광합성 종속영양균(photo-sythetic heterotrophs)

(라) 화학합성 종속영양균(chemo-synthetic heterotrophs)

33. 어느 활성슬러지 공법의 SVI를 측정한 결과 100이었다. MLSS의 농도가 3000mg/L이라면 리터당 침전된 슬러지의 부피(cm^3)를 구하시오. [06. 기사]

해설 $\text{SVI} = \frac{\text{SV}(cm^3/L) \times 10^3}{\text{MLSS 농도}(mg/L)}$ $\quad \therefore \text{SV} = \frac{100 \times 3000}{10^3} = 300cm^3/L$

답 슬러지의 부피 $= 300cm^3/L$

34. 유입 폐수량이 일정한 활성슬러지 공정의 폐수처리시설을 운영함에 있어서 포기시간을 감소시키면 다음 인자(facter)들은 어떠한 영향을 받게 되는가에 대해 간략하게 서술하시오. [01. 06. 기사]

(가) F/M비 (나) BOD 제거율 (다) 폐슬러지량

답 (가) F/M비 : 포기조의 부피감소로 인해 F/M비는 증가한다.

(나) BOD 제거율 : 미생물이 분산 상태로 존재하여 BOD 제거율은 감소한다.

(다) 폐슬러지량 : BOD 제거율의 감소로 인해 폐슬러지량은 감소한다.

35. 포기조 유효 용량이 $350m^3$이다. 생물학적으로 폐수 처리시에 산소전달계수가 $4.2h^{-1}$이라고 한다. 포기조 내의 활성슬러지는 용존산소를 25.2mg/L·h의 속도로 섭취될 때 운전되고 있는 용존산소의 농도는 얼마이며 활성슬러지법으로써 안전(정상) 운전되고 있는가? (단, 포기조 내의 포화 용존산소는 8.1mg/L이고 기타 조건은 고려하지 않는다.) [02. 기사]

해설 ① $\frac{dC}{dt}=K_{La}(C_s-C)-R_r$에서

정상상태이므로 $\frac{dC}{dt}=0$

$$\therefore\ C=C_s-\frac{R_r}{K_{La}}=8.1\text{mg/L}-\frac{25.2\text{mg/L}\cdot\text{h}}{4.2\text{h}^{-1}}=2.1\text{mg/L}$$

답 ① DO 농도=2.1mg/L

② 포기조 내의 DO 농도가 2ppm 정도 유지되므로 정상 운전 상태

36. 1일 오수량이 $30000m^3/d$이고, 포기조 유입수질의 BOD농도 140mg/L, SS 130mg/L일 때 최종 방류수질 농도 BOD 20mg/L, SS 20mg/L를 유지하고자 한다. 이 시설에서 발생되는 폐슬러지량(m^3/d)은 얼마인가? (단, 내호흡계수(K_d)는 $0.04d^{-1}$, 포기조의 수리학적 체류 시간은 6시간이고, MLSS 농도 2000mg/L(MLVSS/MLSS=0.8), 휘발성 SS는 유입 SS의 80%, 함수율은 99.2%이며 제거 BOD 1kg당 0.7kg의 슬러지가 발생함) [02. 기사]

해설 $\Delta S=aL_r-bS+I$에서

ⓐ $L_r[\text{kg/d}]=(140-20)\times30000\times10^{-3}=3600\text{kg/d}$

ⓑ $S[\text{kg}]=2000\times\left(30000\times\frac{6}{24}\right)\times10^{-3}\times0.8=12000\text{kg}$

ⓒ I[kg/d]$=(130\times0.2-20)\times30000\times10^{-3}=180$kg/d

ΔS[t/d]$=(0.7\times3600-0.04\times12000+180)\times10^{-3}=2.22$t/d

∴ 폐슬러지 습량$(m^3/d)=\dfrac{2.22t/d}{0.008\times1t/m^3}=277.5m^3/d$

답 폐슬러지량$=277.5m^3/d$

37. 해발 610m에 위치한 점감식 포기(기계식 포기 장치) 활성슬러지 처리장에서 폐수의 최대 온도는 28℃이고 산소요구량은 1220kg/d이다. $\alpha=0.75$, $\beta=0.95$이고 4개의 포기기가 사용되고 제조업자는 산소전달률이 $N_0=1.34$kg/kW·h라 한다. DO 2mg/L로 유지하는 데 필요한 포기기당 이론적 동력을 구하여라. 1기압 기준 포화 DO는 7.92mg/L이고, 현지 대기압은 706mmHg이다. (단, $N=N_0\left(\dfrac{C_W-C_L}{9.17}\right)\times1.02^{(T-20)}\cdot\alpha$, $C_W=\beta C_S$이다. 여기서, N_0 : 산소전달속도, N : 운전조건에서 산소전달속도) [03. 기사]

해설 $N=1.34\text{kg/kW}\cdot\text{h}\times\left(\dfrac{0.95\times7.36-2}{9.17}\right)\times1.02^{(28-20)}\times0.75$

$=0.641$kg/kW·h (여기서, 7.36은 압력 보정한 값이다.)

∴ 포기기 1개당 이론적 동력(kW/개)$=\dfrac{1220\text{kg/d}\times\text{d/24h}}{0.641\text{kg/kW}\cdot\text{h}\times4\text{개}}=19.825$kW/개

답 포기기 1개당 이론적 동력=19.83kW

38. COD가 2000mg/L인 산업폐수를 처리하기 위해 완전혼합 활성슬러지 반응조를 설계하고자 한다. 설계 MLSS=3500mg/L, 설계 SDI=7000mg/L(반송 슬러지 농도), 유출수 COD는 150mg/L 이하이어야 한다. MLSS의 70%가 MLVSS이고 MLVSS를 기준으로 한 속도상수는 20℃에서 0.469L/g·h이며 포기조의 유기물 분해는 1차 반응을 따르고 폐수 중 생물학적으로 분해 불가능한 COD는 125mg/L일 때 슬러지 반송(2차 침전조에서 포기조 앞 관로에 혼입)이 있는 경우 반응시간(h)을 구하시오. (단, 20℃ 기준, 유입수 내 고형물(SS)은 없다고 가정함) [09. 기사]

해설 ⓐ 물질수지식 : 유입량=유출량+변화량+반응량

$$S_0(Q+Q_R)=(Q+Q_R)S+V\frac{dS}{dt}+VKX_vS$$

정상상태에서 $\dfrac{dS}{dt}=0$

$$\therefore t = \frac{V}{Q+Q_R} = \frac{S_0 - S}{KX_v S}$$

ⓑ $S_0 = \dfrac{QS' + Q_R S}{Q+Q_R}$

ⓒ $Q_R = Q \times R$

ⓓ $R = \dfrac{X}{X_r - X} = \dfrac{X}{\dfrac{10^6}{\text{SVI}} - X}$

ⓔ $\text{SVI} = \dfrac{100}{\text{SDI(g/100mL)}}$

ⓕ $\text{SDI} = 7000\text{mg/L} \times \dfrac{10^{-3}\text{g}}{\text{mg}} \times \dfrac{10^{-3}\text{L}}{\text{mg}} \times \dfrac{100\text{mL}}{100\text{mL}} = 0.7$

ⓖ $\text{SVI} = \dfrac{100}{0.7} = 142.857$

ⓗ $R = \dfrac{3500}{\dfrac{10^6}{142.857} - 3500} = 0.999 = 1$

ⓘ Q를 1로 간주 $\therefore Q_R = 1$

ⓙ $S_0 = \dfrac{1 \times 1875 + 1 \times 25}{1+1} = 950\text{mg/L}$

$$\therefore t = \frac{(950-25)\text{mg/L}}{0.469\text{L/g}\cdot\text{h} \times 3.5\text{g/L} \times 0.7 \times 25\text{mg/L}} = 32.201 = 32.20\text{h}$$

답 반응시간=32.20h

참고 이 문제에서는 SDI=7000mg/L(반송슬러지 농도)로 주어졌으므로 바로 적용해도 된다.

39. 포기조 표면에 암갈색의 부상형 거품이 짙게 나타나는 경우가 있다. 이때 사용할 수 있는 대책 4가지를 적으시오. [01, 04. 기사]

답 ⓐ SRT를 감소시켜 세포의 과도한 산화 방지

ⓑ 거품 파괴제 또는 철염의 주입

ⓒ 포기조의 공기 유입량을 줄임

ⓓ 혐기성 소화조의 상등액을 폐수에 첨가

40. **살수여상에 있어서 여상 유출수 또는 처리수의 일부를 유입폐수 혹은 여상 유출수로 순환시키는 데 순환의 효과 6가지를 쓰시오.** [05. 기사]

답 ⓐ 미생물의 성장을 촉진 ⓑ 계속적인 식종으로 생화학 분해율을 증가
ⓒ 유기물 부하율이 일정하게 유지 ⓓ 여재의 막힘 현상이 감소
ⓔ 여상파리의 번식을 방지 ⓕ 신축적인 운전이 가능

41. **살수여상으로 도시하수를 처리하고자 한다. 도시 인구는 50000명, 하수 배출량은 200L/인·d이다. 또한 여상으로 유입되는 하수의 BOD 농도는 120mg/L이며 재순환율은 2.0이다. 80%의 BOD 제거 효율을 얻고자 하는 경우 여상의 총 소요체적을 구하시오.** $\left(\text{단, } E=\dfrac{1}{1+0.432\sqrt{\dfrac{W}{VF}}} \text{ 또는 } F=\dfrac{1+R}{(1+0.1R)^2}\right)$ [86, 92. 기사]

해설 ⓐ 재순환계수(F)를 구한다.

$$F=\frac{1+2}{(1+0.1\times 2)^2}=2.083$$

ⓑ W(BOD 부하량)$=120\text{mg/L}\times 200\text{L/인}\cdot\text{d}\times 50000\text{인}\times 10^{-6}\text{kg/mg}=1200\text{kg/d}$

NRC 공식을 V에 대하여 정리하면

$$V[\text{m}^3]=\frac{W}{\left(\dfrac{1-E}{0.432E}\right)^2\cdot F}=\frac{1200}{\left(\dfrac{1-0.8}{0.432\times 0.8}\right)^2\times 2.083}=1720.202=1720.20\text{m}^3$$

답 여상의 소요체적$=1720.20\text{m}^3$

42. **다음과 같은 조건을 갖는 시설에 오수정화시설을 설치하고자 한다. 처리 방법을 회전원판법으로 할 때 다음 각 물음에 답하시오.** [86, 87, 90. 기사]

〈조건〉 상주 인구 : 8000인, 1인 1일 오수 발생량 : 200L/cap · d,
오수 BOD : 150mg/L

(가) 원판의 소요면적(m^2)을 구하시오. (단, 1차 침전지의 BOD 제거 효율은 20%, 원판의 BOD 면적부하는 $6\text{g/m}^2\cdot\text{d}$로 계획한다.)

(나) 원판에 가해지는 수리학적 부하($\text{L/m}^2\cdot\text{d}$)를 구하시오.

해설 (가) BOD 면적부하$(g/m^2 \cdot d) = \dfrac{\text{BOD 유입량}(g/d)}{A[m^2]}$

$$A[m^2] = \frac{150mg/L \times 200L/\text{인} \cdot d \times 8000\text{인} \times 10^{-3}g/mg \times (1-0.2)}{6g/m^2 \cdot d} = 32000m^2$$

(나) 수리학적 부하$(L/m^2 \cdot d) = \dfrac{Q}{A} = \dfrac{200L/\text{인} \cdot d \times 8000\text{인}}{32000m^2} = 50L/m^2 \cdot d$

답 (가) 원판의 소요면적$=32000m^2$

(나) 수리학적 부하$=50L/m^2 \cdot d$

43. BOD_5가 200mg/L인 $7.57 \times 10^6L/d$의 도시하수를 처리하는 2단 고율 살수여상 처리장이 있다. 이 두 여과상은 지름과 깊이가 같고 반송률도 같다. 이 처리장에 대한 관계 자료는 1차 침전조에서의 BOD_5 제거효율 33%, 여과상의 지름=21.3m, 여과상의 깊이=1.68m 그리고 반송률=1.0일 때 여과상 유출수의 BOD_5는? [04. 기사]

〈조건〉 1. 1단 여과상의 BOD_5 제거효율 $E_1(\%) = \dfrac{100}{1+0.443\sqrt{\dfrac{y_0}{V_1F_1}}}$

2. 2단 여과상의 BOD_5 제거효율 $E_2(\%) = \dfrac{100}{1+\dfrac{0.443\sqrt{\dfrac{y_1}{V_1F_1}}}{1-E_1}}$

여기서, y_0, y_1 : 1단, 2단 여과상에 가해지는 BOD 부하량

V : 쇄석여재부피, F : 반송계수 $\left[\dfrac{1+R/Q}{(1+0.1R/Q)^2}\right]$

해설 ⓐ $y_0[kg/d] = 200mg/L \times 7.57 \times 10^6L/d \times \dfrac{10^{-3}m^3}{L} \times 10^{-3} \times (1-0.33) = 1014.38kg/d$

ⓑ $V_1[m^3] = \dfrac{\pi \times 21.3^2}{4} \times 1.68 = 598.63m^3$

ⓒ $F_1 = \dfrac{1+1}{(1+0.1 \times 1)^2} = 1.653$

ⓓ $E_1 = \dfrac{100}{1+0.443\sqrt{\dfrac{1014.38}{598.63 \times 1.653}}} = 69.04\%$

ⓔ $y_1 = 1014.38kg/d \times (1-0.6904) = 314.052kg/d$

ⓕ $E_2 = \dfrac{100}{1+\dfrac{0.443\sqrt{\dfrac{314.052}{598.63\times 1.653}}}{1-0.6904}} = 55.37\%$

∴ 유출수 농도 $= 200\times(1-0.33)\times(1-0.6904)\times(1-0.5537) = 18.52\text{mg/L}$

답 유출수의 농도=18.52mg/L

44. 하수처리방식 중 생물막을 이용한 접촉산화법의 단점을 5가지만 기술하시오. [09. 기사]

답 ⓐ 미생물량과 영향 인자를 정상 상태로 유지하기 위한 조작이 어렵다.

ⓑ 반응조 내 매체를 균일하게 포기 교반하는 조건 설정이 어렵고 사수부가 발생할 우려가 있으며, 포기 비용이 약간 높다.

ⓒ 매체에 생성되는 생물량은 부하 조건에 의하여 결정된다.

ⓓ 고 부하 시 매체의 폐쇄 위험이 크기 때문에 부하 조건에 한계가 있다.

ⓔ 초기 건설비가 높다.

45. A도시에서의 폐수량 변동은 다음과 같다. 만약 평균유량 조건 하에서 저류지의 체류시간이 6시간이라면 오전 8시에서 오후 6시까지의 저류조의 평균 체류시간은 얼마인가? [03. 기사]

일중시간	오전 0	2	4	6	8	10	12
평균유량의 백분율	88	77	69	66	88	102	125
일중시간	오후 0	2	4	6	8	10	12
평균유량의 백분율	138	147	150	148	99	103	98

해설 평균유량의 백분율을 구한다.

평균유량 백분율 $= \dfrac{88+102+125+138+147+150+148}{7} = 128.286$

$100\times 6 = 128.286\times x$

∴ $x = 4.677 = 4.68\text{h}$

답 체류시간=4.68h

제 3 절 고도처리와 유해물질 처리

1 고도처리(high class treatment)

(1) 원리

1, 2차 처리로 제거되지 않는 ABS형 합성세제, 질소(N), 인(P), 무기염류(Mn, Fe 등), 농약 등을 제거시키는 공법으로 여과법, 흡착법, 역삼투법, 전기 투석법, 탈기법, 산화법, 오존법 등이 있다.

(2) 목적

N, P 등의 무기성 영양염류와 Fe, Mn, Cu 등의 중금속이 처리수에 함유되어 방류되면 부영양화 및 환경 생태계에 악영향을 끼치므로 이것을 사전에 방지하기 위함이다.

(3) 처리 방법의 종류

① 물리적 방법

㈎ air stripping에 의한 NH_3의 제거

- 원리 : 폐수 내의 NH_4^+ 이온은 NH_3와 평형 관계를 유지한다.

$$NH_3 + H_2O \rightleftarrows NH_4^+ + OH^-$$

폐수의 pH가 9 이상으로 증가함에 따라 NH_4^+ 이온이 NH_3로 변하며 이때 휘저어주면 NH_3는 공기중으로 날아간다.

$$\therefore NH_3(\%) = \frac{[NH_3]}{[NH_3]+[NH_4^+]} \times 100 = \frac{100}{1+[NH_4^+]/[NH_3]} = \frac{100}{1+K_b \cdot [H^+]/K_w}$$

㈏ 여과법 : 2차 처리수의 유출수에 함유된 BOD, SS 중 SS를 제거하는 공법으로 여과, microstrainer로써 처리한다.

㈐ 역삼투법(reverse osmosis)

- 원리 : 삼투압이 작용하는 반대 방향으로 삼투압보다 더 큰 압력을 가해서 물이 반투막을 통하여 유출되도록 한다.
- 역삼투를 이용한 방법으로 고급 처리에서는 콜로이드나 유기물질이 막에 부착되어

처리 효율이 저하되고, 용해도가 낮은 염이 막에 침전되며, 막의 온도 제한 등 부작용이 있다. 활성탄소 흡착, 응집침전, 여과 등의 전처리가 요구된다. 이외에도 증류법, 부상법, 냉동법, 흡수 등이 있다.

② 화학적 방법

(가) 흡착법 : 활성탄 등의 흡착제를 이용해 폐수 중 냄새와 맛을 제거하는 데 널리 이용된다.

(나) 이온교환법 : 이온교환이란 정전기력으로 고체 표면에 보유한 이온을 폐수 중에 존재한 반대 이온과 서로 교환하여 처리하는 분류식으로 음이온 수지는 음이온(OH^- 등)을 교환해 제거한다. 이온교환량은 흡착제의 흡착 이온량으로 나타내면, 각각 틀린 값이 산출됨으로 불편하여 Ca^{2+}과 반응하여 환산된 값을 지표로 나타내어 $g-CaCO_3/m^3$로 표기한다.

(다) 전기투석법 : 폐수로부터 N와 P인 무기영양염류를 제거하는데, 양극에 가까운 막은 양이온을 통과시키고 음극에 가까운 막은 음이온을 통과시킴으로써 처리한다.

(라) 화학적 산화법 : 세균의 살균 작용, algae의 성장을 억제하며, 유기물을 산화시켜 BOD를 감소시키고 색도와 악취를 제거 또는 감소시키며 시안화합물과 금속이온을 염소로 산화시킨다.

$$2NH_3 + 3Cl_2 \rightarrow N_2\uparrow + 6HCl$$

③ 생물학적 방법

(가) bacteria 동화작용법 : 생물학적 처리에 의해서 질소나 인을 제거하는 방법은 미생물이 포기조에서 정상적으로 성장할 때 이들 영양소를 이용한다는 점이다. bacteria의 세포 구성이 $C_5H_7NO_2$라면 1kg의 세포를 합성하는 데 약 0.12kg의 질소와 0.025kg의 인이 필요하게 된다. (BOD : N : P=100 : 5 : 1)

(나) 조류채취법 : 폐수 내의 질소나 인을 섭취해서 자란 조류(algae)를 제거하는 방법이다. 토지 소요가 너무 크고 조류의 채취 및 처분의 문제점과 비용이 많이 든다.

(다) 질산화－탈질소법

• 질산화(nitrification) : 질산화는 autotrophic bacteria에 의해서 NH_3가 2단계를 거쳐 NO_3^-로 변한다.

$$\text{1단계} : NH_3 + \frac{3}{2}O_2 \xrightarrow{\text{nitrosomonas}} NO_2^- + H^+ + H_2O$$

$$\text{2단계} : NO_2^- + \frac{1}{2}O_2 \xrightarrow{\text{nitrobacter}} NO_3^-$$

전체 반응 : $NH_3 + 2O_2 \rightarrow NO_3^- + H^+ + H_2O$

암모니아의 일부는 세포질로 합성된다.

합성 : $4CO_2 + HCO_3^- + NH_4^+ + H_2O \rightarrow C_5H_7NO_2 + 5O_2$

에너지 및 합성 반응을 합한 전체 반응

$$22NH_4^+ + 37O_2 + 4CO_2 + HCO_3^- \rightarrow C_5H_7NO_2 + 21NO_3^- + 20H_2O + 42H^+$$

질산화는 고급 처리 과정에서만 일어날 수 있는 것이 아니고 운전 및 환경조건이 좋다면 대부분 호기성 미생물학적 처리 과정에서도 일어난다.

- 탈질산화(denitrification) : 질산을 질산 환원 박테리아에 의해 N_2의 형태로 질소를 대기로 방출 제거하는 것을 탈질산화라고 한다. 탈질산화 과정에서는 NO_3^-가 수소수용체로 이용되므로 혐기성 반응이 되며 methanol을 탄소원으로 공급할 경우 에너지 반응은 다음 2단계로 일어난다.

1단계 : $6NO_3^- + 2CH_3OH \rightarrow 6NO_2^- + 2CO_2 + 4H_2O$

2단계 : $6NO_2^- + 3CH_3OH \rightarrow 3N_2 + 3CO_2 + 3H_2O + 6OH^-$

전체 반응 : $6NO_3^- + 5CH_3OH \rightarrow 5CO_2 + 3N_2 + 7H_2O + 6OH^-$

합성 반응 : $3NO_3^- + 14CH_3OH + CO_2 + 3H^+ \rightarrow 3C_5H_7O_2N + H_2O$

실제 폐수 내에는 NO_3^- 외에 NO_2^-, DO가 함유되어 있으므로 메탄올의 양은

$$C_m = 2.47N_0 + 1.53N_1 + 0.87DO$$

여기서, C_m : 요구되는 메탄올의 농도(mg/L)
N_1 : 최초 NO_2-N의 농도(mg/L)
N_0 : 최초 NO_3-N의 농도(mg/L)
DO : 최초 용존 산소의 농도(mg/L)

(4) 질소 · 인 제거 프로세스

① 개요

㈎ 인은 탄소, 질소 등과 함께 부영양화를 유발하는 주요 영양소로 알려져 있으며, 탄소나 질소가 대기 중에 많은 양을 차지하고 있어 조절이 어렵기 때문에 인이 부영양화를 제어하는 주요 영양소(한계 영양소)가 된다.

㈏ 인은 생물학적 2차 처리(활성슬러지, 고정 생물막 공법 등) 시 세포 합성을 통해 유기물과 함께 제거가 가능하다.

② 공정의 종류

제거 물질	고도 처리 방법
질소	암모니아 스트리핑, 불연속점 염소 처리, 이온교환법, 생물학적 탈질, 활성탄 흡착법, 역삼투법 등의 막분리법
인	생물학적 탈인, 역삼투법 등의 막분리법 , 약품 침전 응집법, 활성탄 흡착법, 이온교환법

③ 생물학적 탈질-탈인법

(가) A/O 공법(process)

ⓐ A/O 공정은 공정의 유연성이 제한적이며 기온이 낮을 때 운전 성능이 불확실하다.

ⓑ 표준 활성슬러지법의 반응조 전반 20~40% 정도를 혐기 반응조로 하는 것이 표준이다.

ⓒ 혐기성 조건에서 유입 폐수와 반송된 미생물 내의 인이 용해성 인으로 방출되고 호기성 지역에서 흡수된다. 인 제거 성능이 우천 시에 저하되는 경향이 있다.

ⓓ 혐기 반응조의 운전 지표로서는 산화환원전위(ORP)를, 호기 반응조에서는 DO 농도를 사용할 수 있다.

ⓔ 인 제거 기능 이외에 사상성 미생물에 의한 벌킹이 억제되는 효과가 있다.

ⓕ 유출수 내의 인 농도는 주로 유입 폐수 내의 BOD와 인의 비에 달려있는데 BOD와 인의 비가 20 : 1 이상이면 유출수 내 용존성 인의 농도가 1mg/L이하로 유지된다.

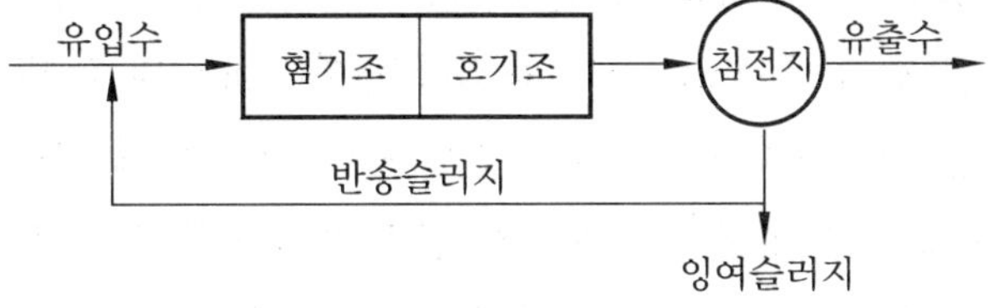

(나) A^2/O 공법(process)

ⓐ 기존 A/O 공정에 탈질을 위한 무산소조를 추가했다.

ⓑ 인과 질소를 동시에 제거할 수 있다.

ⓒ 유입수 내 BOD/T-P 비가 높은 조건에 적용이 유리하다.

ⓓ 폐 sludge 내의 인 함량은 비교적 높아서(3~5%) 비료의 가치가 있다.

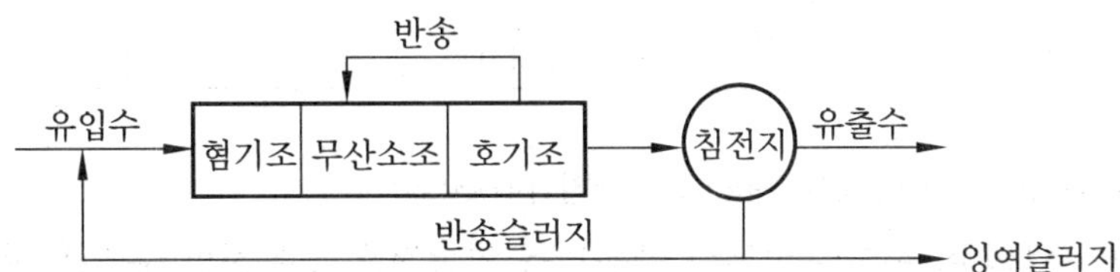

(다) UCT(university of cape town), MUCT(수정 UCT) 공법(process)

ⓐ UCT 공법은 남아프리카의 케이프타운 대학(university of cape town)에서 개발된 공법으로 bardenpho 공법으로부터 개량된 공법이다.

ⓑ 재순환 방법을 제외하고 A^2/O 공법과 거의 같다.

ⓒ 반송된 슬러지는 무산소 지역으로 반송된 후 혐기조로 재반송(2단계 반송)되며 혐기조로 반송슬러지 내의 NO_3^-의 유입을 방지하여 인의 용출률이 상승된다.

ⓓ MUCT(modified UCT) 공법은 UCT 공법의 무산소 반응조를 두 부분으로 나누어 질소 제거율을 향상시킨 것으로, 혐기조로의 내부 반송은 무산소 반응조 두 부분에서 모두 가능하다.

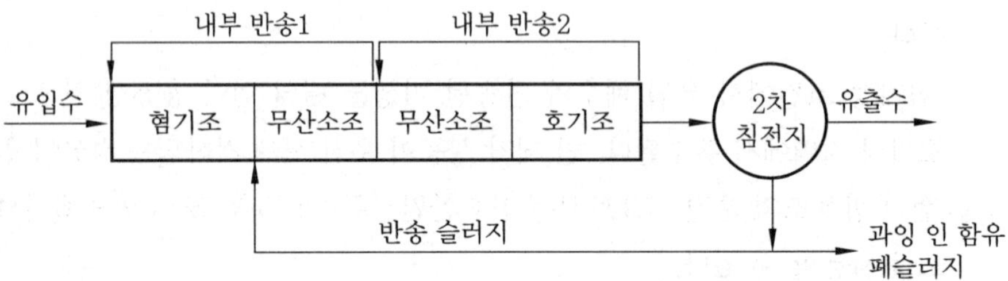

(라) VIP(virginia initiative plant) 공법(process)

ⓐ 호기조에서 질산화된 재순환수는 반송 활성슬러지와 함께 무산소조 입구로 유입되며, 무산소조의 MLSS는 혐기성 지역 앞쪽으로 재반송된다.

ⓑ 다음 두 가지의 사항을 제외하고는 대체로 UCT 공법과 유사하다.

- UCT 공법은 혐기, 무산소, 호기 등 3개 단계(stage)의 각 반응조가 하나의 완전혼합형 반응조로 구성되지만, VIP 공법은 각 단계 내에 2개 이상의 소단위 완전혼합형 반응조로 이루어져 인의 과잉 섭취 능력을 증가시킨다.
- UCT 공법은 SRT가 13~25일인데 비해 VIP 공법은 SRT가 5~10일이기 때문에 활성 미생물 양(biomass)의 비율이 높다.

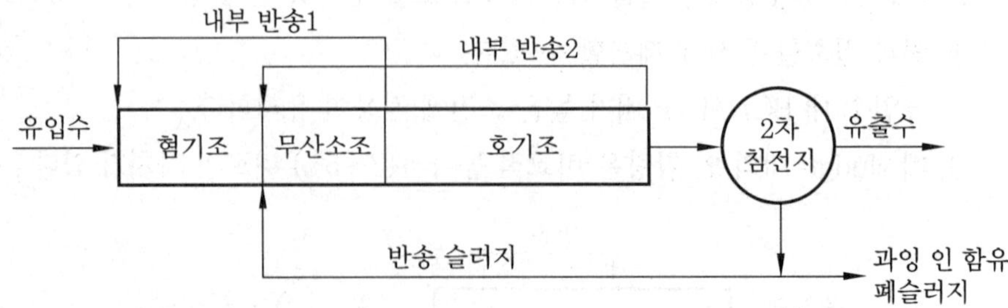

(마) SBR(sequencing batch reactor) 공법(process)

ⓐ SBR 공법의 반응조는 회분식 반응조를 연속적으로 운전할 수 있도록 변형한 것으로 간헐식(intermittent) 반응조 또는 주입 배출(fill and draw) 반응조라고 부르기

도 한다.

ⓑ 연속회분식 활성슬러지 반응조(SBR)는 설계 자료가 부족하며 여분의 반응조가 필요하다.

ⓒ 소규모 처리장에 적합하며 운전의 유연성이 많아 질소와 인의 효율적인 제거가 가능하다.

ⓓ 최종 침전지와 슬러지 반송 펌프가 필요 없다.

ⓔ 수리학적 과부하에도 MLSS의 누출이 없다.

ⓕ 활성슬러지의 공간 개념을 시간 개념으로 바꾼 것으로 주입, 혐기성, 호기성 및 무산소 반응, 침전, 배출 그리고 휴지(休止) 공정으로 반복하며 연속 운전되는데 주입에서 휴지까지 1회 반응 시간은 일반적으로 3시간에서 24시간까지 다양하다.

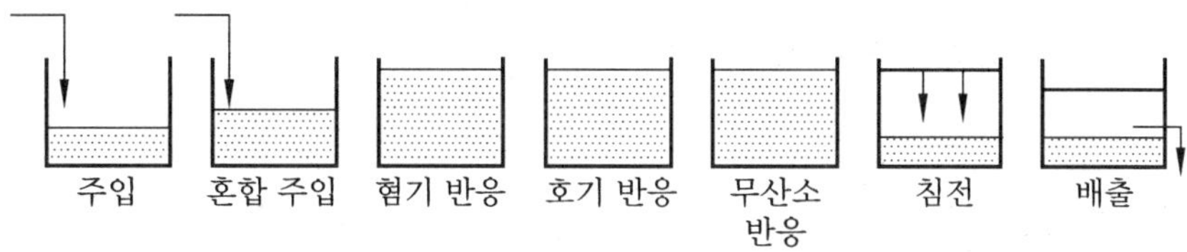

(바) 4단계 bardenpho 및 수정(modified) bardenpho(5단계) 공법(process)

ⓐ 폐수 내의 암모니아는 첫 번째 무산소(anoxic) 반응조를 변화 없이 통과하여 첫 번째 호기조에서 질산화된다. 첫 번째 호기조에서 질산화된 MLSS는 두 번째 무산소(anoxic) 반응조를 통과하는데, 여기서 내생 탄소원을 이용한 추가 탈질화가 일어난다.

ⓑ 내부반송은 미생물이 혐기, 호기의 교대로 스트레스를 받고 이로 인한 호기조에서 인의 과잉 흡수를 유도한다. 내부 반송률은 400% 정도 유지한다.

ⓒ 2번째 anoxic 반응조의 슬러지에서 용출된 암모니아는 마지막 호기조에서 질산화된다.

ⓓ modified barenpho 공법은 질소와 인의 동시 제거를 위하여 bardenpho 공법에 혐기성 반응 단계를 추가한 변형 공정이다. 이 공정의 특징은 아래와 같다.

- 5단계의 처리 공정을 가지는데 질소, 인 및 탄소 제거를 위하여 혐기성, 무산소성 및 호기성 단계로 이루어진다.
- 2번째의 무산소 단계는 여분의 탈질화를 위하여 호기성 단계에서 생성된 질산성 질소를 전자 수용체로, 내호흡에 의한 유기 탄소를 전자 공여체로 사용한다.
- 마지막 호기성 단계는 폐수 내 잔류 질소가스를 제거하고 최종 침전지의 인의 용출을 최소화하기 위하여 사용하며 첫 번째 호기성 지역의 MLSS는 무산소 지역으로 반송한다.

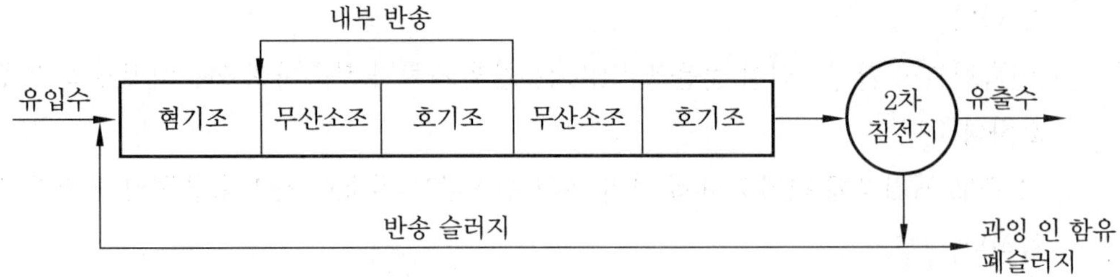

(사) phostrip 공정(process)

ⓐ phostrip 공정은 측류(side stream) 공정의 대표적인 공법으로 1964년 Levin에 의해 개발된 공정이다.

ⓑ 주로 인의 제거만을 목적으로 개발되었으며, 세포 분해에 의해 생성되는 유기물을 탈인조에서의 인 방출 시 요구되는 유기물로 사용하므로 인의 제거가 유입수의 수질에 의해 영향을 받지 않는다.

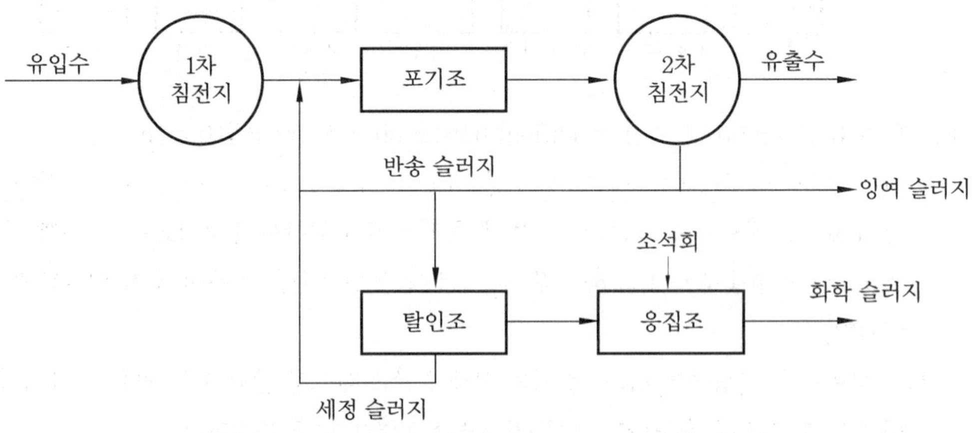

ⓒ 포기조의 운전을 완전 질산화 조건에서 운전하는 경우 포기조에서 형성되는 질산성 질소에 의해 탈인조에서의 인 방출이 악영향을 받기 때문에 phostrip 공정에서 인뿐만 아니라 질소까지 제거하기 위해서는 2차 침전지 다음에 질산화조 및 탈질조를 추가로 설치해야 한다.

ⓓ 장점

- 기존 처리장에 적용이 용이하며 운전성이 좋다.
- 유기물 농도와 인의 농도비에 크게 영향을 받지 않는다.
- 유출수의 인을 1.5mg/L 이하로 처리할 수 있다.
- 혐기성조로 보내는 슬러지양을 조절할 수 있기 때문에 넓은 범위의 유입수 인 농도에 대처할 수 있다.

ⓔ 단점

- 석회 주입이 필요하며 관석(scale)이 생길 가능성이 높다.
- stripping용 별도 반응조가 필요하다.
- 질소의 농도가 높을 경우 처리 효율이 떨어진다.
- 공정은 보다 복잡하고 화학약품과 수세수의 소요 때문에 처리 비용이 높다.

참고 질산화 공정의 비교

공정의 형태		장점	단점
단일 단계 질산화	부유성장식	– BOD와 암모니아성 질소 동시 제거 가능 – $\frac{BOD}{TKN}$비가 높아서 안정적인 MLSS 운영 가능	– 독성물질에 대한 질산화 저해방지 불가능 – 온도가 낮을 경우에는 반응조 용적이 매우 크게 소요 – 운전의 안정성은 미생물 반송을 위한 2차 침전지의 운전에 좌우됨
	부착성장식	– BOD와 암모니아성 질소 동시 제거 가능 – 미생물이 여재에 부착되어 있으므로 안정성은 이차침전지와 무관	– 독성 물질에 대한 질산화 저해 방지 불가능 – 유출수의 암모니아 농도가 약 1~3 mg/L 정도임
분리 단계 질산화	부유성장식	– 독성물질에 대한 질산화 저해 방지 가능 – 안정적 운전 가능	– 운전의 안정성은 미생물 반송을 위한 2차 침전지의 운전에 좌우됨 – 단일 단계 질산화에 비하여 많은 단위공정이 필요
	부착성장식	– 독성물질에 대한 질산화 저해 방지 가능 – 안정적 운전 가능 – 미생물이 여재에 부착되어 있으므로 안정성은 2차 침전지와 무관	– 단일 단계 질산화에 비하여 많은 단위공정이 필요

주 $\frac{BOD}{TKN}$비가 5 이상일 경우는 단일 단계 질산화 공정으로 운영하고 그 비가 3 이하이면 분리 단계 질산화 공정으로 운영하여야 한다.

(5) 막분리 공법

① 막의 정의

막(membrane)이란 특정 성분을 선택적으로 통과시킴으로써 혼합물질을 분리시킬 수 있는 막으로, 특정 종류의 물질만을 선택적으로 통과시키는 재질로 되어 있다.

② 막분리의 장 · 단점

㈎ 막분리의 장점

ⓐ 자동화 · 무인화가 가능하다.

ⓑ 응축기가 필요하지 않다.

ⓒ 응집제가 필요 없다.

ⓓ 처리장의 소요면적이 작아진다.

ⓔ 유지 관리비가 적게 소요된다.

㈏ 막분리의 단점

ⓐ 막의 수명이 짧다.

ⓑ 부품 관리 · 시공이 어렵다.

③ 분리막의 분류

㈎ 다공질막(porous membranes) : 정밀 여과(MF), 한외 여과(UF), 나노 여과(NF), 투석(dialysis)에서 주로 사용한다.

㈏ 비다공질막(nonporous or dense membranes) : 나노 여과(NF), 역삼투(R/O)에서 사용하며, 일반적으로 0.001μm 이하의 공경을 갖는 막을 말하며 0.001μm 이하의 공경은 더 이상 공경이라고 하지 않고 막을 구성하고 있는 고분자의 열 진동에 의해 생긴 입자의 틈이라 한다.

㈐ 이온교환막(ion-exchange membranes, electrically charged membranes) : 이온교환수지를 막상으로 형성한 것으로 이온교환기를 갖는 막이다.

④ 막분리의 종류와 특징

㈎ 투석(dialysis) : 반투막을 사이에 두고 용질의 농도 차이에 따른 추진력을 이용하여 용질을 분리시키는 방법으로 주로 콜로이드 · 고분자 용액을 정제하는 조작이다.

㈏ 정밀여과(micro filtration : MF) : 조대 입자를 제거할 때 비용 측면에서 유리하다.

ⓐ 분리 형태 : 여과 작용

ⓑ 구동력 : 정수압차(0.1~1bar)

ⓒ 막의 형태 : 대칭형 다공성막(pore size 0.1~10μm)

ⓓ 적용 분야 : 전자공업의 초순수 제조, 무균수 제조

㈐ 한외 여과(ultra filtration : UF)

ⓐ 한외 여과는 정밀 여과와 역삼투의 중간에 위치하는 것으로 고분자 용액으로부터 저분자 물질을 제거한다는 점에서 투석법과 비슷하다.

ⓑ 물질의 분리에 농도차가 아닌 압력차를 이용한다는 점에서는 역삼투법과 비슷하다.

ⓒ 저압(50~2000kPa)을 이용하여 염류와 같은 저분자 물질은 막에 투과시키고 단백질과 같은 고분자 물질은 투과시키지 않는다.

(라) 전기투석법(electrodialysis method)

ⓐ 수중에 용해되어 있는 무기물은 거의 대부분 이온화되어 있다. 여기에 전극을 넣어 전류를 흐르게 하면 양이온은 음극으로 음이온은 양극으로 이동하게 된다.

ⓑ 양이온 또는 음이온을 선택적으로 통과시키는 막을 이용하면 이온 성분과 물의 분리가 가능하다.

ⓒ 근본적인 차이점은 역삼투법의 경우 구동력이 압력인 반면, 전기투석법은 전기적인 힘(기전력)이 물질추진력으로 작용한다.

(마) 역삼투(reverse osmosis)법

ⓐ 역삼투막은 지지층과 분리 기능을 가지는 활성층으로 구성되어 있으며 역삼투 현상을 이용하여 용매와 용질을 분리하는 막이다.

ⓑ 염수와 담수 같이 농도차가 있는 용액을 반투막으로 분리해 놓고 일정 시간이 지나면 저농도 용액의 물이 고농도 쪽으로 이동하여 수위 차이가 생긴다. 바로 이러한 현상이 삼투 현상이며 이때 발생하는 수위의 차이가 삼투압에 해당한다.

ⓒ 반대로 고농도 용액에 삼투압 이상의 압력을 가하면 저농도 용액 쪽으로 물이 이동하게 되는데 고농도 쪽의 용질은 반투막에 걸려 통과하지 못하고 용매만 반투막을 통과하여 저농도 용액 쪽으로 이동하게 되기 때문에 고농도 쪽의 용액은 농도가 더욱 상승한다. 이러한 현상을 역삼투(reverse osmosis) 현상이라 한다.

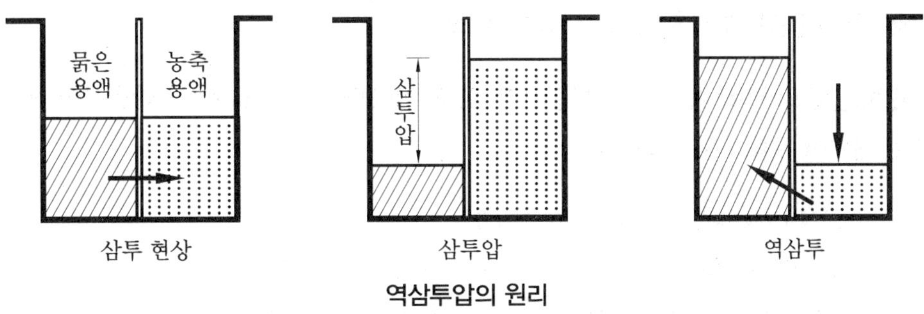

역삼투압의 원리

(6) 펜톤 산화법

① **개요** : 1876년 펜톤(Fenton)이란 화학자가 주석산(fartaric acid)을 과산화수소수(H_2O_2)와 철염을 이용하여 산화시킨 것으로부터 유래된 방법이다.

② **원리**

(가) 펜톤 산화 방법은 펜톤 시약인 과산화수소 및 철염을 이용하여 OH 라디칼(radical)

을 발생시킴으로써 펜톤 시약의 강력한 산화력으로 유기물을 분해시키는 것이다.

(나) 반응 과정은 펜톤 시약에 의한 산화 반응, 중화 및 철염을 제거하기 위한 응집 공정 등 세 단계로 나누어진다.

(다) 슬러지 발생량이 많다는 단점을 가지고 있다.

③ 펜톤 처리 공정의 고려 사항

(가) 최적 반응 pH는 3~5 정도이다.

(나) pH 조정은 반응조에 과산화수소수와 철염을 가한 후 조절하는 것이 효율적이다.

(다) 과산화수소수는 철염이 과량으로 존재할 때 조금씩 단계적으로 첨가하는 것이 효과적이다. 왜냐하면 여분의 과산화수소수(H_2O_2)는 후처리의 미생물 성장에 영향을 미치기 때문이다.

(라) 펜톤 산화 시 OH 라디칼 스캐빈저(scavenger)인 HCO_3^-와 CO_3^{2-}의 농도를 고려하여야 한다.

(마) H_2O_2를 철염 주입량에 비해 상대적으로 많이 첨가할 경우에는 발생되는 산소가 용액에 용존하지 못하고 기포 상태로 떠오르면서 슬러지를 부상시키기 때문에 수산화철(Ⅲ)[$Fe(OH)_3$]의 침전에 방해가 될 수 있다.

2 유해물질 처리

(1) 산화 처리 용액에 의한 CN계 폐수 처리

① 시안화합물의 화학반응 : 시안화합물은 Cl_2와 NaOH 또는 NaOCl이 반응하여 N_2, CO_2로 분해되어 무해화로 처리한다.

$$NaCN + NaOCl \rightarrow NaCNO + NaCl$$

$$2NaCNO + 3NaOCl + H_2O \rightarrow N_2 + 2NaOH + 3NaCl$$

$$\therefore 2NaCN + 5NaOCl + H_2O \rightarrow N_2 + 2NaOH + 5NaCl$$

이때 독성이 강한 염화시안(CNCl)이 발생되지 않도록 처리 시 주의해야 하는데, 1차 산화 시 pH가 10~10.5 정도를 유지하면 CNCl의 발생 없이 순간적으로 반응이 완결되나 pH가 높을수록 반응 속도가 느리며, pH 10.5 이상에서는 거의 분해되지 않다가 pH 8 부근에서 단시간에 반응이 완결된다.

② **CN계 폐수 처리공법 :** CN폐수에 산화제 NaOCl(하이포 소다), Cl_2(염소) 가스, HOCl(하이포), $Ca(OCl)_2$, $CaOCl_2$(표백분), O_3(오존), $KMnO_4$(과망간산칼륨), $K_2Cr_2O_7$(중크롬산 칼륨) 등을 주입해 pH를 조정해 반응시켜 무해한 물질 CO_2, N_2로 처리한다.

(가) 알칼리성 염소 주입법 : 시안 폐수를 NaOH(가성소다) 등으로 pH 10~10.5의 알칼리성으로 유지하고 산화제인 Cl_2와 NaOH 또는 NaOCl을 주입하여 CNO로 산화시킨 다음 H_2SO_4와 NaOCl을 주입해 CO_2와 N_2로 분해하여 처리하며, 항상 잔류염소가 15mg/L이 되도록 한다. 이때 반응조는 일반적으로 1차 반응은 15~30분, pH 10~10.5, ORP 300~350mV이고, 2차 반응은 40~60분, pH 8~8.5, ORP 600~650mV로 운용해야 한다.

특히 1차 반응 시 pH가 10 이하이면 염화시안(CNCl)이 발생되고, 2차 반응 시 pH가 8 이하이면 염소(Cl_2) 가스가 대기 중으로 발산하여 2차 오염을 유발하므로 주의해야 한다.

ⓐ 염소와 반응

$$NaCN + 2NaOH + Cl_2 \xrightarrow{pH\ 10\sim10.5} NaCNO + 2NaCl + H_2O \cdots\cdots\cdots\ 1차\ 반응$$

$$2NaCNO + 4NaOH + 3Cl_2 \xrightarrow{pH\ 8\sim8.5} 2CO_2 + N_2 + 6NaCl + 2H_2O \cdots\ 2차\ 반응$$

$$2NaCN + 8NaOH + 5Cl_2 \rightarrow 2CO_2\uparrow + N_2\uparrow + 10NaCl + 4H_2O \cdots\cdots\cdots\ 종합\ 반응$$

ⓑ 차아염소산 나트륨(하이포 소다)과 반응 : 염소는 유독성이 있는 위험물인 가스상 물질로서 보관하기가 어렵고 유지 관리상 수칙이 많아 일반적으로 현장에서는 NaClO 주입법을 많이 사용한다. 이 때 NaClO 약품조에서 장시간 사용 시 그 성능이 크게 저하되므로 자주 점검해야 한다. (1차 반응 시간 : 5~15분, 2차 반응 시간 : 30~40분)

$$NaCN + NaClO \xrightarrow{pH\ 10.5\sim11} NaCNO + NaCl \cdots\cdots\cdots\ 1차\ 반응$$

$$2NaCNO + 3NaClO + H_2O \xrightarrow{pH\ 8\sim8.5} 2CO_2 + N_2 + 2NaOH + 3NaCl\ \ 2차\ 반응$$

$$\therefore\ 2NaCN + 5NaClO + H_2O \rightarrow 2CO_2 + N_2 + 2NaOH + 5NaCl \cdots\cdots\cdots\ 종합\ 반응$$

(나) 오존(O_3) 산화법 : 오존은 천연물질로서는 불소(F_2) 다음으로 표준 산화환원전위가 높고 일반적으로 폐수 처리에서 산화제로 쓰이고 있는 염소에 비해 산화력 E_0가 270V로서 강하다.

ⓐ 수중에서 오존의 특성

- 20℃의 수중에서 오존의 반감기는 20~30분이다. (단, 폐수일 경우는 이보다 감소된다.)
- 대기중(건조공기)에서 반감기는 1~2시간이다.
- 오존은 염소와 달리 폐수의 수온이나 pH의 조절이 불필요하며 n−Hexane, NH_3 등의 영향을 받지 않는다. 그러나 처리 시 pH에 크게 영향을 미치는데 적정 범위는 11~12 정도이며, 특히 구리(Cu)가 존재할 때는 촉매 역할을 하여 1mg/L정도에서 CN 분해가 현저하게 촉진되었다고 밝혀졌다.

ⓑ 반응식

$CN^- + O_3 \rightarrow CNO^- + O_2$ ······ 1차 반응

$2CNO^- + 3O_3 \rightarrow 2CO_3^{-2} + N_2 + O_2$ ······ 2차 반응

$\therefore\ 2CN^- + 5O_3 \rightarrow 2CO_3^{-2} + N_2 + 3O_2$ ······ 종합 반응

이외에도 전기분해법, 연소법, 증발농축법이 있다.

(2) 환원 처리공법에 의한 Cr계 폐수 처리

① **원리** : 폐수 중에 6가 크롬은 유독하므로 독성이 없는 3가 크롬으로 환원해 수산화 침전법으로 처리하기 위하여 pH를 2~3으로 조정한 다음, 환원조에서 $NaHSO_3$인 환원제를 ORP 250mV까지 주입해 환원시켜 반응조로 이송시킨 후 NaOH로 floc을 형성하여 슬러지로 침전시켜 처리한다.

② 6가 크롬 폐수의 처리공법

㈎ 환원 침전법 : 6가 크롬 폐수인 크롬산염(CrO_4^{2-})이나 중크롬산염($Cr_2O_7^{2-}$)을 환원제인 $NaHSO_3$, $FeSO_4$, Na_2SO_3, $Na_2S_2O_3$, SO_2 등으로 환원시켜 무해한 3가 크롬, 즉 외관상으로는 황색 폐수를 청록색으로 변하게 해서 처리한다.

ⓐ 환원제 $FeSO_4$를 사용할 경우 반응식

$2H_2CrO_4 + 6H_2SO_4 + 6FeSO_4 \xrightarrow{\text{pH } 2\sim3} Cr_2(SO_4)_3 + 3Fe_2(SO_4)_3 + 8H_2O$

······ 1차 반응

$Cr_2(SO_4)_3 + 3Ca(OH)_2 \xrightarrow{\text{pH } 8\sim9} 2Cr(OH)_3\downarrow + 3CaSO_4\downarrow$ ······ 2차 반응

$\therefore\ 2H_2CrO_4 + 6H_2SO_4 + 6FeSO_4 + 3Ca(OH)_2 \rightarrow 2Cr(OH)_3\downarrow + 3CaSO_4\downarrow$

$+ 3Fe_2(SO_4)_3 + 8H_2O$ ······ 종합 반응

ⓑ 환원제 $NaHSO_3$를 사용할 경우 반응식

$2H_2Cr_2O_7+6NaHSO_3+3H_2SO_4 \rightarrow 2Cr_2(SO_4)_3+3Na_2SO_4+8H_2O$ … 1차 반응

$Cr_2(SO_4)_3+6NaOH \rightarrow 2Cr(OH)_3\downarrow+3Na_2SO_4$ ………………………… 2차 반응

$\therefore 2H_2Cr_2O_7+6NaHSO_3+3H_2SO_4+12NaOH \rightarrow 4Cr(OH)_3\downarrow+9Na_2SO_4+8H_2O$
……………………………………………………………………………… 종합 반응

(3) 기타 중금속 등의 처리공법

① Cd계 폐수처리공법

(가) 수산화물 침전법 : 카드뮴은 산성 용액일 때는 양이온으로 용해되어 있으나 중성 및 알칼리성 용액에서는 난용성인 금속수산화물인 $Cd(OH)_2$, 탄산염($CdCO_3$), 황화물(CdS)을 형성한다. 따라서 $Ca(OH)_2$나 Na_2S를 주입해 응집침전 · 부상, 여과한 다음 침전조에서 고액 분리시켜 처리하는 공법으로 가장 많이 이용되고 있다.

$Cd^{+2}+2OH^- \rightleftarrows Cd(OH)_2\downarrow$

$Cd^{+2}+Ca(OH)_2 \rightleftarrows Cd(OH)_2\downarrow+Ca^{+2}$

(나) 황화물 침전법 : 카드뮴 금속 이온에 H_2S, Na_2S를 투여해서 황이온을 결합시키면 용해도가 낮은 황화합물인 CdS가 되어 침전시키는 공법이다.

② Hg계 폐수처리공법

(가) 황화물 침전법 : 무기수은 처리공법으로 널리 이용되며, 폐수에 $FeSO_4$를 가한 후 Na_2S를 넣어 Hg^{+2}와 S^{-2}를 반응시켜 HgS로 침강 분리시켜 처리한다. 이때 pH 10 이상인 상태가 되면, 즉 과잉의 Na_2S가 존재할 경우 H_2S가 티오 착이온 $[HgS_2]^{-2}$을 형성해 재용해하는데 이를 방지하기 위해서 $FeSO_4$를 첨가하여 FeS로 공침시켜야 한다.

$Hg^{+2}+S^{-2} \rightarrow HgS\downarrow$

$HgS+Na_2S \rightleftarrows Na_2[HgS_2]$

필요에 따라서 침전조에서 분리된 상징수는 활성탄(activated carbon), 킬레이트 수지(chelate resin) 등에 통과시켜 미량의 수은까지 제거할 수 있다.

(나) 이온교환법 : 저농도 수은 폐수에 사용되는 공법으로 Hg이 Hg^{+2}, Hg^+로 존재할 경우는 양이온 교환수지가, 할로겐 착이온 $[HgCl_4]^{-2}$이 존재 시는 음이온 교환수지가 적합하다. 실제로 식염 전해 공장에서는 Na형 sulfonate cation 교환수지를 이용하여 Hg을 제거하기도 한다.

관련 기출 문제

01. 수중의 NH_4^+와 NH_3가 평형상태에 있을 때 25℃, pH=11에서의 NH_3로 존재하는 분율(%)이 얼마인지 계산하여라. (단, 해리상수 $K_b=1.8\times10^{-5}$이고, $NH_3+H_2O \rightleftarrows NH_4^+ + OH^{-1}$이다.) [94, 01, 06. 기사]

해설 $NH_3(\%)=\dfrac{[NH_3]}{[NH_3]+[NH_4^+]}\times100$

또, $NH_3+H_2O \rightleftarrows NH_4^+ + OH^-$에서

$K_b=\dfrac{[NH_4^+][OH^-]}{[NH_3][H_2O]}$에서 $[H_2O]=1$로 간주

$\therefore \dfrac{[NH_4^+]}{[NH_3]}=\dfrac{K_b}{[OH^-]}=\dfrac{K_b[H^+]}{[OH^-][H^+]}=\dfrac{K_b[H^+]}{K_w}$

$\therefore NH_3(\%)=\dfrac{100}{1+\dfrac{K_b[H^+]}{K_w}}=\dfrac{100}{1+\dfrac{1.8\times10^{-5}\times10^{-11}}{1\times10^{-14}}}=98.232=98.23\%$

답 NH_3로 존재하는 분율=98.23%

02. 탈기법에 의해 폐수 중의 암모니아성 질소를 제거하기 위하여 폐수의 pH를 조절하고자 한다. 수중 암모니아성 질소 중의 NH_3를 99%로 하기 위한 pH를 산출하시오. (단, $NH_3+H_2O \rightleftarrows NH_4^+ + OH^{-1}$, 평형상수 $K=1.8\times10^{-5}$이다.) [85, 88, 91, 02, 07. 기사]

해설 $NH_3(\%)=\dfrac{100}{1+\dfrac{K_b}{[OH^-]}}$에서

$\dfrac{K_b}{[OH^-]}=\dfrac{100}{NH_3(\%)}-1$

$\therefore [OH^-]=\dfrac{K_b}{\dfrac{100}{NH_3(\%)}-1}=\dfrac{1.8\times10^{-5}}{\dfrac{100}{99}-1}=1.782\times10^{-3}M$

$\therefore pH=14+\log[OH^-]=14+\log(1.782\times10^{-3})=11.251=11.25$

답 pH=11.25

03. R.O(reverse osmosis) process와 electrodialysis의 기본 원리를 각각 설명하시오. [90, 95, 01. 기사]

답 ① R.O(역삼투법) : 물(용매)은 통과시키고 용존 고형물(용질)은 통과시키지 않는 반투막을 사용하여 삼투압보다 더 큰 압력을 역으로 가하여 이온과 물을 분리시키는 방법이다.

② electrodialysis(전기 투석법) : 역삼투법과는 달리 물은 통과시키지 않고 특별한 이온을 선택적으로 통과시킬 수 있는 플라스틱 막을 사용하여 이온과 물을 분리시키는 방법이다.

04. 도금공장에서 1일 $5000m^3$(Cu^{+2}30mg/L, Zn^{+2}15mg/L, Ni^{+2}20mg/L 포함)의 폐수를 배출하고 있다. 이를 양이온 교환수지를 사용하여 처리하고자 한다. 양이온 교환수지의 양(m^3/cycle)을 구하여라. (단, 양이온 교환수지의 1cycle을 10일로 하고 이온 교환능력은 10^5g $CaCO_3/m^3$이며 각 원자량은 Cu=64, Zn=65, Ni=59이다.) [05. 기사]

해설 ⓐ 각 유입량을 $CaCO_3$값으로 환산한다.

㉠ $30mg/L \times 5000m^3/d \times \dfrac{50}{32}$

㉡ $15mg/L \times 5000m^3/d \times \dfrac{50}{32.5}$

㉢ $20mg/L \times 5000m^3/d \times \dfrac{50}{29.5}$

∴ ㉠+㉡+㉢=519251.143g/d

ⓑ 수지의 양(m^3/cycle)$=\dfrac{519251.143g/d \times 10d/cycle}{10^5 g/m^3}=51.925=51.93m^3/cycle$

답 양이온 교환수지의 양=$51.93m^3$/cycle

05. 암모늄 이온이 18mg/L 함유되어 있는 폐수 $4000m^3$이 있다. 암모늄 이온을 이온교환 처리하고자 한다. 양이온 교환수지의 이온교환 능력이 100000g·$CaCO_3/m^3$일 때 필요한 양이온 교환수지의 양(m^3)은 얼마인가? [04. 기사]

해설 ⓐ 수지의 소요량(m^3)$=\dfrac{\text{유입 } NH_4^+\text{의 양} \times \dfrac{50}{18}}{\text{교환능력}}$

ⓑ 유입 NH_4^+의 양(g)$=18mg/L \times 4000m^3=72000g$

∴ 수지 소요량(m^3)$=\dfrac{72000g \times \dfrac{50}{18}}{100000g/m^3}=2m^3$

답 수지 소요량=$2m^3$

06. 암모니아 탈기법에서 pH를 높이는 이유와 낮은 수온에서 탈기가 잘 안 되는 이유를 쓰시오. [06. 기사]

답 ① pH를 높이는 이유 : OH^-를 증가시켜 암모늄이온을 유리암모니아로 전환시키기 위해
② 낮은 수온에서 탈기가 잘 안 되는 이유 : 기체의 용해도가 증가하여 유리암모니아보다 암모늄 이온으로 존재하기 때문에

07. Cu^{+2}25mg/L, Ni^{+2}35mg/L, Fe^{+2}25mg/L를 함유한 $290m^3$/d의 폐수를 이온교환법으로 처리한다. 처리 후 50g/L의 황산용액으로 이온교환수지를 재생한다. 7일동안 폐수를 처리한 후 위의 황산 용액으로 재생하고자 할 때 필요한 황산 용액의 양(L)은? (단, 원자량은 Cu : 63.5, Ni : 58.7, Fe : 55.8이다.) [06. 기사]

해설 처리량을 구한다.

$$처리량(g당량)=\left(\frac{25}{63.5/2}+\frac{35}{58.7/2}+\frac{25}{55.8/2}\right)me/L\times 290m^3/d\times 7d=5838.205g당량$$

$$\therefore 황산\ 용액의\ 양=\frac{5838.205g당량}{50g/L\times\frac{당량}{49}}=5721.44L$$

답 필요한 황산 용액의 양=5721.44L

08. NH_4^+ 농도 18mg/L인 하수의 NH_4^+를 양이온 교환수지를 이용하여 제거하고자 한다. 양이온 교환수지의 이온 교환용량은 100000g $CaCO^3/m^3$이다. 물음에 답하시오. [09. 기사]
(가) 이온교환수지의 교환용량을 g equivalent/m^3으로 구하시오.
(나) $4000m^3$의 물을 처리하고자 할 때 소요되는 수지의 용적(m^3)을 구하시오.

해설 (가) $이온교환수지의\ 교환용량=\frac{100000g\ CaCO_3}{m^3}\times\frac{eq}{50}=2000geq/m^3$

(나) $소요되는\ 수지의\ 용적=\frac{(18\times 4000)g\times eq/18}{2000geq/m^3}=2m^3$

답 (가) 교환용량=$2000geq/m^3$
(나) 수지의 용적=$2m^3$

09. **질산화 처리 공정은 단일 단계(single stage)와 분리 단계(separated stage)로 나눌 수 있다. ㈎ 각 단계별 차이점을 설명하고, ㈏ 각 단계의 구별을 BOD_5/TKN 비로 나누어 설명하시오.** [08. 기사]

답 ㈎ ⓐ 단일 단계(single-stage) 질산화 공정 : BOD 제거와 질산화가 하나의 반응조에서 일어나는 것을 말한다.

ⓑ 분리 단계(separated-stage) 질산화 공정 : BOD 제거와 질산화가 다른 반응조에서 일어나는 것을 말한다.

㈏ BOD_5/TKN 비가 5 이상일 경우는 탄소 산화 및 질산화의 혼합 공정(단일 단계 질산화 공정)으로 운영하고 그 비가 3 이하이면 분리 단계 질산화 공정으로 운영하여야 한다.

참고 질산화 공정의 비교

공정의 형태		장 점	단 점
단일 단계 질산화	부유성장식	• BOD와 암모니아성 질소 동시 제거 가능 • BOD/TKN 비가 높아서 안정적인 MLSS 운영 가능	• 독성물질에 대한 질산화 저해 방지 불가능 • 온도가 낮을 경우에는 반응조 용적이 매우 크게 소요 • 운전의 안정성은 미생물 반송을 위한 이차침전지의 운전에 좌우됨
	부착성장식	• BOD와 암모니아성 질소 동시 제거 가능 • 미생물이 여재에 부착되어 있으므로 안정성은 이차침전지와 무관	• 독성물질에 대한 질산화 저해 방지 불가능 • 유출수의 암모니아 농도가 약 1~3mg/L정도임
분리 단계 질산화	부유성장식	• 독성물질에 대한 질산화 저해 방지 가능 • 안정적 운전 가능	• 운전의 안정성은 미생물 반송을 위한 이차침전지의 운전에 좌우됨 • 단일 단계 질산화에 비하여 많은 단위 공정이 필요
	부착성장식	• 독성물질에 대한 질산화 저해 방지 가능 • 안정적 운전 가능 • 미생물이 여재에 부착되어 있으므로 안정성은 이차침전지와 무관	• 단일 단계 질산화에 비하여 많은 단위 공정이 필요

10. **활성슬러지 포기조 유출수에 15mg/L의 아질산성 질소와 50mg/L의 암모니아성 질소가 함유되어 있다. 3차 처리로서 생물학적 질산-탈질화공정을 도입할 때 완전한 질산화에 소요되는 이론적인 산소요구량(mg O_2/L)을 산출하시오.** [04, 08. 기사]

해설 ⓐ $NO_2^- + \frac{1}{2}O_2 \rightarrow NO_3^-$

$$N : \frac{1}{2}O_2$$

$$14g : 16g$$

$$15\ mg/L : x_1[mg/L]$$

$$\therefore x_1 = \frac{15 \times 16}{14} = 17.143mg/L$$

ⓑ $NH_3 + 2O_2 \rightarrow HNO_3 + H_2O$

$$14g : 64g$$

$$50mg/L : x_2[mg/L]$$

$$\therefore x_2 = \frac{50 \times 64}{14} = 228.571mg/L$$

$$\therefore x_1 + x_2 = 17.143 + 228.571 = 245.714 = 245.71mg/L$$

답 이론적 산소요구량=245.71mg/L

11. 어떤 폐수가 40mg/L의 질산성 질소(177mg/L as NO_3^-)를 함유하고 유량은 10000ton/d이다. 유출수 허용기준 총질소 농도는 2mg/L로 정해졌다. 평균 미생물 체류시간이 10일, 그리고 MLSS 농도 1500mg/L를 사용하여 질소를 허용기준에 맞추어 처리를 위하여 필요한 완전혼합 반응조의 부피(m^3)와 질소 제거에 따른 미생물 생산율(kg/d), 메탄올 소비율(kg/d)을 구하시오. (단, 질소 제거에 따른 증식계수 r는 0.8, K_d는 0.04/d, 유입수의 용존산소는 5mg/L, 최종 침전지에서 유출수의 부유물질은 10mg/L이며 메탄올 요구량 : $2.47N_0 + 1.53N_1 + 0.87DO$이다. 폐수의 비중은 1.0 기준, 유입수 내 유기물의 영향은 무시한다.) [09. 기사]

(가) 반응조 부피(m^3)
(나) 미생물 생산율(kg/d cell produced)
(다) 메탄올 소비율(kg/d)

해설 (가) $\frac{1}{10} = \frac{0.8 \times (40-2) \times 10000}{V \times 1500} - 0.04$ $\therefore V = 1447.619 = 1447.62m^3$

(나) $W_1 = \frac{1500 \times 1447.619}{10} \times 10^{-3} - (10 \times 10000 \times 10^{-3}) = 117.143 = 117.14kg/d$

(다) 메탄올 소비율 $= (2.47 \times 40 + 1.53 \times 0 + 0.87 \times 5) \times 10000 \times 10^{-3} = 1031.5kg/d$

답 (가) 반응조 부피=1447.62m^3
(나) 미생물 생산율=117.14kg/d
(다) 메탄올 소비율=1031.5kg/d

12. 다음에 주어진 조건을 이용하여 질산화/탈질 혼합반응조에서 요구되는 질소의 반송비 R은? (단, 반송된 질산성 질소는 완전히 탈질되고, 질소 동화작용은 무시한다.) [06. 기사]

〈조건〉 1. 유입수 암모니아 : 25mg/L as N
2. 유출수 암모니아 : 1.5mg/L as N
3. 유출수 질산염 : 5mg/L as N

해설 $R=\frac{25-1.5}{5}-1=3.7$

답 반송비=3.7

13. 고도처리 방법인 막분리 공정에서 사용하는 분리막 모듈의 형식 4가지를 기술하시오. [07. 기사]

답 ⓐ 관형 ⓑ 판형 ⓒ 나선형 ⓓ 중공사형

14. 탈질산화 시 탈질세균은 용존 유기물을 이용하는데 이러한 유기물질로 이용될 수 있는 것을 3가지 적으시오. [05. 기사]

답 ⓐ CH_3OH ⓑ CH_3COOH ⓒ $C_6H_{12}O_6$

15. 탈기법(stripping)으로 폐수 중의 암모니아성 질소를 제거하기 위하여 폐수의 pH를 조절하고자 한다. 수중 암모니아성 질소 중의 NH_3를 98%로 하기 위한 pH를 산출하시오. (단, $NH_3+H_2O \rightleftarrows NH_4^++OH^{-1}$, 평형상수 $K=1.8\times10^{-5}$이다.) [96. 05. 기사]

해설 $NH_3(\%)=\frac{100}{1+\frac{K_b}{[OH^-]}}$

$\therefore [OH^-]=\frac{1.8\times10^{-5}}{\frac{100}{98}-1}=8.82\times10^{-4}$

$\therefore pH=14+\log(8.82\times10^{-4})=10.945=10.95$

답 pH=10.95

16. 암모니아성 질소가 호기성 조건에서 미생물에 의하여 질산성 질소로 변환되는 과정을 화학반응식으로 표시하고 각 단계에서 반응에 관여하는 미생물을 한 가지씩 쓰시오. [96. 기사]

(가) 화학반응식 (나) 미생물

답 (가) 화학반응식

ⓐ $NH_3+\frac{3}{2}O_2 \rightarrow NO_2^-+H^++H_2O$ ⓑ $NO_2^-+\frac{1}{2}O_2 \rightarrow NO_3^-$

(나) 미생물

ⓐ nitrosomonas ⓑ nitrobacter

17. 다음에 주어진 조건을 이용하여 탈질에 사용되는 anoxic조의 체류시간을 구하시오. [09. 기사]

〈조건〉 1. 유입 NO_3^-−N : 22mg/L 2. 유출 NO_3^-−N : 3mg/L
3. MLVSS 농도 : 4000mg/L 4. 온도 : 10℃
5. DO 농도 : 0.1mg/L 6. U_{DN}(20℃) : 0.1/d
7. $U_{DN}'=U_{DN}\times K^{(T-20)}(1-DO)$ (단, K=1.09)

해설 ⓐ 무산소 반응조(anoxic basin)의 체류시간$=\dfrac{S_0-S}{U_{DN}\cdot X}$

ⓑ 우선 10℃에서의 탈질률$(U_{DN})=0.10/d\times1.09^{(10-20)}\times(1-0.1)=0.038/d$

$$\therefore t=\frac{(22-3)mg/L}{0.038/d\times d/24h\times4000mg/L}=3h$$

답 anoxic조의 체류시간=3h

18. 역삼투장치인 tubular로 3차 처리된 유출수를 하루에 600m^3/d로 탈염시키고자 한다. 20℃에서 물질전달계수는 0.32L/d · m^2 · kPa, 유입수와 유출수의 압력차는 2300kPa, 유입수와 유출수의 삼투압차는 350kPa, 최저 운전온도 10℃, A_{10}=1.65A_{20}이다. 다음 물음에 답하시오. [06. 기사]

(가) 20℃일 경우의 소요막 면적은 몇 m^{2}인가?

(나) 10℃일 경우의 소요막 면적은 몇 m^{2}인가?

해설 (가) $A_{20}=\dfrac{(1m^2\cdot d\cdot kPa/0.32L)\times600000L/d}{(2300-350)kPa}=961.538=961.54m^2$

(나) $A_{10}=1.65\times961.54=1586.538=1586.54\text{m}^2$

답 (가) $A_{20}=961.54\text{m}^2$

(나) $A_{10}=1586.54\text{m}^2$

19. Co^{+2}농도 30mg/L인 폐수를 이온교환 용량 50000g · $CaCO_3$/m³인 양이온 교환수지를 이용하여 처리하고자 한다. 이 폐수 1000m³ 처리 시에 소요되는 이온교환수지의 양(m³)을 산출하시오. (단, Co의 원자량은 59, $CaCO_3$의 분자량은 100이다.) [04. 기사]

해설 $$\text{이온교환수지의 양(m}^3) = \frac{30\text{mg/L}\times1000\text{m}^3\times\dfrac{50}{29.5}}{50000\text{g/m}^3}=1.017=1.02\text{m}^3$$

답 이온교환수지의 양$=1.02\text{m}^3$

20. 평균 설계유량이 3785m³/d이고 평균 인(P) 농도가 8mg/L인 2차 유출수로부터 인을 제거하기 위해 1일당 요구되는 액상 alum의 양(m³)을 계산하여라. (단, Al : P의 몰(mol)비는 2 : 1로 사용, 액상 alum의 비중량은 1331kg/m³이고 액상 alum 중에 Al이 4.37wt% 함유하고 있는 것으로 가정, P 원자량 31, Al의 원자량 27이다.) [07. 기사]

해설 ⓐ $2\text{Al}:\text{P}=2\times27\text{g}:31\text{g}=x[\text{kg/d}]:(8\text{mg/L}\times3785\text{m}^3/\text{d}\times10^{-3})\text{kg/d}$

$\therefore x=52.746\ \text{kg/d}$

ⓑ $$\text{alum의 양(m}^3/\text{d})=\frac{52.746\text{kg/d}}{0.0437\times1331\text{kg/m}^3}=0.907=0.91\text{m}^3/\text{d}$$

답 액상 alum의 양$=0.91\text{m}^3/\text{d}$

21. 다음 반응과 같이 호기성 조건 하에서 폐수의 암모니아를 질산염으로 산화시키려 한다. (단, 폐수의 암모니아성 질소 농도가 22mg/L이고 폐수량은 1000m³이다.) [07. 09. 기사]

$$0.13NH_4^+ + 0.225O_2 + 0.02CO_2 + 0.005HCO_3^- \rightarrow 0.005C_5H_7O_2N + 0.125NO_3^- + 0.25H^+ + 0.12H_2O$$

(가) 완전 산화 시 총산소 소모량(kg)은?

(나) 생성된 세포의 건조 중량(kg)은?

(다) 처리수의 질산성 질소(NO_3-N)의 농도(mg/L)는?

해설 (가) $0.13N : 0.225O_2 = 0.13 \times 14g : 0.225 \times 32g = (22mg/L \times 1000m^3 \times 10^{-3})kg : x[kg]$

$\therefore x = 87.033 = 87.03kg$

(나) $0.13N : 0.005C_5H_7O_2N = 0.13 \times 14g : 0.005 \times 113g$

$= (22mg/L \times 1000m^3 \times 10^{-3})kg : x[kg]$

$\therefore x = 6.829 = 6.83kg$

(다) $0.13N : 0.125N = 0.13 \times 14g : 0.125 \times 14g = 22mg/L : x[mg/L]$

$\therefore x = 21.154 = 21.15mg/L$

답 (가) 총산소 소모량=87.03kg

(나) 세포의 건조 중량=6.83kg

(다) 질산성 질소의 농도=21.15mg/L

22. 유입 하수에 함유된 COD, NH_3–N 성분이 다음의 생물학적 질산화–탈질 조합 공정의 포기조 및 탈질조에서의 화학적 조성 변화와 각조의 역할에 대하여 기술하시오. [09. 기사]

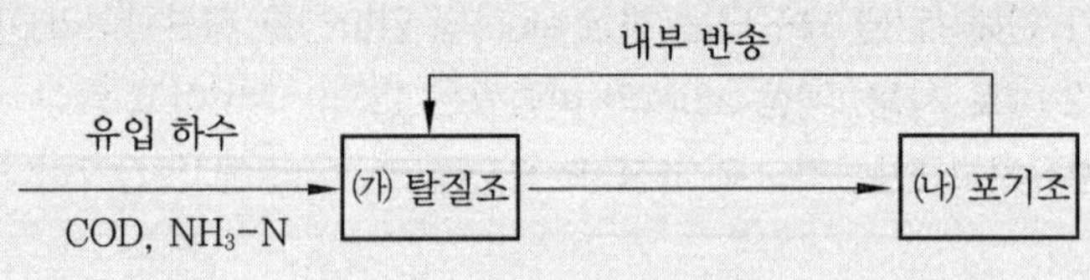

(가) 탈질조

㉠ 화학적 조성 변화　　　　㉡ 역할

(나) 포기조

㉠ 화학적 조성 변화　　　　㉡ 역할

답 (가) 탈질조

㉠ 화학적 조성 변화 : 질산은 질산 환원 박테리아에 의해 N_2의 형태로 대기로 방출 제거되며 NO_3^-–N, NO_2^-–N의 환원에 따른 알칼리도가 발생한다.

㉡ 역할 : 탈질화, 유기물의 섭취

(나) 포기조

㉠ 화학적 조성 변화 : 폐수 중의 암모늄 이온이 호기성 조건에서 질산화 세균들에 의해 질산성 질소로 산화되며 NH_4^+–N 산화에 따라 알칼리도가 소비된다.

㉡ 역할 : 질산화, 유기물의 산화

23. A/O 공법과 phostrip 공법의 정의와 공정별 역할을 기술하시오. [06. 기사]

답 ① A/O 공법

ⓐ 정의 : 혐기성 및 호기성 반응조의 순서로 조합된 단일슬러지 부유성장 처리공법이다.

ⓑ 공정별 역할 : 혐기조에서 인이 다량 용출되고 호기조에서 인이 과다 섭취(luxury uptake) 된다.

② phostrip 공법

ⓐ 정의 : 측류 공정의 대표적인 공법으로 주로 인의 제거만을 목적으로 개발되었다.

ⓑ 공정별 역할 : 혐기조에서 인을 방출하여 화학적 처리조에서 인을 침전 제거시킨다.

24. 다음 그림은 생물학적으로 영양물질을 제거하는 처리공법 중 하나이다. 공법명을 쓰고 각 공정의 역할에 대하여 설명하시오. [99, 01, 08. 기사]

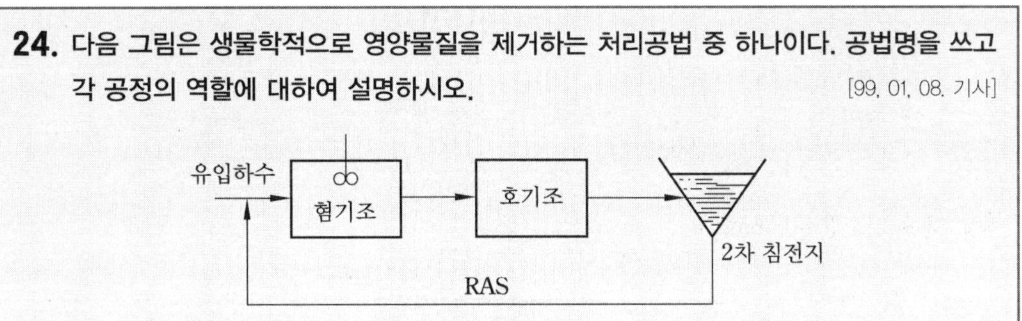

답 ① 공법명 : A/O 공법

② 공정의 역할

ⓐ 혐기조 : P의 방출과 유기물 섭취

ⓑ 호기조 : 유기물의 산화, 인의 섭취

25. 5단계 bardenpho 과정의 인·질소 제거 공법의 공정별 역할에 대해 서술하시오. [01, 06. 기사]

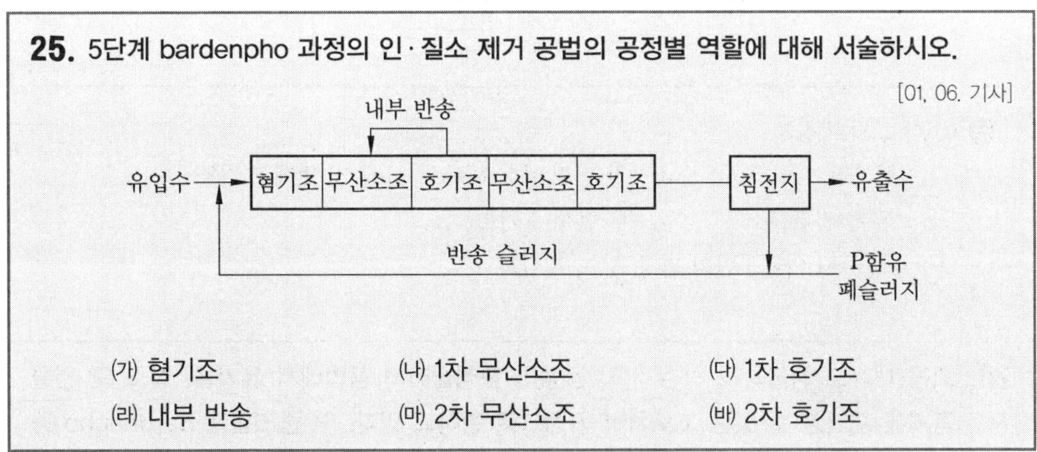

㈎ 혐기조 ㈏ 1차 무산소조 ㈐ 1차 호기조
㈑ 내부 반송 ㈒ 2차 무산소조 ㈓ 2차 호기조

답 ㈎ 혐기조 : 인을 방출

㈏ 1차 무산소조 : 첫 번째 호기조에서 질산화된 혼합액을 탈질산화

㈐ 1차 호기조 : 유기물의 제거, 질산화, 인의 섭취

㈑ 내부 반송 : 미생물이 혐기, 호기의 교대로 스트레스를 받고, 이것은 인의 과잉 섭취를 유

도함

(마) 2차 무산소조 : 앞 단의 호기조에서 유입되는 질산성 질소를 탈질산화

(바) 2차 호기조 : 혐기성 조건에서 인이 용출하는 것을 방지

26. **수중의 암모니아성 질소의 함량이 0.1mg/L이다. 이 질소 성분을 파괴점 염소 처리하려고 할 때 소요되는 염소의 주입량(mg/L)을 구하시오.** [03, 08. 기사]

답 $2N : 3Cl_2$

$2\times14g : 3\times71g$

$0.1mg/L : x[mg/L]$

$$\therefore x=\frac{0.1\times3\times71}{2\times14}=0.76mg/L$$

해설 필요 염소량=0.76mg/L

27. **다음 그림은 수정 바덴포 공정에 의해 질소, 인 제거공정을 나타낸다. a, b, c, d, e 각 조의 명칭과 c조의 주된 역할(유기물 제거는 제외함) 2가지를 쓰시오.** [07. 기사]

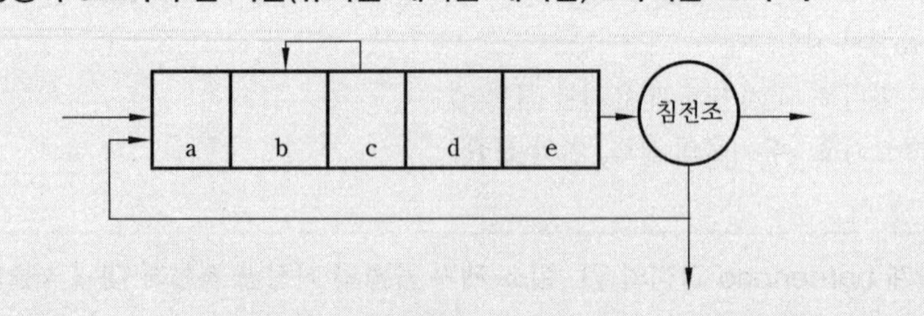

답 ① 각 조의 명칭

a : 혐기조 b : 첫 번째 무산소조 c : 첫 번째 호기조

d : 두 번째 무산소조 e : 두 번째 호기조

② c조의 주된 역할 : 인의 과잉 흡수, 질산화

28. **최근 대규모 생물학적 하수 처리 공정이 활성슬러지 공법에서 유기물, 질소 및 인을 동시에 제거할 수 있는 고도처리 공정으로 변하고 있다. 이 중 5단계 Bardenpho 공정에 대해 공정도를 그리고 호기조 반응조의 주된 역할 2가지에 대해 간단히 기술하시오.** [08. 기사]

(가) 공정도(반응조 명칭, 내부 반송, 슬러지 반송 표시)

(나) '호기조'의 주된 역할 2가지(단, 유기물 제거는 정답에서 제외함)

답 (가)

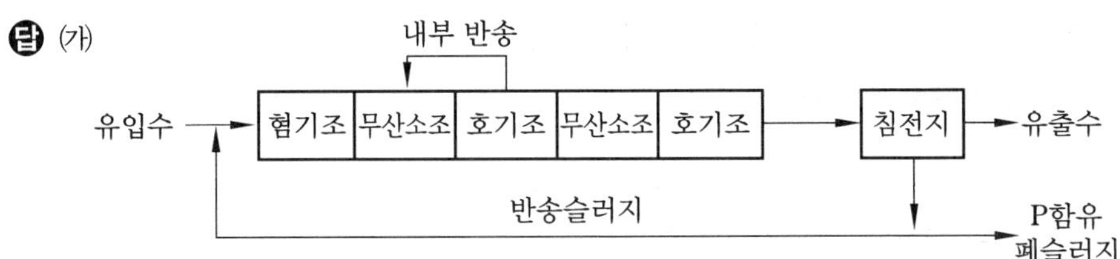

(나) 인의 과잉 흡수와 질산화

29. **수정(5단계) Bardenpho process에 대한 것을 나열한 것이다. 각 조의 명칭과 역할을 기술하여라. (단, 내부반송은 생략)** [07. 기사]

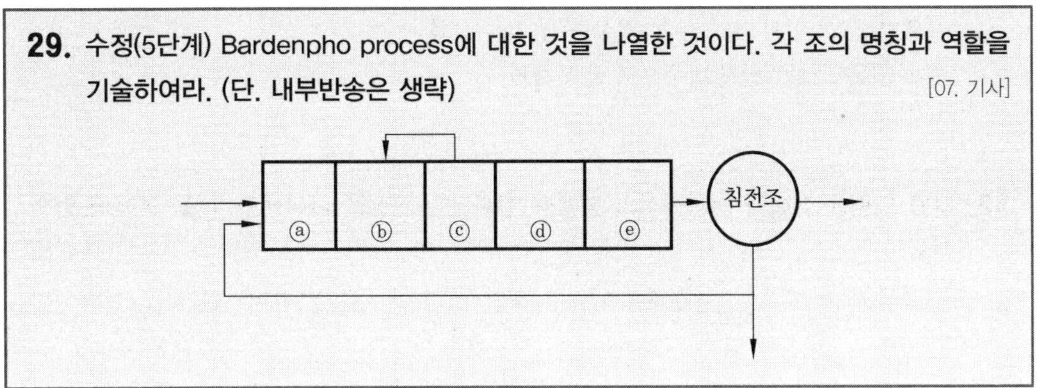

답 ⓐ 혐기성조 : 인의 방출

ⓑ 첫 번째 무산소조 : 첫 번째 호기성조에서 질산화된 혼합액을 탈질화

ⓒ 첫 번째 호기성조 : 질산화, 인의 섭취

ⓓ 두 번째 무산소조 : 앞단의 호기성조에서 유입되는 질산성 질소를 탈질화

ⓔ 두 번째 호기성조 : 침전지에서의 인의 방출 방지

30. **다음은 생물학적 인 제거 공정인 phostrip 공정 계통도이다. 각각의 역할을 쓰시오.** [07. 기사]

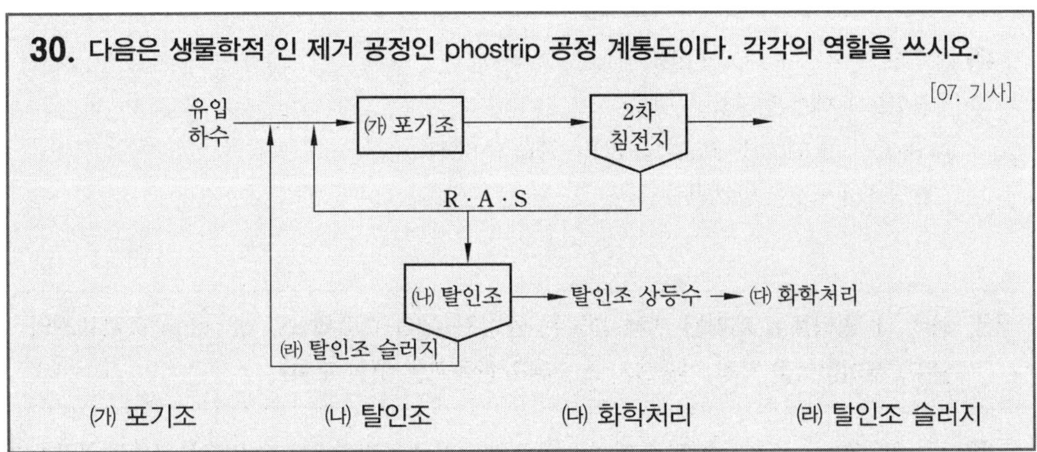

(가) 포기조 (나) 탈인조 (다) 화학처리 (라) 탈인조 슬러지

답 (가) 호기성 상태에서 인의 과잉 섭취

(나) 혐기성 상태에서 인의 방출

(다) 인을 과량 함유하는 상등수를 석회, 기타 응집제로 처리

(라) 포기조에서 인의 과잉 흡수를 유도

31. 아래 반응조의 역할을 간략히 쓰시오. [00. 05. 기사]

(가) 혐기성조 (나) 호기성조 (다) 무산소조

답 (가) 혐기성조 : 인의 방출, 유기물 섭취

(나) 호기성조 : 인의 과잉 흡수, 질산화, 유기물 산화

(다) 무산소조 : 탈질산화 반응으로 질소 제거

32. 다음 그림은 질화액 순환방식의 생물적 질화탈질 공정을 나타낸다. 다음 물음에 답하시오. [99. 기사]

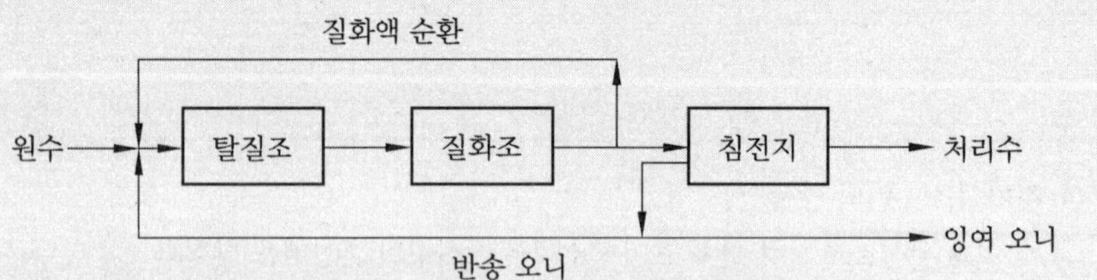

(가) 질화조에서 NH_4^+의 산화반응식을 세우고 반응에 의한 질화조에의 pH는 얼마인가? (단, 산성, 중성, 알칼리성으로 표시)

(나) 탈질조에서 탈질반응에 의한 수소공여체로 메틸알코올(CH_3OH)을 사용할 때 반응식을 세우고 이 반응에 pH는 얼마인가? (단, 산성, 중성, 알칼리성으로 표시)

답 (가) $NH_4^+ + 2O_2 \rightarrow NO_3^- + 2H^+ + H_2O$

질화조의 액성은 산성

(나) $6NO_3^- + 5CH_3OH \rightarrow 5CO_2 + 3N_2 + 7H_2O + 6OH^-$

탈질조의 액성은 알칼리성

33. 하수 내 영양물질 제거를 위해 개발된 공법인 A/O 프로세스와 phostrip 프로세스의 인(P) 처리방법을 각각 기술하시오. (주요 반응조별 역할 포함) [04. 기사]

답 ① A/O process : 혐기성 및 호기성 반응조의 순서로 조합된 단일슬러지 부유성장 처리공법으로 혐기성조에서 폐수와 반송된 슬러지 내의 인이 용해성 인으로 방출되고 호기성조에서 인이 흡수된다.

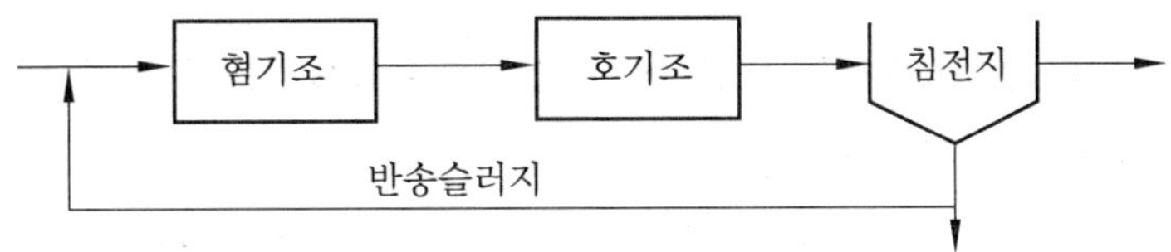

② phostrip process : 주류(main stream) 공정에서는 유기물을 제거하고 측류(side stream) 공정에서 인을 제거하는 공정으로 혐기성조(인용출조)에서 방출된 인을 석회 주입으로 화학 침전시켜 제거한다.

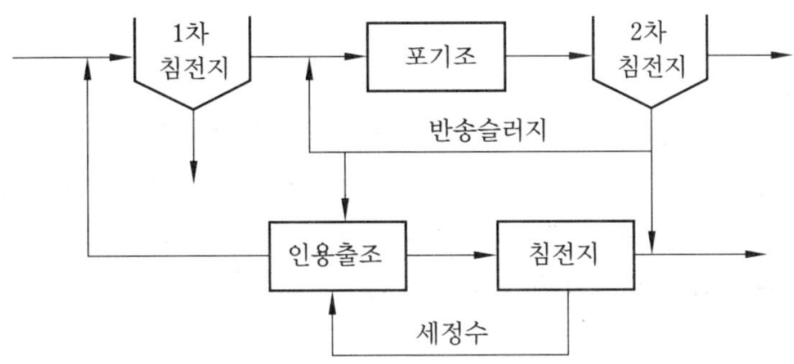

34. 수중의 암모니아성 질소(NH_3–N) 제거의 물리·화학적 방법인 공기탈기법(air stripping), 파괴점 염소처리법(breakpoint chlorination)의 제거 원리(화학식 포함)를 각각 설명하시오. [01. 08. 기사]

(가) 공기탈기법 (나) 파괴점 염소처리법

답 (가) 공기탈기법 : 폐수의 pH가 9 이상으로 증가함에 따라 NH_4^+ 이온이 NH_3로 변하며 이때 휘저어주면 NH_3는 공기 중으로 날아간다.

$NH_3 + H_2O \rightleftarrows NH_4^+ + OH^-$

(나) 파괴점 염소처리법 : 염소가스나 차아염소산염을 사용하는 염소처리는 암모니아를 산화시켜 중간 생성물인 클로라민을 형성하고 최종적으로 질소가스와 염산을 생성시키는 것이다.

$2NH_3 + 3Cl_2 \rightarrow 6HCl + N_2$

35. 폐수의 수질을 분석한 결과 TKN : 70mg/L, 암모니아성 질소 : 20mg/L, 아질산성 질소 2mg/L, 질산성 질소 1mg/L이었다. 유량이 12000m³/d일 때 총 질소의 부하량(kg/d)은? [06. 09. 기사]

해설 총 질소=TKN+아질산성 질소+질산성 질소=70+2+1=73mg/L

∴ 총 질소의 부하량=73mg/L×12000m³/d×10⁻³=876kg/d

답 총 질소의 부하량=876kg/d

36. 막 공법은 용질의 물질전달을 유발시키는 추진력을 필요로 한다. 다음의 주요 막공법의 추진력을 정확히 기록하시오. [07, 09. 기사]

(가) 투석 (나) 전기투석 (다) 역삼투

답 (가) 투석 : 농도 차이

(나) 전기투석 : 전위 차이

(다) 역삼투 : 정수압 차이

37. 경도가 300mgCaCO$_3$/L인 1일 6000m^{3}의 물 중 일부를 이온교환수지를 사용하여 경도 100mgCaCO$_3$/L인 물을 얻고자 한다. 허용 파괴점의 도달시간을 15일로 할 때 습윤상태를 기준한 수지량은 몇 kg이 필요한가? (단, 수지의 함수율은 40%이고 건조무게를 기준할 때 수지 100g당 제거되는 경도는 250meq이다.) [03. 기사]

해설 폐수의 처리량을 구하면

폐수 처리량(g당량) = (300 − 100)mg/L × 6000m^3/d × 15d × 당량/50 = 360000g당량

수지 건조 무게(kg) = 0.1kg수지/0.25g당량 × 360000g당량 = 144000kg

∴ 습윤상태 수지량(kg) = 144000/0.6 = 240000kg

답 습윤상태 수지량(kg) = 240000kg

38. 다음은 생물학적 인·질소 제거 A^2/O (anaerobic/anoxic/oxic) 공법의 개념도이다. 혐기조, 무산소조, 내부 반송의 역할을 각각 쓰고 인 제거 방법에 대하여 간략히 설명하시오. [05. 기사]

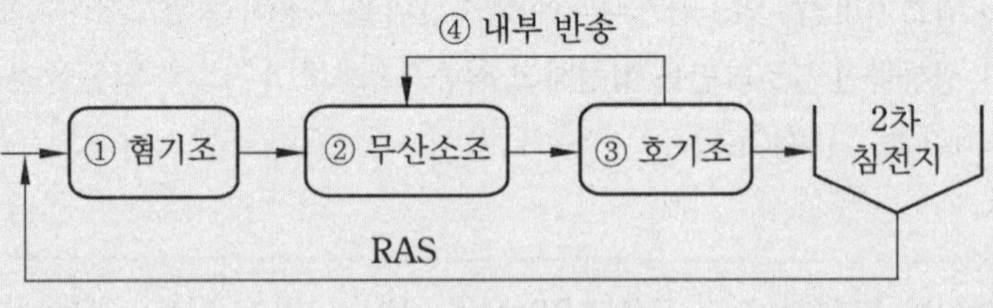

답 ① 혐기조 : 인의 방출, 유기물의 섭취

② 무산소조 : 탈질산화

③ 호기조 : 인의 흡수, 질산화, 유기물의 산화

④ 내부 반송 : 질산화된 NO_3^-을 탈질산화시키고 호기조에서의 인의 과잉 섭취를 유도한다.

⑤ 인의 제거 방법 : 혐기조에서 다량으로 용출된 인을 호기조에서 미생물들의 인 과다섭취(luxury uptake)로 제거된다.

39. side stream의 대표적인 공정과 원리, 장·단점을 쓰시오. [06. 기사]

답 ① 공정 : phostrip 공정

② 원리 : 탈인조에서 혐기성 상태에서 인을 용출시킨 후 포기조에서 인을 과잉 흡수시킨다. 탈인조 상등액은 화학 응집침전법으로 인을 슬러지로 침전 제거시킨다.

③ 장점 :
- 기존 활성슬러지 처리장에 쉽게 적용 가능하다.
- 공정 운전성이 좋다.
- main stream 화학침전에 비하여 약품 사용량이 훨씬 적다.
- 유출수 내의 인 농도를 안정적으로 낮출 수 있다.

④ 단점 :
- 인 침전을 위하여 석회주입이 필요하다.
- 최종침전지에서 인 용출을 방지하기 위하여 DO 농도를 높게 유지해야 한다.
- 응집 침전을 위한 별도의 반응조가 필요하다.
- 석회 scale에 의한 유지관리에 문제가 있다.

40. 유량 8000m³/d를 처리하는 데 월류율 35m³/m²·d, 깊이 3.0m의 연속흐름 침전조 대신 회분식 시스템(sequencing batch system)을 적용하여 침전 효율을 20% 상승시켰다. 2기의 회분 침전조(크기가 같음)를 사용할 때 회분 침전조의 총 부피(m³)를 구하시오. (단, 회분 침전조의 1기의 깊이는 3.0m, 침전조 1기를 비우는 데 걸리는 시간 : 20분) [08. 기사]

〈특징 및 가정 조건〉

1. 연속회분식 시스템은 회분 침전조에 유입수를 유입하고 정지 조건에서 침강시킨 다음 유출수를 배출시키고 다시 유입수를 주입하는 방법으로 연속흐름 침전조에 비해 침강 효율이 높다.
2. 2기의 회분 침전조를 사용하는 경우, 한 침전조에 원수를 주입하는 동안에 다른 침전조에서는 침강을 진행시킨 다음 배출시킨다. 이처럼 주입과 침강 및 배출조작을 교대로 하게 된다.
3. 침전된 슬러지의 교란을 막기 위하여 회분 침전조 상부의 2.5m 깊이에 해당하는 부피만 유입수로 대체하며 주입기간 중에는 난류가 형성되어 침전고형물의 일부가 재현탁되므로 고형물은 침강하지 않는다고 가정한다.

해설 우선 비우는 데 걸리는 시간으로부터 주입시간을 구하면

20분 × 3m/2.5m = 24분

∴ 총 부피 = 총 유량 × 주입시간

$=8000m^3/d \times 24min \times d/1440min = 133.333 = 133.33m^3$

답 총 부피$=133.33m^3$

41. **탈질소(denitrification) 과정에서는 NO_3^-가 수소 수용체(hydrogen acceptor)로 이용되므로 혐기성 반응이 되며, methanol을 탄소원으로 공급할 경우 energy 반응은 두 단계로 일어난다. 각 반응 단계와 전체 반응식을 기술하시오.** [03. 기사]

답 ① 1단계 반응 : $6NO_3^- + 2CH_3OH \rightarrow 6NO_2^- + 2CO_2 + 4H_2O$

② 2단계 반응 : $6NO_2^- + 3CH_3OH \rightarrow 3N_2 + 3CO_2 + 3H_2O + 6OH^-$

③ 3단계 반응 : $6NO_3^- + 5CH_3OH \rightarrow 3N_2 + 5CO_2 + 7H_2O + 6OH^-$

42. **폐수 중의 질소 제거 공법 중 생물학적 탈질법을 이용하여 질소를 제거할 때 질산성 질소($NO_3^- - N$) 1g을 탈질하는데 수소 공여체로서 필요한 메탄올(CH_3OH)의 이론량을 계산하시오.** [07. 기사]

해설 $6N : 5CH_3OH = 6 \times 14g : 5 \times 32g = 1g : x[g]$

∴ 필요한 메탄올(CH_3OH)의 이론량$=1.904=1.90g$

답 CH_3OH의 이론량$=1.90g$

43. **다음은 생물학적 인 제거 공정인 phostrip 공정 계통도이다. 각각의 역할을 쓰시오.** [09. 기사]

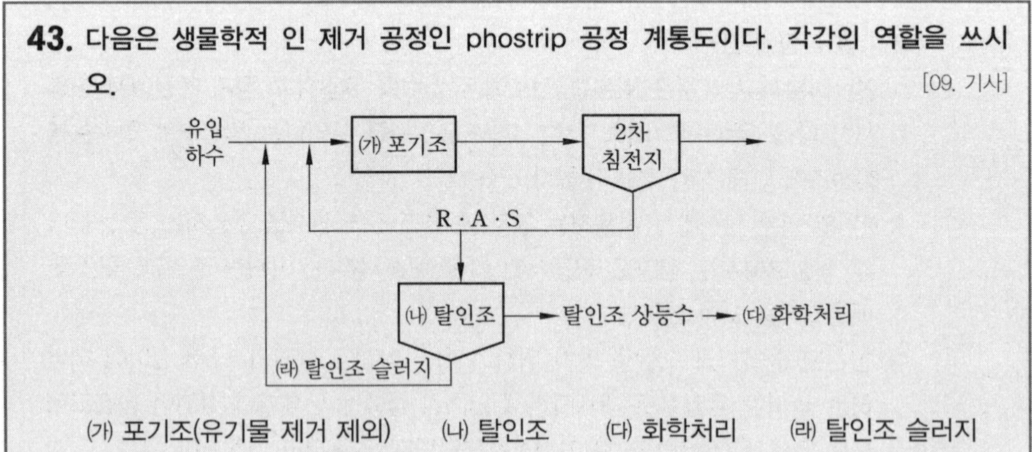

(가) 포기조(유기물 제거 제외)　(나) 탈인조　(다) 화학처리　(라) 탈인조 슬러지

답 (가) 포기조(유기물 제거 제외) : 호기성 상태에서 인의 과잉 섭취

(나) 탈인조 : 혐기성 상태에서 인의 방출

(다) 화학처리 : 인을 과량 함유하는 상등수를 석회, 기타 응집제로 처리

(라) 탈인조 슬러지 : 포기조에서 인의 과잉 흡수를 유도

44. NO_3^-를 탈질시키는 총괄반응식이 다음과 같다. NO_3^- 농도가 30mg/L 함유된 폐수 $1000m^3/d$를 탈질시키는 데 요구되는 메탄올의 양(kg/d)을 구하시오. [08. 09. 기사]

$$\frac{1}{6}CH_3OH+\frac{1}{5}NO_3^-+\frac{1}{5}H^+ \rightarrow \frac{1}{10}N_2+\frac{1}{6}CO_2+\frac{13}{30}H_2O$$

해설 $6NO_3^- : 5CH_3OH = 6\times62g : 5\times32g = 30mg/L\times1000m^3\times10^{-3} : x[kg/d]$

∴ 메탄올(CH_3OH)의 양=12.9kg/d

답 메탄올의 양=12.9kg/d

45. 다음 공정은 6가 크롬의 크롬산 폐액을 처리하는 일반적 공정도이다. ⓐ~ⓓ까지의 탱크 명칭을 쓰고 ⓑ와 ⓒ의 탱크에서 반응 pH와 대표적으로 사용되는 약품을 2가지만 쓰시오. [91. 기사]

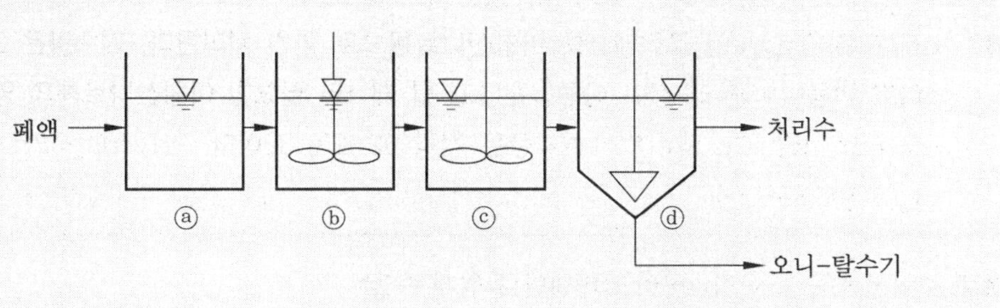

답 ① 탱크 명칭

ⓐ 저류조 ⓑ 환원조 ⓒ 중화조 ⓓ 침전조

② 반응 pH

ⓑ pH 2~3 ⓒ pH 8~9

③ 사용 약품

ⓑ H_2SO_4, 환원제(Na_2SO_3, $FeSO_4$) ⓒ $NaOH$, $Ca(OH)_2$

46. 시료 1.0L에 0.7kg의 $C_8H_{12}O_3N_2$을 포함하고 있다. 만약 $C_8H_{12}O_3N_2$ 1kg당 미생물($C_5H_7O_2N$) 0.5kg이 합성된다면 $C_8H_{12}O_3N_2$이 최종 생성물 및 미생물로 완전 산화되는 데 필요한 산소의 양을 계산하시오. (단, 산화에 의한 최종 생성물은 탄산가스, 암모니아 및 물이다.) [08. 기사]

해설 ⓐ 호흡방정식

$$C_8H_{12}O_3N_2+8O_2 \rightarrow 8CO_2+3H_2O+2NH_3$$

184g : 8×32g

0.344kg/L : x[kg/L]　　$\therefore x=0.4786$kg/L

여기서 합성에 사용된 유기물량을 구하여 호흡으로 산화되는 유기물의 양을 구하면

$5C_8H_{12}O_3N_2 + H_2O \rightarrow 8C_5H_7O_2N + 2NH_3$

5×184g : 8×113g

x[kg/L] : 0.5kg 세포/kg 유기물×0.7kg 유기물/L　　$\therefore x=0.356$kg/L

∴ 0.7kg/L 중 나머지 0.344kg/L은 호흡으로 산화되는 유기물의 양이 된다.

ⓑ 합성방정식 : 합성에 소요되는 산소량은 0이 된다.

$5C_8H_{12}O_3N_2 + H_2O \rightarrow 8C_5H_7O_2N + 2NH_3$

∴ 최종 생성물 및 미생물로 완전 산화되는 데 필요한 산소량=0.4786+0=0.4786
=0.48kg/L

답 완전 산화되는 데 필요한 산소량=0.48kg/L

47. Cr^{+6}가 500mg/L인 공장폐수를 아황산나트륨으로 환원 처리한다. 폐수량은 200m^3/d이고 반응이 다음과 같이 이루어진다고 할 때 1일 필요한 아황산나트륨의 양(kg)을 구하시오. (단, Cr, Na, S의 원자량은 각각 52, 23, 32이다. $2H_2CrO_4 + 3H_2SO_3 \rightarrow Cr_2(SO_4)_3 + 5H_2O$) [85, 86, 90. 기사]

해설 주어진 식을 다시 정리하여 나타내면(환원제 주입)

$2H_2CrO_4 + 3H_2SO_4 + 3Na_2SO_3 \rightarrow Cr_2(SO_4)_3 + 3Na_2SO_4 + 5H_2O$

$\therefore 2Cr^{+6} : 3Na_2SO_3$

2×52g : 3×126g

$(500\times200\times10^{-3})$kg/d : x[kg/d]

$$\therefore x = \frac{500\times200\times10^{-3}\times3\times126}{2\times52} = 363.461 = 363.46\text{kg/d}$$

답 Na_2SO_3의 필요량=363.46kg/d

48. Cd 이온을 함유하는 산성용액 중의 Cd^{+2}를 $Cd(OH)_2$로 제거하기 위하여 알칼리를 가해 pH10으로 만들었을 때 Cd^{+2}가 7ppm이라고 한다. 알칼리를 더 첨가하여 pH가 12로 되었을 때의 Cd^{+2}의 농도(mg/L)는 얼마인지 구하시오. (단, Cd의 원자량은 112.4이다.) [85. 기사]

해설 $Cd(OH)_2 \rightleftarrows Cd^{+2} + 2OH^-$

$\therefore K_{sp}=[Cd^{+2}][OH^-]^2$에서 $[Cd^{+2}]$를 구한다.

$[Cd^{+2}]=7mg/L\times10^{-3}g/mg\times mol/112.4g=6.228\times10^{-5}M$

$[OH^-]=10^{-4}M$

$\therefore K_{sp}=6.228\times10^{-5}\times(10^{-4})^2=6.228\times10^{-13}$

pH 12로 되었을 때의 Cd^{+2}의 농도(M)는 $[Cd^{+2}]=\dfrac{K_{sp}}{[OH^-]^2}$

$$[Cd^{+2}]=\frac{6.228\times10^{-13}}{(10^{-2})^2}=6.228\times10^{-9}M$$

$\therefore$ Cd^{+2} 농도(mg/L)$=6.228\times10^{-9}mol/L\times112.4g/mol\times10^3mg/g=7\times10^{-4}mg/L$

답 Cd^{+2}의 농도$=7\times10^{-4}mg/L$

49. 0.5mg/L의 Cd^{+2}가 함유된 공장 폐수에서 Cd^{+2}를 제거시키고자 한다. $Cd(OH)_2$의 용해도적이 4×10^{-14}일 때 pH를 얼마로 하는 것이 가장 좋은지 계산하시오. 또한 NaOH로 pH를 조정할 경우 하루 $200m^3$에 소요되는 NaOH는 하루에 몇 kg인지 구하시오. (단, Cd와 Na의 원자량은 각각 112와 23이며 유효숫자는 반올림하여 3자리로 계산하시오.) [91. 기사]

해설 ① Cd^{+2}의 배출허용기준은 0.1mg/L 이하이다.

$Cd(OH)_2 \rightleftarrows Cd^{+2}+2OH^-$

$\therefore K_{sp}=[Cd^{+2}][OH^-]^2$

$[OH^-]=\sqrt{\dfrac{K_{sp}}{[Cd^{+2}]}}$ 에서

$[Cd^{+2}]=0.1mg/L\times10^{-3}g/mg\times mol/112g=8.92\times10^{-7}M$

$$[OH^-]=\sqrt{\frac{4\times10^{-14}}{8.92\times10^{-7}}}=2.118\times10^{-4}M$$

$\therefore pH=14+\log(2.118\times10^{-4})=10.326=10.3$(이상)

② 원폐수 중의 $[Cd^{+2}]$를 구한다.

$[Cd^{+2}]=0.5mg/L\times10^{-3}g/mg\times mol/112g=4.464\times10^{-6}M$

이때의 $[OH^-]=\sqrt{\dfrac{4\times10^{-14}}{4.464\times10^{-6}}}=9.466\times10^{-5}M$

①에서 배출허용기준을 만족하기 위한 $[OH^-]=2.118\times10^{-4}M$이므로 이때 소요되는

$[OH^-]=(2.118\times10^{-4})-(9.466\times10^{-5})=1.171\times10^{-4}M$

NaOH가 100% 전리된다고 하면 NaOH의 소요 농도는 $1.171\times10^{-4}M$이다.

$\therefore$ NaOH의 소요량(kg/d)$=1.171\times10^{-4}mol/L\times40g/mol\times200m^3/d$

$=0.9368=0.937kg/d$

답 ① pH=10.3(이상) ② NaOH의 소요량=0.937kg/d

50. Cu^{+2}를 함유한 공장폐수에 알칼리를 가해 수산화물로 제거하고자 한다. 배출허용기준인 3mg/L 이하로 하려면 pH를 얼마로 하여야 하는가? (단, $Cu(OH)_2$의 용해도적은 1.6×10^{-19}이고 기타 착염에 의한 재용해나 공존이온의 영향은 없다. 원자량 : Cu=64.54, O=16, H=1이다.) [06. 기사]

해설 $Cu(OH)_2 \rightleftarrows Cu^{+2}+2OH^-$

$$K_{sp}=[Cu^{+2}][OH^-]^2 \quad \therefore [OH^-]=\sqrt{\frac{K_{sp}}{[Cd^{+2}]}}=\sqrt{\frac{1.6\times10^{-19}}{4.648\times10^{-5}}}=5.8\times10^{-8}M$$

$\therefore$ pH$=14+\log(5.8\times10^{-8})=6.763=6.76$

답 pH=6.76

51. 중금속 수질오염으로 인한 인체 피해 중 다음 물음에 답하시오. [94. 기사]

(가) minamata disease의 원인 물질과 만성적 증상을 쓰시오.

(나) itai-disease의 원인 물질과 만성적 증상을 쓰시오.

답 (가) ① 원인 물질 : 수은(Hg) ② 만성적 증상 : 언어장애, 지각장애, 청력장애, 보행장애 등

(나) ① 원인 물질 : 카드뮴(Cd) ② 만성적 증상 : 위장장애, 신장장애, 간장장애, 골연화증 등

52. 펜톤산화법에 대한 다음 물음에 답하시오. [06. 기사]

(가) 원리 (나) 시약 (다) 적정 pH

답 (가) 원리 : 수중에 존재하는 다양한 형태의 유기물을 산화분해 처리하기 위한 방법으로 난분해성 유기성분이 다량 함유된 폐수에서 유기물질을 CO_2나 H_2O로 완전 산화 분해하거나 난분해성 유기물을 생물분해 가능한 유기물질로 전환시키는데 이용된다.

(나) 시약 : $H_2O_2+FeSO_4$

(다) 적정 pH : 3~5

53. Cd^{+2}를 함유하는 산성수용액에 pH를 증가시키면 $Cd(OH)_2$의 침전이 생기는데 만약 pH가 11일 경우 Cd^{+2}의 농도(mg/L)는 얼마인가? (단, $Cd(OH)_2$의 K_{sp}는 4×10^{-14}이고 Cd의 원자량은 112이며 기타 공존이온의 영향이나 착염에 의한 재용해는 없는 것으로 한다.) [07. 기사]

해설 ⓐ $Cd(OH)_2 \rightleftarrows Cd^{+2}+2OH^-$ $\therefore K_{sp}=[Cd^{+2}][OH^-]^2$

ⓑ $[Cd^{+2}]=\dfrac{4\times10^{-14}}{(10^{-3})^2}=4\times10^{-8}M$

$\therefore$ Cd^{+2}의 농도(mg/L) = 4×10^{-8}mol/L × 112g/mol × 10^3mg/g = 4.48×10^{-3}mg/L

답 Cd^{+2}의 농도 = 4.48×10^{-3}mg/L

54. 호수의 면적이 1000ha이다. 빗속의 PCB 농도가 100ng/L이고 연평균 강수량이 70cm이라면 강우에 의하여 호수로 직접 유입되는 PCB의 양은 연간 몇 톤(t/y)인가? (단, 기타 조건은 고려하지 않음) [08. 기사]

해설 PCB의 양 = $100\text{ng/L}\times0.7\text{m/y}\times1000\text{ha}\times\dfrac{10^4\text{m}^2}{\text{ha}}\times10^{-15}\text{t/ng}\times10^3\text{L/m}^3=7\times10^{-4}\text{t/y}$

답 유입되는 PCB의 양 = 7×10^{-4}t/y

55. Cd^{+2}를 2000mg/L 함유한 폐수의 유량이 100m³/d로 배출되고 있다. Cd^{+2}를 CdS로서 침전 분리시키기 위한 Na_2S의 최소 소요량(kg/d)을 구하시오. (단, 원자량 : Na = 23, Cd = 112.4) [02. 기사]

해설 $Cd^{+2}+Na_2S \rightarrow CdS+2Na^+$

112.4g : 78g

200kg/d : x[kg/d]

$\therefore x=\dfrac{200\times78}{112.4}=138.79\text{kg/d}$

답 Na_2S의 소요량 = 138.79kg/d

56. 다음은 알칼리 염소 산화법의 공정도이다. 물음에 답하시오. [03. 기사]

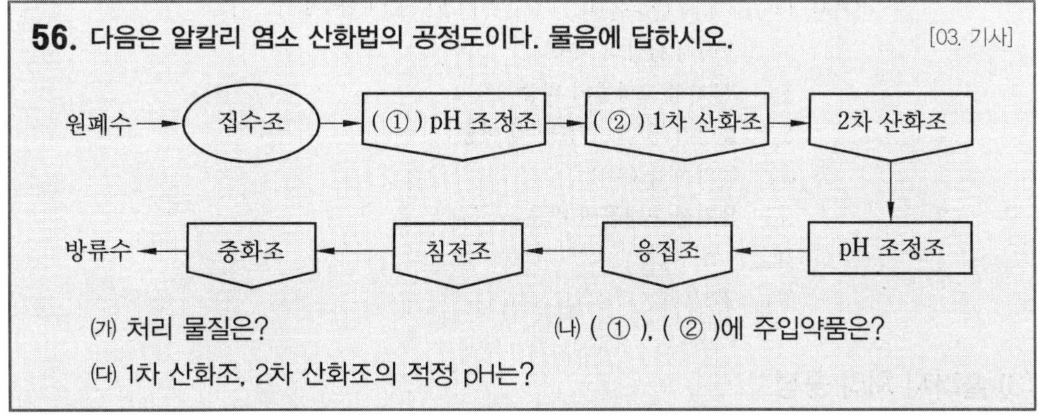

(가) 처리 물질은?
(나) (①), (②)에 주입약품은?
(다) 1차 산화조, 2차 산화조의 적정 pH는?

답 (가) 시안
(나) ① NaOH ② NaOCl
(다) ⓐ 1차 산화조의 pH = 10.5~11 ⓑ 2차 산화조의 pH = 8~8.5

제 4 절 슬러지 처리

1 슬러지 처리 개요

(1) 슬러지 처리의 목적

① **안정화(소화)** : 슬러지에 포함된 부패성 고형물질이 완전 소화되어 지하수 등 환경에 나쁜 영향을 미치지 않게 위생적으로 안정화한다.

② **살균(안전화)** : 슬러지에 잠재하고 있는 병원균이나 회충란 등이 슬러지의 이용 또는 최종 처분 후 발병이나 감염되지 않게 처리한다.

③ **부피의 감소(감량화)** : 슬러지는 함수율이 매우 높으므로 처리해야 할 용적이 크다. 그러므로 슬러지를 안정화시키면 고액 분리가 용이하게 되어 수분을 분리함으로써 처분을 쉽게 할 뿐 아니라 비용이 절감된다.

④ **처분의 확실성** : 슬러지 처리는 처분하기에 편리하고 안전하도록 해야 된다.

(2) 슬러지 비중 구하는 방법

$$\frac{1}{S}=\frac{W_{TS}}{S_{TS}}+\frac{W_w}{S_w}=\frac{W_{VS}}{S_{VS}}+\frac{W_{FS}}{S_{FS}}+\frac{W_w}{S_w}$$

여기서, $1=TS[\%]+$함수율$(W)=VS[\%]+FS[\%]+$함수율

S : 슬러지 습량의 비중

S_{FS} : 무기성 고형물의 비중

S_{TS} : 슬러지 건량 (고형물)의 비중

S_w : 물의 비중 (≒1)

S_{VS} : 유기성 고형물의 비중

W_{VS} : $VS[\%]$

W_{FS} : $FS[\%]$

(3) 슬러지 처리 공정

생슬러지 → 농축 → 소화 → 개량 → 탈수 → 건조 → 최종 처분

2 슬러지 농축

(1) 슬러지 농축(thickening 혹은 concentration)의 목적

농축은 슬러지의 수분 함량을 줄이고 슬러지 농도를 증가시키는 방법으로 그 목적은 다음과 같다.

① 슬러지를 농축, 부피를 감소시킴으로 소화조의 필요 용적을 감소시킬 수 있다.

② 슬러지를 가열할 때 열량이 적게 소모되고 소화조 내에서 미생물과 양분이 잘 접촉할 수 있어 처리 효과가 증가한다.

③ 슬러지량이 적어지므로 작은 관과 작은 펌프가 요구된다.

④ 슬러지 개량에 소요되는 화학약품이 적게 소요된다(슬러지 처리 비용 감소).

(2) 슬러지 농축 방법

① 자연 침전(중력식)

㈎ 슬러지 내의 고형물을 중력 작용으로 침전시키는 것으로서 경제적이다.

㈏ 1차 슬러지는 10% 정도, 활성슬러지는 3.3% 정도까지 농축된다.

㈐ 농축조의 유효 수심은 2~5m 정도이며 체류 시간은 6~12h 정도, 표면부하율은 16~37$m^3/m^2 \cdot d$, 고형물 부하는 60~90$kg/m^2 \cdot d$, 고형물 회수율은 80~90% 정도이다.

㈑ 슬러지 스크레이퍼(scraper)를 설치하지 않을 경우 바닥은 호퍼(hopper)형으로 하고 수평에 대하여 60° 이상의 기울기를 갖도록 한다.

② 부상법 : 화학약품 또는 압축공기를 사용하여 비중이 작은 입자를 부상시키는 방법으로 활성슬러지 농축에 잘 이용한다.

(3) 슬러지의 구성 및 부피

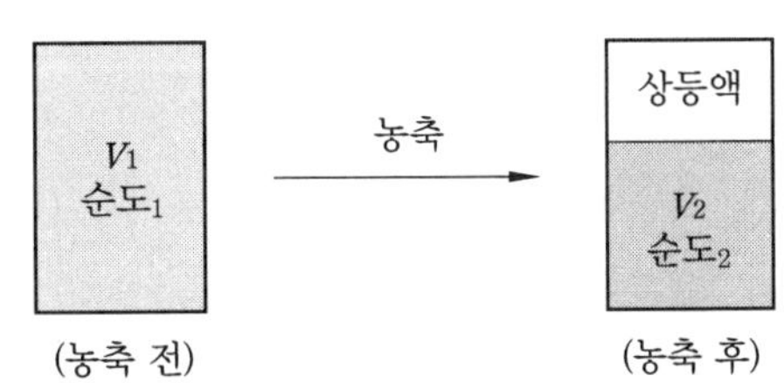

① 구성

슬러지=수분+고형물(*TS*)

고형물(*TS*)=유기물(*VS*)+무기물(*FS*)

② 슬러지 부피(습량) 구하는 법

㈎ 비중이 1인 경우 : 농축(탈수) 전후의 무게(건량)는 같다.

$V_1 \times 순도_1 = V_2 \times 순도_2$ ∴ 건량=습량(V)×순도(TS[%])

$$\therefore V_2 = \frac{V_1 \times 순도_1}{순도_2}$$

여기서, V_1 : 탈수(농축) 전의 슬러지 습량　　TS_1(순도$_1$) : 농축 전의 TS[%]

V_2 : 탈수(농축) 후의 슬러지 습량　　TS_2(순도$_2$) : 농축 후의 TS[%]

(나) 비중이 각각 다른 경우

$$V_2 = \frac{V_1 \times 순도_1 \times 비중_1}{순도_2 \times 비중_2} = \frac{슬러지\ 건량}{순도_2 \times 비중_2}$$

(다) 부피 감소율(%) $= \frac{V_1 - V_2}{V_1} \times 100$

3 슬러지 안정화

(1) 정의

오수의 미생물이 오수 속의 유기화합물을 영양원으로 섭취하고, 성장 증식하면서 물, 탄산가스, 암모니아, 메탄 등의 무기화합물을 방출해 정화 작용을 하는 현상을 말한다. 하수 처리에는 호기성 소화와 혐기성 소화의 2가지 방법이 사용된다.

(2) 혐기성 소화법의 종류

① **재래식(표준) 슬러지 소화 :** 재래식 슬러지 소화는 단단 혹은 2단으로 실시된다.

(가) 단단 소화조 : 단단 소화조는 슬러지의 소화, 농축, 상징액(上澄液)의 형성이 동시에 이루어진다. 생슬러지는 슬러지가 소화되면서 가스가 형성되는 부분에 주입되며 가스가 표면으로 떠오를 때 그리스, 기름, 지방질 등도 유리시켜 수면에 scum 층을 형성한다.

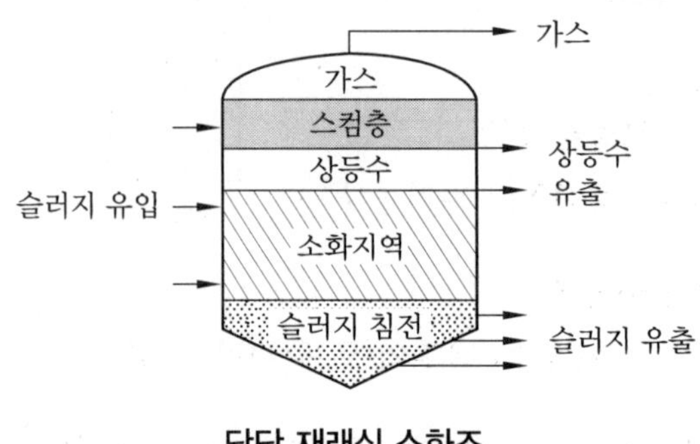

단단 재래식 소화조

소화가 진행되면 유기물 성분은 줄어들어 중력에 의해서 슬러지는 농축된다. 혼합이 잘 되지 않고 층이 형성되므로 실질적으로는 전체 부피의 50% 이하만 사용된다. 이러한 결점 때문에 큰 처리장에서는 2단 소화조를 사용한다.

(나) 2단 소화조 : 1단계에서 가열, 혼합시킨다. 2단계에서 소화 슬러지의 저장, 농축, 그리고 비교적 깨끗한 상징액이 생긴다.

소화탱크는 고정된 지붕이나 부동형(浮動形) 지붕을 가진다. 일반적으로 소화탱크는 지름이 6~35m, 수심 7.5~13.5m, 바닥은 중앙의 슬러지 제거관을 향하여 4 : 1의 경사를 갖도록 한다.

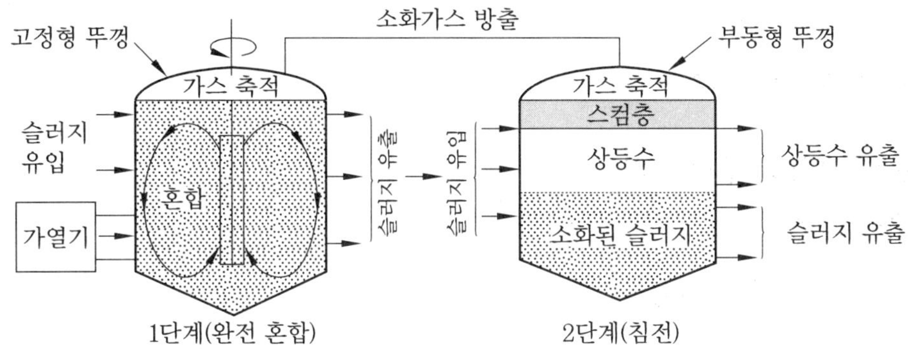

2단 재래식 소화조

② **고율 슬러지 소화 :** 고율 소화는 부하가 높고 혼합이 잘 이루어진다는 것 이외는 표준 2단 소화와 별 차이가 없다.

(3) 혐기성 소화 단계

① **산 발효기(pH 5 이하) :** 탄수화물이 분해하여 저분자 지방산인 초산, 낙산이 되어 pH를 저하시키고 특이한 냄새를 풍긴다.

② **산성 감퇴기(pH 6.5 정도) :** 유기산과 질산화합물이 산화 · 분해하여 NH_3, Amine, 이외에 스카돌, 인돌, 멜갑탄, CO_2, CH_4 등을 생성한다.

③ **알칼리성 발효기(pH 7.5 정도) :** 탄수화물과 질소산화물이 완전히 분해되어 CH_4, CO_2, H_2O, NH_3, H_2O 등으로 분해되어 BOD를 크게 감소시킨다.

$$\left.\begin{matrix}\text{탄수화물}\\ \text{지 방}\\ \text{단 백 질}\end{matrix}\right) \xrightarrow{\text{제1단계}} \left(\begin{matrix}\text{지방산(초산)}\\ \text{알코올}\\ \text{알데히드}\end{matrix}\right) \xrightarrow{\text{제2단계}} \left(\begin{matrix}CH_4,\ CO_2\\ H_2O,\ NH_3\\ CO\ \text{등}\end{matrix}\right.$$

(4) 혐기성 처리(소화)의 특징

① 장점

(가) 소규모인 경우 동력시설이 필요 없고 연속 처리를 할 수 있다.

(나) 유지 관리가 용이하다.

(다) 유용한 가스(CH_4)를 얻을 수 있다.

(라) 병원균이나 기생충란을 사멸시킨다.

② 단점

(가) 취기가 발생하고 위생해충도 발생할 우려가 있다.

(나) 소화일수가 길다.

(다) 넓은 부지가 필요하다.

(5) 소화조의 부피 구하는 식

① 단단 소화조

$$V = \frac{Q_1 + Q_2}{2} T_1 + Q_2 \times T_2$$

여기서, V : 소화조의 전체 부피(m^3)
T_1 : 소화 기간(일)
Q_1 : 생슬러지의 평균 주입량(m^3/d)
T_2 : 소화슬러지의 저장 기간(일)
Q_2 : 조내에 축적되는 소화슬러지의 부피(m^3/d)

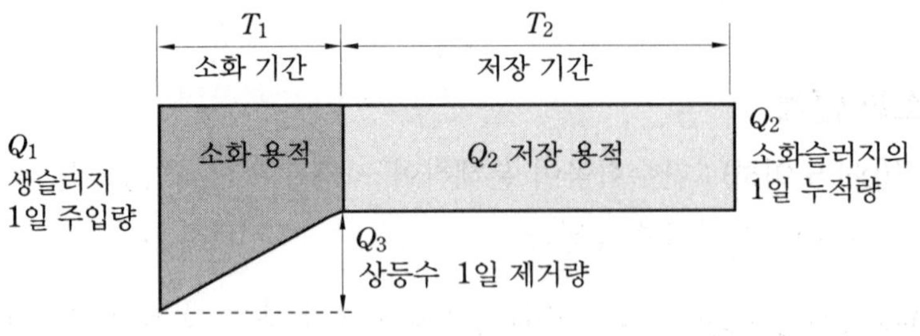

재래식 소화조의 부피 계산

② 2단 소화조(고율 소화조)

$$V_1 = Q_1 \times T$$

$$V_2 = \frac{Q_1 + Q_2}{2} T_1 + Q_2 \times T_2$$

여기서, V_1 : 1단 고율 소화에 필요한 부피(m^3)
Q_1 : 생슬러지지의 평균 주입량(m^3/d)
T : 소화 기간(일)

V_2 : 소화슬러지의 농축과 저장에 필요한 2단 소화조의 부피(m^3)
Q_2 : 축적되는 소화슬러지의 부피(m^3/d)
T_1 : 농축 기간(일)
T_2 : 소화슬러지의 저장 기간(일)

(6) 각종 공식

① $G=0.35(L_r-1.42R_g)$

여기서, G : CH_4 생성량(m^3/d) R_g : 세포 생산율(kg/d)
L_r : BOD_u 제거량(kg/d) 1.42 : 세포의 BOD_u 환산계수

② $\text{소화슬러지 습량}(m^3/d)=\dfrac{FS\text{의 건량}+VS\text{ 중 제거되고 남아 있는 건량}}{\text{소화슬러지의 순도}(TS[\%])}$

③ $VS\text{ 제거율}(\%)=\dfrac{\dfrac{VS_1}{FS_1}-\dfrac{VS_2}{FS_2}}{\dfrac{VS_1}{FS_1}}\times 100$

$TS\text{ 제거율}(\%)=\dfrac{1-\dfrac{FS_1}{FS_2}}{1}\times 100$

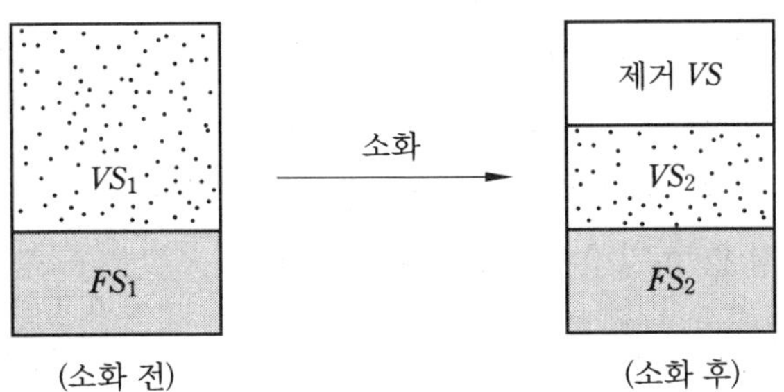

(소화 전) (소화 후)

4 슬러지의 개량(sludge-conditioning), 탈수

(1) 슬러지의 개량(sludge-conditioning)

슬러지 개량은 슬러지의 탈수성을 개선하기 위하여 실시한다. 여러 가지 개량 방법이 있으나 약품 처리와 열처리 방법이 가장 많이 상용되고 약품 처리의 약품 요구량을 감소시키기 위하여 세척이 실시된다.

① **세척(洗滌)** : 슬러지를 물로 세척하면 탈수, 농축 등의 다음 처리를 방해하는 성분을 제거시킬 수 있다. 소화된 슬러지는 알칼리성이 매우 강한데 그것을 물로 씻음으로써 알칼리를 감소시켜 슬러지의 탈수에 사용되는 응집제의 양을 줄일 수 있다.

단점으로는 슬러지를 물로 씻으므로 미립자가 방출된다는 점과 질소분이 씻겨나가 슬러지의 비료 가치를 낮춘다는 것이다.

② **약품 처리** : 슬러지의 여과 탈수를 촉진시키기 위하여 화학약품이 주입된다. 슬러지를 약품 처리하면 고형물이 응집되고 흡수된 물이 제거된다.

③ **열처리** : 슬러지를 140℃까지 가열한 후 냉각하거나 또는 −20℃까지 동결시킨 후 녹임으로써 탈수성을 개선한다.

(2) 슬러지의 탈수법의 종류

① **원심분리법(遠心分理法)** : 슬러지의 수분과 고형물질과의 분리를 원심력을 이용해서 하는 방법이다. 이 방법에 의한 슬러지의 탈수를 위해서는 슬러지 내의 고형물이 물보다 비중이 큰 것이 좋다.

② **진공여과(眞空濾過)**

㈎ 비교적 입자가 거친 슬러지를 진공펌프에 의해 여포에 흡착시키고 흡착된 면에는 대기압을, 반대면에는 부압(浮壓)을 주어서 여포 양면의 압력차를 이용해서 여과하는 것으로 생슬러지나 소화슬러지 탈수에 이용한다.

㈏ 진공 여과기의 종류는 여과면의 형상, 구조에 따라 수평벨트형, 수직회전 원반형, 수평회전 원반형 및 회전식 드럼형으로 분류한다.

③ **가압여과(加壓濾過)** : 여과막을 통해서 슬러지를 압력으로 탈수시키는 방법이다. 즉, 물은 여과되고 슬러지는 막에 남게 된다. 진공여과에서와 같이 응집이 필요하다. 가압여과는 연속 운전이 아닌 batch식 운전이며 유지 관리비가 비싸고 cake 내의 함수율이 높다는 단점이 있다.

(3) 설계 공식

① 탈수 cake의 습량$(m^3/d)=\dfrac{\text{슬러지 건량}}{\text{순도}}=\dfrac{\text{고형물 농도}\times\text{유량}\times(1+\text{약품비})}{\text{순도}}$

② R(여과율)$=\dfrac{\text{슬러지 건량}}{A}=\dfrac{\text{농도}\times\text{유량}\times(1+\text{약품비})\times\text{고형물 회수율}}{A(\text{여과 면적})}$

관련 기출 문제

01. 1일 2270m^{3}를 처리하는 1차 처리 시설에서 생슬러지를 분석한 결과 다음과 같은 결과를 얻었다. 다음 물음에 답하시오. [84. 기사]

〈조건〉 수분 : 95%, 휘발성 고형물 : 70%, 잔류성 고형물 : 30%,
유기성 고형물의 비중 : 1.1, 무기성 고형물의 비중 : 2.2

(가) 슬러지의 비중은 얼마인가?

(나) 유입수 중 부유고형물의 농도가 175mg/L이고 유출수 중 부유고형물의 농도가 100mg/L이면 매일 제거해야 할 슬러지의 양(m^3/d)은 얼마나 되겠는가?

해설 (가) $\frac{1}{S_y}=\frac{W_v}{S_v}+\frac{W_f}{S_f}+\frac{W_w}{S_w}$

$$\frac{1}{S_y}=\frac{0.7\times0.05}{1.1}+\frac{0.3\times0.05}{2.2}+\frac{0.95}{1}=0.989$$

$\therefore S_y=1.011=1.01$

(나) $\text{슬러지 습량}(\text{m}^3/\text{d})=\frac{\text{슬러지 건량}(\text{t/d})}{\text{순도}\times\text{비중}(\text{t/m}^3)}$

$$\text{슬러지 습량}(\text{m}^3/\text{d})=\frac{(175-100)\text{mg/L}\times2270\text{m}^3/\text{d}\times10^{-6}}{0.05\times1.01\text{t/m}^3}=3.371=3.37\text{m}^3/\text{d}$$

답 (가) 슬러지의 비중=1.01

(나) 슬러지 습량=3.37m^3/d

02. 다음은 슬러지 처리의 단위공정이다. 이들을 순서대로 재배치하여 번호 순으로 나열하시오. [91, 93. 기사]

① 중력식 농축　② $FeCl_3$에 의한 슬러지 조정
③ 1차 및 2차 침전지 슬러지의 저류 및 혼합　④ 가압 탈수
⑤ 혐기성 소화　⑥ 최종 처분

답 ③ → ① → ⑤ → ② → ④ → ⑥

03. 다음은 일반적인 처리계통을 갖는 하수처리장의 고형물 평형관계를 나타낸 그림이다. 각 공정 간에 표시된 숫자는 고형물량의 흐름을 표시한다. 다음과 같은 조건 하에서 빈칸(①~⑩)에 알맞은 고형물량(kg/d)을 산출하시오. (단, 모두 소수점 첫째자리까지 구한다.) [88, 92. 기사]

〈조건〉 1. 농축조 고형물 회수율 : 90%
2. 1차 소화조 고형물 감소율(가스화) : 30%
3. 2차 소화조 고형물 회수율 : 80%
4. 세정조 고형물 회수율 : 90%
5. 탈수설비 고형물 회수율 : 95%

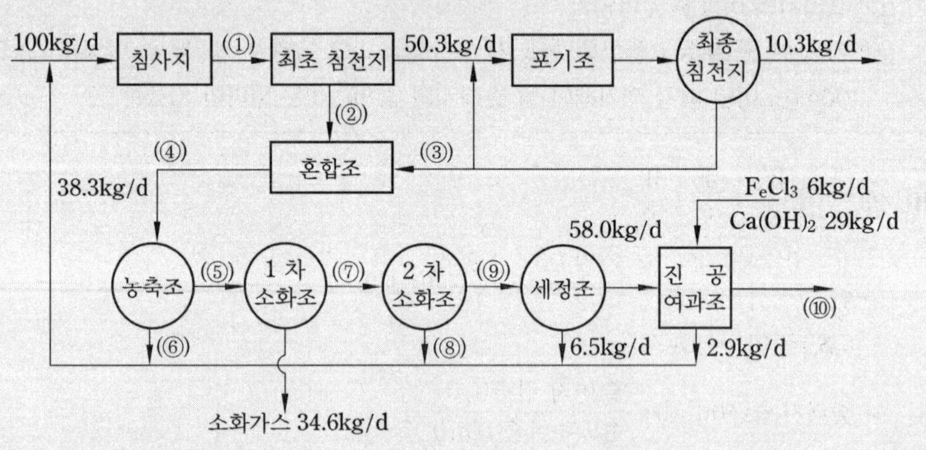

답 ① 100+38.3=138.3kg/d ② 138.3−50.3=88kg/d
③ 50.3−10.3=40kg/d ④ 88+40=128kg/d
⑤ 128×0.9=115.2kg/d ⑥ 128−115.2=12.8kg/d
⑦ 115.2−34.6=80.6kg/d ⑧ 80.6×(1−0.8)=16.1kg/d
⑨ 80.6−16.1=64.5kg/d ⑩ (58.0+6+29)−2.9=90.1kg/d

04. TS가 2.0%인 폐슬러지를 농축하여 TS가 4.5%가 되게 하였을 때 다음 물음에 답하시오. (단, 고형물의 비중은 1.5) [87. 기사]

(가) 농축된 슬러지의 비중을 구하시오.
(나) 슬러지 부피 감소율을 구하시오.

해설 (가) $\dfrac{1}{S}=\dfrac{W_{TS}}{S_{TS}}+\dfrac{W_w}{S_w}$

$$\frac{1}{S}=\frac{0.045}{1.5}+\frac{0.955}{1}=0.985$$

$\therefore S=1.015=1.02$

(나) 농축 전의 슬러지 비중을 구한다.

$$\frac{1}{S}=\frac{0.02}{1.5}+\frac{0.98}{1}=0.993$$

$\therefore S=1.007=1.01$

또 $V_2=\dfrac{V_1\times 순도_1\times 비중_1}{순도_2\times 비중_2}=\dfrac{1\times 0.02\times 1.007}{0.045\times 1.015}=0.441$

$\therefore$ 부피 감소율(%)$=\dfrac{1-0.441}{1}\times 100=55.9\%$

답 (가) 농축된 슬러지의 비중=1.02

(나) 부피 감소율=55.9%

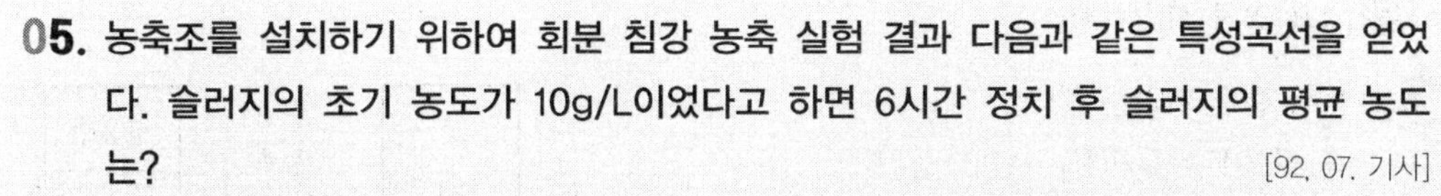

05. 농축조를 설치하기 위하여 회분 침강 농축 실험 결과 다음과 같은 특성곡선을 얻었다. 슬러지의 초기 농도가 10g/L이었다고 하면 6시간 정치 후 슬러지의 평균 농도는? [92, 07. 기사]

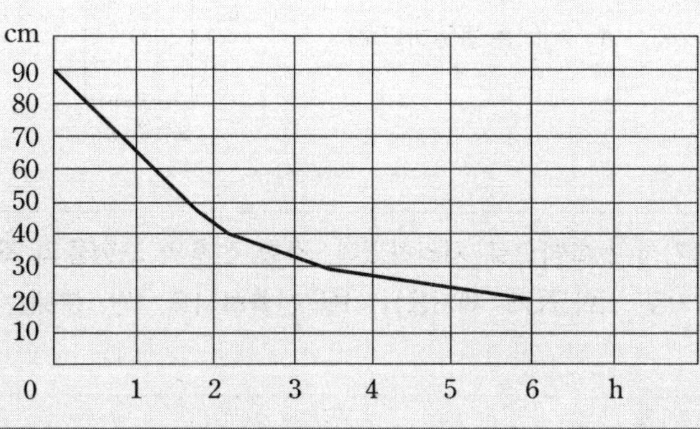

해설 농축 전후의 슬러지의 건량은 같다.

$C_1\cdot h_1=C_2\cdot h_2$

$\therefore C_2=\dfrac{10\times 90}{20}=45\text{g/L}$

답 슬러지 농도=45g/L

06. 폐수처리장에서 발생되는 고형물 농도 30000mg/L의 슬러지를 농축시키기 위한 농축조를 설계하고자 실험실에서 침강 농축 실험을 하여 다음과 같은 결과를 얻었다. 농축 슬러지의 고형물 농도가 75000mg/L로 되기까지 소요되는 농축 시간은? (단, 상등수 고형물 농도는 0, 농축 전후의 슬러지 비중은 1 이다.) [86, 88, 94, 02. 기사]

정치 시간(농축 시간 : h)	계면 높이(cm)	정치 시간(농축 시간 : h)	계면 높이(cm)
0	100	8	25
2	60	10	24
4	40	12	22
6	30	14	20

해설 농축 후의 계면 높이(h_2)를 구한다.

$C_1 \cdot h_1 = C_2 \cdot h_2$

$\therefore h_2 = \dfrac{30000 \times 100}{75000} = 40\text{cm}$

∴ 표에서 정치 시간은 4h이다.

답 소요 농축 시간=4h

참고 농축 전후의 양은 같다.

즉, $C_1 \cdot V_1 = C_2 \cdot V_2$

$C_1 \cdot A \cdot h_1 = C_2 \cdot A \cdot h_2$($A$는 동일하므로)

$\therefore C_1 \cdot h_1 = C_2 \cdot h_2$

07. 슬러지를 혐기성 소화법으로 처리하였다. 소화 전후의 고형물의 조성이 다음 표와 같을 때 *VS*기준 소화율(*VS* 제거율)(%)을 산출하시오. (단, 분해는 *VS*만이 해당된다.) [86. 기사]

구 분	*VS*[%]	*FS*[%]
투입 슬러지	80	20
소화 슬러지	60	40

해설 소화 전후의 *FS*의 양은 같다는 점을 이용하여 TS_2(소화 후 *TS*)를 구한다.

소화 전의 TS_1를 1로 간주하면

$1 \times 0.2 = x \times 0.4$

$\therefore x = 0.5$

$$\therefore VS \text{ 제거율}(\%) = \frac{\text{소화 전 }VS\text{량} - \text{소화 후 }VS\text{량}}{\text{소화 전 }VS\text{량}} \times 100$$

$$= \frac{1\times0.8 - 0.5\times0.6}{1\times0.8} \times 100 = 62.5\%$$

답 VS 제거율=62.5%

참고 공식을 이용해서 풀어도 된다.

$$VS \text{ 제거율}(\%) = \frac{\dfrac{VS_1}{FS_1} - \dfrac{VS_2}{FS_2}}{\dfrac{VS_1}{FS_1}} \times 100 = \frac{\dfrac{80}{20} - \dfrac{60}{40}}{\dfrac{80}{20}} \times 100 = 62.5\%$$

08. 혐기성 소화조의 소화가스 발생량이 저하되는 원인 4가지와 그에 따른 대책을 각각 기술하시오. [09. 기사]

답 ① 소화가스 발생량이 저하되는 원인

ⓐ 저농도 슬러지 유입

ⓑ 소화슬러지 과잉 배출

ⓒ 소화조 내 온도 저하

ⓓ 소화가스 누출

② 대책

ⓐ 저농도의 경우는 슬러지의 농도를 높이도록 노력한다.

ⓑ 과잉 배출의 경우는 배출량을 조절한다.

ⓒ 저온일 때는 온도를 소정치까지 높인다.

ⓓ 가스 누출은 위험하므로 수리한다.

09. glucose($C_6H_{12}O_6$)가 호기성에서 분해되면 탄산가스와 물로 되고 혐기성에서 분해되면 메탄과 이산화탄소로 된다. 다음 물음에 답하시오. [94, 06. 기사]

(가) 호기성 분해 시 반응을 화학반응식으로 쓰시오.

(나) 혐기성 분해 반응을 화학반응식으로 쓰시오.

(다) glucose 1mole의 최종 BOD는 몇 g인가?

(라) glucose를 시료로 사용했을 때 최종 BOD 1kg당 발생 가능한 메탄가스의 부피는 STP에서 몇 m^3인가?

해설 (다) $C_6H_{12}O_6 + 6O_2 \rightarrow 6CO_2 + 6H_2O$

1mol : 6×32g

∴ 최종 BOD(BOD_u)=6×32g/mol=192g/mol

(라) ⓐ BOD_u 1kg에 대한 glucose의 양을 구한다.

$C_6H_{12}O_6 + 6O_2 \rightarrow 6CO_2 + 6H_2O$

180kg : 6×32kg

x[kg] : 1kg

$$\therefore x = \frac{180 \times 1}{6 \times 32} = 0.9375\text{kg}$$

ⓑ $C_6H_{12}O_6 \rightarrow 3CO_2 + 3CH_4$

180kg : 3×22.4m³

0.9375kg : x[m³]

$$\therefore x = \frac{0.9375 \times 3 \times 22.4}{180} = 0.35\text{m}^3$$

답 (가) $C_6H_{12}O_6 + 6O_2 \rightarrow 6CO_2 + 6H_2O$

(나) $C_6H_{12}O_6 \rightarrow 3CO_2 + 3CH_4$

(다) BOD_u=192g/mol

(라) 발생 가능한 CH_4의 부피=0.35m³

10. 1kg의 glucose($C_6H_{12}O_6$)로부터 발생 가능한 CH_4 가스의 용적(0℃, 1기압)이 얼마인지 산출하시오. [90, 94. 기사]

해설 $C_6H_{12}O_6 \rightarrow 3CO_2 + 3CH_4$

180kg : 3×22.4m³

1kg : x[m³]

$$\therefore x = \frac{1 \times 3 \times 22.4}{180} = 0.373 = 0.37\text{m}^3$$

답 발생 가능한 CH_4의 용적=0.37m³

11. glucose($C_6H_{12}O_6$)를 기질로 하여 BOD_L 1kg이 혐기성 분해 시 표준상태에서 발생될 수 있는 이론적 메탄가스의 양(m^3)을 계산하시오. (단, BOD_L=최종 BOD) [07. 기사]

해설 ⓐ BOD_u 1kg에 대한 glucose의 양을 구한다.

$C_6H_{12}O_6 + 6O_2 \rightarrow 6CO_2 + 6H_2O$

180kg : 6×32kg

x[kg] : 1kg

$\therefore x = \frac{180 \times 1}{6 \times 32} = 0.9375\text{kg}$

ⓑ $C_6H_{12}O_6 \rightarrow 3CO_2 + 3CH_4$

180kg : 3×22.4m^3

0.9375kg : x[m^3]

$\therefore x = \frac{0.9375 \times 3 \times 22.4}{180} = 0.35\text{m}^3$

답 이론적 메탄가스의 양=0.35m^3

12. 활성슬러지 공정에서 발생한 농축슬러지(함수율 97%) 50m^3을 탈수시켜 함수율 80%의 탈수슬러지 발생을 계획하였다면 탈수슬러지의 발생 부피는 몇 m^3인가? [08. 기사]

해설 $50 \times 0.03 = x \times 0.2$ $\therefore x = 7.5\text{m}^3$

답 탈수슬러지의 발생 부피=7.5m^3

13. 포도당 1000mg/L인 용액이 있다. 다음 물음에 답하시오. (단, 표준상태로 가정한다.) [09. 기사]

(가) 혐기성 분해 시 생성되는 이론적 CH_4는 몇 mg/L인가?

(나) 이 용액 1L를 혐기성 분해시킬 때 발생되는 CH_4의 양(mL)은 얼마인가?

해설 (가) $C_6H_{12}O_6$: $3CH_4$ = 180g : 3×16g = 1000mg/L : x[mg/L]

$\therefore x = 266.666 = 266.67\text{mg/L}$

(나) $C_6H_{12}O_6$: $3CH_4$ = 180g : 3×22.4L×10^3mL/L = 1g/L×1L : x[mL]

$\therefore x = 373.33\text{mL}$

답 (가) 생성되는 이론적 CH_4=266.67mg/L

(나) 발생되는 CH_4의 양=373.33mL

14. 혐기성 생물학적 처리공정에서 glucose를 시료로 사용했을 때 최종 BOD 1kg당 발생 가능한 메탄(CH_4)가스의 부피는 30℃에서 몇 m^3인지 구하시오. [09. 기사]

해설 ⓐ BOD_u 1kg에 대한 glucose의 양을 구한다.

$C_6H_{12}O_6 + 6O_2 \rightarrow 6CO_2 + 6H_2O$

180kg : 6×32kg

x[kg] : 1kg

$\therefore x = \dfrac{180 \times 1}{6 \times 32} = 0.9375\text{kg}$

ⓑ $C_6H_{12}O_6 \rightarrow 3CO_2 + 3CH_4$

180kg : 3×22.4m³

0.9375kg : x[m³]

$\therefore x = \dfrac{0.9375 \times 3 \times 22.4}{180} = 0.35\text{m}^3$

ⓒ 30℃에서 메탄(CH_4) 가스의 부피 $= 0.35\text{m}^3 \times \dfrac{273+30}{273} = 0.39\text{m}^3$

답 메탄(CH_4)가스의 부피 = 0.39m^3

15. 공장폐수 처리장에서 발생된 슬러지를 직접 가압탈수시키고자 한다. 다음과 같은 조건 하에서 다음 각 물음에 답하시오. [85, 87, 90, 95, 04. 기사]

〈조건〉
1. 1일 슬러지 발생량 : 12m³/d
2. 1일 슬러지 발생량 중의 고형물량 : 500kg/d
3. 슬러지 내 고형물의 밀도 : 2.5kg/L
4. 탈수 케이크의 고형물 농도 : 30%
5. 탈수 여액 중의 고형물 농도 : 0.5%
6. 물의 밀도 : 1kg/L

(가) 탈수 케이크의 밀도(kg/L)를 산출하시오.
(나) 탈수 여액의 밀도(kg/L)를 산출하시오.
(다) 1일 여액 발생량(m³/d)을 산출하시오.
(라) 1일 탈수 cake 발생량(kg/d)을 산출하시오.

해설 (가) $\dfrac{1}{S} = \dfrac{W_{TS}}{S_{TS}} + \dfrac{W_w}{S_w} = \dfrac{0.3}{2.5} + \dfrac{0.7}{1} = 0.82$

∴ 탈수 cake의 밀도=1.22kg/L

(나) $\dfrac{1}{S} = \dfrac{W_{TS}}{S_{TS}} + \dfrac{W_w}{S_w} = \dfrac{0.005}{2.5} + \dfrac{0.995}{1} = 0.997$

∴ 탈수 여액의 밀도(S)=1.003=1.00kg/L

(다) 탈수 전후의 고형물의 양은 같다.

즉, 발생 슬러지 중 고형물량=탈수 cake 중 고형물량+여액 중의 고형물량

여기서, 탈수 여액량을 $x[m^3/d]$라고 하면

$500kg/d=(12-x)\times 1.22\times 10^3\times 0.3+x\times 1.003\times 10^3\times 0.005$

$$\therefore x[m^3/d]=\frac{12\times 1.22\times 10^3\times 0.3-500}{(1.22\times 10^3\times 0.3-1.003\times 10^3\times 0.005)}=10.782=10.78m^3/d$$

(라) 탈수 cake의 발생량(kg/d) $=(12-10.782)m^3/d\times 10^3L/m^3\times 1.22kg/L=1485.96kg/d$

답 (가) 탈수 cake의 밀도=1.22kg/L (나) 탈수 여액의 밀도=1.00kg/L

(다) 탈수 여액량 $=10.78m^3/d$ (라) 탈수 cake의 발생량=1485.96kg/d

16. 슬러지가 4%(고형물농도)에서 7%로 농축되었을 때 슬러지 부피감소율(%)을 계산하시오. (단, 1일 슬러지 생성량은 $100m^3$, 비중은 1.0 이다.) [07. 기사]

해설 농축 후의 슬러지 부피를 구한다.

$$V_2=\frac{100m^3/d\times 0.04}{0.07}=57.143m^3/d$$

$$\therefore \text{부피감소율}=\frac{100-57.143}{100}\times 100=42.857=42.86\%$$

답 슬러지 부피감소율=42.86%

17. 인구 100000명인 도시의 하수처리장에서 배출되는 농축슬러지를 처리하는 소화조가 있다. 농축슬러지의 함수율이 96%, 인구당량 SS는 0.1kg건조SS/인·일이다. 연간 평균기온이 10℃, 소화조 체류시간이 32℃에서 25일, 소화조 열손실은 0.5℃/일에 해당한다. 물음에 답하시오. (단, SS 전량이 슬러지가 되고 소화조는 32℃에서 운전되며 슬러지 비중은 1.0으로 하고 기타 조건은 고려하지 않음) [07. 기사]

(가) 소화조의 부피(m^3)는 얼마인가?

(나) 슬러지의 비열이 $4.18\times 10^3 kJ/m^3\cdot$℃이라면 하루에 필요한 열공급량(kJ/d)은 얼마인가?

해설 (가) $V=Q\cdot t$에서 농축슬러지의 습량을 구한다.

$$\text{습량}\ (m^3/d)=\frac{0.1kg/\text{인}\cdot d\times 100000\text{인}\times 10^{-3}t/kg}{0.04\times 1t/m^3}=250m^3/d$$

$\therefore V=250m^3/d\times 25d=6250m^3$

(나) 열량$=G \cdot C \cdot \Delta T$에서 ΔT를 구한다.

$\Delta T=(32-10)℃+0.5℃/d\times 25d=34.5℃$

$\therefore$ 열공급량(kJ/d)$=250m^3/d\times 4.18\times 10^3 kJ/m^3 \cdot ℃\times 34.5℃=3.61\times 10^7 kJ/d$

답 (가) 소화조의 부피$=6250m^3$ (나) 열공급량$=3.61\times 10^7 kJ/d$

18. 중온(37℃) 혐기 소화조에서 유기성분이 75%, 무기성분이 25%인 슬러지를 소화한 후 분석한 결과, 유기성분이 60%, 무기성분이 40%로 되었다. 소화율은 얼마인가? 또한 투입한 슬러지의 초기 TOC 농도를 측정한 결과 10000mg/L이었다면 슬러지 $1m^3$당 발생하는 가스량(m^3)은 얼마인가? (단, 슬러지의 유기성분은 포도당(glucose)인 탄수화물로 구성되어 있으며, 0℃, 1atm 기준) [08. 기사]

(가) 소화율 (나) 가스량

해설 (가) 소화율$=\dfrac{\dfrac{75}{25}-\dfrac{60}{40}}{\dfrac{75}{25}}\times 100=50\%$

(나)

$$6C : 3CO_2+3CH_4$$

$$6\times 12kg : (3\times 22.4+3\times 22.4)m^3$$

$$(10000\times 1\times 10^{-3}\times 0.5)kg : x[m^3]$$

$\therefore x=9.333=9.33m^3$

답 (가) 소화율$=50\%$ (나) 발생하는 가스량$=9.33m^3$

19. 혐기성 분해를 할 경우 고형물량은 21%, 고형물의 비중은 1.4이다. 다음 물음에 답하시오. (단, 물의 비중은 1이고, 소숫점 4째자리까지 구하시오.) [01, 04. 기사]

(가) 슬러지 비중을 구하시오.

(나) 혐기성 분해 시 슬러지 발생량이 호기성 분해보다 작다. 그 이유를 기술하시오.

해설 (가) $\dfrac{1}{S}=\dfrac{0.21}{1.4}+\dfrac{0.79}{1}=0.94$

$\therefore S=1.06382=1.0638$

답 (가) 슬러지 비중$=1.0638$

(나) 체류 시간(소화 일수)이 길고 상당한 내호흡이 진행되므로 실생산량이 COD 제거량의 5~20% 정도된다.

20. 1일 5000m^3/d의 하수를 처리하는 하수처리장의 1차 침전지에서 200m^3/d의 슬러지, 2차 침전지에서 650m^3/d의 슬러지가 제거되며 이때 각 고형물의 함수율은 98%, 99.2%이다. 다음 물음에 답하시오. [01. 04. 기사]

(가) 이 고형물의 정체 시간을 10h로 하여 농축시키려면 농축조의 부피(m^3)는?

(나) 농축조의 고형물 부하가 80kg/m^2 · d일 때 농축조의 면적(m^2)은?

(다) 농축된 슬러지의 함수율이 96.5%일 때 슬러지 습량(m^3/d)은?

해설 (가) $V=Q \cdot t=(200+650)\text{m}^3/\text{d}\times 10\text{h}\times \text{d}/24\text{h}=354.167=354.17\text{m}^3$

(나) $A=\dfrac{(200\times 0.02\times 1000+650\times 0.008\times 1000)\text{kg/d}}{80\text{kg/m}^2\cdot\text{d}}=115\text{m}^2$

(다) 농축된 슬러지 습량(m^3/d)$=\dfrac{9200\text{kg/d}\times 10^{-3}\text{t/kg}}{0.035\times 1\text{t/m}^3}=262.857=262.86\text{m}^3/\text{d}$

답 (가) 농축조의 부피=354.17m^3

(나) 농축조의 면적=115m^2

(다) 농축된 슬러지 습량=262.86m^3/d

21. 유량이 675m^3/d이고 COD가 3000mg/L인 폐수의 COD 제거율이 80%일 때 발생되는 메탄의 이론량(m^3/d)을 구하시오. (단, 혐기성 공정, 표준상태 기준, 제거 COD는 완전분해되며 메탄의 최대수율을 산출하여 계산함) [07. 09. 기사]

해설 ⓐ 메탄의 최대수율을 산출한다.

$C_6H_{12}O_6+6O_2 \rightarrow 6CO_2+6H_2O$

180kg : 6×32kg

x[kg] : 1kg

$\therefore x=\dfrac{180\times 1}{6\times 32}=0.9375\text{kg}$

$C_6H_{12}O_6 \rightarrow 3CO_2+3CH_4$

180kg : 3×22.4m^3

0.9375kg : x[m^3]

$\therefore x=\dfrac{0.9375\times 3\times 22.4}{180}=0.35\text{m}^3$

ⓑ CH_4의 생성량(m^3/d)$=0.35\text{m}^3/\text{kg}\times(3000\times 675\times 10^{-3}\times 0.8)\text{kg/d}=567\text{m}^3/\text{d}$

답 CH_4의 생성량=567m^3/d

제 3 장

수질오염 공정시험 방법

1 유량 측정 방법, 표준원액 조제 방법

(1) 측정 방법의 종류

① 관(pipe) 내의 유량 측정 방법(관 내에 압력이 존재하는 관수로의 흐름)

(가) 벤투리미터(venturi meter)

(나) 유량측정용 노즐(nozzle)

(다) 오리피스(orifice)

(라) 피토(pitot)관

(마) 자기식 유량측정기(magnetic flow meter)

② 측정용 수로에 의한 유량 측정 방법

(가) 위어(weir)

(나) 파샬플룸(parshall flume)

③ 기타 유량 측정 방법

(가) 용기에 의한 측정

(나) 개수로에 의한 측정

(2) 측정 방법

① **벤투리미터(venturi meter)** : 벤투리미터는 긴 관의 일부로써 단면이 작은 목(throat) 부분과 점점 축소, 점점 확대되는 단면을 가진 관으로 축소 부분에서 정역학적 수두의 일부는 속도수두로 변하게 되어 관의 목 부분의 정역학적 수두보다 적게 된다. 이러한 수두의 차에 의해 직접적으로 유량을 계산할 수 있다.

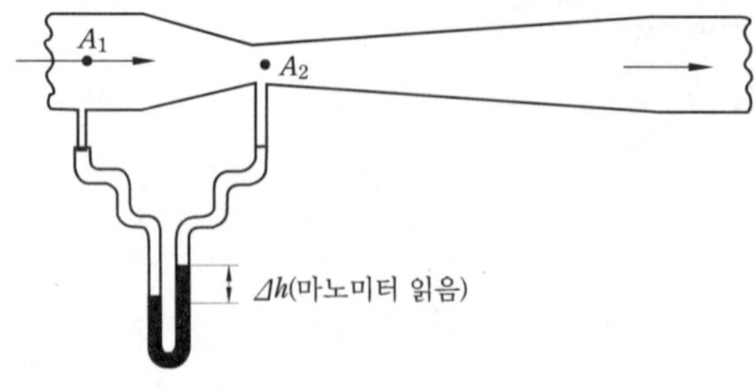

벤투리미터

그림과 같이 벤투리미터 상류 단면 A_1과 축류부 단면 A_2의 사이에 Bernoulli의 정리를 응용하면 (단, 유체의 마찰손실을 무시한다.)

$$\frac{V_1^{\ 2}}{2g} + \frac{P_1}{\rho} + Z_1 = \frac{V_2^{\ 2}}{2g} + \frac{P_2}{\rho} + Z_2 \quad \cdots\cdots \text{①}$$

① 식에서 수평관이므로 위치수두 $Z_1 = Z_2$이고 유체의 비중은 같다.

$$\therefore \Delta h(\text{압력차}) = \frac{P_1 - P_2}{\rho} = \frac{V_2^{\ 2} - V_1^{\ 2}}{2g} \quad \cdots\cdots \text{②}$$

또, 액체의 경우 $Q = A_1V_1 = A_2V_2$에서

$$\frac{\pi d_1^{\ 2}}{4} \times V_1 = \frac{\pi d_2^{\ 2}}{4} \times V_2$$

$$\therefore V_1 = V_2 \times \left(\frac{d_2}{d_1}\right)^2 \quad \cdots\cdots \text{③}$$

③ 식을 ② 식에 대입하면

$$\frac{P_1 - P_2}{\rho} = \frac{V_2^{\ 2} - \{V_2(d_2/d_1)^2\}^2}{2g} = \frac{V_2^{\ 2} \times \{1 - (d_2/d_1)^4\}}{2g}$$

$$\therefore V_2 = \frac{1}{\sqrt{1 - (d_2/d_1)^4}} \sqrt{2g\Delta h} \quad \cdots\cdots \text{④}$$

$$\therefore Q = CA_2V_2 = \frac{C \cdot A_2}{\sqrt{1 - (d_2/d_1)^4}} \sqrt{2g\Delta h} \quad \cdots\cdots \text{⑤}$$

여기서, C : 유량계수, ρ : 유체의 밀도(kg/m^3)

만약, 마노미터 중의 유체의 밀도가 다른 경우에는

$$\Delta P = P_1 - P_2 = (\rho' - \rho)\Delta h$$

여기서, ρ' : 마노미터 중의 유체의 밀도(kg/m^3)

$$\therefore Q = \frac{C \cdot A_2}{\sqrt{1 - (d_2/d_1)^4}} \sqrt{2g \cdot \Delta h\left(\frac{\rho' - \rho}{\rho}\right)} \quad \cdots\cdots \text{⑥}$$

② 위어(weir)

(가) 직각 3각 위어

$$Q = K \cdot h^{5/2}$$

여기서, Q : 유량(m^3/분)

K : 유량계수 $= 81.2 + \frac{0.24}{h} + \left[8.4 + \frac{12}{\sqrt{D}}\right] \times \left[\frac{h}{B} - 0.09\right]^2$

B : 수로의 폭(m)
D : 수로의 밑면으로부터 절단 하부점까지의 높이(m)
h : 위어의 수두(m)

(나) 4각 위어

$$Q = K \cdot b \cdot h^{3/2}$$

여기서, Q : 유량(m^3/분)
K : 유량계수 $= 107.1 + \frac{0.177}{h} + 14.2\frac{h}{D} - 25.7 \times \sqrt{\frac{(B-b)h}{DB}} + 2.04\sqrt{\frac{B}{D}}$
D : 수로의 밑면으로부터 절단 하부 모서리까지의 높이(m)
B : 수로의 폭(m)
h : 위어의 수두(m)

2 기기 분석법

(1) 자외선/가시선 분광법

① **원리 및 적용 범위 :** 이 시험 방법은 빛이 시료 용액을 통과할 때 흡수나 산란 등에 의하여 강도가 변화하는 것을 이용한다. 시료물질의 용액 또는 여기에 적당한 시약을 넣어 발색(發色)시킨 용액의 흡광도를 측정하여 시료 중의 목적 성분을 정량하는 방법으로 파장 200~900nm에서의 액체의 흡광도를 측정함으로써 수중의 각종 오염물질 분석에 적용한다.

② Lambert-Beer 법칙

$$E = \log\frac{1}{T} = \log\frac{I_o}{I_t} = \varepsilon CL$$

여기서, E : 흡광도
T : 투광도 $\left(= \frac{I_t}{I_o}\right)$
I_o : 입사광의 강도
I_t : 투사광의 강도
C : 농도
L : 빛의 투과거리

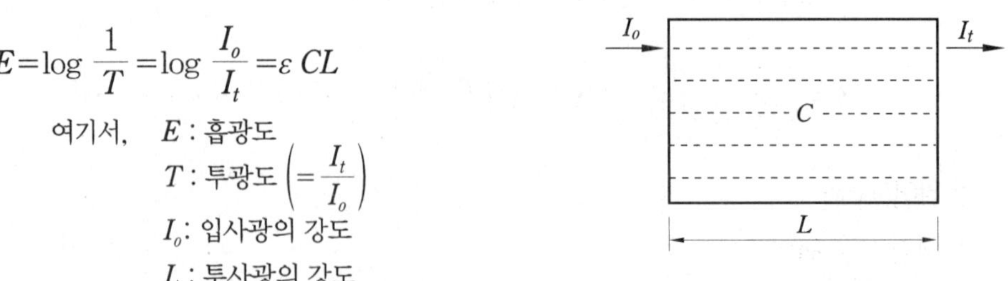

흡광광도 분석 방법 원리도

ε : 비례상수로서 흡광계수(吸光係數)라 하고, C=1mol, l=10mm일 때의 ε의 값을 몰흡광계수라 하며 K로 표시한다.

③ **장치의 구성 :** 일반적으로 사용하는 흡광광도 분석 장치는 그림과 같이 광원부(光源部), 파장선택부(波長選擇部), 시료부(試料部) 및 측광부(測光部)로 구성되고 광원부에서 측광부까지의 광학계(光學系)에는 측정 목적에 따라 여러 가지 형식이 있다.

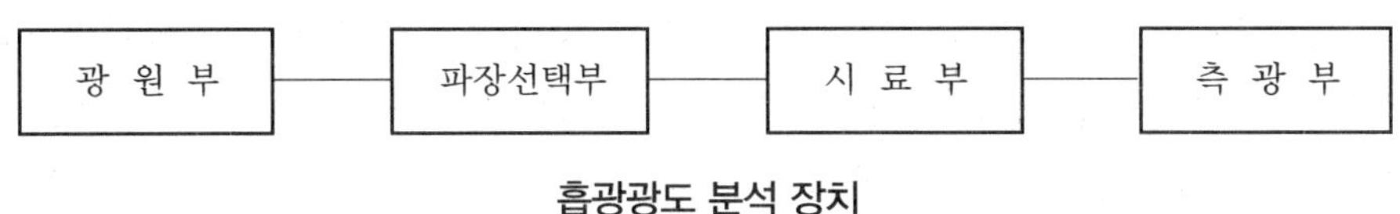

흡광광도 분석 장치

(2) 원자흡수분광광도법

① **원리 및 적용 범위 :** 이 시험 방법은 시료를 적당한 방법으로 해리(解離)시켜 중성원자로 증기화하여 생긴 기저상태(ground state or state)의 원자가 이 원자 증기층을 투과하는 특유 파장의 빛을 흡수하는 현상을 이용하여 광전측광(光電測光)과 같은 개개의 특유 파장에 대한 흡광도를 측정하여 시료 중의 원소(元素) 농도를 정량하는 방법이다. 주로 시료 중의 유해 중금속 및 기타 원소의 분석에 적용한다.

② **장치의 구성 :** 원자흡광 분석 장치는 일반적으로 그림과 같이 광원부, 시료원자화부, 파장선택부(분광부) 및 측광부로 구성되어 있다.

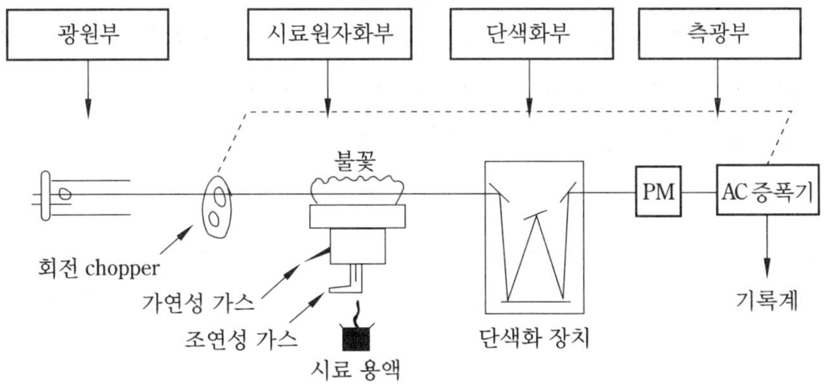

원자흡광 분석 장치의 구성

(3) 유도결합 플라스마 발광광도법

시료를 고주파 유도 코일에 의하여 형성된 아르곤 플라스마에 도입하여 6000~8000°K에서 여기된 원자가 바닥상태로 이동할 때 방출하는 발광선 및 발광강도를 측정하여 원소의 정성 및 정량 분석에 이용하는 방법이다.

3 생물화학적 산소요구량 (BOD : biochemical oxygen demand)

(1) 측정 원리

시료를 20℃에서 5일간 저장하여 두었을 때 시료 중의 호기성 미생물의 증식과 호흡 작용에 의하여 소비되는 용존산소의 양으로부터 측정하는 방법이다. 시료 중의 용존산소가 소비되는 산소의 양보다 적을 때는 시료를 희석수로 적당히 희석하여 사용한다. 공장폐수나 혐기성 발효의 상태에 있는 시료는 호기성 산화에 필요한 미생물을 식종하여야 한다.

(2) 시료의 전처리

시료가 산성 또는 알칼리성을 나타내거나 잔류 염소 등 산화성 물질을 함유하였거나 용존산소가 과포화되어 있을 때에는 다음과 같이 전처리를 행한다.

① **산성 또는 알칼리성 시료** : pH가 6.5~8.5의 범위를 벗어나는 시료는 염산(1+11) 또는 4% 수산화나트륨 용액으로 시료를 중화하여 pH 7로 한다. 다만 이때 넣어주는 산 또는 알칼리의 양이 시료량의 0.5%가 넘지 않도록 하여야 한다.

② **잔류염소가 함유된 시료** : 시료 100mL에 아지드화나트륨 0.1g과 요오드화칼륨 1g을 넣고 흔들어 섞은 다음 염산을 넣어 산성으로 한다(pH 약 1). 유리된 요오드 전분지시약을 사용하여 아황산나트륨 용액(0.025N)으로 액의 청색이 무색으로 될 때까지 적정하여 얻은 아황산나트륨 용액(0.025N)의 소비 mL를 남아 있는 시료의 양에 대응하여 넣어 준다. 일반적으로 잔류 염소가 함유된 시료는 BOD용 식종 희석수로 희석하여 사용한다.

③ **용존산소가 과포화된 시료** : 수온이 20℃ 이하이거나 20℃일 때의 용존산소 함유량이 포화량 이상으로 과포화되어 있을 때에는 수온을 23~25℃로 하여 15분간 통기하고 방랭하여 수온을 20℃로 한다.

④ 시료는 시험하기 바로 전에 온도를 20±1℃로 조정한다.

(3) BOD 계산

① **식종하지 않은 시료의 BOD**

$$\text{BOD[mg/L]} = (D_1 - D_2) \times P$$

② **식종 희석수를 사용한 시료의 BOD**

$$\text{BOD[mg/L]} = [(D_1 - D_2) - (B_1 - B_2) \times f] \times P$$

여기서, D_1 : 희석(조제)한 검액(시료)을 15분간 방치한 후의 DO(mg/L)
D_2 : 5일간 배양한 다음의 희석(조제)한 검액(시료)의 DO평균치(mg/L)
B_1 : 식종액의 BOD를 측정할 때 희석된 식종액의 배양 전의 DO(mg/L)
B_2 : 식종액의 BOD를 측정할 때 희석된 식종액의 배양 후의 DO(mg/L)
f : 시료의 BOD를 측정할 때 희석시료 중의 식종액 함유율(x%)에 대한 식종액의 BOD를 측정할 때 희석한 식종액 중의 식종액 함유율(y%)의 비(x/y)
P : 희석시료 중 시료의 희석배수(희석시료량/시료량)

4 화학적 산소요구량 (COD : chemical oxygen demand)

(1) 산성 100℃에서 과망간산칼륨에 의한 화학적 산소요구량

① **측정 원리 :** 시료를 황산 산성으로 하여 과망간산칼륨 일정량을 넣고 30분간 수욕상에서 가열 반응시킨 다음 소비된 과망간산칼륨량으로부터 이에 상당하는 산소의 양을 측정하는 방법이다. 따로 규정이 없는 한 해수를 제외한 모든 시료의 화학적 산소요구량은 이 방법에 따라 시험한다.

② **시험 방법 :** 300mL 둥근바닥 플라스크에 시료 적당량(㈜ 1)을 취하여 물을 넣어 전량을 100mL로 하고, 황산(1+2) 10mL를 넣고 황산은 분말 약 1g(㈜ 2)을 넣어 세게 흔들어 준 다음 수분간 방치하고, 0.005M－과망간산칼륨액 10mL를 정확히 넣고 둥근바닥 플라스크에 냉각관을 붙이고 수욕의 수면이 시료의 수면보다 높게 하여 끓는 수욕 중에서 30분간 가열한다. 냉각관의 끝을 통하여 물 소량을 사용하여 씻어준 다음 냉각관을 떼어 내고, 옥살산나트륨 용액(0.0125M) 10mL를 정확하게 넣고 60～80℃를 유지하면서 0.005M－과망간산칼륨 용액을 사용하여 액의 색이 엷은 홍색을 나타낼 때까지 적정한다. 따로 물 100mL를 사용하여 같은 조건으로 바탕시험을 행한다.

$$\text{COD[mgO}_2\text{/L]} = (b - a) \times f \times \frac{1000}{V} \times 0.2$$

여기서, a : 바탕시험 적정에 소비된 0.005M－과망간산칼륨 용액(mL)
b : 시료의 적정에 소비된 0.005M－과망간산칼륨 용액(mL)
f : 0.005M－과망간산칼륨 용액 역가(factor)
V : 시료의 양(mL)

注 1. 시료의 양은 30분간 가열 반응한 후에 0.005M 과망간산칼륨액이 처음 첨가한 양의 50~70%가 남도록 채취한다. 다만 시료의 COD값이 10mg/L 이하일 경우에는 시료 100mL를 취하여 그대로 시험하며, 보다 정확한 COD값이 요구될 경우에는 0.005M 과망간산칼륨액의 소모량이 처음 가한 양의 50%에 접근하도록 시료량을 취한다.

2. 염소 이온 200mg에 대한 황산은의 당량은 0.9g이다. 보통의 폐하수에서는 1g의 황산은을 넣으면 되나, 염소 이온이 다량 함유한 폐수에서는 첨가량을 증가하여야 한다. 첨가되는 황산은은 염소 이온과 반응하여 표면이 염화은에 의하여 피복되어 염소 이온과 반응이 어려우므로 충분히 흔들어 섞어야 한다. 일반적으로 염소 이온과 당량 이상의 황산은이 있어도 산소 소비량에는 영향이 없다.

참고 2011년 수질오염공정시험법이 개정되면서 규정농도(N)가 물농도(M)으로 표기되었다. 관련 기출 문제에 있는 N농도는 개정되기 전의 문제이므로 그대로 두었다. (0.025N $KMnO_4$ =0.005M $KMnO_4$)

(2) 알칼리성 100℃에서 과망간산칼륨에 의한 화학적 산소요구량

① **측정 원리 :** 시료를 알칼리성으로 하여 과망간산칼륨 일정량을 넣고 60분간 수욕상에서 가열 반응시키고 요오드화칼륨 및 황산을 넣어 남아있는 과망간산칼륨에 의하여 유리된 요오드의 양으로부터 산소의 양을 측정하는 방법이다. 일반적으로 해수 등 염소 이온이 다량 함유된 시료에 적용한다.

② **시험 방법 :** 300mL 둥근바닥 플라스크에 시료 25~50mL를 취하여 20% 수산화나트륨 용액 1mL를 넣어 알칼리성으로 한다. 여기서 0.005M－과망간산칼륨액 10mL를 정확히 넣은 다음 둥근바닥 플라스크에 냉각관을 붙이고 수욕의 수면이 시료의 수면보다 높게 하여 끓는 수욕 중에서 60분간 가열한다. 냉각관의 끝을 통하여 물 소량을 사용하여 씻어준 다음 냉각관을 떼어 내고 10% 요오드화칼륨 용액 1mL를 넣어 방랭하고 10% 황산 용액 5mL를 넣어 유리된 요오드를 지시약으로 전분 용액 2mL를 넣고 0.025M－티오황산나트륨 용액으로 무색이 될 때까지 적정한다. 따로 시료량과 같은 양의 물을 사용하여 같은 조건으로 바탕시험을 행한다.

$$COD[mgO_2/L]=(a-b)\times f\times\frac{1000}{V}\times 0.2$$

여기서, a : 바탕시험 적정에 소비된 0.025M－티오황산나트륨 용액(mL)
b : 시료의 적정에 소비된 0.025M－티오황산나트륨 용액(mL)
f : 0.025M－티오황산나트륨 용액 역가(factor)
V : 시료의 양(mL)

5 용존산소(DO : dissolved oxygen)

(1) 윙클러-아지드화나트륨 변법

① **측정 원리 :** 황산망간과 알칼리성 요오드칼륨 용액을 넣을 때 생기는 수산화제일망간이 시료 중의 용존산소에 의하여 산화되어 수산화제이망간으로 되고, 황산 산성에서 용존산소량에 대응하는 요오드를 유리한다. 유리한 요오드를 티오황산나트륨으로 적정하여 용존산소의 양을 정량하는 방법이다. 이 방법은 아질산염 5mg/L 이하, 제일철염 1mg/L 이하에서 방해를 받지 않으며, 하천수, 하수 및 공장폐수에 적용한다. 정량 범위는 0.1mg/L 이상이다.

② **시료의 전처리 :** 시료가 현저히 착색되어 있거나 현탁되어 있을 때에는 용존산소의 정량이 곤란하며, 시료에 활성오니로 미생물 플록(floc)이 형성되었을 때에는 정량에 방해를 준다. 또한 시료 중에 잔류염소와 같은 산화성 물질이 공존할 경우에도 방해를 받게 되는데 이러한 경우에는 다음과 같이 시료를 전처리하여야 한다.

(가) 시료가 착색, 현탁된 경우

(나) 황산구리-술퍼민산법(활성오니로 미생물의 플록(floc)이 형성된 경우)

(다) 산화성 물질을 함유한 경우

③ **DO공식 :** 용존 산소 $(\text{mgO}_2/\text{L}) = a \times f \times \dfrac{V_1}{V_2} \times \dfrac{1000}{V_1 - R} \times 0.2$

여기서, a : 적정에 소비된 0.025M-티오황산나트륨액(mL)
f : 0.025M-티오황산나트륨액의 역가(factor)
V_1 : 전체의 시료량(mL)
V_2 : 적정에 사용한 시료량(mL)
R : 전체의 시료량에 넣은 용액량(mL)

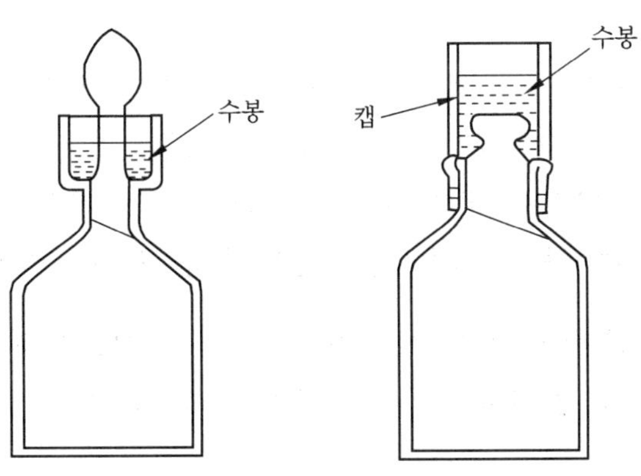

용존산소 측정병(용량 300mL)

(2) 격막 전극법

시료 중의 용존산소가 격막을 통과하여 전극의 표면에서 산화, 환원 반응을 일으키고 이때 산소의 농도에 비례하여 전류가 흐르게 되는데 이 전류량으로부터 용존산소량을 측정하는 방법이다. 산화성 물질이 함유된 시료나 착색된 시료에 적합하며, 특히 윙클러-아지드화나트륨변법을 사용할 수 없는 폐하수의 용존산소 측정에 유용하게 사용할 수 있다. 정량범위는 0.5mg/L 이상이다.

6 부유물질(SS : suspended solid)

(1) 유리섬유 여지법(부유물질)

① **측정 원리 :** 미리 무게를 단 유리섬유 여지(GF/C)를 여과기에 부착하여 일정량의 시료를 여과시킨 다음 항량으로 건조하여 무게를 달아 여과 전·후의 유리섬유 여지의 무게차를 산출하여 부유물질의 양을 구하는 방법이다. 정량범위는 5mg 이상이다.

② **SS 공식 :** 부유물질(mg/L)$=(b-a)\times\dfrac{1000}{V}$

여기서, a : 시료 여과 전의 유리섬유 여지 무게(mg)
b : 시료 여과 후의 유리섬유 여지 무게(mg)
V : 시료의 양(mL)

7 총대장균군

(1) 일반사항

일반적으로 미생물 시험에서 유의할 점은 검체 중에 함유된 미생물의 상황이 시시각각으로 변할 수가 있으며, 처음 검체 중에 함유되어 있던 미생물 외의 다른 미생물 오염이 조작 중에 일어날 수 있다는 점이다. 이러한 실험상의 오염을 방지하기 위하여 모든 조작은 원칙적으로 무균조작을 하여야 하며, 동시에 실험실 내의 청결을 유지하여야 한다.

① **정의 :** 대장균군이라 함은 그람음성·무아포성의 간균으로서 젖당을 분해하여 가스 또는 산을 발생하는 모든 호기성 또는 통성 혐기성균을 말한다.

② 위생지표 미생물로 대장균군의 검출 의의

㈎ 대장균 자체가 위해한 경우는 적으나 분변 오염의 지표로서 그 분포가 항상 오염원과 공존한다.

㈏ 저항성이 병원균과 비슷하거나 강해서 미생물 오염의 의심을 할 수 있다.

㈐ 검출 방법이 간편하고 정확하다. 즉, 인축의 배설물이 음료수에 흘러 들어가면 세균성 이질, 장티푸스 등의 장내 병원 세균에 의한 소화기계 전염병의 유행을 일으킬 위험성이 있기 때문에 이 인축의 배설물 중의 대장균군을 음료수로부터 검출함으로써 오염을 추정하는 것이다.

(2) 시험관법

① **적용 범위 :** 본 시험 방법은 환경정책기본법 제10조의 환경기준에 규정된 총대장균군수 시험에 적용한다.

② **측정 원리 :** 시료를 유당이 포함된 배지에 배양할 때 대장균군이 증식하면서 가스를 생성하는데 이때의 양성 시험관수를 확률적인 수치인 최적확수로 표시하는 방법이며, 그 결과는 총대장균군수 /100mL의 단위로 표시한다.

③ **시험 방법 :** 대장균군의 정성시험은 추정시험, 확정시험의 2단계로 나뉜다.

㈎ 추정시험 : 라우릴 트리프토스 부이온 또는 유당 부이온을 넣은 발효관을 35±0.5℃, 24±2시간 배양하여 가스 발생이 있으면 대장균군의 존재가 추정된다.

㈏ 확정시험 : 추정시험에서 가스 발생이 있는 발효관으로부터 지름 3mm의 백금을 사용, 무균조작으로 BGLB 배지가 분주된 발효관에 이식하여 35±0.5℃, 48±3시간 배양하여 가스가 발생하면 확정시험 양성으로 한다. 배지의 색깔이 갈색으로 되었을 때는 완전시험을 하지 않으면 안 된다.

④ **최적확수 계산법 :** 발효관에 의한 대장균군 시험법은 일정량의 희석액 중에 1개 이상의 대장균군의 유무를 결정하는 정량적인 시험이다. 정량적 시험법은 동일 희석도의 것을 각각 5개씩 시험하여 대장균군 양성인 발효관수를 계산하여 확률적으로 그 수치를 구하며, 최적확수란 이론상 가장 가능한 수치를 말한다.

㈎ MPN법 : 시험 결과에 의한 대장균군수는 최적확수표에 의하여 결정한다. 표 중의 최적확수는 검액량 10, 1, 0.1mL인 경우의 검액 100mL 중 대장균군 숫자를 10배로 하여 기록한다. 또한 검액량을 0.1, 0.01, 0.001mL로 한 경우에는 100배로 한다.

(나) Thomas의 근사식

$$MPN = \frac{양성수 \times 100}{\sqrt{전시료(mL) \times 음성시료(mL)}}$$

Thomas의 근사식은 모두 양성인관을 제외하고 계산한다.

(3) 막여과 시험 방법

① **적용 범위 :** 본 시험 방법은 환경정책기본법 제10조의 환경기준에 규정된 총대장균군수 시험에 적용한다.

② **측정 원리 :** 시료의 종류 및 특성에 따라 적당량의 시료를 취하고, 또는 여과시료가 1mL이하인 경우에는 멸균된 희석수를 사용하여 적당히 희석한 후 여과하여, 그 여과막을 M－Endo(또는 LES Endo agar) 배지에 배양시킬 때, 대장균이 lactose를 발효하여 aldehyde를 생성하게 되어 붉은 색의 금속성 광택을 띠는 집락을 형성하는데, 이 집락수를 계수하여 총대장균군수/100mL의 단위로 표시하는 방법이다.

(4) 평판집락 시험 방법

① **적용 범위 :** 본 시험 방법은 수질환경보전법 제8조의 배출허용기준에 규정한 총대장균군수시험에 적용한다.

② **측정 원리 :** 시료를 유당이 함유된 한천 배지에 배양할 때 1마리의 대장균군이 증식하면서 산을 생산하며 하나의 집락을 형성한다. 이때 생성된 산은 지시약인 뉴트럴레드(neutral red)를 진한 적색으로 변화시켜 전형적인 대장균군 집락이 되어 식별할 수 있으므로 그 결과는 총대장균군수/mL의 단위로 표시한다. 배지에는 그람양성 간균이나 구균을 억제하는 데속시콜린산나트륨이 0.1%W/V 함유되어 있다.

관련 기출 문제

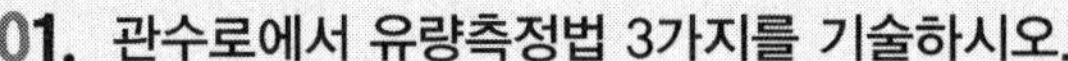

01. 관수로에서 유량측정법 3가지를 기술하시오. [07. 기사]

답 ⓐ 벤투리미터 ⓑ 오리피스 ⓒ 피토관

02. 수질시료를 보존하고자 할 때 반드시 유리용기에 보존해야 하는 측정항목 4가지를 기술하시오. [07. 기사]

답 ⓐ 노말헥산 추출물질 ⓑ 페놀류 ⓒ PCB ⓓ 유기인

03. COD 측정에서 과망간산칼륨($KMnO_4$) 용액으로 적정할 때 60~80℃로 유지하면서 적정하는 이유는? (단, 온도가 높을 때와 낮을 때를 나누어 설명할 것) [08. 기사]

답 ① 높을 때 : 고온에서는 과망간산칼륨 용액이 자기 분해한다.
② 낮을 때 : 저온에서는 과망간산칼륨의 침전이 일어나 적정 종점을 찾기가 어렵다.

04. 100℃의 산성 $KMnO_4$법을 이용하여 공장폐수의 COD 농도를 측정하려 한다. 보다 정확한 COD 농도 계산을 위하여 실험시마다 표준 적정액의 역가(factor) 산정이 필요하므로 0.025N−$Na_2C_2O_4$ 표준용액 10.0mL에 대하여 0.025N−$KMnO_4$ 용액으로 적정한 결과 적정 소비량은 10.45mL이었고 별도의 증류수에 대하여 공시험(blank test) 적정 소비량은 0.12mL로 나타났다. 다음 물음에 답하시오. [92. 기사]

(가) 0.025N−$KMnO_4$ 표준 적정액의 역가는? (단, 유효숫자 3자리까지로 함)

(나) 공장폐수 50mL를 검수하여 역적정 시에 위의 표준 적정 용액 8.0mL가 소비되었다면 적정액의 역가를 고려한 이 폐수의 COD 농도는? (단, 공시험 적정 소비량은 0.2mL, 유효숫자 3자리까지로 함)

해설 (가) $N \cdot V \cdot f = N' \cdot V' \cdot f'$

$$\therefore f' = \frac{N \cdot V \cdot f}{N' \cdot V'} = \frac{0.025 \times 10 \times 1}{0.025 \times (10.45 - 0.12)} = 0.968$$

∴ 0.025N $KMnO_4$의 역가 $(f) = 0.968$

(나) $COD[mg/L]=(b-a)\times f\times \frac{1000}{V}\times 0.2$

$$=(8.0-0.2)\times 0.968\times \frac{1000}{50}\times 0.2=30.202=30.2mg/L$$

답 (가) 역가(f)=0.968

(나) 폐수의 COD=30.2mg/L

05. 어떤 공장 주변지역의 수질조사를 위하여 그림과 같은 3개 지점의 시료를 채취하여 운반 중에 B지점의 시료용기가 파손되고 말았다. B지점을 제외한 지점의 시료분석결과가 다음 표와 같을 때 공장폐수의 배출 COD는 몇 mg/L이겠는가? (단, A지점과 B지점의 물이 완전 혼합한 것으로 하고 $\frac{1}{40}$N $KMnO_4$ 공시험치는 공히 0.5mL이고 factor는 1.00이다.) [01. 기사]

항 목	A 지점	C 지점
유량	$15m^3/h$	$20m^3/h$
검수량	25mL	20mL
측정 시 $\frac{1}{40}$N $KMnO_4$ 소비량	5.5mL	8.5mL

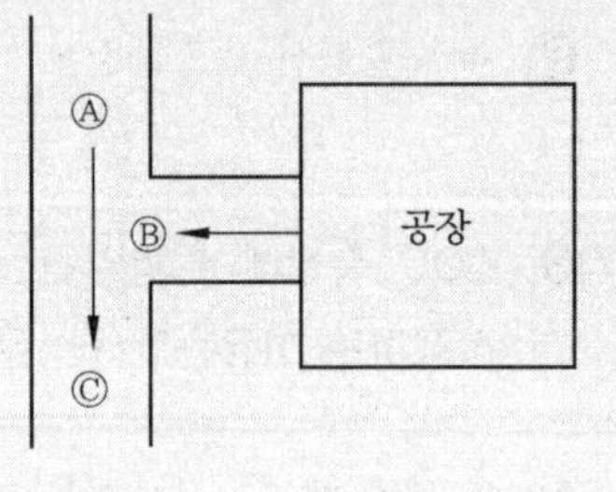

해설 ⓐ A지점의 COD와 C지점의 COD를 구한다.

㉠ A지점의 $COD[mg/L]=(5.5-0.5)\times 1.00\times \frac{1000}{25}\times 0.2=40mg/L$

㉡ C지점의 $COD[mg/L]=(8.5-0.5)\times 1.00\times \frac{1000}{20}\times 0.2=80mg/L$

ⓑ C_m공식을 이용하여 공장폐수의 COD를 구한다.

$$C_m=\frac{Q_AC_A+Q_BC_B}{Q_A+Q_B}$$

$$\therefore C_B[mg/L]=\frac{[80\times(15+5)-15\times 40]g/h}{5m^3/h}=200g/m^3=200mg/L$$

답 공장폐수의 배출 COD=200mg/L

06. 어느 공장폐수 중에 3500mg/L의 염소이온이 함유되어 있다. 이것을 황산은을 이용하여 처리하고자 한다. 황산은의 주입량(mg/L)은 얼마인가? (단, Ag의 원자량은 108이다.) [05. 기사]

해설 $2Cl^- + Ag_2SO_4 \rightarrow 2AgCl + SO_4^{-2}$

$2 \times 35.5g$: $312g$

$3500mg/L$: $x[mg/L]$

$$\therefore x = \frac{3500 \times 312}{2 \times 35.5} = 15380.282 = 15380.28mg/L$$

답 황산은의 주입량=15380.28mg/L

07. 어떤 공장폐수를 500mL 플라스크 5개에 각각 400mL씩 취하여 Cu 표준액(0.01mg Cu/mL)을 각각 0, 1.0, 2.0, 3.0, 4.0mL씩 가한 후 증류수를 가하여 각각 500mL로 하였다. 각 용액을 디티존에 의하여 선택 추출하고 얻은 염산 용액에 대하여 원자 흡광광도법에 의한 분석을 하여 다음과 같은 결과를 얻었다. 다음 물음에 답하시오. [96. 기사]

표준액량 (mL)	흡광도
0.0	0.2
1.0	0.3
2.0	0.4
3.0	0.5
4.0	0.6

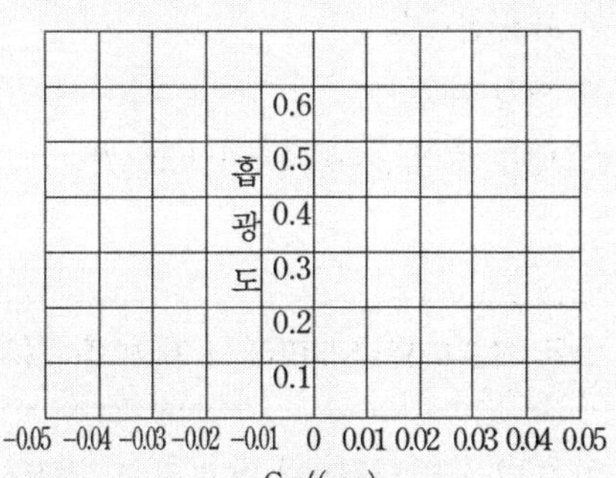

(가) 위와 같이 시료 내 성분의 흡광도만을 직접 측정하지 않고 여러 시료용액에 표준액을 일정량씩 투입하여 정량하는 정량법의 명칭을 쓰시오.

(나) 주어진 그래프 용지에 검량선을 작성하시오.

(다) 공장 폐수 중의 Cu 농도(mg/L)를 구하시오.

해설 (나) 각각의 시료 중 Cu의 양(mg)을 구한다.

표준액량 (mL)	Cu의 양 (mg)	흡광도
0.0	0	0.2
1.0	0.01	0.3
2.0	0.02	0.4
3.0	0.03	0.5
4.0	0.04	0.6

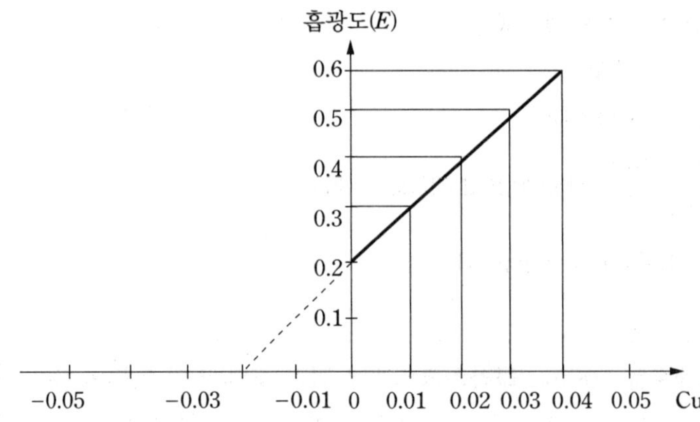

(다) 검량선에서 흡광도 0.2는 시료 중의 Cu에 의한 것이며 이것은 Cu 0.02mg에 해당한다.

$$\therefore \text{ 폐수 중의 Cu 농도(mg/L)} = \frac{0.02\text{mg}}{400\text{mL} \times 10^{-3}\text{L/mL}} = 0.05\text{mg/L}$$

답 (가) 표준첨가법

(나) 해설 참조

(다) 폐수 중의 Cu 농도=0.05mg/L

08. **이온 크로마토그래피에서 제거 장치(서프레스)의 역할을 2가지 쓰시오.** [05. 기사]

답 ① 분리 칼럼으로부터 용리된 각 성분이 검출기에 들어가기 전에 용리액 자체의 전도도를 감소시킨다.

② 목적 성분의 전도도를 증가시켜 높은 감도로 분석한다.

09. **위어의 수두가 0.25m, 수로의 폭이 1m, 수로의 밑면에서 하부점까지의 높이가 0.8m인 직각 삼각위어의 유량(m^3/h)을 구하시오.** $\left(\text{단, 유량계수}(K) = 81.2 + \frac{0.24}{h} + \left[8.4 + \frac{12}{\sqrt{D}}\right] \times \left[\frac{h}{B} - 0.09\right]^2\right)$ [06. 기사]

해설 K를 구하면

$$K = 81.2 + \frac{0.24}{0.25} + \left[8.4 + \frac{12}{\sqrt{0.8}}\right] \times \left[\frac{0.25}{1} - 0.09\right]^2 = 82.7185$$

$$Q = 82.7185 \times 0.25^{\frac{5}{2}} = 2.585\text{m}^3/\text{min}$$

$$\therefore Q = 2.585\text{m}^3/\text{min} \times 60\text{min/h} = 155.10\text{m}^3/\text{h}$$

답 위어의 유량$=155.10\text{m}^3/\text{h}$

10. 탈산소계수 $K=0.1/d$(밑수 10)인 폐수의 최종 BOD는? [88, 91, 93, 96. 기사]

BOD 측정자료 : ① 희석배수 : 50배

② DO 측정자료

구 분	BOD병의 번호	BOD병의 용량(mL)	적정에 소비된 0.025N $Na_2S_2O_3$(mL)
초기 DO	1	300	8.2
	2	300	7.9
	3	300	8.1
5일 후 DO	4	302	3.5
	5	302	3.7
	6	302	3.6

1. 적정에 사용된 시료량 : 200mL
2. 황산망간용액 투입량 : 2mL
3. 알칼리성 요오드화칼륨 아지드화나트륨 용액 투입량 : 2mL
4. 황산투입량 : 2mL
5. 0.025N $Na_2S_2O_3$용액의 역가 : 1.03

해설 D_1, D_2를 구한다.

초기 DO(D_1) 측정 시 적정에 소비된 0.025N $Na_2S_2O_3$의 평균량

$$=\frac{8.2+7.9+8.1}{3}=8.067\text{mL}$$

5일 후 DO(D_2) 측정 시 적정에 소비된 0.025N $Na_2S_2O_3$의 평균량

$$=\frac{3.5+3.7+3.6}{3}=3.6\text{mL}$$

$$\therefore \text{초기 DO}(D_1)=8.067\times1.03\times\frac{300}{200}\times\frac{1000}{300-4}\times0.2=8.421\text{mg/L}$$

$$\text{5일 후 DO}(D_2)=3.6\times1.03\times\frac{302}{200}\times\frac{1000}{302-4}\times0.2=3.758\text{mg/L}$$

$$\therefore \text{폐수의 } BOD_5=(8.421-3.758)\times50=233.15\text{mg/L}$$

$$\therefore BOD_u=\frac{233.15}{1-10^{-0.1\times5}}=340.976=340.98\text{mg/L}$$

답 최종 BOD=340.98mg/L

11. COD 측정 시, 보다 정확한 측정치를 얻기 위해서는 매 실험 시마다 표준적정액의 역가(facter) 산정이 필요하다. 0.025N $Na_2C_2O_4$ 표준용액 10mL에 대하여 0.025N $Na_2S_2O_3$ 용액으로 적정한 결과 적정소비량은 9.80mL, 별도의 증류수에 대한 공시험 적정 소비량은 0.15mL로 나타났다. 다음 물음에 답하시오. [96. 기사]

(가) 0.025N $Na_2S_2O_3$ 표준적정액의 역가는? (단, 소수 셋째자리까지 계산할 것)

(나) 공장폐수 50.0mL를 시료수로 하여 역정정시 상기한 과망간산칼륨 표준적정용액 7.70mL가 소비되었다면 이 폐수의 정확한 COD 농도는 얼마인가? (단, 공시험량은 0.20mL로 하고 소수 첫째자리까지 계산할 것)

해설 (가) $NVf=N'V'f'$

$$\therefore f'=\frac{0.025\times10\times1}{0.025\times(9.8-0.15)}=1.0363=1.036$$

(나) $$\text{COD[mg/L]}=(b-a)\times f\times\frac{1000}{V}\times0.2=(7.7-0.2)\times1.036\times\frac{1000}{50}\times0.2$$

$$=31.08=31.1\text{mg/L}$$

답 (가) 역가=1.036

(나) 폐수의 COD=31.1mg/L

12. 측정시료 채취 시 반드시 유리병을 사용해야 되는 항목 4가지는? [00, 02, 기사]

답 ⓐ 노말헥산 추출물질

ⓑ 페놀류

ⓒ PCB

ⓓ 유기인

13. COD 실험 시 $KMnO_4$와 $K_2Cr_2O_7$의 반응식은? [00. 기사]

답 ① $KMnO_4$: $MnO_4^- + 8H^+ + 5e \rightarrow Mn^{+2} + 4H_2O$

② $K_2Cr_2O_7$: $Cr_2O_7^{-2} + 14H^+ + 6e \rightarrow 2Cr^{+3} + 7H_2O$

참고 위의 반응이 강한 산화력을 나타내고 이 때문에 일정한 조건 하에서 시료 중의 피산화성 물질이 산화된다.

14. 알킬수은이 함유된 폐수 100mL, 염화메틸수은 표준액(0.001mgHg/mL)을 가스 크로마토그래피법으로 소정 분석 시 수은 농도는 몇 mg/L인가? [01. 기사]

표준액 첨가량 (mL)	피크 높이 (cm)
1.0	11
2.0	21
3.0	31
폐수 100mL	26

해설 직선식을 구하면 $y-21=\dfrac{31-21}{3-2}(x-2)$

$\therefore y=10x+1$

폐수의 피크 높이가 26cm이므로

$26=10x+1$

$\therefore x=2.5\text{mL}$

$\therefore Hg^{2+}$의 농도(mg/L)$=\dfrac{0.001\text{mg/mL}\times 2.5\text{mL}}{100\text{mL}\times 10^{-3}\text{L/mL}}=0.025=0.03\text{mg/L}$

답 수은의 농도=0.03mg/L

15. 유도결합 플라스마 발광광도법(ICP)의 원리를 설명하시오. [03. 기사]

답 시료를 고주파 유도코일에 의하여 형성된 아르곤 플라스마에 도입하여 6000~8000K에서 여기된 원자가 바닥상태로 이동할 때 방출하는 발광선 및 발광강도를 측정하여 원소의 정성 및 정량분석에 이용하는 방법이다.

16. 폐수처리장에서 최종 방류수를 하천에 투입하고 하류에는 유량측정소가 있다. 1, 2, 3 지점의 전도도가 각각 170, 820, 639μmho/cm이고 유량측정소 3지점에서의 유량이 0.494m^3/s일 때 1, 2 지점의 유량(m^3/s)은 얼마인가? (단, 기타 조건에 대한 영향은 무시한다.) [02. 기사]

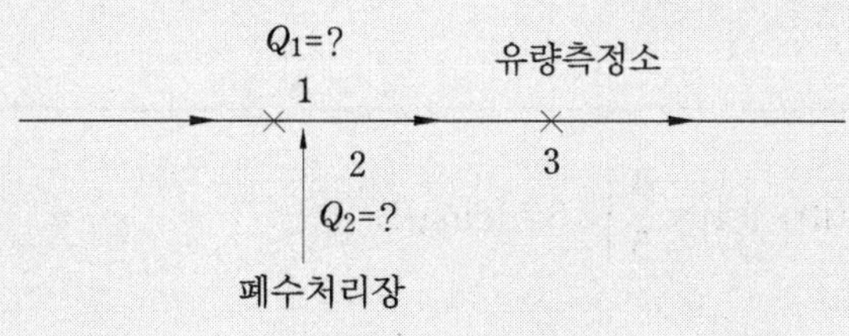

해설 $Q_1+Q_2=0.494$ ··· ①

$C_m=\dfrac{Q_1C_1+Q_2C_2}{Q_1+Q_2}$ $\therefore 639=\dfrac{(0.494-x)\times170+x\times820}{0.494}$ ··············· ②

$\therefore x=\dfrac{639\times0.494-170\times0.494}{650}=0.356=0.36\text{m}^3/\text{s}$

$\therefore Q_1=0.494-0.356=0.138=0.14\text{m}^3/\text{s}$

답 ① 1지점의 유량=$0.14\text{m}^3/\text{s}$

② 2지점의 유량=$0.36\text{m}^3/\text{s}$

17. 폐·하수에는 부유물질 등 여러 오염물질이 함유되어 있어 유량 측정 시 장애를 받는 경우가 많이 있다. 이러한 장애를 최소화하고 수두손실을 작게 하기 위한 측정방법 중 벤투리미터(venturi meter)가 적용되기도 하는데 이 기관의 원리와 유량 공식(항목별 설명포함, 예 : Q=유량)을 쓰시오. [02. 기사]

답 ① 원리 : 단면이 작은 목 부분과 점점 축소, 점점 확대되는 단면을 가진 관으로 축소 부분에서 정역학적 수두의 일부는 속도수두로 변하게 되어 관의 목 부분의 정역학적 수두보다 작게 되고 이러한 수두 차에 의해 직접적으로 유량을 계산할 수 있다.

② 유량공식 : $Q=\dfrac{C\cdot A\cdot V}{\sqrt{1-\left(\dfrac{d_2}{d_1}\right)^4}}=\dfrac{C\cdot\dfrac{\pi d_2^{\,2}}{4}\cdot\sqrt{2g\Delta h}}{\sqrt{1-\left(\dfrac{d_2}{d_1}\right)^4}}$

여기서, Q : 유량, C : 유량 계수, A : 목 부분의 단면적

Δh : 수두 차, g : 중력가속도, d_1 : 유입부 지름

d_2 : 목(throat)부 지름

18. 어떤 공장폐수의 BOD를 측정하기 위하여 검수에 식종 희석수를 가하여 5배로 희석한 것을 BOD병에 넣어 20℃에서 5일간 배양하였다. 이 희석검액의 초기의 DO는 7, 5일 후의 DO는 3mg/L이었다. 식종 물질로는 BOD 10mg/L인 하천수를 사용하였고 그 10%를 가하여 식종 희석수를 제조하였다. 이 공장폐수의 BOD_5(mg/L)를 구하시오. [02. 기사]

해설 $\text{BOD}=\left[(7-3)-(10\times0.1)\times\dfrac{4}{5}\right]\times5=16\text{mg/L}$

답 BOD=16mg/L

제 4 장

상 · 하수도

1 상 · 하수도의 기본계획, 수원, 취수시설

(1) 급수 계통의 순서

수원 → 취수 → 도수 → 정수 → 송수 → 배수 → 급수

① **수원 :** 원수의 수원으로서 지표수원과 지하수원이 대부분이다.

② **취수 및 집수 시설 :** 적당한 수질을 가진 수원에서 필요한 수량을 취수 및 집수하는 데 요구되는 시설

③ **도수 시설 :** 수원에서 취수한 물을 정수장까지 공급하는 시설

④ **정수 시설 :** 수질을 요구되는 정도로 정화시키는 시설

⑤ **송수 시설 :** 정수된 물을 배수지까지 보내는 데 필요한 시설

⑥ **배수 시설 :** 배수지로부터 배수관까지의 시설

⑦ **급수 시설 :** 배수관에서 분지하여 각 소비자의 급수전 사이에 존재하는 시설

(2) 인구 추정(population forecast)

① **등차증가법(等差增加法) :** 인구 증가율이 매년 일정하다고 가정한다. 이 방법은 발전성이 적은 소도시나 읍, 면에 이용된다.

$$P_n = P_0 + na$$

여기서, P_n : n년 후의 인구, P_0 : 현재의 인구,
n : 설계기간(년), a : 연간 인구 증가율

② **등비증가법(等比增加法) :** 인구 증가율이 매년 일정하다고 가정한다. 이 방법은 발전성이 있는 대도시나 시, 읍, 면에서 이용한다.

$$P_n = P_0(1+r)^n$$

여기서, r : 연간 인구 증가율

③ **논리법(論理法 :** logistic method) : 논리곡선(S 곡선)법, 포화인구 추정법, 수리법(數理法 : mathemetical method)이라고 불리며 "인구의 증가에 대한 저항은 인구의 증가속도에 비례한다"는 통계학자 Gedol의 생각을 정식화한 것이다.

$$P_n = \frac{K}{1+e^{(a-bn)}}$$

여기서, P_n : 추정 인구
K : 포화인구
n : 기초년부터 경과년수
e : 자연대수의 밑
a, b : 상수

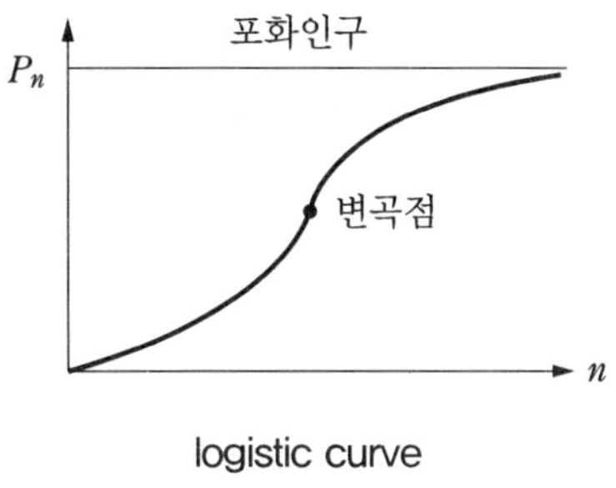

logistic curve

(3) NBFU 공식

소화 용수량을 계산하기 위한 미국화재보험협회(The National Board of Fire Underwriter)에서 추천하는 공식으로 인구 200000명 이하의 도시 중심지의 소화용수 요구량을 구하는 식이다.

$$Q = 3.86\sqrt{P}(1-0.01\sqrt{P})$$

여기서, Q : 소화 용수량(m^3/min), P : 인구수를 1000으로 나눈 값

인구가 200000명이 넘는 경우에는 제2의 화재에 대비해 10~20m^3/min의 소화용수를 부가적으로 공급할 수 있어야 한다.

소화전에서의 수압은 양수기를 가진 소방차가 있는 경우 1.4kg/cm^2, 없는 경우에는 7kg/cm^2 이상 되어야 한다.

(4) 저수용량(貯水容量) 결정하는 방법

저수지의 유효용량은 날로 변화하는 계획 취수량을 날로 변화하는 하천 유량의 저류에 의거 얻어들이는 양과 댐 하류의 방류수량, 저수지 자체의 증발 및 침투에 의한 손실수량 등을 고려하여 결정한다.

① 강우 자료에 의한 방법

- 강우가 많은 지방 : 급수량의 120일분 정도
- 강우가 적은 지방 : 급수량의 200일분 정도

② 가정법

$$C = \frac{5000}{\sqrt{0.8R}}$$

여기서, R : 연평균 강우량 (mm), C : 저수지 용량 (1일 계획 급수량의 배수)

③ Ripples method : 저수지의 유효용량을 도해법으로 구하는 방법으로서 가장 많이 사용하고 있다. 먼저 과거 수년간에 걸친 매월 유량을 조사한 후 증발, 침투에 의한 실유량을 빼어 순수량을 계산하여 매월 순수량을 누가해서 유출량의 누가곡선을 그리면 OA와 같다. 다음에 매월 소요수량, 즉 소비량의 누가곡선 OB를 그린다. 그러나 이의 변화는 극히 적으므로 대개 직선으로 간주한다. 여기서 OA 곡선과 OB 곡선이 서로 접근하려고 하는 구간, 즉 EG, LM과 같은 구간은 유출량이 소요수량보다도 적은 시기이며 어떤 가뭄의 기간 EG에서의 부족 수량을 구하려면 E점에서 OB 직선에 평행하게 EF 직선을 긋고 최대 세로 길이 IG를 구할 수 있다. 이 IG가 부족 수량이 된다. 또 LM 구간에서의 부족 수량도 같은 방법으로 구할 수 있다.

이러한 여러 개의 구간 최대 세로 길이에서 가장 큰 것이 바로 이상적인 소요 저수지 용량이다. IG를 구하는 용량이라고 한다면 저수하기 시작하는 때는 G에서 OB에 평행선을 그어 OA 곡선과 만나는 점 H에 해당하는 날, 즉 K로 정하여 이때부터 저수하면 된다.

이때부터 저수하면 E에 이르러 만수(滿水)가 되었다가 그 후에 점차 수위가 저하해서 G에 오면 저수위(低水位)가 되고 다시 상승하기 시작하여 F에서 만수가 되는 것이다.

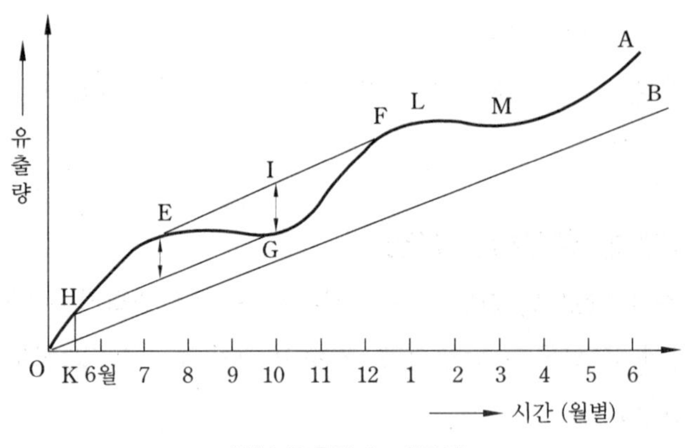

하천 유출량 누가곡선

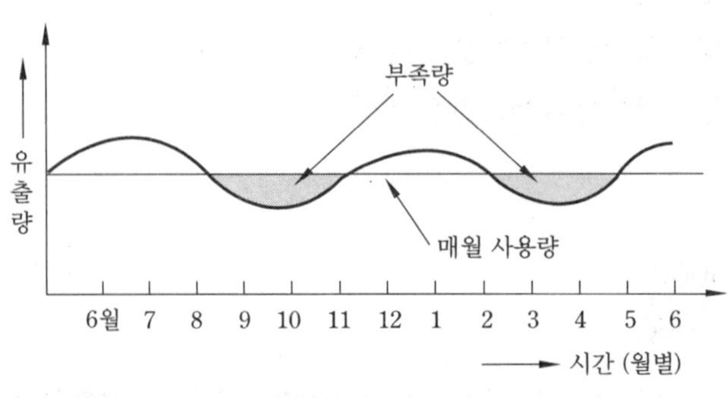

하천 유출량 곡선

(5) 우수량(雨水量) 구하는 법

강우(降雨)는 침투, 증발 등으로 인하여 하수거에 집수되는 양이 그 일부에 지나지 않으나 하수량에 비하면 그 양은 매우 많고 특히 합류식 하수거에서는 설계의 기준이 된다. 강우량 산정에서는 강우 상태를 정확히 조사한 다음 지질, 지형, 지표 상태에 관한 신중한 조사 연구가 있어야 한다.

① **강우강도 :** 한 지점의 강우강도는 단위 시간 내에 내린 비의 깊이로 표시되며 통상 mm/h의 단위가 사용된다. 강우강도와 강우지속시간과의 관계를 나타낸 식을 강우강도식이라 하며 우리 나라에서 채택되고 있는 몇 가지 식은 다음과 같다.

(가) Talbot형 : $I=\dfrac{c}{t+b}$

(나) Sherman형 : $I=\dfrac{a}{t^n}$

(다) Japanese형 : $I=\dfrac{e}{\sqrt{t}+d}$

여기서, I : 강우강도(mm/h), t : 강우지속시간(min)
a, b, c, d, e, n : 확률 기간 및 지역에 따라 다른 상수

② 강우지속시간은 유달시간을 사용하는데 유달시간은 유입시간과 유하시간의 합이다.

그림에서 유입시간(a)은 배수 지역의 최원격 지점에서 하수거에 유입할 때까지의 시간을 말하며 지표 상태, 구배 면적에 따라 다르다.

유하시간(b)은 하수거에 유입한 우수가 관길이 L을 흘러가는데 소요되는 시간을 말하며 관내의 유속을 V라 하면 유하시간(t)$=\dfrac{L}{V}$로 구할 수 있다.

즉, 유입시간+유하시간=유달시간=강우지속시간이다.

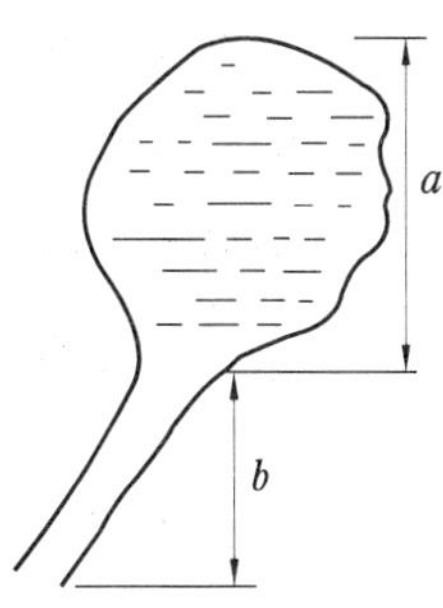

유입시간과 유하시간

③ **지체현상(遲滯現象 : retardation) :** 전 배수 구역의 빗물이 동시에 하수거의 시점에 모이는 일은 없으며 최원격 지점의 우수가 최후로 그 점을 통과할 때 이보다 가까운 지역에서의 우수는 벌써 그 점을 통과한 후이다. 이 현상을 지체현상이라 한다. 광대한 배수 구역의 최대 우수 배출량을 산출할 경우에는 이 지체현상을 고려한 것이 최대 유출량(最大流出量)이 될 때가 있고, 또 유달시간(流達時間)을 강우지속시간(降雨持續時間)으로 하여 지체현상을 고려하지 않는 편이 최대 유출량을 표시할 때가 있으므로 이 양자를 비교해서 큰 편을 채택하는 것이 좋다.

④ **합리식(合理植)** : 우수량을 계산하기 위한 공식에는 합리식(rational method)과 경험식(empirical formula)이 있으나 널리 사용되고 있는 것은 다음의 합리식이다.

$$Q = \frac{1}{360} CIA$$

여기서, Q : 우수 유출량(m^3/s), C : 유출계수(run off coefficient)
A : 배수 면적(ha), I : 강우강도(mm/h)

(6) 지하수의 취수량 구하는 법

① Darcy의 법칙

$$Q = AV = AKI$$

여기서, Q : 양수량, A : 물의 유입 단면적
V : 물의 유입속도(=KI), K : 침투계수(=투과 계수)
I : 동수경사(=기울기)

② 평형공식(thiem)

(가) 자유수면 우물 : 지하수는 수위가 높은 곳에서 낮은 곳으로 유입하므로 양수로 우물의 수위가 낮아지면 주위로부터 지하수는 우물 안으로 유입된다. 우물 주위의 동심원통을 통과하는 수량은 양수량과 같다.

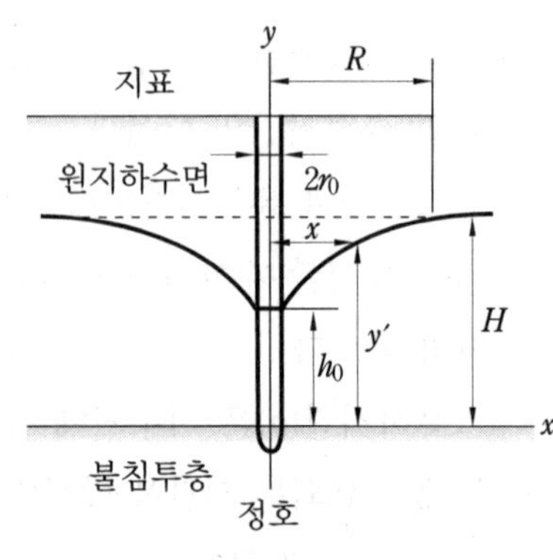

자유수면 우물

$$Q = \frac{\pi K(H^2 - h_0^2)}{\log_e \frac{R}{r_0}} = \frac{\pi K(H^2 - h_0^2)}{2.3\log_{10} \frac{R}{r_0}}$$

여기서, H : 당초의 수위(m)
h_0 : 양수 후 수위(m)
R : 영향원의 반지름
(150~500m로 가정)
r_0 : 우물 반지름(m)
K : 투수계수(m/s)

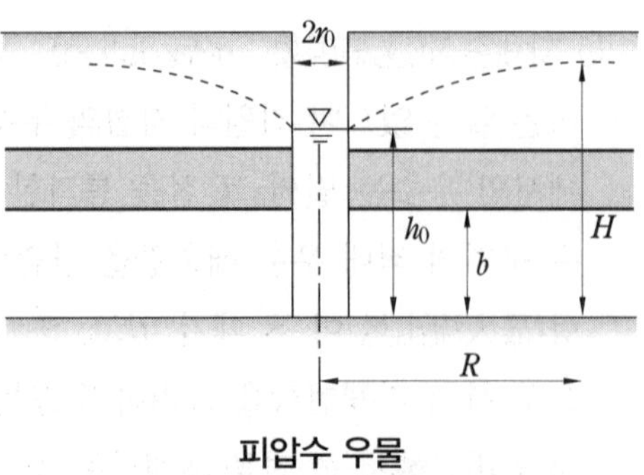

피압수 우물

(나) 피압수 우물 : 2개의 불침투층 사이에 있는 피압수를 양수하는 경우 압력이 증가하면 자연히 지상으로 분출되며 압력

이 작은 경우에도 물은 우물 안에서 대수층(帶水層) 이상으로 상승한다.

$$Q=\frac{2\pi Kb(H-h_0)}{\log_e \frac{R}{r_0}}=\frac{2\pi Kb(H-h_0)}{2.3\log_{10} \frac{R}{r_0}}$$

여기서, H : 대수층 하단에서 최초 수압까지 높이(m), b : 대수층 높이(m)

③ 비평형공식(theis)

$$S=\frac{Q}{4\pi T}\int_u^\infty \frac{e^{-u}}{u}du=\frac{Q}{4\pi T}W(u)$$

여기서, u : $r^2 s/4Tt$

S : t시간 양수한 후의 수위 저하량(m)

Q : 양수량(m^3/h)

T : 투수량계수로서 대수층(帶水層)의 두께에 투수계수를 곱한 것으로 자유수면인 때에는 kh로 표시되고 피압수인 경우에는 kb로 표시한다(m^2/h).

r : 우물에서의 거리(m)

s : 저류 계수(貯留係數)

t : 양수 시간(h)

W : Wenzel의 우물함수

④ 집수매거(集水埋渠)의 취수량

$$Q=\frac{KL(H^2-h_0^2)}{R}$$

여기서, H : 원지하수심(m), L : 매거의 길이(m)

h_0 : 매거의 수심(m), R : 영향반지름(m)

2 상 · 하수도 각종 설비

(1) 도수(導水) 및 송수(送水) 설비

① **정의 :** 도수와 송수는 함께 물을 수송한다는 뜻으로 도수는 수원에서 취수한 물을 정수장까지 보내는 것이고 송수는 정수된 물을 배수지까지 보내는 것이다. 도수나 송수는 기술적으로 대체로 같으나 도수에서는 원수이기 때문에 송수 경우만큼 수질 보호를 위해 밀폐 등을 고려할 필요가 없으나 송수에서는 정수된 물의 수질 보호를 위해 밀폐와

유속을 고려하여야 한다.

② **도수 및 송수 방식** : 도수 및 송수 방식은 동력의 필요 유무에 따라 자연유하식(自然流下式 : gravity system)과 가압식(加壓式 : pumping system)으로 분류한다.

(가) 자연유하식(自然流下式) : 자연유하식, 즉 중력식은 수원의 위치가 정수장보다 높은 곳에 있기 때문에 물이 중력에 의해서 흐를 수 있어서 양수기를 사용하지 않고 운반할 수 있을 때 사용하며 수리학적으로 다음 두 가지로 분류할 수 있다.

- 개수로식(開水路式 : open channels) : 수면이 대기에 접하여 중력 작용으로 경사에 따라 자연유하하는 방식이다.
- 관수로식(管水路式 : pipe lines) : 물이 수압하에 수로 안을 가득 차서 흐르게 하는 방법이다.

(나) 가압식(加壓式) : 가압식, 즉 펌프식은 자연유하식이 불가능할 때 사용하며 관수로식으로만 가능하다.

(다) 도수 방식의 선택은 수원 정수장의 상호 고저관계에 따라서 달라지나 자연유하식은 거리가 길게 되고 건설비가 많이 들지만 도수가 안전하며 유지관리가 쉬우므로 유지비가 싼 장점이 있다. 가압식은 수원을 급수 구역 가까운 곳에서 자유롭게 택할 수 있으며, 도수로가 짧아 건설비도 절감되는 장점이 있으나 전력 등 유지비가 많이 들고 정전 등 도수의 안전성이 적은 단점이 있다.

③ **금속관 부식 방지법**

(가) 음극보호법 : 철보다 쉽게 이온화되는 금속으로 된 보조 음극 사용

(나) 막형성법 : 아스팔트, 고무, 플라스틱 등으로 관내부 표면도포

(다) 부식방지제 : 인산, 규산나트륨 등 화합물을 주입해 복합물을 형성시켜 수산화제2철 결정체 생성 방지

(라) 기타 : 관외부 표면에 $CaCO_3$ 막을 형성시키는 방법이 있다.

④ **관두께 결정**

$$t = \frac{PD}{2\sigma}$$

P : 수압(kg/cm^2, MPa)　　$\sigma(=W)$: 허용 응력(kg/cm^2, N/mm^2)

D : 관의 안지름(mm)　　t : 두께(mm)

⑤ **평균 유속 구하는 식**

(가) 개수로, 즉 개거와 암거 등의 수로에서 평균 유속을 구하는 식은 다음 식이 가장 많

이 사용된다.

- Manning 공식

$$V=\frac{1}{n}R^{2/3}I^{1/2}$$

※ 개수로에서 가장 많이 적용된다.

- Chezy 일반식

$$V=C\sqrt{RI}$$

- Ganguillet－Kutter의 공식

$$V=\frac{23+\frac{1}{n}+\frac{0.00155}{I}}{1+\left(23+\frac{0.00155}{I}\right)\frac{n}{\sqrt{R}}}\sqrt{RI}$$

- Forchheimer 공식

$$V=\frac{1}{n}R^{0.7}I^{0.5}$$

여기서, V : 평균유속(m/s) I : 동수경사(수면경사＝기울기＝구배)
n : 조도계수 R : 수리 평균 수심(＝경심)
C : 평균유속계수

(나) 관수로는 관이 항상 만류(滿流)로 되어 압력에 의하여 흐르는 수로를 말하는 것으로 이는 주철관, 강철관 등으로 수압에 견딜 수 있도록 만들어야 하며 수로 관로에서 주로 사용되는 방식이다.

- Hazen－williams 공식

$$V=0.35464CD^{0.63}I^{0.54}$$
$$V=0.84935CR^{0.63}I^{0.54}$$
$$Q=0.27853CD^{2.63}I^{0.54}$$

여기서, V : 평균유속(m/s) A : 유량(m^3/s)
C : 유속 계수 D : 관의 내경(m)
I : 동수경사(수두손실/관연장) R : 수리 평균 수심(m)＝경심

⑥ 수로 내 수두손실은 Hazen－williams 공식이나 Manning 공식의 I를 구해서 수로 길이

를 곱해 주면 되나, Darcy-weisbach 공식을 많이 사용한다.

$$h_f = f \cdot \frac{L}{D} \cdot \frac{v^2}{2g}$$

여기서, h_f : 수두손실(m) f : 마찰계수
D : 관의 지름(m) v : 유속(m/s)
L : 수로 길이(m) g : 중력가속도(9.8m/s^2)

관의 길이가 짧을 때는 밸브, 연결관(連結管), 곡관(曲管), 유입구, 유출구 등에서 일어나는 수두손실도 무시할 수 없게 된다. 이들에 의한 수두손실은 여러 가지 공식으로 표현될 수 있지만 대표적으로 다음 공식이 사용될 수 있다.

$$h = K\frac{v^2}{2g}$$

여기서, h : 수두손실(m) K : 부속시설에 의해서 결정되는 계수
g : 중력가속도 v : 유속 (m/s)

(2) 펌프 설비

① 사용 목적 양정에 따른 펌프 형식

(가) 취수용으로 전양정이 9m 이하로서 구경이 200mm 이상 대형의 경우는 사류 또는 축류펌프를 사용한다.

(나) 전양정이 20m 이상으로 되든가 구경이 200mm 이하의 경우는 원심펌프를 사용한다.

(다) 흡입 실제 양정이 6m 이상일 경우 또는 구경이 1500mm를 넘는 사류 혹은 축류펌프는 수직형을 사용한다.

(라) 침수의 우려가 있는 장소에서는 수직형(축류) 펌프를 사용한다.

(마) 심정호의 경우는 수중모터 펌프 또는 borehole 펌프를 사용한다.

전양정과 펌프 형식

전양정(m)	형 식	펌프 구경(mm)
4 이하	축류펌프	300 이상
3~12	사류펌프	200 이상
4 이상	와권펌프	50 이상

② 수격 현상(water hammering) : 유체가 유동하고 있을 때 정전 혹은 밸브를 차단할 경우 유체가 감속되어 운동에너지가 압력에너지로 변하여 유체 내의 고압이 발생하고 유

속이 급변화하면서 압력 변화를 가져와 관로의 벽면을 타격하는 현상이다.

㈎ 수격 현상의 발생 원인

- 펌프의 운전중에 정전에 의해서
- 펌프의 정상 운전일 때의 액체에 압력 변동이 생길 때

㈏ 수격 현상의 방지 대책

- 관로의 관지름을 크게 하고 유속을 낮게 하여야 한다.
- 압력 강하의 경우 fly wheel를 설치하여야 한다.
- 조압수조(surge tank) 또는 수격방지기(water hammering cusion)를 설치하여 적정 압력을 유지하여야 한다.
- 펌프 송출구 가까이 송출밸브를 설치하여 압력 상승 시 압력을 제어하여야 한다.

③ **공동 현상(cavitation)** : 관 속을 유체가 흐르고 있을 때 압력이 떨어지면 그 이하의 온도에서 유체는 비등하는데 흐르는 유체 속의 어느 부분의 정압이 유체의 온도에서 포화증기압 이하가 되면 관내에 부분적으로 수증기가 발생하는 현상을 공동현상(cavitation)이라고 한다. 또 펌프의 흡입측 배관 내에서 발생하는 것으로 배관 내의 수온 상승으로 물이 수증기로 변화하여 물이 펌프로 흡입되지 않는 현상도 있으며 이때 흡입측 수두는 4.6m 이하가 좋다.

㈎ 공동현상의 발생 원인

- 펌프의 흡입측 수두가 클 때
- 펌프의 마찰손실이 클 때
- 펌프의 impeller 속도가 클 때
- 펌프의 흡입관 지름이 적을 때
- 펌프의 설치 위치가 수원보다 높을 때
- 관내의 유체가 고온일 때
- 펌프의 흡입 압력이 유체의 증기압보다 낮을 때

㈏ 공동현상의 발생 현상

- 소음과 진동 발생 : 수증기(기포)의 생성과 파괴가 순간적으로 일어나 그때의 충격파에 의해 소음과 진동이 발생하여 운전이 불가능하게 된다.
- 관정부식을 일으킨다.
- impeller의 손상 : impeller의 침식은 성능 저하뿐만 아니라 impeller의 결손은 중대 사고 원인이 될 수 있기 때문에 공동현상이 발생된 후 장시간 운전하는 것은 큰 위험을 초래하게 된다.

- 펌프의 성능 저하(토출량, 양정, 효율 감소) : 회전차 내의 유동이 산만하고, 양정 · 효율 · 토출량이 급격히 저하한다.

(다) 공동현상의 방지 대책

- 펌프의 흡입측 수두, 마찰손실을 작게 한다.
- 펌프 impeller 속도를 작게 한다.
- 펌프 흡입관 지름을 크게 한다.
- 펌프 설치 위치를 수원보다 낮게 하여야 한다.
- 펌프 흡입 압력을 유체의 증기압보다 높게 한다.
- 양흡입 펌프를 사용하여야 한다.
- 양흡입 펌프로 부족 시 펌프를 2대로 나눈다.

④ 펌프의 마력수 구하는 법

(가) $P_w = \dfrac{\gamma_0 QH}{75}$

(나) $P = \dfrac{\gamma_0 QH}{75} \div \eta_p$

(다) $P_m = \dfrac{\gamma_0 QH}{75} \div \eta_p \div \eta_m$

여기서, P_w : 수동력(유효동력)(HP) γ_0 : 양수액의 밀도(kg/m^3) Q : 양수량(m^3/s)
H : 양정(m) P : 펌프의 축동력(HP) η_p : 펌프의 효율
P_m : 요구 동력(HP) η_m : 모터 효율

⑤ 유효흡입양정(net positive suction head : NPSH) : 펌프의 흡입수두(흡입양정)는 대기압 하에서 약 10m의 높이까지 빨아올릴 수 있지만 실제로는 흡입관의 저항과 수온 등의 영향으로 흡입수두는 감소된다.

$$H_{sv} = \frac{P_a}{\gamma} \pm H_s - h_f - \frac{P_{vp}}{\gamma}$$

여기서, H_{sv} : 유효흡입수두(m)
P_a : 흡수면에 가해지는 압력(kg/m^2)
H_s : 흡입수면에서 펌프 중심까지의 높이(m)
h_f : 흡수관 내의 마찰손실수두(m)
P_{vp} : 그때의 수온에 있어서의 물의 포화증기압(kg/m^2)
r : 물의 비중량(kg/m^3)

실제로 필요로 하는 흡입수두는 유효흡입수두보다 작은 값으로 하지 않으면 cavitation이 발생한다. 즉, 펌프가 cavitation을 일으키지 않기 위해서는 유효

NPSH > 필요 NPSH가 되어야 한다.

A관은 대기압(수두 10.3m)에서 그 액의 온도에 의한 증기압력을 뺀 곳까지 수위가 올라가며 B관은 대기압에서 그 액의 온도에 의한 증기압력, 실흡수양정, 마찰손실수두, 흡수관구의 속도수두를 뺀 곳까지 수위가 올라간다. 이것이 물이 갖고 있는 흡입양정이며 이것에 흡수관의 속도수두$\left(=\dfrac{V^2}{2g}\right)$를 더한 것을 펌프가 이용할 수 있는 NPSH(유효흡입수두)라고 한다.

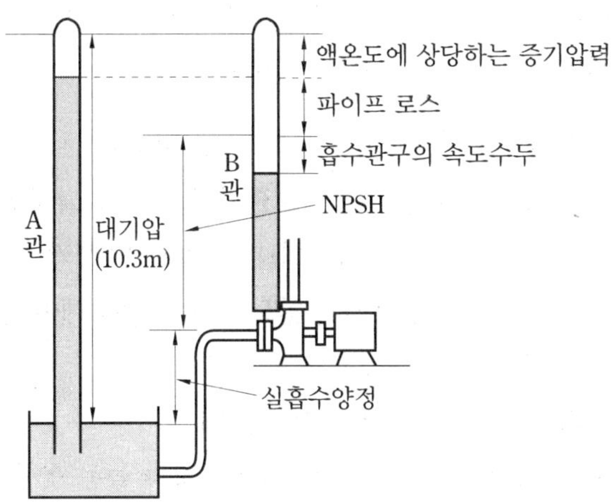

흡수면에 대기압에 작용하고 있는 경우의 NPSH

(3) 배수 및 급수 설비

① 배수의 정의

(가) 배수란 넓은 의미로는 처리된 물(정수)을 급수 지역 내의 소비자에게 보내는 것이며 좁은 의미로는 급수 지역 내의 시설된 배수관에 필요한 물을 보내는 것이다.

(나) 배수 시설은 처리된 물을 취급함으로 수질이 오염되지 않도록 보호해야 한다.

(다) 배수 시설은 배수관의 길이가 매우 길어서 급수 시설 전체 비용의 큰 부분을 차지하므로 주의 깊게 계획 및 설계되어야 한다.

② 배수관망의 수리학적 분석은 관의 구경, 유속계수, 관망의 유입수량과 유출수량에서 각 관로의 유량과 손실수두를 계산하는 것이다. 관망 설계를 위하여 가장 많이 사용되는 방법은 Hazen－Williams의 공식이 이용되는 등치관법(等値管法)과 Hardy－Cross법 두 가지이다.

(가) 등치관법 : 등치관법은 Hardy－Cross법에 의해서 관망 설계 전 복잡한 관망을 좀 더 간단히 관망으로 골격화시키는 예비작업이다. 한 관내로 일정한 유량의 물이 흐를 때 생기는 수두손실이 대치된 관에서 생기는 수두 손실과 같을 때 그 대치된 관을

등치관이라고 한다.

• 공식 : $L_2 = L_1 \times \left(\frac{D_2}{D_1}\right)^{4.87}$

(나) Hardy−Cross법 : 관망이 대단히 복잡한 경우 Hardy−Cross법을 적용하여 관망의 유량과 수두손실을 정확히 계산할 수 있다. 이 방법에서는 최초에 가정된 유량을 적용하여 관망이 수리학적으로 평형을 이룰 때까지 수정치를 사용하여 계산을 반복한다. 이 방법의 원리는 어떠한 관망에서도 연결성이 보유되어야 한다는 것과 관의 교차점에서 수압은 일정한 값을 가진다는 것이다.

③ **교차연결(交叉連結 ; cross connection)** : 음료수로 사용할 수 없는 물이 음료수용 급수시설로 직접 또는 간접으로 들어갈 수 있는 물리적 연결을 교차연결이라고 한다. 교차연결에 의해서 음료수가 오염되어 전염병이 퍼진 예도 많이 있으며, 오염의 우려가 매우 크므로 급수시설에 교차연결이 생기지 않도록 특히 주의해야 한다.

교차연결의 예는 다음과 같다.

(가) 상수관이 하수거와 함께 같은 도랑에 매설될 때

(나) 오염된 물을 담은 그릇의 유출구가 상수 유입구보다 높은 곳에 위치할 때

(다) 부적합한 수원을 공공상수도에 연결시킬 때

(라) 소화용수를 보충받기 위하여 공중 상수도망을 사용할 때

(마) 그릇에 물을 채우거나 씻을 때 일어날 수 있다.

참고 cross over, interconnection : 음료수와 음료 가능한 급수시설 간의 연결로서 cross connection과 반대 의미이다.

(4) 하수관거 설비

① **관거의 재료** : 하수도에 사용되는 관거 재료의 특성은 다음 조건이 요구된다.

(가) 외압에 대한 강도가 충분하고 파괴에 대항력이 클 것

(나) 관거 내면이 매끈하여 조도계수가 낮을 것

(다) 유량의 변동에 대해서 유속의 변동이 적은 수리 특성을 가진 단면형일 것

(라) 산 · 알칼리에 대한 내부식성과 자갈의 유하에 대한 내마모성이 강할 것

(마) 이음의 시공이 용이하고 수밀성과 신축성이 높을 것

(바) 이음공을 포함해서 가격이 저렴할 것

(사) 중량이 작고 운반 및 거부(据付) 공사에 지장이 생기지 않을 것

② **관정부식(管頂腐蝕 ; crown corrosion) :** 도관이 하수관으로 사용되는 경우 유기물의 분해에 의한 영향을 별로 받지 않으나 콘크리트관은 폐수 내에 존재하거나 유기물 분해 시 생성되는 산에 의해서 부식이 된다. 그림에서와 같이 하수 내의 단백질이나 기타 황화물이 혐기성 상태에서 분해되는 경우 생성되는 황화수소(H_2S)는 호기성 세균에 의해서 SO_2나 SO_3가 되고 이들은 관정부(管頂部 crown)의 물방울에 녹아서 황산이 된다. 이 황산은 콘크리트 내에 함유된 철, calcium 혹은 aluminum과 결합하여 황산염이 되므로 콘크리트관을 파괴하며 이 현상을 관정부식이라 한다.

이에 대한 대책으로는 하수의 유속을 증가시켜서 산소가 하수에 용해되게 하여 하수 내에 생성된 황화물을 산화시키거나 혹은 하수를 염소로 처리하여 황화물을 산화시키는 방법이 있다. 때로는 콘크리트관 내부를 PVC나 기타 물질로 피복하고 이음 부분은 합성수지를 사용하여 내산성이 있게 한다.

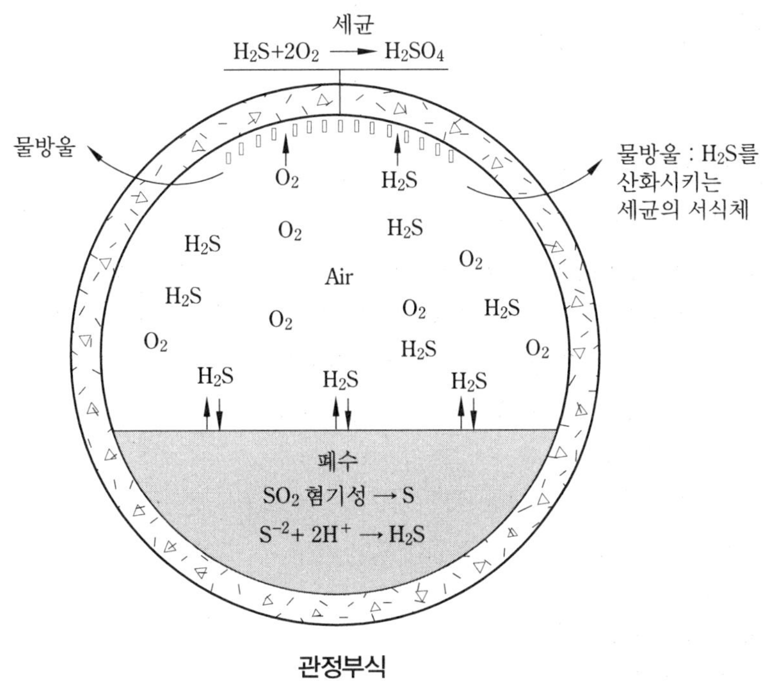

관정부식

관련 기출 문제

01. 인구가 67800이고 1인 1일 300L의 생활용수를 사용하는 도시의 인구 평균 증가율이 0.052라고 할 때 30년 후의 생활용수 사용량을 구하시오. (단, 인구추정 공식은 등비법을 사용한다.) [92. 기사]

해설 $P_n = P_0 \times (1+r)^n$

$P_{30} = 67800 \times (1+0.052)^{30} = 310243$인

∴ 생활용수 사용량(m^3/d)$=300$ L/인 · d$\times 310243$인$\times 10^{-3} m^3/L = 93072.9 m^3/d$

답 생활용수 사용량$=93072.9 m^3/d$

02. 1986년 말 현재 인구 63000인 어느 신도시의 급수시설을 설계하고자 한다. 이 도시의 인구 증가율은 매년 2.2%이다. 다음 물음에 답하시오. [88. 97. 기사]

(가) 2년 후의 1988년 말의 인구를 등비증가법을 이용하여 계산하시오.

(나) 1988년 말 인구를 기준으로 1인당 1일 평균 급수량을 200L로 할 때 1일 평균 급수량(m^3)을 구하시오. (단, 급수 보급률은 95% 이다.)

(다) 급수를 위한 급수계통을 그 순서대로 나열하시오.

① 배수(配水)시설
② 취수(取水) 및 집수(集水)시설
③ 급수(給水)시설
④ 정수(淨水)시설
⑤ 도수(導水)시설
⑥ 송수(送水)시설

해설 (가) $P_n = P_0 \times (1+r)^n$에서

$P_2 = 63000 \times (1+0.022)^2 = 65803$인

(나) 급수량 (m^3/d)$=200$ L/인 · d$\times 65803$인$\times 10^{-3} m^3/L \times 0.95 = 12502.57 m^3/d$

답 (가) 인구수$=65803$인

(나) 1일 평균 급수량$=12502.57 m^3/d$

(다) ② → ⑤ → ④ → ⑥ → ① → ③

03. 급수 보급률이 50%인 인구 50000명의 소도시의 평균급수량이 400L/인 · 일이고, 그 도시 하수처리장의 COD제거율이 90%일 때 하수처리장 배출수의 BOD 농도는 얼마인가? (단, 1일 1인당 COD 배출 50g이고, BOD/COD=0.7이며 하수도로 배출되는 하수량은 급수량의 80%이며 하수도 보급률은 50%이다.) [07. 기사]

해설 ⓐ 유입수 COD 농도 $= \dfrac{50\text{g/인} \cdot \text{d} \times 50000\text{인} \times 0.5}{0.4\text{m}^3\text{/인} \cdot \text{d} \times 50000\text{인} \times 0.5 \times 0.8} = 156.25\text{mg/L}$

ⓑ 유출수 COD 농도 $= 156.25\text{mg/L} \times (1-0.9) = 15.625\text{mg/L}$

∴ 유출수 BOD 농도 $= 15.625\text{mg/L} \times 0.7 = 10.937 = 10.94\text{mg/L}$

답 유출수 BOD 농도=10.94mg/L

04. $I = \dfrac{3390}{t+27}$ mm/h, 유역면적 2km^2, 유입시간 5분, 유출계수 0.9, 관내 유속 2m/s인 경우 관 길이 840m인 하수관에서 흘러나오는 우수량은 몇 $\text{m}^3\text{/s}$인가? (단, 합리식을 이용하시오.) [89. 기사]

해설 합리식 : $Q = \dfrac{1}{360} CIA$를 이용하여 구한다.

ⓐ 유달시간=유입시간+유하시간 $\left(=\dfrac{L}{V}\right) = 5\text{min} + \dfrac{840\text{m}}{2\text{m/s} \times 60\text{s/min}} = 12\text{min}$

ⓑ 강우강도 $(I) = \dfrac{3390}{12+27} = 86.923\text{mm/h}$

ⓒ 유역면적$(A) = 2\text{km}^2 \times 10^6\text{m}^2\text{/km}^2 \times \text{ha}/10^4\text{m}^2 = 200\text{ha}$

$\therefore Q[\text{m}^3\text{/s}] = \dfrac{1}{360} \times 0.9 \times 86.923 \times 200 = 43.462 = 43.46\text{m}^3\text{/s}$

답 우수량$=43.46\text{m}^3\text{/s}$

05. 그림과 같이 자유 지하수층에 지름 0.5m의 우물을 팠는데 양수 전의 지하수는 불투수층 위로 20m였다. $100\text{m}^3\text{/h}$로 일정 양수할 때 양수정으로부터 10m와 20m 떨어진 관측정의 수위저하는 각각 2m와 1m이었다. 이 대수층의 투수계수(m/h)와 양수정에서의 수위저하(m)를 구하시오. [04. 기사]

$\left(\text{단, } Q = \dfrac{\pi K}{2.3} \cdot \dfrac{H^2 - h_0^2}{\log_{10}(R/r_0)} = \dfrac{\pi K(h_2^2 - h_1^2)}{\ln(r_2/r_1)}\right)$

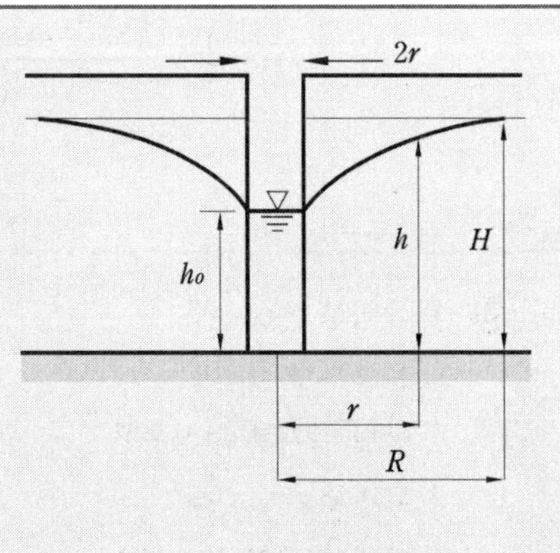

해설 ① 투수계수 (K)는 $Q=\dfrac{\pi K(h_2^{\,2}-h_1^{\,2})}{\ln\left(\dfrac{r_2}{r_1}\right)}$ 을 이용해 구한다.

$$100\mathrm{m^3/h}=\frac{\pi K(19^2-18^2)}{\ln\left(\dfrac{20}{10}\right)}$$

$$\therefore K=\frac{100\times\ln\left(\dfrac{20}{10}\right)}{\pi(19^2-18^2)}=0.596=0.6\mathrm{m/h}$$

② 수위저하는 h_0를 구한다.

주어진 두 식을 정리하면

$$Q=\frac{\pi K(h_1^{\,2}-h_0^{\,2})}{\ln\left(\dfrac{r_1}{r_0}\right)} \qquad \therefore 100\mathrm{m^3/h}=\frac{\pi\times0.596(18^2-x^2)}{\ln\left(\dfrac{10}{0.25}\right)}$$

$$\therefore 100\times\ln\left(\frac{10}{0.25}\right)=\pi\times0.596\times(18^2-x^2)$$

$$\therefore x^2=18^2-\frac{100\times\ln\left(\dfrac{10}{0.25}\right)}{\pi\times0.596}=126.9854$$

$$\therefore x=\sqrt{126.9854}=11.269\mathrm{m}$$

∴ 수위저하=20−11.269=8.731=8.73m

답 (가) 투수계수=0.6m/h

(나) 수위저하=8.73m

06. **다음과 같은 수처리시설의 두 탱크 사이의 관로(㉮~㉯ 구역)에서 발생할 수 있는 손실수두의 명칭을 5가지만 열거하시오.** [88, 90, 02. 기사]

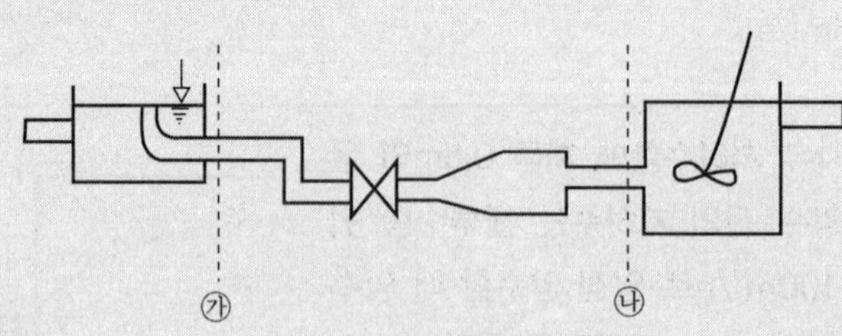

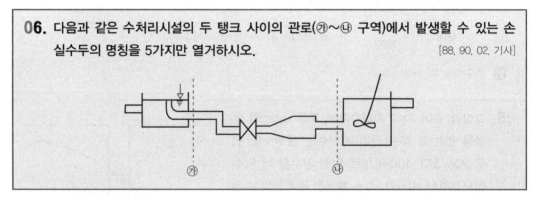

답 ⓐ 유입부 손실수두

ⓑ 유출부 손실수두

ⓒ 밸브 설치부 손실수두

ⓓ 곡관부 손실수두

ⓔ 확대관 설치부 손실수두

07. 정수장에서 수돗물 속에 포함될 수 있는 트리할로메탄(THM)의 생성반응 속도에 다음 각 수질 인자가 미치는 영향을 기술하시오. [07. 기사]

(가) 수온 (나) pH (다) 불소농도

답 (가) 수온이 높을수록 트리할로메탄(THM)의 생성반응 속도가 증가한다.

(나) pH가 높을수록 트리할로메탄(THM)의 생성반응 속도가 증가한다.

(다) 불소 농도가 높을수록 트리할로메탄(THM)의 생성반응 속도가 증가한다.

08. 원형 관로에 물 $100m^3/d$가 $\frac{1}{2}$ 정도 차서 흐르고 있다. 이 원형수로의 지름(m)은 얼마인가? (단, 조도계수는 0.013이며 동수구배는 1%, 맨닝 공식을 사용한다.) [05. 기사]

해설 ⓐ $Q=A\cdot V=\frac{\pi D^2}{4}\times\frac{1}{2}\times\frac{1}{n}\cdot\left(\frac{D}{4}\right)^{\frac{2}{3}}\cdot I^{\frac{1}{2}}$

여기서, $\frac{1}{2}$은 $\frac{1}{2}$ 정도 차서 원형 관로를 흐르기 때문이다.

ⓑ $D^{\frac{8}{3}}=\dfrac{100m^3/d\times\dfrac{d}{86400s}\times2\times4\times0.013}{\pi\times\left(\dfrac{1}{4}\right)^{\frac{2}{3}}\times\left(\dfrac{1}{100}\right)^{\frac{1}{2}}}=0.000965$

$\therefore D=(0.000965)^{\frac{3}{8}}=0.074=0.07m$

답 수로의 지름 $=0.07m$

09. 정수장에서 수직고도 30m 위에 있는 배수지로 관의 지름 20cm, 총연장 200m의 배수관을 통해 유량 $0.1m^3/s$의 물을 양수하려 한다. 다음 물음에 답하시오. [09. 기사]

(가) 관로의 마찰손실수두를 고려할 때 펌프의 총양정(m)을 계산하시오. (단, $f=0.03$이다.)

(나) 펌프의 효율을 70%라 할 때 펌프의 소요 동력(kW)을 계산하시오. (단, 물의 밀도는 $1g/cm^3$이다.)

해설 (가) $h_L=0.03\times\frac{200}{0.2}\times\frac{3.183^2}{2\times9.8}=15.507m$

$\therefore$ 총양정 $=30+15.507=45.507=45.51m$

(나) $kW=\frac{1000\times0.1\times45.507}{102\times0.7}=63.735=63.74kW$

답 (가) 총양정 $=45.51m$ (나) 소요 동력 $=63.74kW$

10. 상수원 및 취수지점 선정 시 고려해야 될 사항을 4가지 쓰시오.(예 수질이 양호하며 수량이 풍부하여야 한다.) [05. 기사]

답 ⓐ 가능한 한 주위에 오염원이 없는 곳이어야 한다.
ⓑ 소비지로부터 가까운 곳에 위치하여야 한다.
ⓒ 계절적으로 수량 및 수질의 변동이 적어야 한다.
ⓓ 수리학적으로 가능한 한 자연유하식을 이용할 수 있는 곳이어야 한다.

11. 그림과 같이 조도계수(n) 0.03, 동수경사 (I) $\frac{1}{1000}$ 인 개수로의 유량은 몇 m^3/s인가? (단, Chezy 평균유속공식을 이용하고 유속계수(C)는 Kutter 공식

$$C=\frac{23+\frac{1}{n}+\frac{0.00155}{I}}{1+\left(23+\frac{0.00155}{I}\right)\frac{n}{\sqrt{R}}}$$

으로 구한다.) [92, 99. 기사]

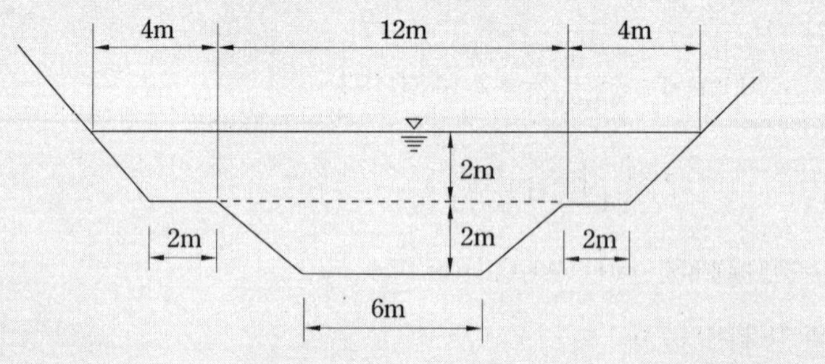

해설 ⓐ A를 구한다(단면을 2개로 나눈다).

$$\therefore A=A_1+A_2=\frac{1}{2}\times(20+16)\times2+\frac{1}{2}\times(12+6)\times2=54\text{m}^2$$

ⓑ $$R=\frac{1}{2\times(2\sqrt{2}+2+\sqrt{13})+6}=2.361\text{m}$$

ⓒ $$C=\frac{23+\frac{1}{0.03}+\frac{0.00155}{0.001}}{1+\left(23+\frac{0.00155}{0.001}\right)\frac{0.03}{\sqrt{2.361}}}=39.128$$

$$\therefore Q[\text{m}^3/\text{s}]=A\cdot V=A\times C\sqrt{RI}$$

$$=54\text{m}^2\times(39.128\times\sqrt{2.361\times0.001})\text{m/s}=102.667=102.67\text{m}^3/\text{s}$$

답 수로의 유량=102.67m^3/s

12. 어떤 용수처리장에서 원수를 호수로부터 처리장까지 수송하고자 한다. 취수구는 깊이가 180m인 호수 수표면 3.7m 아래에 있으며 원수를 펌프를 이용하여 호수 수표면에서 높이 6m에 있는 처리장 입구까지 수송한다. 펌프의 흡입손실수두와 배출손실수두는 각각 3m와 2m로 가정하며 총 펌프효율은 72%로 한다. 처리장에서는 44000명에게 물을 공급하며 평균 물 소비량은 0.76m³/cap · d이다. 취수펌프모터의 소요마력(HP)을 계산하시오. [07. 기사]

해설 ⓐ $HP=\dfrac{\gamma \cdot Q \cdot H}{75 \cdot \zeta}$에서 Q를 구한다.

$Q[m^3/s]=0.76m^3/인 \cdot d \times 44000인 \times d/86400s=0.387m^3/s$

ⓑ 전양정(H[m])=6m+3m+2m=11m

$\therefore HP=\dfrac{1000 \times 0.387 \times 11}{75 \times 0.72}=78.833=78.83HP$

답 취수펌프모터의 소요마력=78.83HP

13. 단면이 일정한 하천변으로 어느 특정 유해물질이 포함된 공장폐수가 방류되고 있다. 하천의 폭(B)이 20m, 평균 수심(H)이 2m, 하상경사(I)가 0.02%일 때 다음 물음에 답하시오. [95, 98, 02. 기사]

(가) 방류 전의 하천의 유속(m/s)을 구하시오.(단, 하상의 조도계수(n)는 0.025이고 Manning 공식을 이용할 것, $V=\dfrac{1}{n}R^{\frac{2}{3}}I^{\frac{1}{2}}$)

(나) 폐수가 방류하여 완전 혼합되는 유하거리(L_m)와 하천유속(V)과의 관계식이 다음과 같을 경우 L_m을 구하시오.

$$L_m=0.24V\frac{B^2}{H}$$

(다) 완전 혼합지점에서 유해물질 농도가 방류 전 폐수의 유해물질 농도의 1%가 된다면 공장폐수 방류량(m³/d)은 얼마인가? (단, 하천수의 유해물질 농도는 무시하며, 유하하는 동안 유해물질의 변화는 없는 것으로 간주한다.)

해설 (가) $R=\dfrac{20 \times 2}{2 \times 2+20}=1.667m$

$\therefore V[m/s]=\dfrac{1}{n}R^{\frac{2}{3}}I^{\frac{1}{2}}=\dfrac{1}{0.025}\times(1.667)^{\frac{2}{3}}\times(0.0002)^{\frac{1}{2}}=0.795=0.80m/s$

(나) $L_m=0.24V\dfrac{B^2}{H}=0.24\times0.795\times\dfrac{20^2}{2}=38.16m$

(다) 혼합 공식(C_m 공식)을 이용하여 구한다.

$C_m = \dfrac{Q_1C_1 + Q_2C_2}{Q_1 + Q_2}$ 에서

$Q_1[\text{m}^3/\text{d}] = A \cdot V = (20\times 2)\text{m}^2 \times 0.795\text{m/s} \times 86400\text{s/d} = 2747520\text{m}^3/\text{d}$

C_2를 100으로 간주하면 C_m은 1이 된다.

또 하천수의 유해물질 농도는 무시하므로 $Q_1C_1=0$이다.

$\therefore Q_2[\text{m}^3/\text{d}] = \dfrac{C_m \times Q_1}{(C_2 - C_m)} = \dfrac{1\times 2747520}{(100-1)} = 27752.727 = 27752.73\text{m}^3/\text{d}$

답 (가) 하천의 유속=0.80m/s (나) 유하 거리=38.16m (다) 방류량=$27752.73\text{m}^3/\text{d}$

14. **어느 도시의 분류식 하수도 계획이다. 아래와 같은 조건을 이용하여 물음에 답하시오.**

[04. 기사]

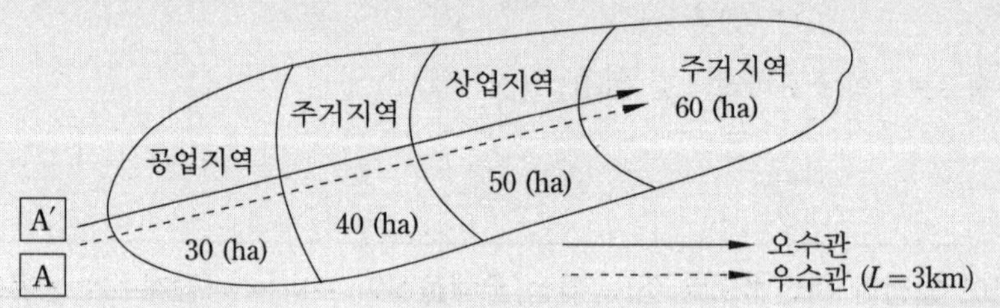

구 분	1일 최대오수량(L/인)	유출계수	인구밀도(인/ha)
주거지역	300	0.5	100
상업지역	300	0.7	200
공업지역	300	0.5	50

〈조건〉 1. 공장배수량 : $2000\text{m}^3/\text{d}$
2. 불명수량 : 1일 오수발생량의 10% (단, 공장배수량 제외)
3. 시간 변화율 : 1일 최대 오수량의 1.8배 (단, 공장배수량 제외)
4. 유입시간 : 5분
5. 강우강도식 : $I = \dfrac{4400}{t+40}$
6. 관내 평균유속 : 1.2m/s

(가) 총 오수발생량(m^3/d)은 얼마인가?

(나) 계획시간 최대 오수발생량(m^3/h)은 얼마인가?

(다) 합리식에 의한 우수 유출량(m^3/s)은 얼마인가?

해설 (가) 총 오수발생량=공장배수량+생활하수량+불명수량

ⓐ 생활하수량 ㉠ 0.3m^3/인 · d × 100인/ha × 100ha = 3000m^3/d(주거지역)

㉡ 0.3m^3/인 · d × 200인/ha × 50ha = 3000m^3/d(상업지역)

㉢ 0.3m^3/인 · d × 50인/ha × 30ha = 450m^3/d(공업지역)

ⓑ 불명수량 $= (3000+3000+450) \times 0.1 = 645\text{m}^3/\text{d}$

∴ 총 오수발생량 $= 2000+6450+645 = 9095\text{m}^3/\text{d}$

(나) 계획시간 최대 오수발생량(m^3/h)

= 공장배수량(m^3/h) + (생활하수량 + 불명수량)$\text{m}^3/\text{h} \times 1.8$

$$= 2000\text{m}^3/\text{d} \times \frac{\text{d}}{24\text{h}} + (6450+645)\text{m}^3/\text{d} \times \frac{\text{d}}{24\text{h}} \times 1.8$$

$= 615.458 = 615.46\text{m}^3/\text{h}$

(다) ⓐ $Q = \dfrac{1}{360} \cdot C \cdot I \cdot A$(합리식)

ⓑ 평균유출계수$(C) = \dfrac{0.5\times100+0.7\times50+0.5\times30}{100+50+30} = 0.556$

ⓒ $I = \dfrac{4400}{t+40} = \dfrac{4400}{46.667+40} = 50.769$

여기서, $t = 5 + \dfrac{3000\text{m}}{1.2\text{m/s}\times60\text{s/min}} = 46.667$

ⓓ $A = 100+50+30 = 180\text{ha}$

∴ $Q = \dfrac{1}{360} \times 0.556 \times 50.769 \times 180 = 14.114 = 14.11\text{m}^3/\text{s}$

답 (가) $9095\text{m}^3/\text{d}$ (나) $615.46\text{m}^3/\text{h}$ (다) $14.11\text{m}^3/\text{s}$

15. 그림과 같이 밑바닥이 3m, 양측 벽 경사가 1 : 2, 수심이 2m, 수로구배가 $\dfrac{1}{3000}$인 사다리꼴 콘크리트 수조의 유량(m^3/s)을 구하시오. (단, n : 0.015) [87, 94. 기사]

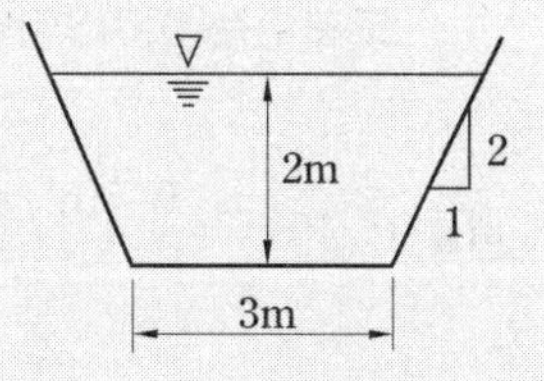

해설 ⓐ $R = \dfrac{A(\text{단면적})}{S(\text{윤변})} = \dfrac{\frac{1}{2}\times(5+3)\times2}{2\sqrt{5}+3} = 1.071\text{m}$

ⓑ $V[\text{m/s}] = \dfrac{1}{0.015} \times 1.071^{\frac{2}{3}} \times \left(\dfrac{1}{3000}\right)^{\frac{1}{2}} = 1.274\text{m/s}$

∴ $Q[\text{m}^3/\text{s}] = \left[\dfrac{1}{2}\times(5+3)\times2\right]\text{m}^2 \times 1.274\text{m/s} = 10.192 = 10.19\text{m}^3/\text{s}$

답 수로의 유량=10.19m³/s

참고 • 사다리꼴의 단면적$(A)=\frac{1}{2}$(윗변의 길이+밑변의 길이)×높이

•

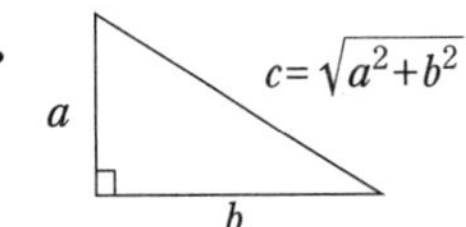

16. 지름이 450mm인 하수관이 경사가 1%로 매설되어 있다. 만류 시 유속(m/s)과 유량(m^3/s)을 계산하시오. (단, 평균 유속공식은 Manning식을 이용하며 조도계수 n=0.015이다.) [04. 06. 기사]

해설 ① $V=\frac{1}{0.015}\times\left(\frac{0.45}{4}\right)^{\frac{2}{3}}\times\left(\frac{1}{100}\right)^{\frac{1}{2}}=1.554=1.55\text{m/s}$

② $Q=\frac{\pi\times0.45^2}{4}\times1.554=0.247=0.25\text{m}^3/\text{s}$

답 ① 유속=1.55m/s

② 유량=0.25m³/s

17. 수온이 15.5℃, 유량이 0.7m³/s일 때 지름이 0.60m이고 길이가 50m인 주철관에서의 에너지 손실(마찰손실수두)을 맨닝 공식을 사용하여 구하시오. (단 만관이 기준이며 조도계수는 0.013이다. 기타 조건은 고려하지 않음) [09. 기사]

해설 ⓐ $V=\frac{0.7\text{m}^3/\text{s}}{\pi\times\frac{0.6^2}{4}}=2.476\text{m/s}$

ⓑ $V=\frac{1}{0.013}\times\left(\frac{0.6}{4}\right)^{\frac{2}{3}}\times I^{\frac{1}{2}}=2.476$

$\therefore I=\left(\frac{2.476}{\frac{1}{0.013}\times\left(\frac{0.6}{4}\right)^{\frac{2}{3}}}\right)^2=0.013$

$\therefore h=0.013\times50\text{m}=0.6499=0.65\text{m}$

답 마찰손실수두=0.65m

18. 하수관에 H_2S에 의한 관정부식의 방지책을 3가지 쓰시오. [94. 04. 07. 기사]

답 ⓐ 하수의 유속을 증가시킨다.

ⓑ 하수를 염소로 처리하여 황화물을 산화시킨다.

ⓒ 콘크리트관 내부를 PVC나 기타 물질로 피복시킨다.

19. 다음과 같이 폐수 저류조에서 펌프를 설치하여 1일 1500m^{3}의 폐수를 처리시설로 송수하고자 한다. 물음에 답하시오. [87. 92. 기사]

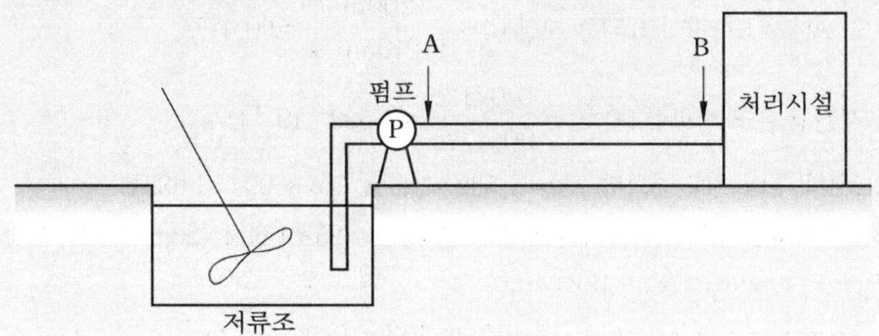

〈조건〉 1. A지점의 동 수두 : 30m

2. A−B 관로 : ⓐ 관내 마찰손실계수(f)=0.035

ⓑ 관지름 : 100mm

ⓒ 관로 길이 : 200m

3. A−B 관로 내에서의 수두손실은 마찰에 의한 것만을 고려한다.

4. 폐수의 밀도 : 1.2t/m^3

5. 유입 유체 온도 : 25℃

6. 유체의 평균 열용량 : 1cal/g℃

(가) 이 계를 단열계로 가정할 때 마찰손실에 의한 손실열량은 계내에 축적되는 바 1시간 후 B점으로 유출되는 유체의 온도(℃)는 얼마인가?

(나) B지점에서의 관내 수압(kg/cm^2)을 산출하시오.

해설 (가) $Q=A \cdot W=A \cdot G \cdot h_L$ ······························ ①

$Q=G \cdot C\Delta t$ ······························ ②

①=②하면

$\Delta t=\dfrac{A \cdot h_L}{C}$ 에서 h_L를 구한다.

$$h_L = f \cdot \frac{L}{d} \cdot \frac{V^2}{2g}$$

여기서, $V = \frac{Q}{A} = \frac{1500\text{m}^3/\text{d} \times \text{d}/86400\text{s}}{\left(\frac{\pi \times 0.1^2}{4}\right)\text{m}^2} = 2.2105\text{m/s}$

$\therefore h_L = 0.035 \times \frac{200}{0.1} \times \frac{2.2105^2}{2 \times 9.8} = 17.451\text{m}$

$\therefore \Delta t = \frac{\frac{1}{427}\text{kcal/kg} \cdot \text{m} \times 17.451\text{m}}{1\text{kcal/kg} \cdot ℃} = 0.041℃$

또, A에서 B까지 소요되는 시간 $(t) = \frac{200\text{m}}{2.2105\text{m/s}} = 90.477\text{s}$

∴ 시간당 온도 변화량 (℃/s)$= \frac{0.041℃}{90.477\text{s}} = 4.532 \times 10^{-4}$ ℃/s

∴ 1시간 후의 온도 변화량 (℃)$= 4.532 \times 10^{-4}$ ℃/s × 3600s = 1.632℃

∴ 1시간 후 B점으로 유출되는 유체의 온도(℃) = 25 + 1.632 = 26.632 = 26.63℃

(나) $P_B = P_A - \Delta P = \gamma \times (h_A - \Delta h)$에서

$P_B[\text{kg/cm}^2] = 1.2\text{t/m}^3 \times (30 - 17.451)\text{m} \times 10^3\text{kg/t} \times 10^{-4}\text{m}^2/\text{cm}^2$

$= 1.506 = 1.51\text{kg/cm}^2$

답 (가) 1시간 후 유체의 온도 = 26.63℃ (나) B지점에서의 관내 수압 = 1.51kg/cm²

20. 해수담수방식 중 상변화방식에 속하는 방법 3가지, 상불변방식에 속하는 방법 2가지를 각각 쓰시오. (예시 : 투과기화법, 예시된 내용은 정답에서 제외됨) [08. 기사]

(가) 상변화방식 (나) 상불변방식

답 (가) 가스수화물법, 다단플래시법, 냉동법 (나) 역삼투법, 전기투석법

참고 해수담수방식을 분류하면 다음과 같다.

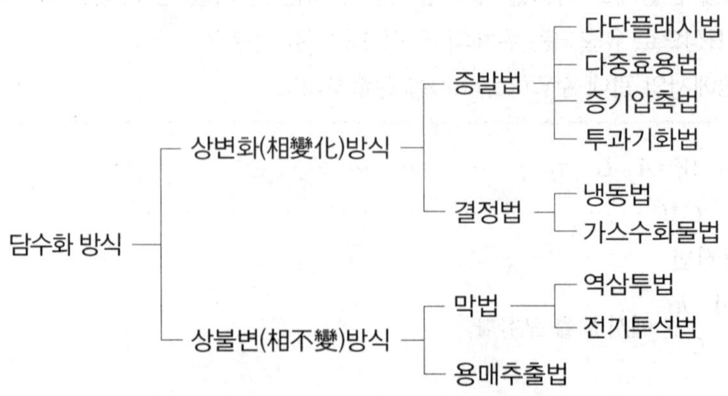

21. 마찰손실계수가 0.015이고 안지름이 10cm인 관을 통하여 0.02m³/s의 물이 흐를 때 생기는 수두손실이 10m가 되려면 관의 길이는 몇 m가 되어야 하는지 산출하시오. [96, 08. 기사]

해설 $h_L = f \cdot \frac{L}{D} \cdot \frac{V^2}{2g}$ 에서 V를 구하면

$$V = \frac{Q}{A} = \frac{0.02\text{m}^3/\text{s}}{\left(\frac{\pi \times 0.1^2}{4}\right)\text{m}^2} = 2.546\text{m/s}$$

$$\therefore L = \frac{h_L \cdot D \cdot 2g}{f \cdot V^2} = \frac{10 \times 0.1 \times 2 \times 9.8}{0.015 \times 2.546^2} = 201.58\text{m}$$

답 관의 길이=201.58m

22. 어떤 도시의 인구가 10년간 3.25배 증가하였다. 이 도시의 인구 증가가 등비급수법에 따른다고 가정할 때 연평균 증가율은 얼마인가? [96, 99, 04. 기사]

해설 $P_n = P_0 \times (1+r)^n$ 에서 $\frac{P_n}{P_0} = (1+r)^n$

$$\therefore r = \left(\frac{P_n}{P_0}\right)^{\frac{1}{n}} - 1$$

$$\therefore r = \left(\frac{1}{3.25}\right)^{-\frac{1}{10}} - 1 = 0.125 = 0.13$$

답 연평균 증가율=0.13

참고 연평균 증가율은 12.5%로 나타내도 된다.

23. 그림과 같이 낙차 H=30m의 두 수조를 지름 D=30cm, 길이 L=40m의 주철관으로 연결했을 때 A수조에서 B수조로 송수되는 유량(m³/s)은 얼마인가? (단, 유입손실계수 f_i=0.5, 유출손실계수 f_0=1, Manning의 조도계수 n=0.013, 마찰손실계수 $(f) = \frac{124.6 \times n^2}{\sqrt[3]{D}}$) [96, 00, 05. 기사]

해설 ⓐ 마찰계수 (f)를 구한다.

$$f = \frac{124.6 \times 0.013^2}{\sqrt[3]{0.3}} = 0.031$$

ⓑ $h_L=\left(f_i+f_o+f\cdot\frac{L}{D}\right)\frac{V^2}{2g}$ 에서

$$V[\text{m/s}]=\sqrt{\frac{2\times9.8\times30}{\left(0.5+1+0.031\times\frac{40}{0.3}\right)}}=10.216\text{m/s}$$

$$\therefore\ Q[\text{m}^3/\text{s}]=\frac{\pi\times0.3^2}{4}\times10.216=0.722=0.72\text{m}^3/\text{s}$$

답 송수되는 유량=$0.72\text{m}^3/\text{s}$

24. 지하수가 다음과 같은 4개의 대수층을 통과할 때 수평방향(X)과 수직방향(Y)의 평균 투수계수 K_X와 K_Y를 각각 결정하시오. [07, 09. 기사]

$K_1=10\text{cm/d}$	↕ 20cm
$K_2=50\text{cm/d}$	↕ 5cm
$K_3=1\text{cm/d}$	↕ 10cm
$K_4=5\text{cm/d}$	↕ 10cm

해설 ① 수평방향으로의 투수계수

$$K_X=\frac{K_1h_1+K_2h_2+K_3h_3+K_4h_4}{h_1+h_2+h_3+h_4}$$

$$=\frac{10\times20+50\times5+1\times10+5\times10}{20+5+10+10}=11.333=11.33\text{cm/d}$$

② 수직방향으로의 투수계수

$$K_Y=\frac{h_1+h_2+h_3+h_4}{\frac{h_1}{K_1}+\frac{h_2}{K_2}+\frac{h_3}{K_3}+\frac{h_4}{K_4}}$$

$$=\frac{20+5+10+10}{\frac{20}{10}+\frac{5}{50}+\frac{10}{1}+\frac{10}{5}}=3.191=3.19\text{cm/d}$$

답 ① $K_X=11.33\text{cm/d}$ ② $K_Y=3.19\text{cm/d}$

25. 수심 0.5m, 폭 1.2m인 직사각형 단면수로(구배 $\frac{1}{800}$)의 유량(m^3/min)을 구하시오. (단, 소수 첫째자리까지 계산하고 Bazin의 유속 공식 $V=\frac{87}{1+\frac{r}{\sqrt{R}}}\sqrt{RI}$ 이다. 여기서 r : 조도상수(=0.3)) [96, 01, 09. 기사]

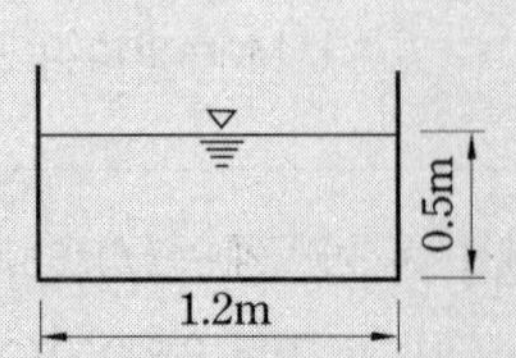

해설 ⓐ $V=\dfrac{87}{1+\dfrac{r}{\sqrt{R}}}\sqrt{RI}$ 에서 R을 구한다.

$$R=\frac{1.2\times0.5}{2\times0.5+1.2}=0.273\text{m}$$

ⓑ $V[\text{m/s}]=\dfrac{87}{1+\dfrac{0.3}{\sqrt{0.273}}}\cdot\sqrt{0.273\times\dfrac{1}{800}}=1.021\text{m/s}$

$$\therefore Q[\text{m}^3/\text{min}]=A\cdot V=(1.2\times0.5)\text{m}^2\times1.021\text{m/s}\times60\text{s/min}=36.756=36.8\text{m}^3/\text{min}$$

답 유량=$36.8\text{m}^3/\text{min}$

26. 정수장에서 불화물을 제거하는 데 사용하는 약품 2가지를 쓰고 그 성상을 구분하시오. (고체, 액체, 기체로 표시) [05. 기사]

답 ⓐ 황산알루미늄(고체, 액체) ⓑ 활성알루미나(고체)

27. 지름이 200mm, 길이 50m인 주철관으로 유량 $1.2\text{m}^3/\text{min}$을 높이 30m까지 펌프로 양수하려고 한다. 관로 중 흡입관의 밸브손실계수가 1.7, 마찰손실계수가 0.04, 유입 및 유출 손실계수가 각각 0.5, 1.0일 때 다음 물음에 답하시오. [06. 기사]

(가) 손실수두(m)를 계산하시오.

(나) 펌프의 효율을 70%, 원동기의 여유율을 15%라 할 경우 펌프의 소요출력(HP)을 계산 하시오. $\left(\text{단, 물의 비중 1, 속도수두 }\dfrac{V^2}{2g}\text{도 고려}\right)$

해설 (가) $V=\dfrac{Q}{A}=\dfrac{1.2\text{m}^3/\text{min}\times\text{min}/60\text{s}}{\dfrac{\pi\times0.2^2}{4}}=0.6366\text{m/s}$

$$\therefore \text{손실수두}=\left(1.7+0.5+1+0.04\times\frac{50}{0.2}\right)\times\frac{0.6366^2}{2\times9.8}=0.2729=0.27\text{m}$$

(나) $H=30+0.2729+\dfrac{0.6366^2}{2\times9.8}=30.2936\text{m}$

$$\therefore \text{HP}=\frac{1000\times1.2/60\times30.2936}{75\times0.7}\times1.15=13.27\text{HP}$$

답 (가) 손실수두=0.27m

(나) 소요출력=13.27HP

28. 펌프특성곡선과 system head curve에 대해 설명하시오. [04, 06. 기사]

답 ① **펌프특성곡선** : 어떤 양수량에 대한 효율, 양정, 축동력의 관계를 나타낸 곡선, 즉 입력과 출력과의 관계를 나타내며 pump의 성능곡선이라고도 한다.

② **system head curve(시스템수두곡선)** : 총동수두와 양수량과의 관계를 나타낸 것으로 습정에서의 수위 변화를 알 수 있다.

참고

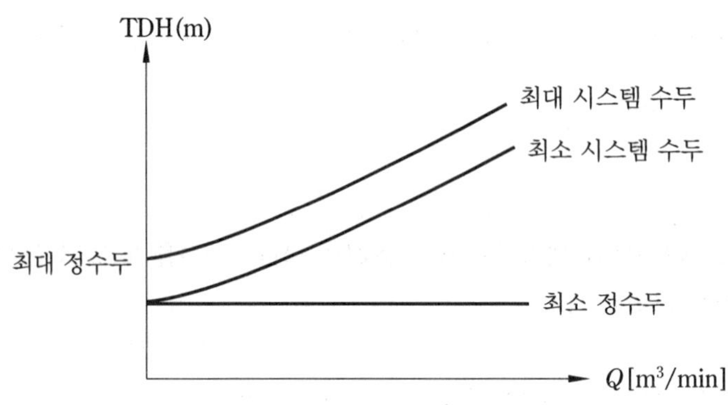

29. 수원 A의 물을 20m 높이의 저류조 B로 이송시키려고 한다. 펌프를 포함한 전체 배관 계통을 통하여 발생하는 총 마찰손실수두는 1.47m이다. B지점에서의 관유출수 유속은 4.5m/s로 하고자 한다. 이때 펌프로 공급해주어야 할 일의 양 head(m)를 나타내시오. (단, 수원 A의 수위변화는 없는 것으로 가정한다.) [07. 기사]

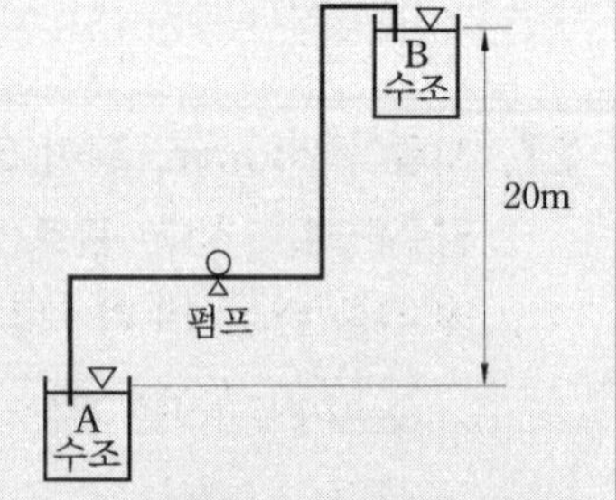

해설 전양정＝실양정＋각종 손실수두＋속도수두

$$속도수두 = \frac{V^2}{2g} = \frac{(4.5\text{m/s})^2}{2\times 9.8\text{m/s}^2} = 1.033\text{m}$$

∴ 펌프로 공급해 주어야 할 일의 양 (m)＝20m＋1.47m＋1.033m＝22.503＝22.50m

답 공급해야 할 일의 양(m)＝22.50m

30. 펌프에서 공동현상(cavitation)을 방지할 수 있는 방법을 4가지 쓰시오. [99. 기사]

답 ⓐ pump의 흡입측 수두, 마찰손실을 작게 한다.

ⓑ pump의 impeller 속도를 작게 한다.

ⓒ pump의 흡입관지름을 크게 한다.

ⓓ pump의 설치 위치를 수원보다 낮게 해야 한다.

31. 수격(water hammer) 작용의 정의, 원인과 대책을 설명하시오. [05. 기사]

답 ① 정의 : 펌프의 관수로에서 정전에 의하여 펌프가 급정지하는 경우 관로 유속의 급격한 변화에 따라 관내 압력이 급상승하거나 급강하하는 현상

② 원인 : ⓐ 펌프의 운전 중에 정전에 의해서

ⓑ 펌프의 정상운전일 때의 유체에 압력변동이 생길 때

③ 대책 : ⓐ 관로의 관지름을 크게 하고 유속을 작게 하여야 한다.

ⓑ 압력강하의 경우 fly wheel을 설치하여야 한다.

ⓒ 일방향 조압수조(surge tank)를 설치한다.

ⓓ 펌프의 급정지를 피한다.

32. 상수도 송수용 주철관의 지름이 40cm, 동수구배가 $\frac{1}{100}$로 물이 흐를 때 Manning 공식을 이용하여 유량을 구하면 얼마인가? (단, 조도계수=0.013, $V=\frac{1}{n}R^{\frac{2}{3}}\cdot I^{\frac{1}{2}}$, 만관 기준) [01. 기사]

해설 $Q[\text{m}^3/\text{s}]=A\cdot V=\frac{\pi D^2}{4}\times\frac{1}{n}\cdot R^{\frac{2}{3}}\cdot I^{\frac{1}{2}}$ 에서

$$Q[\text{m}^3/\text{s}]=\frac{\pi\times(0.4\text{m})^2}{4}\times\frac{1}{0.013}\times\left(\frac{0.4\text{m}}{4}\right)^{\frac{2}{3}}\times\left(\frac{1}{100}\right)^{\frac{1}{2}}=0.208=0.21\text{m}^3/\text{s}$$

답 유량$=0.21\text{m}^3/\text{s}$

33. 상수처리시설과 구성 요소들의 설계 기간을 정하는 데 있어서 고려사항 4가지를 쓰시오. [02. 기사]

답 ⓐ 예상인구 증가율

ⓑ 확장의 난이도

ⓒ 경제적인 공사기간

ⓓ 지불되는 이율

34. pump의 공동현상의 영향과 방지대책을 1가지씩 적으시오. [99. 기사]

답 ① 영향 : 소음진동의 발생과 impeller의 손상

② 대책 : pump의 흡입측 수두, 마찰손실을 작게 한다.

35. 하수도 시설인 유량조정조의 ㈎ 설치목적과 ㈏ 설치방식 2가지(in-line, off-line)에 대해 설명하시오. [08. 기사]

답 ㈎ 설치목적

유입하수의 유량과 수질의 변동을 흡수해서 균등화함으로써 처리시설의 처리효율을 높이고 처리수질의 향상을 도모할 목적으로 설치한다.

㈏ 설치방식

ⓐ in-line : 직렬방식으로 유입하수의 전량이 유량조정조를 통과하므로 수량 및 수질 모두를 균일화하는 효과가 있다.

ⓑ off-line : 병렬방식으로 1일 최대하수량을 넘는 양만 유량조정조에 유입하므로 직렬방식에 비하여 수질의 균일화 효과가 적다.

36. 배수관망 중 망목식과 수지상식의 장·단점을 쓰시오. [00. 기사]

답 ① 망목식 ⓐ 장점 : 수압 유지가 가능, 화재시 대처가 용이하다.

ⓑ 단점 : 건설비가 많이 소요되고 시공이 어렵다.

② 수지상식 ⓐ 장점 : 시공이 쉽다. 관망의 수리계산이 간단하다.

ⓑ 단점 : 수량을 보충할 수 없다. 물의 정체로 수질 악화 우려가 있다.

37. 아래 그림과 같은 수지상 배관에서 b지점의 수두를 구하시오. (단, 시간최대 급수량 250L/인·일, a−b 부하 인구=20000명, a−b구간 표고차=25m, 관지름 350mm, 마찰계수(f)=$8gn^2/R^{\frac{1}{3}}$, 조도계수(n)=0.013이다.) [01. 기사]

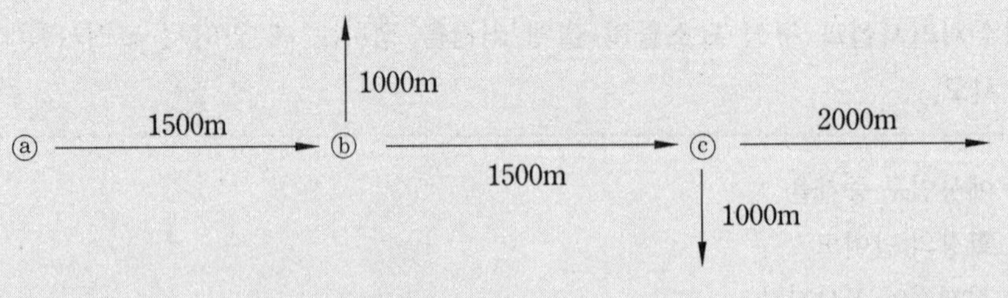

해설 $Q=250\text{L/인}\cdot\text{d}\times20000\times10^{-3}=5000\text{m}^3/\text{d}$

$$\therefore V=\frac{5000}{\frac{\pi\times0.35^2}{4}}=51968.96\text{m/d}\times\text{d}/86400\text{s}=0.601\text{m/s}$$

$$\text{또, } f=\frac{8\times9.8\times0.013^2}{\left(\frac{0.35}{4}\right)^{\frac{1}{3}}}=0.0298$$

$\therefore$ 마찰손실수두(h_L)$=f\times\dfrac{L}{D}\times\dfrac{V^2}{2g}=0.0298\times\dfrac{1500}{0.35}\times\dfrac{0.601^2}{2\times9.8}=2.354$m

$\therefore$ b지점의 수두(m)$=25-2.354-0.018=22.63$m(여기서, 0.018m는 속도수두임)

답 b지점의 수두=22.63m

38. 하수의 배수방법 중 합류식과 분류식의 장 · 단점을 2가지씩 쓰시오. [01. 기사]

답 ① 합류식

ⓐ 장점 : ㉠ 건설비가 저렴하고 시공이 용이하다.
㉡ 구배가 완만하고 매설깊이가 얕아진다.

ⓑ 단점 : ㉠ 수질오탁의 원인이 된다.
㉡ 관내에 오물이 퇴적한다.

② 분류식

ⓐ 장점 : ㉠ 하수처리장의 규모가 작다.
㉡ 하수의 수질변동이 적다.

ⓑ 단점 : ㉠ 건설비가 많이 들고 시공이 어렵다.
㉡ 소구경관으로 매설깊이가 깊어진다.

39. 어느 도시의 급수 인구를 추정하기 위해 다음 표를 참조하여 2000년도의 급수 인구를 등비급수법으로 추정하시오. (단, 등비급수법 $P_n=P_0(1+r)^n$) [01. 기사]

연도	인구 (명)	연도	인구 (명)
1987	20483	1990	23566
1988	22317	1991	24272
1989	22891		

해설 $P_n=P_0\times(1+r)^n$에서,

$$r=\left(\frac{P_n}{P_0}\right)^{\frac{1}{n}}-1=\left(\frac{20483}{24272}\right)^{-\frac{1}{4}}-1=0.0433$$

$\therefore P_n=24272\times(1+0.0433)^9=35545.81=35546$명

답 급수 인구=35546명

참고 여기서, n은 미래일 때 +, 과거일 때 −로 나타낸다.

40. 도수 관로의 기능을 저하시키는 요인 4가지를 쓰시오. [01. 기사]

답 ⓐ 관로의 노후화에 의한 관로 벽면의 부식
ⓑ 생물막의 증식
ⓒ 누수의 발생
ⓓ 관로 내의 급격한 밸브 조작이나 pump 가동 중지 등으로 인한 수격압의 발생

41. 수심이 3.7m, 폭 12m인 수로의 유속이 0.05m/s일 때 동점성계수 $1.31\times10^{-5}m^2/s$이라면 레이놀즈수는 얼마인가? [06. 기사]

해설 상당지름$(D)=4R=4\times\frac{3.7\times12}{2\times3.7+12}=9.1546\text{m}$

$$\therefore R_e=\frac{V\cdot D}{v}=\frac{0.05\text{m/s}\times9.1546\text{m}}{1.31\times10^{-5}\text{m}^2/\text{s}}=34941.22$$

답 $R_e=34941.22$

42. 하천의 흐름을 일정한 단면이나 구간에 대해 시간적 또는 공간적으로 흐름 특성을 구분할 수가 있다. 이러한 측면에서 정상류(steady flow)와 비정상류(unsteady flow) 및 등류(uniform flow)와 부등류(non-uniform flow)를 구분하여 정의하시오. [02. 기사]

답 ① 정상류 : 하천 내의 어느 임의의 한 점에 있어서 유동조건이 시간에 관계 없이 항상 일정한 흐름
② 비정상류 : 하천 내의 어느 임의의 한 점에 있어서 유동조건이 시간에 따라서 변하는 흐름
③ 등류 : 유동상태에서 거리의 변화에 관계 없이 속도가 항상 일정한 흐름
④ 부등류 : 유동상태에서 거리의 변화에 따라 속도의 변화가 있는 흐름

43. 수심 3.7m, 폭 12m인 침사지에서 유속이 0.05m/s인 경우 프루드수(Fr : Froude number)를 구하시오. [03. 기사]

해설 $R=\frac{3.7\times12}{2\times3.7+12}=2.289\text{m}$

$$\therefore Fr=\frac{0.05^2}{9.8\times2.289}=1.11\times10^{-4}$$

답 프루드수$=1.11\times10^{-4}$

부록 1

작업형 문제 (실험)

1 NH_3-N 분석

국가기술자격검정 실기시험문제

자격종목 및 등급	수질환경기사	작 품 명	암모니아성 질소

수검번호 : **성명 :**

시험시간 : 4시간

[문제풀이 과정 및 유의사항]

- 문제의 답은 답안지에 흑색 볼펜으로 기재하고 수정 시에는 시험 감독의 날인을 받아야 한다.
- 계산문제는 풀이과정을 반드시 기재하고 소숫점 셋째자리에서 반올림하는 것을 원칙으로 한다.
- 문제는 표시된 중요 결과치는 시험위원 입회 하에 실험을 수행하고 그 결과치는 확인 날인을 받도록 한다.
- 채취시료(미지시료)는 실험계획서의 시료제조방법에 따라 제조하고 제시된 실험방법을 기준으로 분석한다.
- 시약은 수검자가 직접 제조하는 것을 원칙으로 하며 문제의 요구에 따라 제조방법을 서술할 수도 있다.

※ 실험계획서를 완성하고 계획서에 주어진 제조방법에 따라 미지시료를 제조 분석하여 다음 물음에 답하시오.

실 험 계 획 서

| 실험방법 |

① 전처리 또는 여과한 시료 2mL(암모니아성질소로서 0.04mg 이하 함유)를 취하여 50mL 용량의 플라스크에 넣고 물을 넣어 약 30mL로 한 다음 나트륨페놀라이트 용액 10mL와 니트로프로시드나트륨 용액 1mL를 넣고 조용히 섞은 다음 차아염소산나트륨 용액(암모니아성질소 시험용) 5mL를 넣어 조용히 섞는다.

② 물을 넣어 표선까지 채운 다음 액온을 20~25도로 하여 약 30분간 방치하고 이용액의 일부를 층장 10mm 흡수셀에 옮겨 검액으로 한다.

③ 따로 물 30mL를 취하여 이하 시료의 시험방법에 따라 시험하여 바탕시험액으로 한다. 바탕시험액을 대조액으로 하여 630nm에서 검액의 흡광도를 측정하고 미리 작성한 검량선으로부터 암모니아성질소의 양을 구하여 농도(mg/L)를 산출한다.

| 시약제조 방법 |

① 암모니아성질소 표준원액(0.1mgNH_3-N/mL) 1000mL을 제조하시오(염화암모늄 : NH_4Cl 이용).

참고 $NH_4Cl : N = 53.45g : 14g = x\,[g] : 0.1g/L \times 1L$
$\therefore x = 0.3819g$

② 암모니아성질소 표준액(0.005mgNH_3-N/mL)을 500mL 제조하시오.

참고 $100mg/L \times x\,[mL] = 5mg/L \times 500mL$
$\therefore x = 25mL$

③ 미지시료를 제조하시오.
ⓐ 미지시료 1 : 표준원액 50mL+증류수 → 500mL
ⓑ 미지시료 2 : 표준원액 250mL+증류수 → 500mL

④ 20% NaOH를 제조하시오(100mL 제조 기준).

참고 NaOH 20g을 녹여 100mL로 한다.

⑤ 차아염소산나트륨 용액을 제조하시오(100mL 제조 기준).
10% 차아염소산나트륨를 사용하여 제조하고 유효염소로서 1g에 해당하는 mL수를 취한다.

⑥ 나트륨페놀라이트 용액을 제조하시오(100mL 제조 기준).
페놀 12.5g+20% NaOH 27.5mL+아세톤 3mL ——→ 100mL로 한다.

⑦ 니트로프로시드나트륨 용액을 제조하시오(100mL 제조 기준).
니트로프로시드나트륨 이수화물 0.15g을 넣어 물에 녹여 100mL로 한다.

01. 측정원리를 서술하시오.

답 암모늄 이온이 차아염소산의 존재하에서 페놀과 반응하여 생성하는 인도페놀의 청색을 630nm에서 측정하는 방법이다.

02. 나트륨페놀라이트 용액의 역할을 서술하시오.

답 ① 암모니아성질소와 반응하여 청색으로 발색하며 이 용액 중에 들어 있는 아세톤은 반응을 촉진시킨다.
② 모노클로라민(NH_2Cl)과 반응을 촉진시킨다.

03. 니트로프로시드나트륨 용액의 역할을 서술하시오.

답 반응을 촉진하며 청색의 강도를 강하게 한다.

04. 검량선 작성

암모니아성질소 표준액(0.005mgNH_3-N/mL) 2, 5, 8, 10mL를 단계적으로 취하여 물을 넣어 약 30mL로 하고 이하 시료의 시험방법에 따라 시험하여 암모니아성질소의 양과 흡광도와의 관계선을 작성하시오. 또한 회귀직선식($Y=AX+B$)과 그에 따른 상관계수(R)를 구하시오.

〈상관계수 구하는 식〉

$$R=\frac{n(\Sigma XY)-(\Sigma X)(\Sigma Y)}{\sqrt{[n\Sigma X^2-(\Sigma X)^2][n\Sigma Y^2-(\Sigma Y)^2]}}$$

05. 실험 분석 결과치를 이용하여 미지시료(채취시료)의 농도를 계산하고 과정을 쓰시오.

■ 실험 과정 해설 ■

(1) 표준원액 제조(100ppm)

NH_4Cl 0.3819g을 녹여 1000mL로 한다.

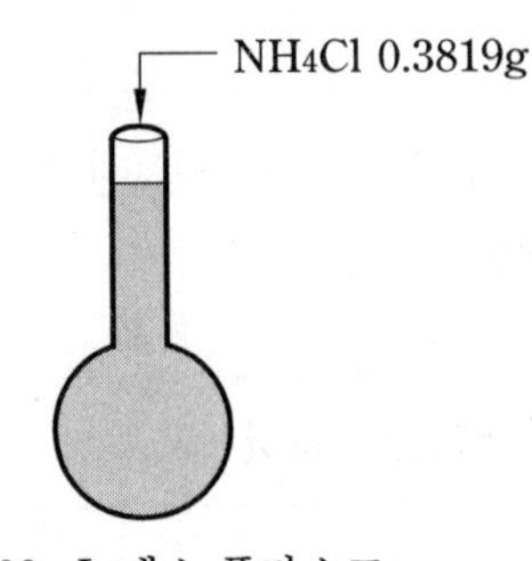

1000mL 메스 플라스크

(2) 표준액 제조(5ppm)

표준원액 25mL를 취하여 500mL로 한다.

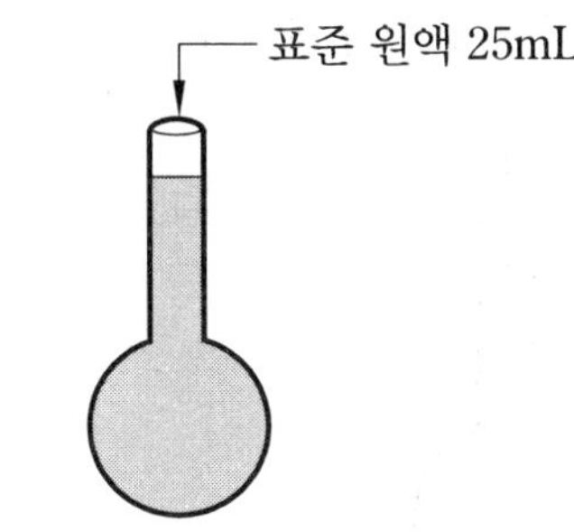

(3) 20% NaOH 제조(100mL 기준)

NaOH 20g을 달아 증류수에 녹여 100mL로 한다.

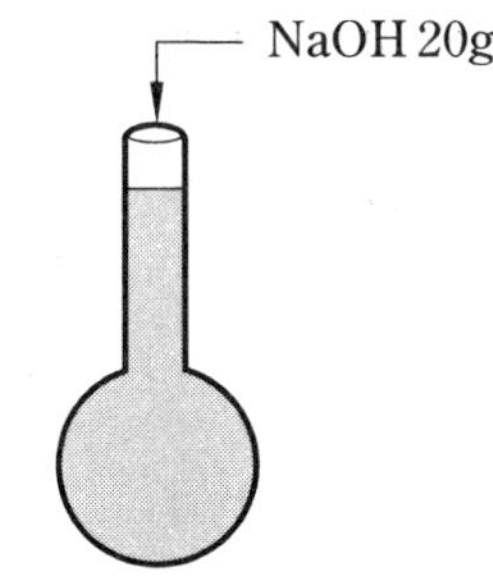

(4) NaOCl(유효염소 10%) 100mL 제조

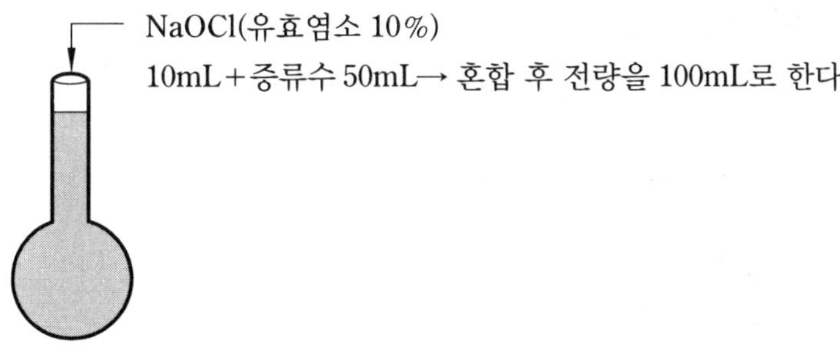

(5) 나트륨페놀라이트 용액(100mL) 제조

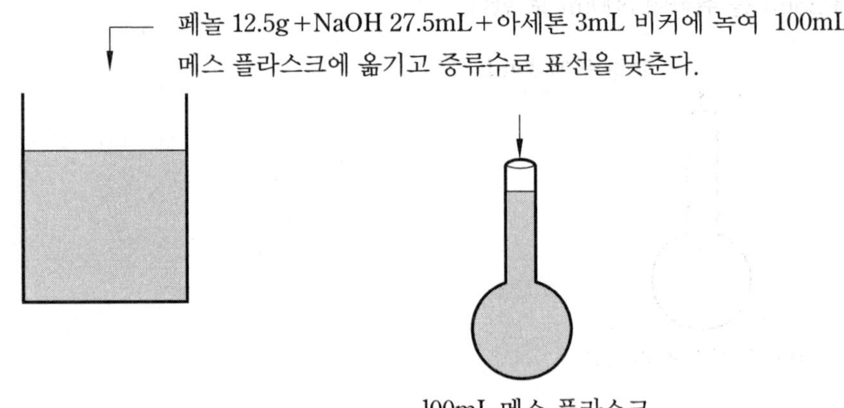

(6) 니트로프로시드나트륨 용액(100mL 제조 기준)

니트로프로시드나트륨 이수화물 0.15g을 물에 녹여 100mL로 한다.

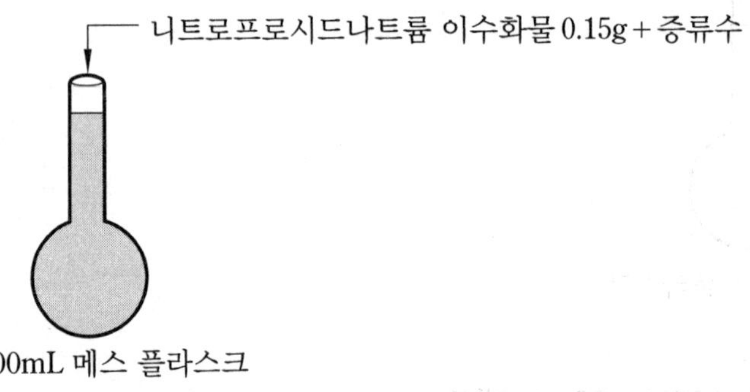

(7) 미지시료 1의 제조

표준원액 50mL를 취하여 500mL로 한다.

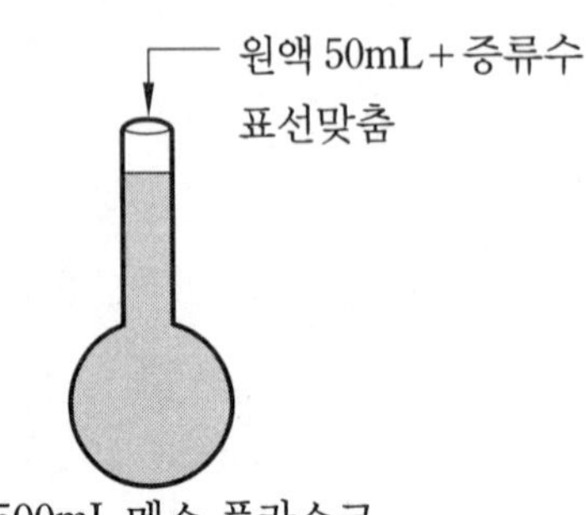

• 미지시료 1의 농도 : $100 \times 50 = x \times 500$

$\therefore x = 10$ppm(이론농도)

(8) 미지시료 2의 제조

표준원액 250mL를 취하여 500mL로 한다.

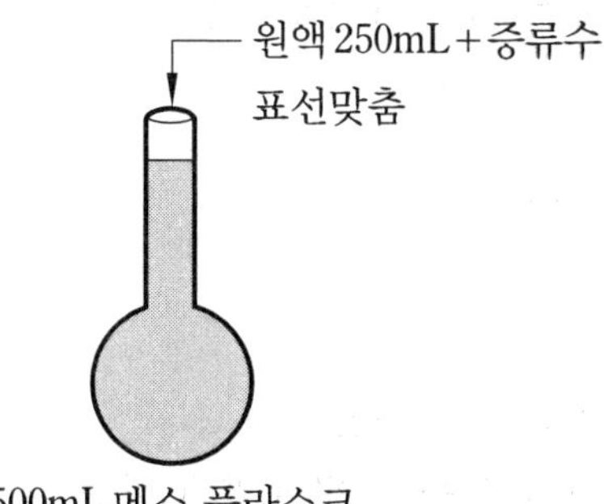

500mL 메스 플라스크

• 미지시료 2의 이론농도 : $100 \times 250 = x \times 500$

$\therefore x = 50$ppm

여기서 조심해야 할 것은 시료 2mL 중 암모니아성 질소량이 50ppm×0.002L라 하면 0.1mg이므로 4배 정도를 희석해야 0.04mg 이하 함유를 만족한다.

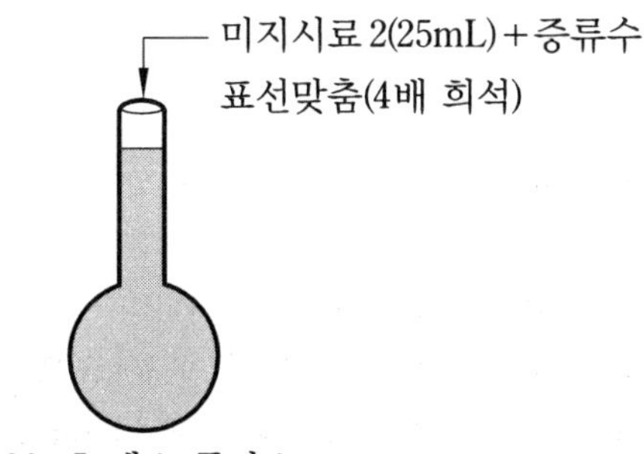

100mL 메스 플라스크

• 희석된 미지시료 2의 농도 : $50 \times 25 = x \times 100$

$x = 12.5$mg/L

여기서 다시 시험 중 25배 희석하므로 발색은 농도 $\frac{12.5}{25} = 0.5$ppm에 대한 발색이 된다.

(9) 검량선 작성

①

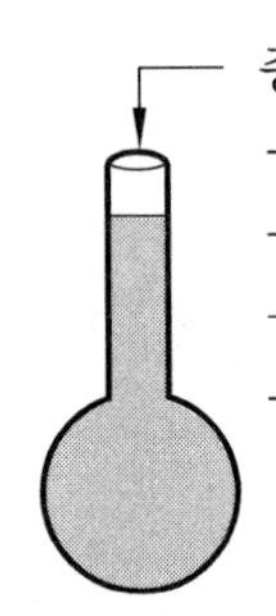

②

• 농도 계산

$$\frac{5\text{ppm} \times 2\text{mL}}{50\text{mL}} = 0.2\text{ppm}$$

③

• 농도계산

$$\frac{5\text{ppm} \times 5\text{mL}}{50\text{mL}} = 0.5\text{ppm}$$

④

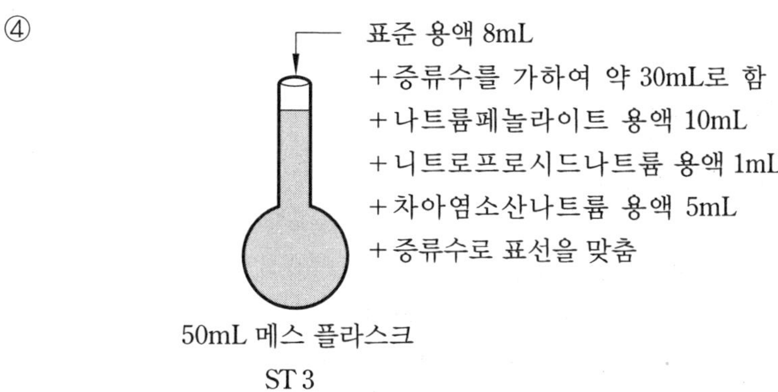

• 농도계산

$$\frac{5\text{ppm}\times 8\text{mL}}{50\text{mL}}=0.8\text{ppm}$$

⑤

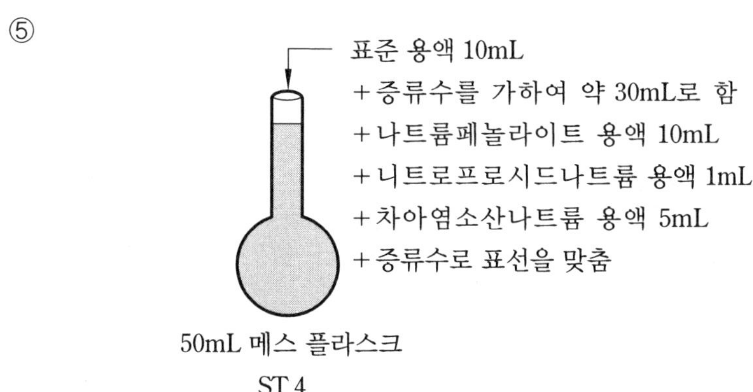

• 농도계산

$$\frac{5\text{ppm}\times 10\text{mL}}{50\text{mL}}=1.0\text{ppm}$$

⑥

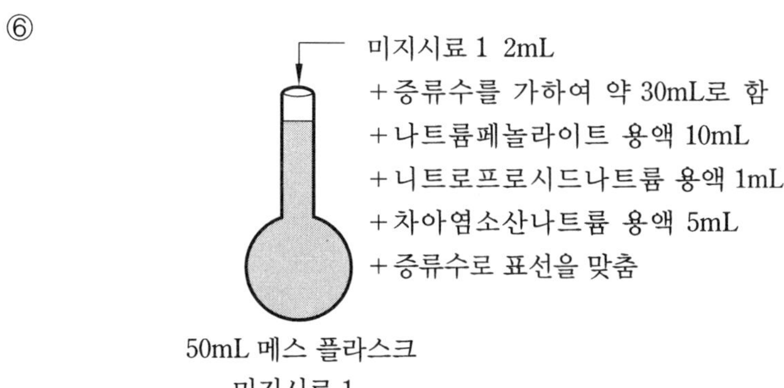

• 농도계산

$$\frac{10\text{ppm} \times 2\text{mL}}{50\text{mL}} = 0.4\text{ppm}$$

발색된 색이 ST2보다 약간 연하다.

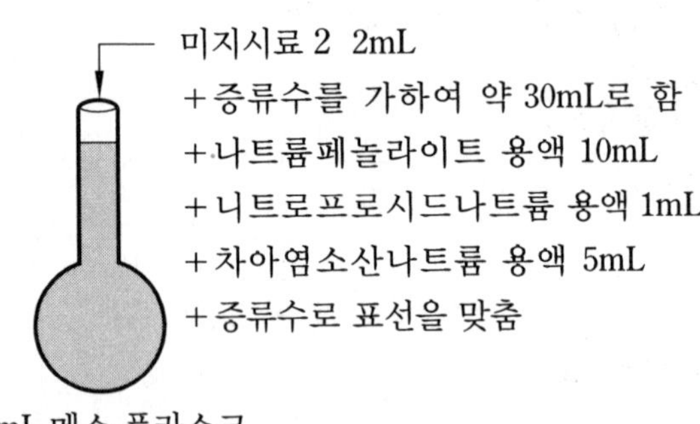

• 농도계산

$$\frac{12.5\text{ppm} \times 2\text{mL}}{50\text{mL}} = 0.5\text{ppm}$$

발색된 색이 ST2와 같다.

■ NH_3-N 실험 data 연습 ■

[실험결과 data 예] : 대조셀(blank test)의 흡광도를 0으로 해주지 않은 경우

시 료	blank	ST1	ST2	ST3	ST4	미지시료 1	미지시료 2
흡 광 도	0.002	0.11	0.275	0.454	0.523	0.235	0.264

1. 상관계수(R) 구하기 : 답안지에 표가 주어짐

구 분	x [mg/L]	y (흡광도)	xy	x^2	y^2
ST1	0.2	0.108	0.0216	0.04	0.0117
ST2	0.5	0.273	0.1365	0.25	0.0745
ST3	0.8	0.452	0.3616	0.64	0.2043
ST4	1	0.521	0.521	1	0.2714
합 계	2.5	1.354	1.0407	1.93	0.5619

x 축의 산출 근거

① $\text{ST1(mg/L)} = \dfrac{5\text{mg/L} \times 2\text{mL}}{50\text{mL}} = 0.2\text{mg/L}$

② $\text{ST2(mg/L)} = \dfrac{5\text{mg/L} \times 5\text{mL}}{50\text{mL}} = 0.5\text{mg/L}$

③ $\text{ST3(mg/L)} = \dfrac{5\text{mg/L} \times 8\text{mL}}{50\text{mL}} = 0.8\text{mg/L}$

④ $\text{ST4(mg/L)} = \dfrac{5\text{mg/L} \times 10\text{mL}}{50\text{mL}} = 1\text{mg/L}$

주의 y(흡광도) 값은 각 ST의 흡광도에서 blank의 흡광도 값을 보정하여 대입한다.

$$R = \frac{4 \times 1.0407 - 2.5 \times 1.354}{\sqrt{(4 \times 1.93 - 2.5^2) \times (4 \times 0.5619 - 1.354^2)}} = \frac{0.7778}{0.7804} = 0.99667 = 0.9967$$

2. 회귀직선식 구하기

① 회귀직선식(A, B 산출식)

$$y - \bar{y} = R\left(\frac{\sigma_y}{\sigma_x}\right)(x - \bar{x})$$ (꼭 암기해야 함)

② table 작성

$\bar{x}$	$\bar{y}$	σ_x	σ_y	R
0.625	0.3385	0.3031	0.1609	0.9967

$$y-0.3385=0.9967\left(\frac{0.1609}{0.3031}\right)(x-0.625)$$

$\therefore\ y-0.3385=0.529(x-0.625)$

$\therefore\ y=0.529x-0.529\times0.625+0.3385=0.529x+0.0079=0.53x+0.01$

③ 회귀직선식 : $y=0.53x+0.01$

3. 검량선 작성

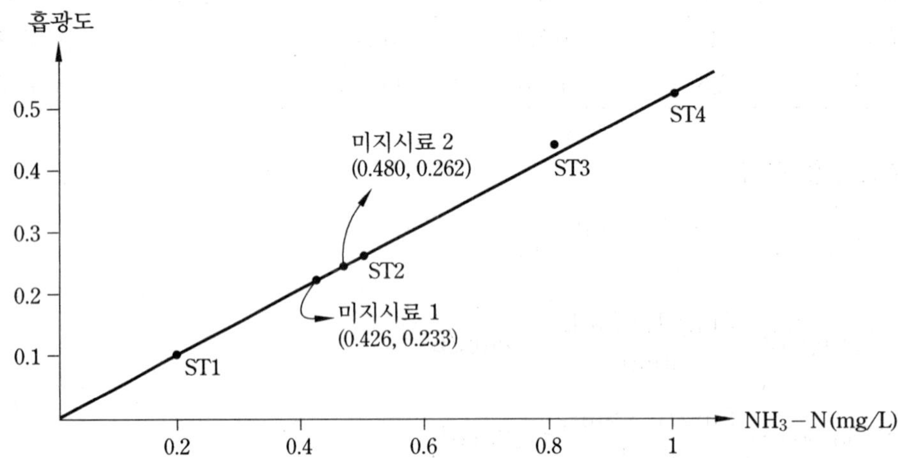

주의 ① ST(표준시료)4개는 그래프 상에 점으로만 나타낸다.

② 선은 회귀직선식의 y절편과 미지시료의 좌표값을 연결한다.

∴ 우선 미지시료 흡광도에 대한 농도값을 계산한다.

ⓐ 미지시료 1의 흡광도가 0.235이지만 blank에 대한 보정을 해야 한다.

흡광도$=0.235-0.002=0.233$

$0.233=0.529x+0.0079$

$$x=\frac{0.233-0.0079}{0.529}=0.426\text{mg/L}$$

∴ 미지시료 1의 좌표는 (0.426, 0.233)이다.

ⓑ 미지시료 2의 흡광도가 0.264이지만 blank에 대한 보정을 해야 한다.

흡광도$=0.264-0.002=0.262$

$0.262=0.529x+0.0079$

$$x=\frac{0.262-0.0079}{0.529}=0.4803\text{mg/L}=0.480\text{mg/L}$$

∴ 미지시료 2의 좌표는 (0.480, 0.262)이다.

③ 이 두 좌표값을 그래프 상에 점으로 찍고 y절편(0.0079)과 연결하면 된다.

4. 미지시료 농도계산

① 미지시료 1의 농도는 회귀직선식을 이용하여 구한 x값, 즉 0.426mg/L이지만 이것은 2mL에 증류수와 시약이 들어와서 50mL로 표선을 맞추었기 때문에 $\frac{50}{2}$을 곱해야 한다. 그러므로 미지시료 1의 농도(mg/L)$=0.426\text{mg/L}\times\frac{50}{2}=10.65\text{mg/L}$

② 미지시료 2도 같은 방법으로 구하는데 4배 희석했기 때문에 4를 곱하여야 한다. 그러므로 미지시료 2의 농도(mg/L)$=0.4803\text{mg/L}\times\frac{50}{2}\times4=48.03\text{mg/L}$

참고 여기서 구한 결과 값이 미지시료 1의 이론농도 10mg/L과 미지시료 2의 이론농도 50mg/L을 비교하여 이 값에 가까울수록 실험이 잘된 것이다.

2 Fe 분석

국가기술자격검정 실기시험문제

자격종목 및 등급	수질환경기사	작 품 명	철

수검번호 : **성명 :**

시험시간 : 4시간

[문제풀이 과정 및 유의사항]

- 문제의 답은 답안지에 흑색 볼펜으로 기재하고 수정 시에는 시험 감독의 날인을 받아야 한다.
- 계산문제는 풀이과정을 반드시 기재하고 소숫점 셋째자리에서 반올림하는 것을 원칙으로 한다.
- 문제는 표시된 중요 결과치는 시험위원 입회 하에 실험을 수행하고 그 결과치는 확인 날인을 받도록 한다.
- 채취시료(미지시료)는 실험계획서의 시료제조방법에 따라 제조하고 제시된 실험방법을 기준으로 분석한다.
- 시약은 수검자가 직접 제조하는 것을 원칙으로 하며 문제의 요구에 따라 제조방법을 서술할 수도 있다.

※ 실험계획서를 완성하고 실험계획서에서 제시된 실험방법에 따라 채취시료(미지시료)를 분석하시오.(단, 시료는 전처리 과정을 한 것으로 간주한다.)

실 험 계 획 서

| 실험방법 |

① 전처리한 시료 적당량(철로서 0.5mg 이하 함유)을 비커에 넣고 질산(1+1) 2mL를 넣어 끓인다. 물을 넣어 50~100mL로 하고 암모니아수(1+1)를 넣어 약알칼리성으로 한 다음 수 분간 끓여 침전을 생성시킨다. (① 실험은 생략하고 제조된 미지시료를 50mL를 취하여 실험을 수행한다.)

② 염산(1+2) 6mL를 가한다.

③ 100mL 용량 플라스크에 옮기고 물을 넣어 액량을 약 70mL로 하고 염산히드록실아민용액(10w/v%) 1mL를 넣어 흔들어 섞는다.

④ O−페난트로린용액(0.1w/v%) 5mL를 넣어 흔들어 섞고 초산암모늄용액(50w/v%) 10mL를 넣고 흔들어 섞은 다음 실온까지 냉각한다. 물을 넣어 표선까지 채워 흔들어 섞은 다음 20분간 방치하여 검액으로 한다. 미지시료 1은 표준용액에서 취하고 미지시료 2는 표준원액에서 취하여 실험을 한다.

⑤ 따로 물 50mL를 취하여 시료의 시험방법에 따라 시험하여 바탕시험액으로 한다. 바탕시험액을 대조액으로 하여 층장 10mm 흡수 셀에 옮겨 510nm에서 검액의 흡광도를 측정하고 미리 작성된 검량선으로부터 철의 양을 구하고 농도(mg/L)를 산출한다.

| 시약제조 방법 |

① 철 표준원액(1.0mg Fe/mL) 100mL를 제조하시오.
황산제일철암모늄 6수화물 0.702g을 염산(1+2) 2mL와 소량의 물에 녹이고 물을 넣어 100mL로 한다.

② 철 표준용액(0.01mg Fe/mL) 500mL를 제조하시오.

참고 $1000\text{mg/L} \times x\,[\text{mL}] = 10\text{mg/L} \times 500\text{mL} \qquad \therefore x = 5\text{mL}$

③ 채취시료(미지시료)를 제조하시오.
ⓐ 미지시료 1 : 표준용액 200mL+증류수 → 500mL
ⓑ 미지시료 2 : 표준원액 10mL+증류수 → 500mL

④ 염산(1+2) 100mL를 제조하시오.

⑤ 염산히드록실아민용액(10w/v%) 100mL를 제조하시오.

⑥ O−페난트로린용액(0.1w/v%) 100mL를 제조하시오.
ⓐ O−페난트로린 2염산염(2HCl) 0.12g+증류수 → 100mL
ⓑ O−페난트로린 수화물(H_2O) 0.1g+에틸알콜 20mL+증류수 → 100mL

⑦ 초산암모늄용액(50w/v%) 100mL를 제조하시오.

01. 측정원리를 서술하시오.(2점)

답 철이온을 암모니아 알칼리성으로 하여 수산화제이철($Fe(OH)_3$)로 침전 분리하고 침전을 염산에 녹여서 염산히드록실아민으로 제일철로 환원한 다음 O−페난트로린을 가한 후 초산암모늄을 가해서 pH를 4~5로 조절하고 이때 나타난 등적색의 철착염의 흡광도를 510nm에서 철을 정량하는 방법이다.

02. 실험방법 중 (①) 과정을 거쳐야 하는 이유를 서술하시오.

답 ① 철을 전처리에서 산화시킨 다음 암모니아수로 $Fe(OH)_3$로 침전시킨다.
② 철농도가 미량일 경우 농축시킬 수도 있다.

03. 실험방법 (④) 과정 중 초산암모늄 용액의 역할을 서술하시오.

답 완충용액으로 초산암모늄 용액을 가하여 pH를 4~5로 조절하면 빠르고 완전하게 발색된다.

04. 검량선 작성

철 표준용액(0.01mg Fe/mL) 5, 10, 20, 40mL를 단계적으로 취하여 100mL 용량 플라스크에 넣고 염산 6mL를 넣어 이하 시료의 시험방법 중 "물을 넣어 액량을 약 70mL로 하고..."에 따라 시험하여 철의 양과 흡광도와의 관계선을 작성하시오. 또한 회귀직선과 그에 따른 상관계수(R)를 구하시오.

〈상관계수 구하는 식〉 $R=\dfrac{n(\Sigma XY)-(\Sigma X)(\Sigma Y)}{\sqrt{[n\Sigma X^2-(\Sigma X)^2][n\Sigma Y^2-(\Sigma Y)^2]}}$

05. 실험 분석 결과치를 이용하여 미지시료(채취시료)의 농도를 계산하고 과정을 쓰시오.

■ 실험 과정 해설 ■

(1) 표준원액 제조(1000ppm)

황산제일철암모늄 6수화물 0.702g을 염산(1+2) 2mL와 소량의 물에 녹이고 물을 넣어 100mL로 한다.

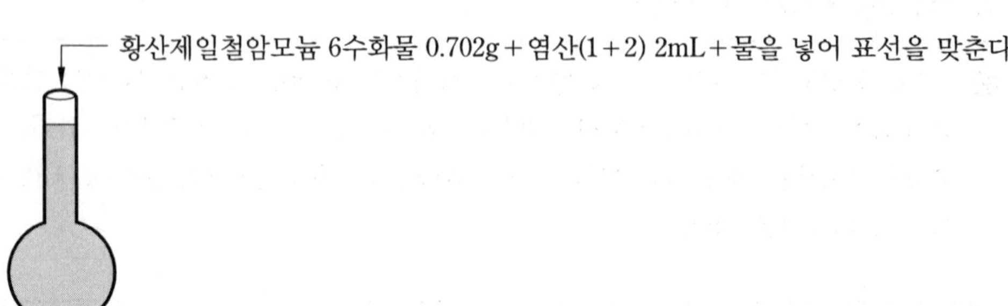
황산제일철암모늄 6수화물 0.702g + 염산(1+2) 2mL + 물을 넣어 표선을 맞춘다.
100mL 메스 플라스크

(2) 표준액 제조(10ppm)

표준원액 5mL를 취하여 500mL로 한다.

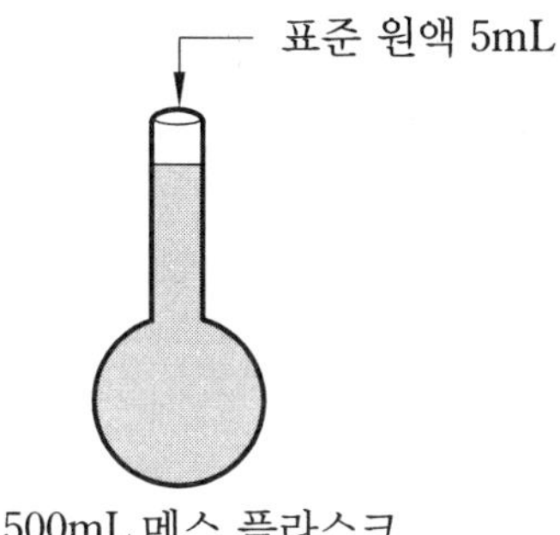

(3) 염산(1+2) 제조(100mL 기준)

증류수 67mL를 취하고(메스 실린더를 이용) 100mL 메스 플라스크에 붓고 염산을 서서히 가하여 표선을 맞춘다.

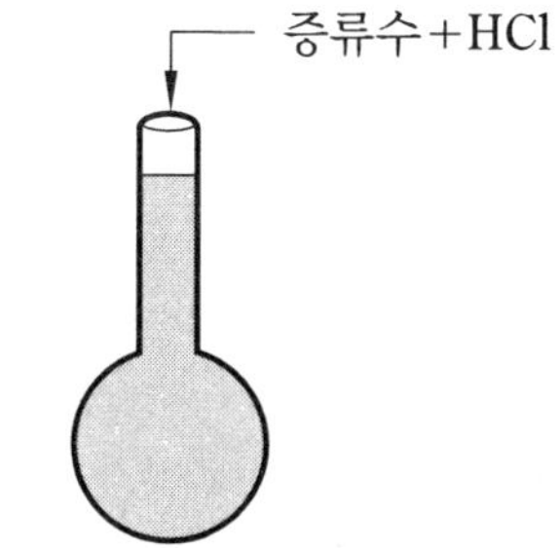

(4) 염산히드록실아민 용액(10W/V%) 100mL 제조

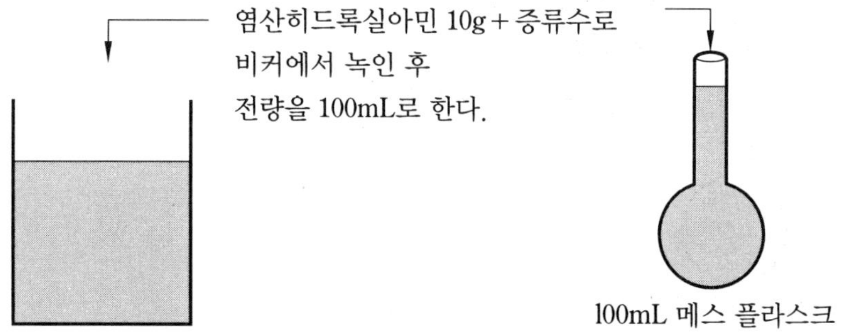

(5) 초산암모늄 용액(50W/V%) 100mL 제조

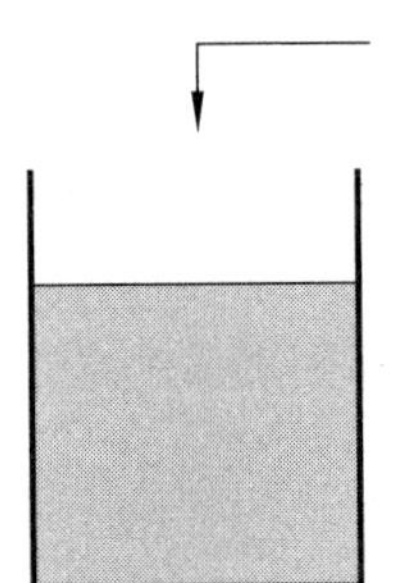

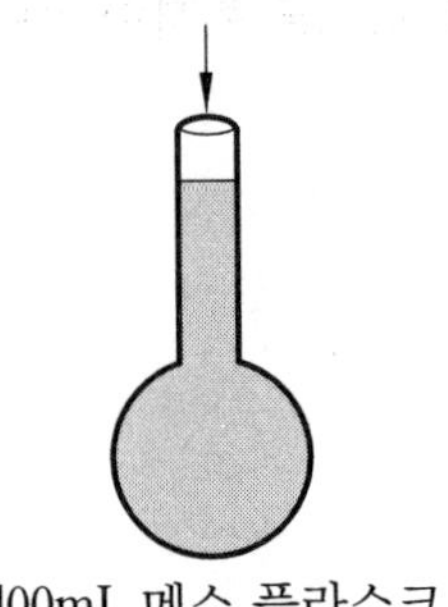

(6) O-페난트로린 용액(0.1W/V%) 100mL를 제조하시오.

O-페난트로린 수화물 0.1g에 에틸알코올 20mL를 가하고 증류수로 전량을 100mL로 한다.

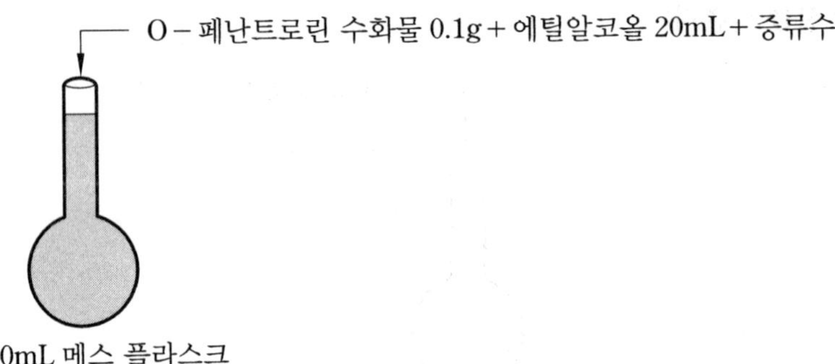

(7) 미지시료 1의 제조

표준용액 200mL를 취하여 500mL로 한다.

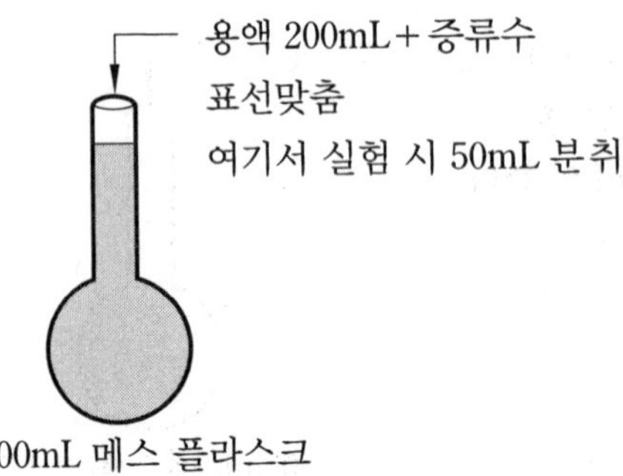

- 미지시료 1의 농도 : $10 \times 200 = x \times 500$

  $\therefore x = 4$ppm(이론농도)

• 실험 시 미지시료 1의 농도 4ppm(이론농도)

여기서 다시 시험 중 2배 희석하므로 발색은 농도 2ppm에 대한 발색이 된다.

(8) 미지시료 2의 제조

표준원액 10mL를 취하여 500mL로 한다.

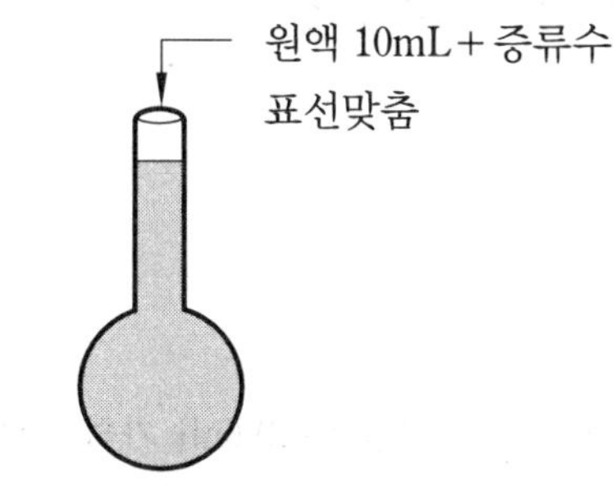

500mL 메스 플라스크

• 미지시료 2의 이론농도 : $1000\times10=x\times500$

$\therefore x=20\text{ppm}$

여기서 조심해야 할 것은 시료 50mL 중 철의 양이 20ppm×0.05L라 하면 1mg이므로 2배 정도를 희석해야 0.5mg 이하 함유를 만족한다.

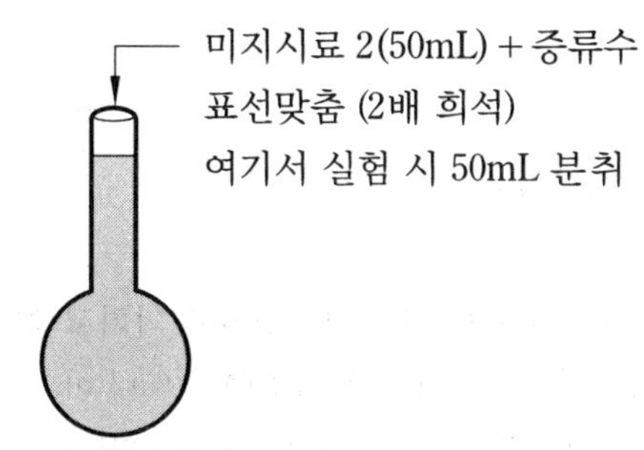

100mL 메스 플라스크

• 희석된 미지시료 2의 농도 : $20\times50=x\times100$

$\therefore x=10\text{mg/L}$

여기서 다시 시험 중 2배 희석하므로 발색은 농도 $\frac{10}{2}=5\text{ppm}$에 대한 발색이 된다.

(9) 검량선 작성

①

100mL 메스 플라스크
blank

②

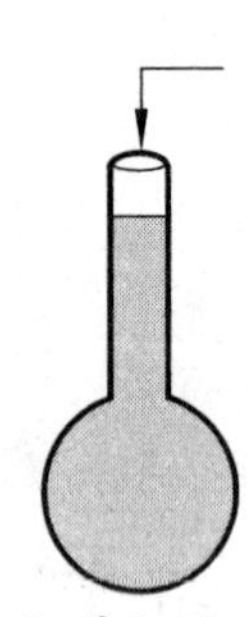

표준용액 5mL + 염산(1+2) 6mL 가하고 액량을 약 70mL로 조정함
+ 염산히드록실아민 용액(10W/V%) 1mL
+ O－페난트로린 용액(0.1W/V%) 5mL
+ 초산암모늄 용액(50W/V%) 10mL
+ 증류수로 표선을 맞춤

100mL 메스 플라스크
ST 1

- 농도 계산

$$\frac{10\text{ppm} \times 5\text{mL}}{100\text{mL}} = 0.5\text{ppm}$$

③

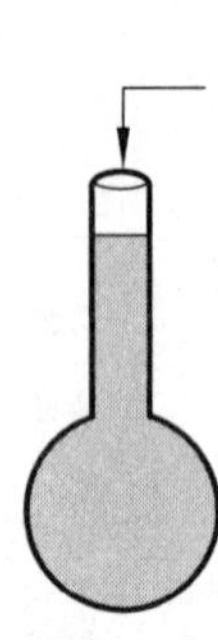

표준용액 10mL + 염산(1+2) 6mL 가하고 액량을 약 70mL로 조정함
+ 염산히드록실아민 용액(10W/V%) 1mL
+ O－페난트로린 용액(0.1W/V%) 5mL
+ 초산암모늄 용액(50W/V%) 10mL
+ 증류수로 표선을 맞춤

100mL 메스 플라스크
ST 2

- 농도 계산

$$\frac{10\text{ppm} \times 10\text{mL}}{100\text{mL}} = 1.0\text{ppm}$$

④

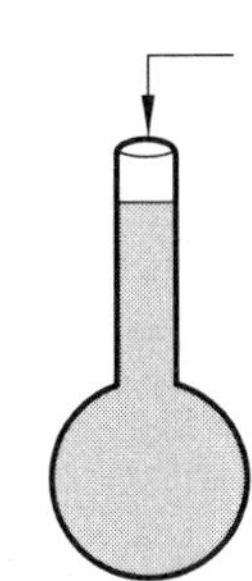

100mL 메스 플라스크
ST 3

- 농도 계산

$$\frac{10\text{ppm} \times 20\text{mL}}{100\text{mL}} = 2.0\text{ppm}$$

⑤

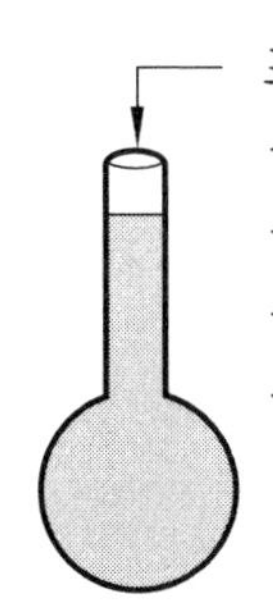

100mL 메스 플라스크
ST 4

- 농도 계산

$$\frac{10\text{ppm} \times 40\text{mL}}{100\text{mL}} = 4.0\text{ppm}$$

⑥

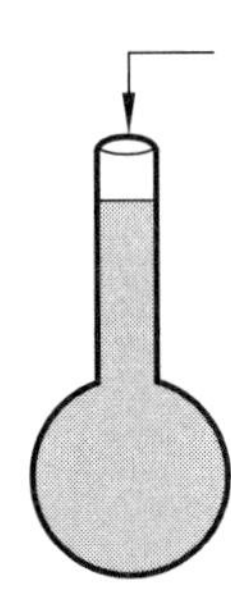

100mL 메스 플라스크
미지시료 1

• 농도 계산

$$\frac{4\text{ppm} \times 50\text{mL}}{100\text{mL}} = 2.0\text{ppm}$$

발색된 색이 ST3와 같다.

⑦

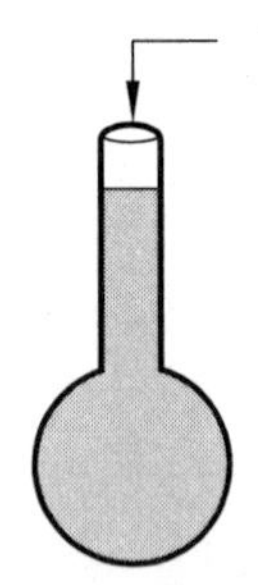

미지시료 2 50mL + 염산(1+2) 6mL 가하고 액량을 약 70mL로 조정함
+염산히드록실아민 용액(10W/V%) 1mL
+O－페난트로린 용액(0.1W/V%) 5mL
+초산암모늄 용액(50W/V%) 10mL
+증류수로 표선을 맞춤

100mL 메스 플라스크
미지시료 2

• 농도 계산

$$\frac{10\text{ppm} \times 50\text{mL}}{100\text{mL}} = = 5\text{ppm}$$

발색된 색이 ST4보다 약간 진함

■ Fe 실험 data 연습 ■

[실험결과 data 예] : 대조셀(blank test)의 흡광도를 0으로 해주는 경우

시 료	blank	ST1	ST2	ST3	ST4	미지시료 1	미지시료 2
흡광도	0	0.061	0.130	0.253	0.540	0.2592	0.641

1. 상관계수(R) 구하기 : 답안지에 표가 주어짐

구 분	x [mg/L]	y (흡광도)	xy	x^2	y^2
ST1	0.5	0.061	0.0305	0.25	0.00372
ST2	1	0.130	0.130	1	0.0169
ST3	2	0.253	0.506	4	0.064
ST4	4	0.54	2.16	16	0.2916
합 계	7.5	0.984	2.8265	21.25	0.3762

x 축의 산출 근거

① $\text{ST1(mg/L)} = \dfrac{10\text{mg/L} \times 5\text{mL}}{100\text{mL}} = 0.5\text{mg/L}$

② $\text{ST2(mg/L)} = \dfrac{10\text{mg/L} \times 10\text{mL}}{100\text{mL}} = 1\text{mg/L}$

③ $\text{ST3(mg/L)} = \dfrac{10\text{mg/L} \times 20\text{mL}}{100\text{mL}} = 2\text{mg/L}$

④ $\text{ST4(mg/L)} = \dfrac{10\text{mg/L} \times 40\text{mL}}{100\text{mL}} = 4\text{mg/L}$

$$R = \frac{4 \times 2.8265 - 7.5 \times 0.984}{\sqrt{(4 \times 21.25 - 7.5^2) \times (4 \times 0.3762 - 0.984^2)}} = \frac{3.926}{3.9275} = 0.99962 = 0.9996$$

2. 회귀직선식 구하기

① 회귀직선식(A, B 산출식)

$$y - \bar{y} = R\left(\frac{\sigma_y}{\sigma_x}\right)(x - \bar{x})$$ (꼭 암기해야 함)

② table 작성

$\bar{x}$	$\bar{y}$	σ_x	σ_y	R
1.875	0.246	1.3405	0.1831	0.9996

$$y-0.246=0.9996\left(\frac{0.1831}{1.3405}\right)(x-1.875)$$

$\therefore\ y-0.246=0.136(x-1.875)$

$\therefore\ y=0.136x-0.136\times1.875+0.246=0.136x-0.009=0.14x+0.01$

③ 회귀직선식 : $y=0.14x-0.01$ (여기서, y절편이 − 값이 나올 수 있다.)

3. 검량선 작성

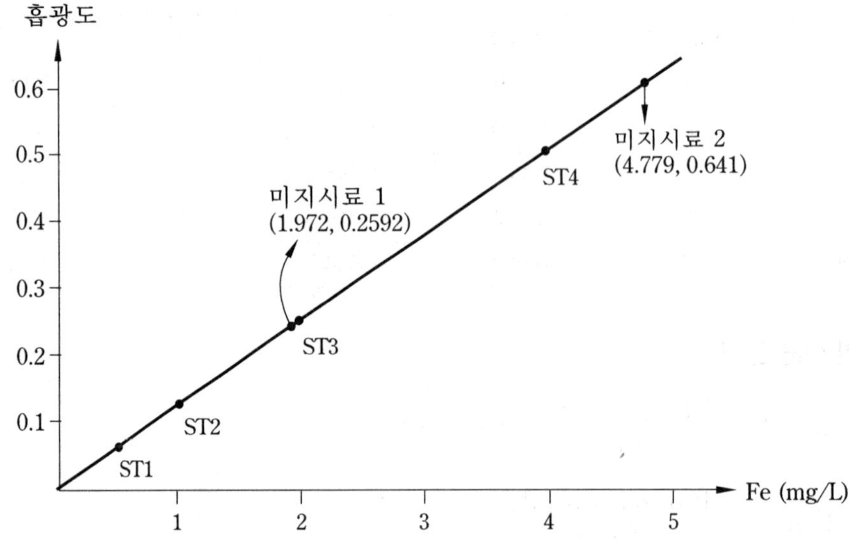

주의 ① ST(표준시료) 4개는 그래프 상에 점으로만 나타낸다.

② 선은 회귀직선식의 y절편과 미지시료의 좌표값을 연결한다.

∴ 우선 미지시료 흡광도에 대한 농도값을 계산한다.

ⓐ 미지시료 1의 흡광도가 0.2592이므로

$0.2592=0.136x-0.009$

$$x=\frac{0.2592-0.009}{0.136}=1.972\text{mg/L}$$

∴ 미지시료 1의 좌표는 (1.972, 0.2592)이다.

ⓑ 미지시료 2의 흡광도가 0.641이므로

$0.641=0.136x-0.009$

$$x=\frac{0.641-0.009}{0.136}=4.779\text{mg/L}$$

∴ 미지시료 2의 좌표는 (4.779, 0.641)이다.

③ 이 두 좌표값을 그래프 상에 점으로 찍고 y절편(−0.009)과 연결하면 된다.

4. 미지시료 농도계산

① 미지시료 1의 농도는 회귀직선식을 이용하여 구한 x값, 즉 1.972mg/L이지만 이것은 50mL에 증류수와 시약이 들어와서 100mL로 표선을 맞추었기 때문에 $\frac{100}{50}$을 곱해야 한다.

그러므로 미지시료 1의 농도(mg/L)$=1.972\text{mg/L}\times\frac{100}{50}=3.944=3.94\text{mg/L}$

② 미지시료 2도 같은 방법으로 구하는데 2배 희석했기 때문에 2를 곱하여야 한다.

그러므로 미지시료 2의 농도(mg/L)$=4.779\text{mg/L}\times\frac{100}{50}\times 2=19.12\text{mg/L}$

참고
- 여기서 $\frac{100}{50}$의 의미는 미지시료 50mL를 분취한 후 증류수와 시약으로 100mL 표선을 맞추었기 때문이며 미지시료 2는 2배 희석하므로 마지막에 희석배수를 곱하여야 한다.
- 여기서 구한 결과 값이 미지시료 1의 이론농도 4mg/L과 미지시료 2의 이론농도 20mg/L을 비교하여 이 값에 가까울수록 실험이 잘된 것이다.

3 총질소 분석

국가기술자격검정 실기시험문제

자격종목 및 등급	수질환경기사	작 품 명	질산화 및 탈질산화 공정계획을 위한 총질소 분석

수검번호 : **성명 :**

시험시간 : 4시간

[문제풀이 과정 및 유의사항]

- 문제의 답은 답안지에 흑색 볼펜으로 기재하고 수정 시에는 시험 감독의 날인을 받아야 한다.
- 계산문제는 풀이과정을 반드시 기재하고 소숫점 셋째자리에서 반올림하는 것을 원칙으로 한다.
- 문제는 표시된 중요 결과치는 시험위원 입회 하에 실험을 수행하고 그 결과치는 확인 날인을 받도록 한다.
- 채취시료(미지시료)는 실험계획서의 시료제조방법에 따라 제조하고 제시된 실험방법을 기준으로 분석한다.
- 시약은 수검자가 직접 제조하는 것을 원칙으로 하며 문제의 요구에 따라 제조방법을 서술할 수도 있다.
- 흡광도(검량선 포함)측정 시 흡수셀은 반드시 석영 셀을 사용하여야 한다.

※ 실험계획서를 완성하고 계획서에 주어진 제조방법에 따라 미지시료를 제조, 분석하여 다음 물음에 답하시오.

실 험 계 획 서

| 실험방법 |

① 시료의 전처리 : 미지시료의 전처리과정은 과황산칼륨 분해 중 일부만을 적용한다.
시료 50mL(질소 함량이 0.1mg 이상일 경우에는 희석)를 플라스크에 넣고 알칼리성 과황산칼륨용액 10mL를 넣어 흔들어 섞은 다음 [고압증기멸균기에 넣고 가열한다. 약 120℃가 될 때부터 30분간 가열 분해하고 분해병을 꺼내어 방랭한다.(생략부분)]

② 전처리한 시료의 상등액 25mL를 정확히 취하여 50mL 또는 100mL 용량 플라스크에 옮긴다.

③ 이 용액에 염산(1+16) 5mL를 넣어 pH 2~3으로 하고 이 용액의 일부를 층장 10mm 흡수 셀에 옮겨 검액으로 한다. 따로 물 50mL를 취하여 시료의 전처리 시험방법에 따라 시험하고 바탕시험액으로 한다.(pH를 2~3으로 맞추는 조작은 생략한다.)

④ 바탕시험액을 대조액으로 하여 220nm에서 검액의 흡광도를 측정하고 미리 작성한 검량선으로부터 총질소의 양을 구한다.

⑤ 검량선 작성

질산성질소 표준액(0.02mgNO_3−N/mL) 2, 4, 8, 10mL를 단계적으로 취하여 100mL 용량 플라스크에 넣고 물을 넣어 표선을 채운 다음, 이 액 25mL씩 정확히 취하여 각각 50mL 용량 플라스크 또는 비색관에 넣고 염산(1+500) 5mL를 넣은 다음 시료의 시험방법에 따라 시험하여 질소의 양과 흡광도와의 관계선을 작성한다.

| 시약제조 방법 |

① 미지시료 1 폐수를 제조하시오.

표준용액 5mL+증류수 → 100mL

② 미지시료 2 폐수를 제조하시오.

표준용액 20mL+증류수 → 100mL

③ 알칼리성 과황산칼륨용액

물 100mL에 수산화나트륨 4g을 녹인 다음 과황산칼륨 3g을 넣어 녹인다.

④ 염산(1+16) 제조하시오.(100mL 제조기준)

염산(1+500) 제조하시오.(100mL 제조기준)

⑤ 질산성 질소 표준원액(0.1mg NO_3−Nmg/mL)

건조한 질산칼륨(표준시약) 0.722g을 정밀히 달아 물에 녹여 1000mL로 한다.

⑥ 질산성 질소 표준용액(0.02mg NO_3−Nmg/mL)−100mL 제조 기준

01. 측정원리를 서술하시오.

답 시료 중의 질소화합물을 알칼리성 과황산칼륨의 존재하에 120℃에서 유기물과 함께 분해하여 질산 이온으로 산화시킨 다음 산성에서 자외부 흡광도를 측정하여 질소를 정량하는 방법이다.

02. 검량선 작성

질산성 질소 표준용액 2, 4, 8, 10mL를 단계적으로 취하여 시험하여 질산성 질소의 양과 흡광도와의 관계선을 작성하시오. 또한 회귀직선식과 그에 따른 상관계수(R)를 구하시오.

〈상관계수 구하는 식〉 $R=\dfrac{n(\Sigma XY)-(\Sigma X)(\Sigma Y)}{\sqrt{[n\Sigma X^2-(\Sigma X)^2][n\Sigma Y^2-(\Sigma Y)^2]}}$

03. 실험분석 결과치를 이용하여 채취시료(미지시료)의 농도를 계산하고 과정을 쓰시오.

■ 실험 과정 해설 ■

(1) 표준원액 제조(100ppm)

건조한 질산칼륨(표준시약) 0.722g을 정밀히 달아 물에 녹여 1000mL로 한다.

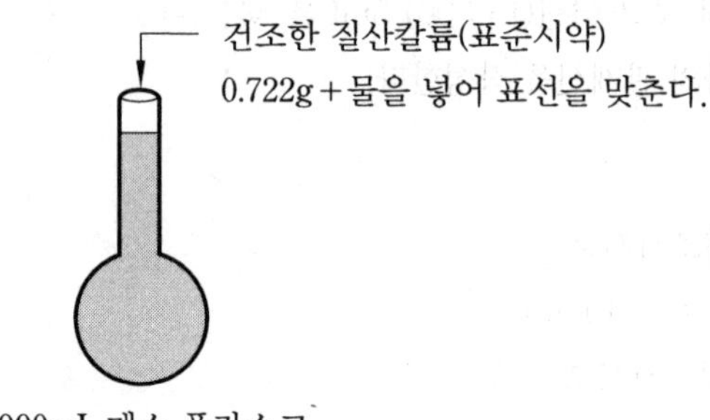

(2) 표준용액 제조(20ppm)

표준원액 20mL을 취하여 100mL로 한다.

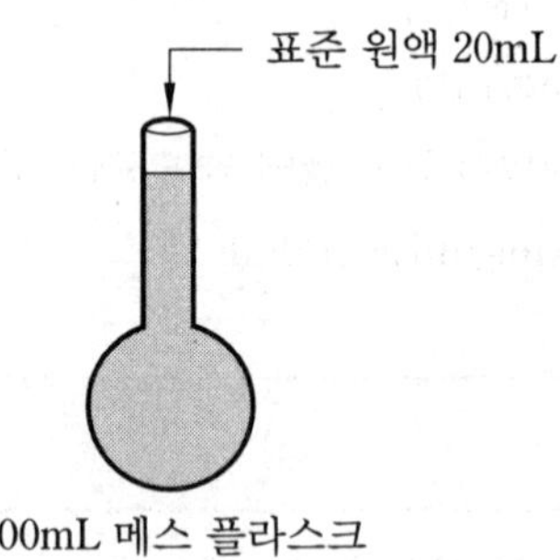

(3) 염산(1+16) 제조(100mL 기준)

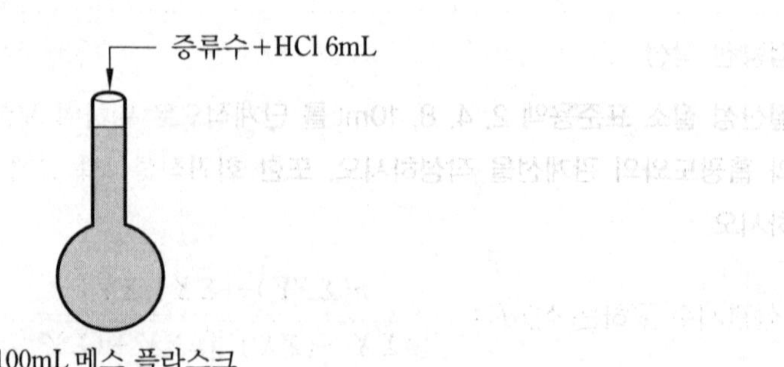

(4) 염산(1+500) 제조(100mL 기준)

우선 증류수 대략 50mL를 취하고 염산을 1mL를 서서히 가하고 물로 표선을 맞춘다. 다시 20mL를 분취하여 물을 넣어 표선을 맞춘다.

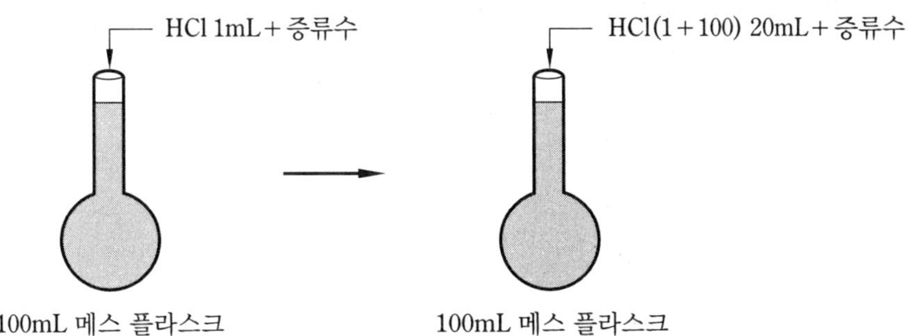

(5) 미지시료 1의 제조

표준용액 5mL를 취하여 100mL로 한다.

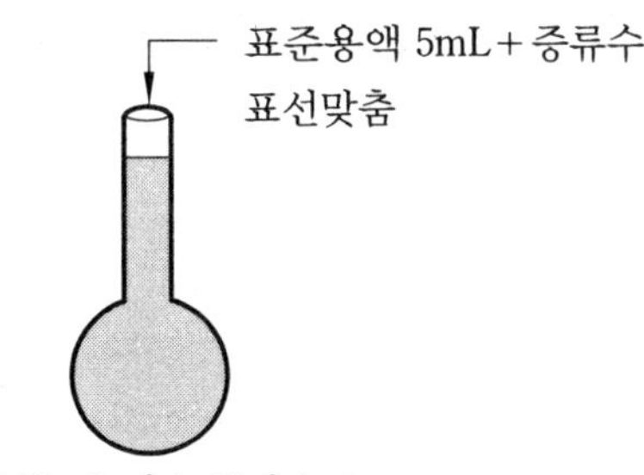

- 미지시료 1의 농도 : $20 \times 5 = x \times 100$

  $\therefore x = 1$ppm(이론농도)

- 실험 후 미지시료 1의 농도는 모든 계산 과정이 끝났을 때 약 1ppm 정도로 나와야 한다.

(6) 미지시료 2의 제조

표준용액 20mL를 취하여 100mL로 한다.

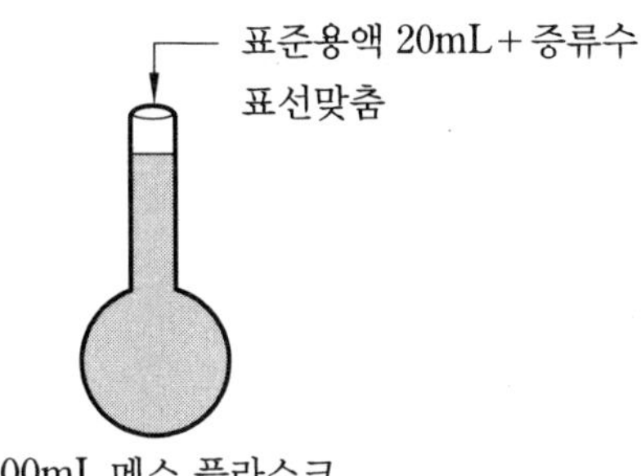

• 미지시료 2의 이론농도 : $20 \times 20 = x \times 100$

$\therefore x = 4\text{ppm}$

여기서 조심해야 할 것은 시료 50mL 중 질소의 양이 4ppm×0.05L라면 0.2mg이므로 4배 정도를 희석해야 0.1mg 이하 함유를 만족한다.

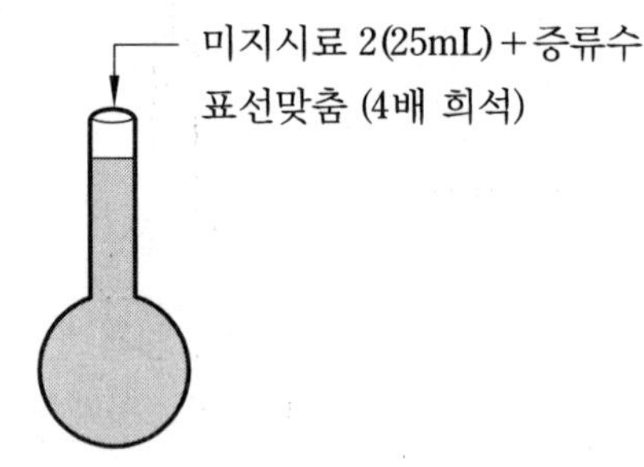

• 희석된 미지시료 2의 농도 : $4 \times 25 = x \times 100$

$\therefore x = 1\text{mg/L}$

• 실험 후 미지시료 2의 농도는 모든 계산 과정이 끝났을 때 약 4ppm 정도로 나와야 한다.

(7) 검량선 작성

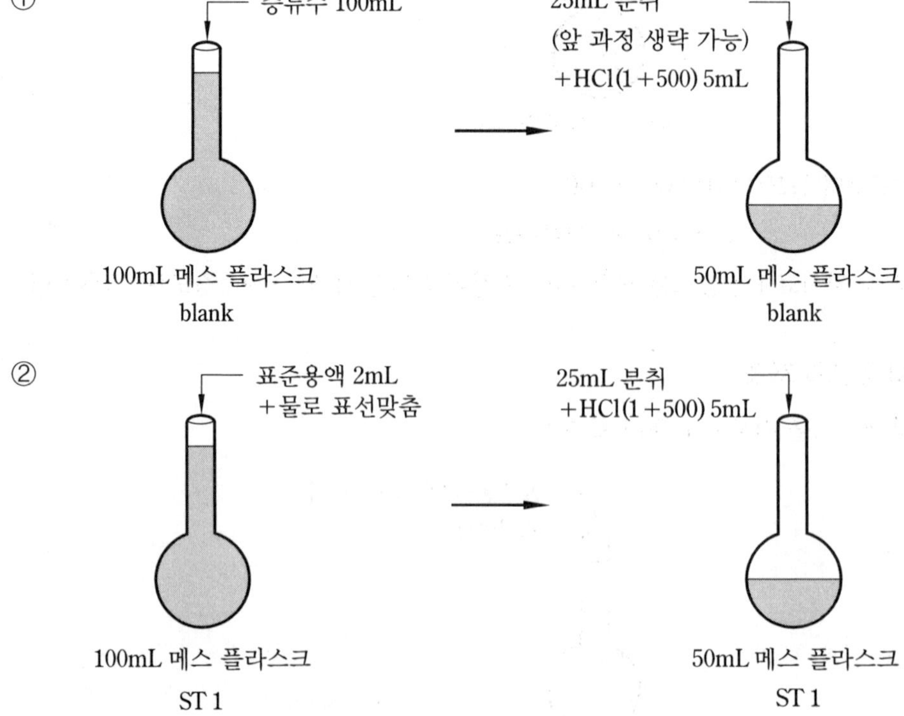

• 분취액 25mL 중 질소의 양

$$\frac{20\text{ppm} \times 2\text{mL}}{100\text{mL}} \times 0.025\text{L} = 0.01\text{mg}$$

③

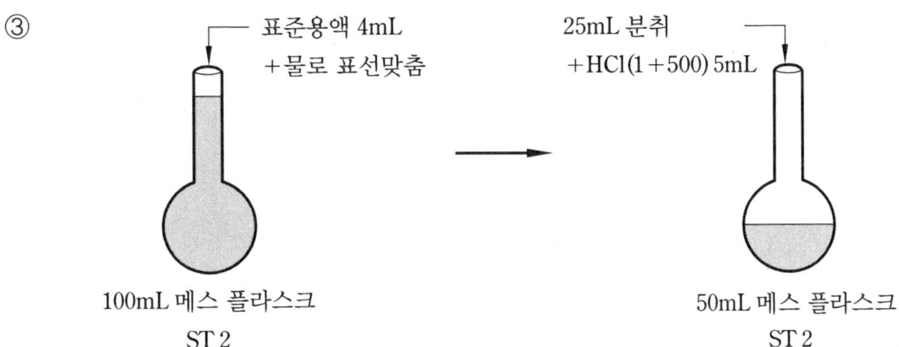

• 분취액 25mL 중 질소의 양

$$\frac{20\text{ppm} \times 4\text{mL}}{100\text{mL}} \times 0.025\text{L} = 0.02\text{mg}$$

④

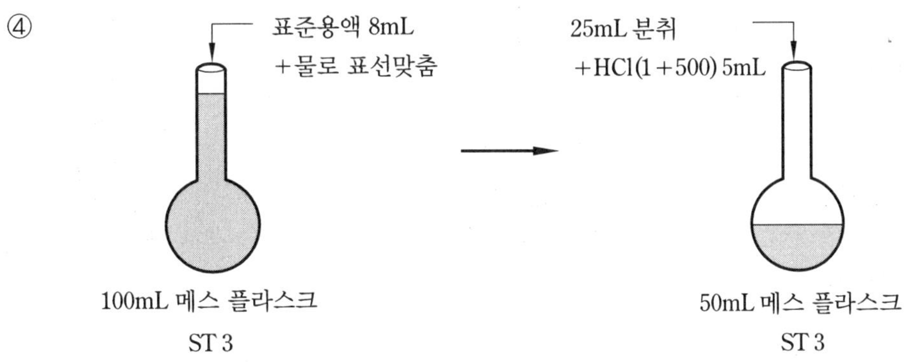

• 분취액 25mL 중 질소의 양

$$\frac{20\text{ppm} \times 8\text{mL}}{100\text{mL}} \times 0.025\text{L} = 0.04\text{mg}$$

⑤

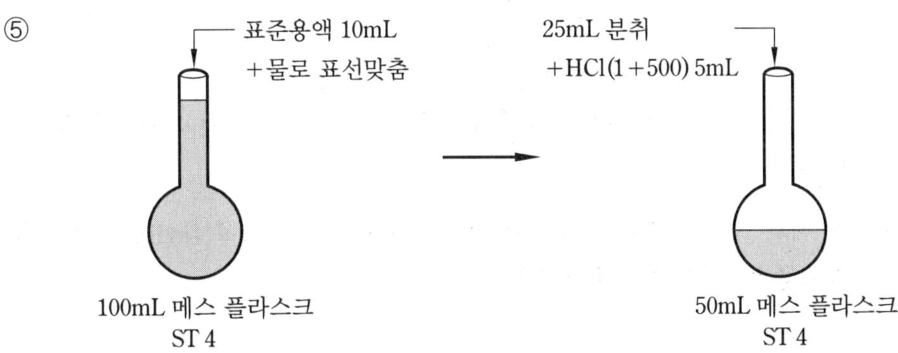

• 분취액 25mL 중 질소의 양

$$\frac{20\text{ppm} \times 10\text{mL}}{100\text{mL}} \times 0.025\text{L} = 0.05\text{mg}$$

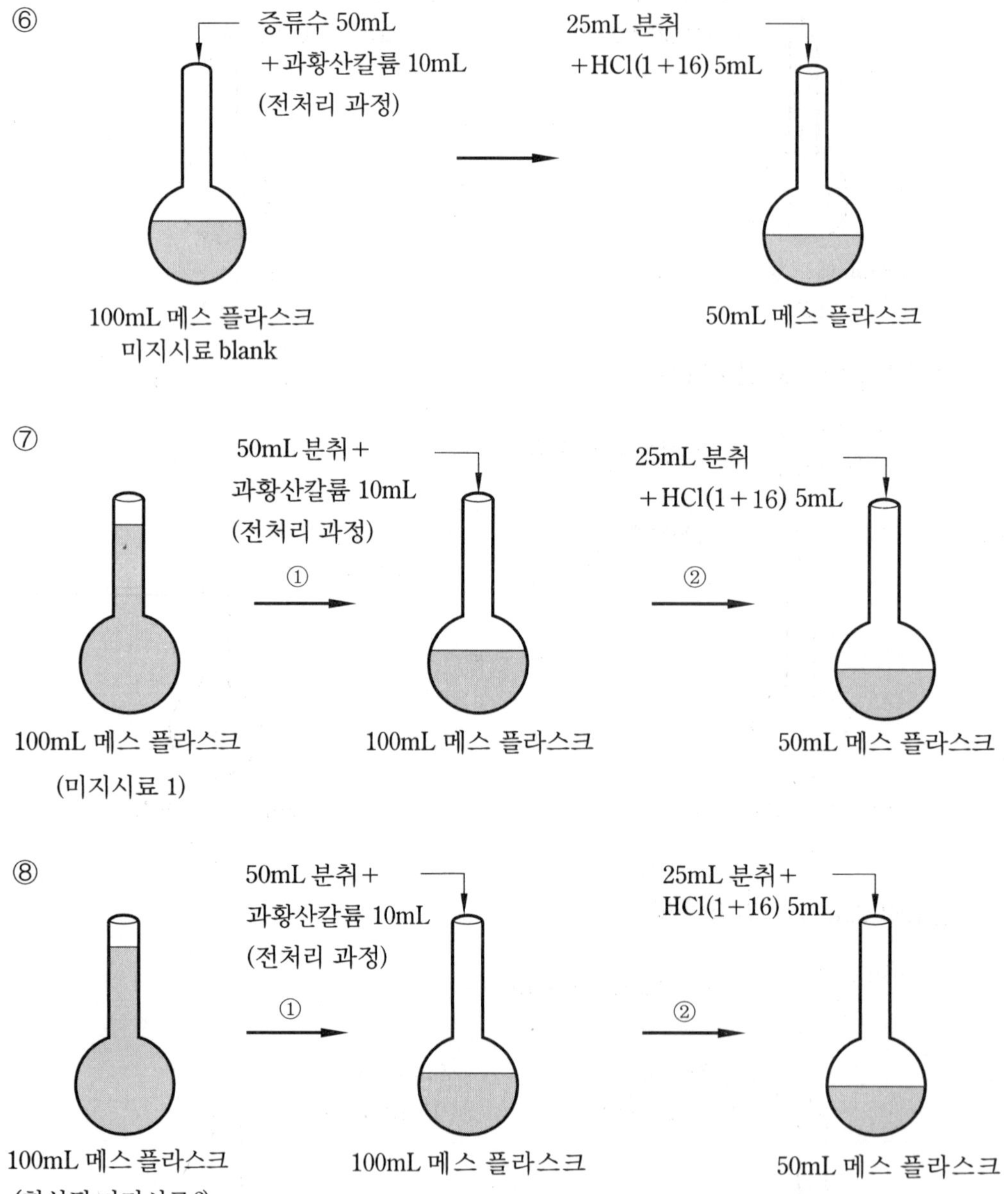

참고 전처리 과정에서 과황산칼륨 대신 증류수를 사용하라고 하면 증류수로 대신한다. 즉, 과황산칼륨 10mL 대신 증류수 10mL를 사용한다.

■ T-N 실험 data 연습 ■

[실험결과 data 예] : 대조셀(blank test)의 흡광도를 0으로 해주지 않은 경우

시 료	blank	ST1	ST2	ST3	ST4	미지 blank	미지시료 1	미지시료 2
흡광도	0.002	0.104	0.205	0.396	0.467	0.003	0.217	0.221

※ 여기서 0점 보정은 ST는 ST blank로, 미지시료는 미지 blank로 한다.(조심!!)
총 질소에서는 바탕시료가 2개인 이유는 HCl의 농도가 다른 것을 사용하기 때문이다.

1. 상관계수(R) 구하기 : 답안지에 표가 주어짐

구 분	x [mg/L]	y (흡광도)	xy	x^2	y^2
ST1	0.01	0.102	0.00102	0.0001	0.0104
ST2	0.02	0.203	0.00406	0.0004	0.0412
ST3	0.04	0.394	0.01576	0.0016	0.1552
ST4	0.05	0.465	0.02325	0.0025	0.2162
합 계	0.12	1.164	0.04409	0.0046	0.423

x 축의 산출 근거(25mL 중의 N의 양이다.)

① $\text{ST1(mg)} = \dfrac{20\text{mg/L} \times 2\text{mL}}{100\text{mL}} \times 0.025\text{L} = 0.01\text{mg}$

② $\text{ST2(mg)} = \dfrac{20\text{mg/L} \times 4\text{mL}}{100\text{mL}} \times 0.025\text{L} = 0.02\text{mg}$

③ $\text{ST3(mg)} = \dfrac{20\text{mg/L} \times 8\text{mL}}{100\text{mL}} \times 0.025\text{L} = 0.04\text{mg}$

④ $\text{ST4(mg)} = \dfrac{20\text{mg/L} \times 10\text{mL}}{100\text{mL}} \times 0.025\text{L} = 0.05\text{mg}$

주의 y(흡광도) 값은 각 ST의 흡광도에서 blank의 흡광도 값을 보정하여 대입한다.

$$R = \frac{4 \times 0.04409 - 0.12 \times 1.164}{\sqrt{(4 \times 0.0046 - 0.12^2) \times (4 \times 0.423 - 1.164^2)}} = \frac{0.03668}{0.03672} = 0.99891 = 0.9989$$

2. 회귀직선식 구하기

① 회귀직선식(A, B 산출식)

$y - \bar{y} = R(\frac{\sigma_y}{\sigma_x})(x - \bar{x})$(꼭 암기해야 함)

② table 작성

$\bar{x}$	$\bar{y}$	σ_x	σ_y	R
0.03	0.291	0.0158	0.1452	0.9989

$$y-0.291=0.9989\left(\frac{0.1452}{0.0158}\right)(x-0.03)$$

$\therefore\ y-0.291=9.18(x-0.03)$

$\therefore\ y=9.18x-9.18\times0.03+0.291=9.18x-0.016=9.18x+0.02$

③ 회귀직선식 : $y=9.18x+0.02$

3. 검량선 작성

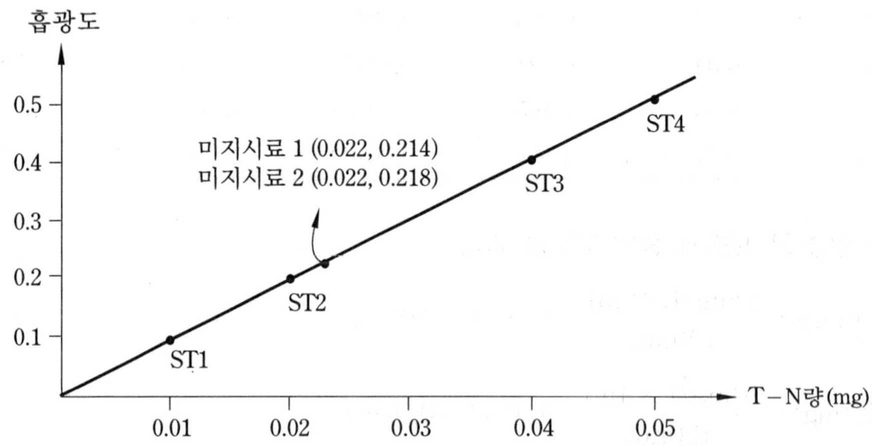

주의 ① ST(표준시료) 4개는 그래프 상에 점으로만 나타낸다.

② 선은 회귀직선식의 y절편과 미지시료의 좌표값을 연결한다.

∴ 우선 미지시료 흡광도에 대한 농도값을 계산한다.

ⓐ 미지시료 1의 흡광도가 0.217이지만 blank에 대한 보정을 해야 한다.

흡광도$=0.217-0.003=0.214$

$0.214=9.18x+0.016$

$$x=\frac{0.214-0.016}{9.18}=0.022\text{mg}$$

∴ 미지시료 1의 좌표는 (0.022, 0.214)이다.

ⓑ 미지시료 2의 흡광도가 0.221이지만 blank에 대한 보정을 해야 한다.

흡광도$=0.221-0.003=0.218$

$0.218=9.18x+0.016$

$$x = \frac{0.221 - 0.016}{9.18} = 0.022\text{mg}$$

∴ 미지시료 2의 좌표는 (0.022, 0.218)이다.

③ 이 두 좌표값을 그래프 상에 점으로 찍고 y절편(0.016)과 연결하면 된다.

4. 미지시료 농도계산

〈계산식〉 총질소 농도(mg/L)$= a \times \frac{60}{25} \times \frac{1000}{50}$

여기서, a : 25mL 중의 총질소의 양(mg)(좌표의 x값에 해당)

25 : 분취량(mL)

60 : 시료 50mL에 $K_2S_2O_8$(증류수로 대신함) 10mL가 주입되어 60mL이다.

50 : 시료의 부피(mL)

1000 : 단위환산 1000mL/L의 의미이다.

① 미지시료 1의 농도(mg/L)$= 0.022 \times \frac{60}{25} \times \frac{1000}{50} = 1.056 = 1.06$mg/L

② 미지시료 2도 같은 방법으로 구하는데 4배 희석했기 때문에 4를 곱하여야 한다.

미지시료 2의 농도(mg/L)$= 0.022 \times \frac{60}{25} \times \frac{1000}{50} \times 4 = 4.224 = 4.22$mg/L

4 총인 분석

국가기술자격검정 실기시험문제

자격종목 및 등급	수질환경기사	작 품 명	하수처리장의 유출수의 총인 농도

수검번호 : **성명 :**

시험시간 : 4시간

[문제풀이 과정 및 유의사항]

- 문제의 답은 답안지에 흑색 볼펜으로 기재하고 수정 시에는 시험 감독의 날인을 받아야 한다.
- 계산문제는 풀이과정을 반드시 기재하고 소숫점 셋째자리에서 반올림하는 것을 원칙으로 한다.
- 문제는 표시된 중요 결과치는 시험위원 입회 하에 실험을 수행하고 그 결과치는 확인 날인을 받도록 한다.
- 채취시료(미지시료)는 실험계획서의 시료제조방법에 따라 제조하고 제시된 실험방법을 기준으로 분석한다.
- 시약은 수검자가 직접 제조하는 것을 원칙으로 하며 문제의 요구에 따라 제조방법을 서술할 수도 있다.
- 본 실험 수행 중 유리기구 등의 세척(세제에 인성분이 함유되어 있음)으로 인한 실험오차가 발생할 수 있으므로 실험에 사용되는 기기, 기구 등에 세제 성분이 남아 있지 않도록 주의하여야 한다.
  - 검정시행 전 : 유리기구 등에 세제 성분이 없도록 헹굼 과정을 거치도록 한다.
  - 검정시행 시, 시행 후 : 세제를 사용하지 않고 세척하거나 수돗물을 사용하여 여러 번 헹굼 과정을 거치도록 한다.

※ 실험계획서를 완성하고 계획서에 주어진 제조방법에 따라 미지시료를 제조 · 분석하여 다음 물음에 답하시오.

실 험 계 획 서

| 실험방법 |

① 시료의 전처리 : 미지시료의 전처리과정은 과황산칼륨 분해방법 중 일부만을 적용한다.

(질산 – 황산분해는 적용하지 않음)

- 과황산칼륨 분해 : 시료 50mL(인으로 0.06mg 이하 함유)를 플라스크에 넣고 과황산칼륨 용액(증류수로 대치한다) 10mL를 넣어 마개를 닫고 섞은 다음 [고압증기멸균기에 넣어 가열한다. 약 120℃가 될 때부터 30분간 가열 분해하고 분해병을 꺼내어 방랭한다.(생략부분)]
- 질산–황산 분해 : 시료 50mL(인으로 0.06mg 이하 함유)를 킬달플라스크에 넣고 질산 2mL를 넣어 액량이 약 10mL가 될 때까지 서서히 가열 농축하고 방랭한다. 여기서 질산 2~5mL와 황산 2mL를 넣고 가열을 계속하여 황산의 백연이 격렬하게 발생할 때까지 가열한다. 분해가 끝나면 물을 넣고 중화시킨 후 50mL 용량 플라스크에 옮기고 물을 넣어 표선까지 채운다.

② 전처리한 시료의 상등액 25mL를 취하여 50mL 또는 100mL 용량 플라스크에 넣고 몰리브덴산암모늄–아스코르빈산 혼액 2mL를 넣어 흔들어 섞은 다음 15분간 방치한다.

③ 이 용액의 일부를 층장 10mm 흡수셀에 옮겨 검액으로 하고 따로 물 50mL를 취하여 시료의 시험방법에 따라 시험하여 바탕시험액으로 한다.

④ 바탕시험액을 대조액으로 하여 880nm에서 검액의 흡광도를 측정하고 미리 작성한 검량선으로부터 총인의 양을 구한다.

⑤ 검량선 작성

인산염 인 표준액(0.005mgP/mL) 5, 10, 15, 20mL를 단계적으로 취하여 100mL 용량 플라스크에 넣고 표선을 채운 다음 이 액 25mL씩을 각각 50mL 또는 100mL 용량 플라스크에 넣고 시험방법에 따라 시험하여 인의 양과 흡광도와의 관계선을 작성한다.

| 시약제조 방법 |

① 미지시료 1 폐수를 제조하시오.

표준 용액 12mL+증류수 → 100mL

② 미지시료 2 폐수를 제조하시오.

표준 용액 40mL+증류수 → 100mL

③ 몰리브덴산암모늄–아스코르빈산혼액

몰리브덴산암모늄(4수화물) 1.2g과 주석산안티몬칼륨 0.048g을 물 약 60mL에 녹이고 황산(2+1) 24mL와 술퍼민산암모늄 1g을 넣어 녹인 다음 물을 넣고 100mL로 하고 여기에 7.2% L–아스코르빈산 용액 20mL를 넣어 섞는다.

④ 황산(2+1) 제조하시오.(100mL 제조 기준)

⑤ 7.2% L–아스코르빈산 용액(50mL 제조 기준)

⑥ 인산염 인 표준원액(0.1mg PO_4–Pmg/mL)

건조한 인산이수소칼륨(표준시약) 0.439g을 정밀히 달아 물에 녹여 1000mL로 한다.

⑦ 인산염 인 표준액(0.005mg PO_4–Pmg/mL)–200mL 제조 기준

⑧ 과황산칼륨 용액은 증류수로 대신한다.

01. 측정원리를 서술하시오.

답 시료 중의 유기물을 산화분해하여 모든 인화합물을 인산염의 형태로 변화시킨 다음 인산염을 아스코르빈산 환원 흡광도법으로 정량하여 총인의 농도를 구하는 방법이다.

02. 검량선 작성

인산염 인 표준용액 5, 10, 15, 20mL를 단계적으로 취하여 시험하여 인산염 인의 양과 흡광도와의 관계선을 작성하시오. 또한 회귀직선식과 그에 따른 상관계수(R)를 구하시오.

〈상관계수 구하는 식〉 $R=\dfrac{n(\Sigma XY)-(\Sigma X)(\Sigma Y)}{\sqrt{[n\Sigma X^2-(\Sigma X)^2][n\Sigma Y^2-(\Sigma Y)^2]}}$

03. 다음 물음에 답하시오.

(가) 전처리를 위해 과황산칼륨분해방법을 적용하는 시료와 질산-황산분해방법을 적용하는 시료의 차이점을 기술하시오.

(나) 실험 분석치를 활용하여 채취시료(미지시료 1, 2)의 농도를 계산하고 과정을 쓰시오. (단, 과황산칼륨 분해방법으로 시료를 전처리한 경우)

(다) 실험 분석치를 활용하여 채취시료(미지시료 1, 2)의 계산식을 쓰시오.
(단, 질산-황산분해법으로 시료를 전처리한 경우)

답 (가) ① 과황산칼륨 분해 : 분해되기 쉬운 유기물을 함유한 시료에 적용

② 질산-황산 분해 : 다량의 유기물을 함유한 시료에 적용

(나) 내용 생략 〈실험 과정 해설 부분 참조〉

(다) 질산-황산 전 처리법은 계산식만 보여주면 된다.

① 미지시료 1의 농도(mg/L)$=0.0122\times\dfrac{1000}{25}$

② 미지시료 2도 같은 방법으로 구하는데 2배 희석했기 때문에 2를 곱하여야 한다.

미지시료 2의 농도(mg/L)$=0.0193\times\dfrac{1000}{25}\times 2$

참고 2019년 1회 시험부터 적용되는 공개문제에 총인에 대한 내용이 공개되었다. 공개된 문제에 측정원리를 서술하는 문제 대신 시료의 보관방법에 대하여 구술하는 문제가 추가되어 시행되고 있다.

■ 실험 과정 해설 ■

(1) 표준원액 제조(100ppm)

건조한(표준시약) 0.439g을 정밀히 달아 물에 녹여 1000mL로 한다.

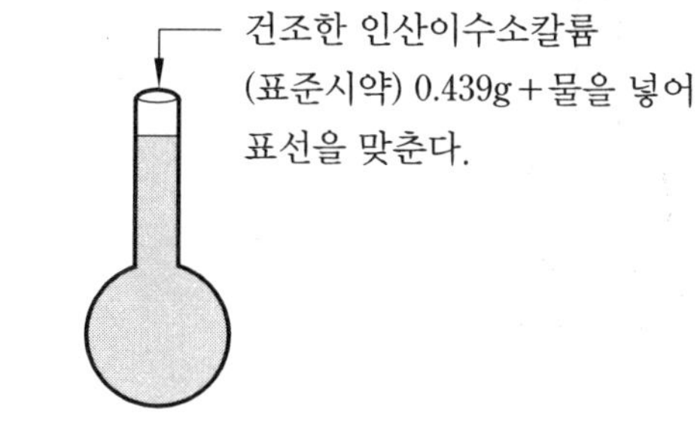

(2) 표준용액 제조(5ppm) 200mL 제조 기준

표준원액 10mL를 취하여 200mL로 한다.

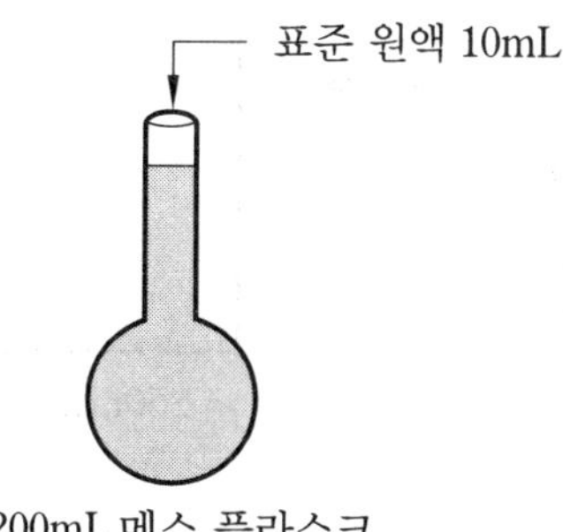

참고 200mL 메스 플라스크가 없는 경우 500mL를 제조한다. 이때는 표준원액 25mL를 취하여 500mL로 한다.

(3) 7.2% 용액 제조(50mL 기준)

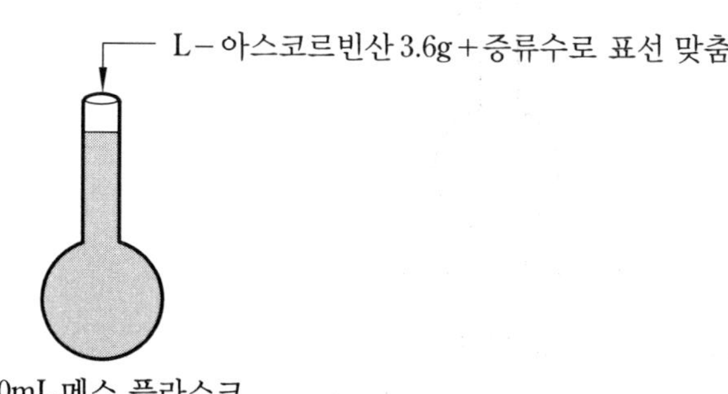

(4) 황산(2+1) 제조(100mL 기준)

증류수 33mL를 취하고 황산 67mL를 서서히 가하여 혼합한다.

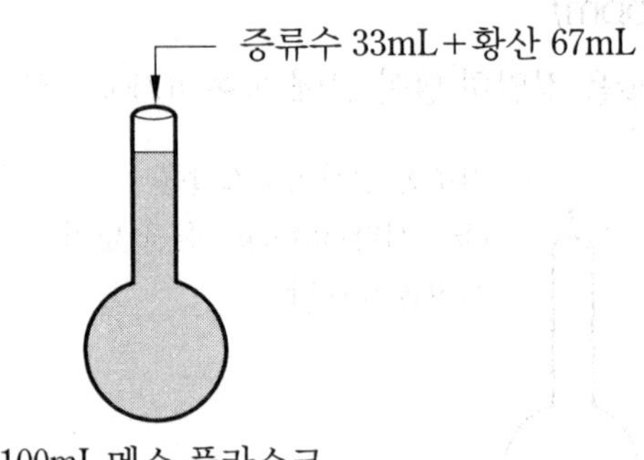

(5) 몰리브덴산암모늄-아스코르빈산 혼액 제조

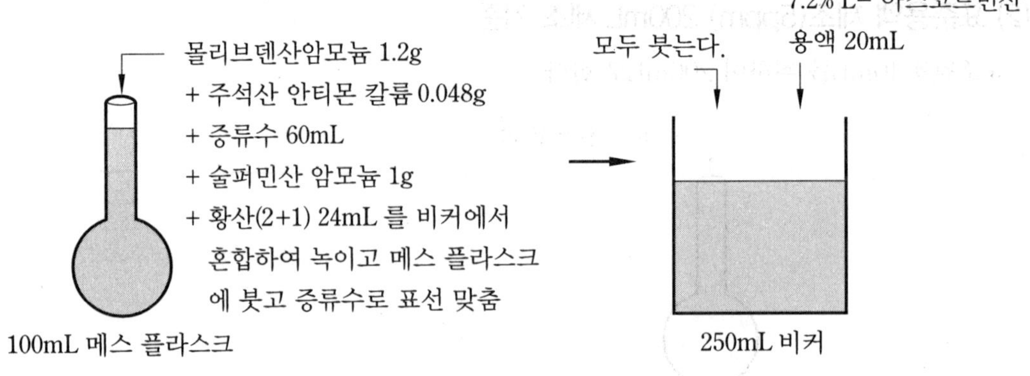

(6) 미지시료 1의 제조

표준용액 12mL를 취하여 100mL로 한다.

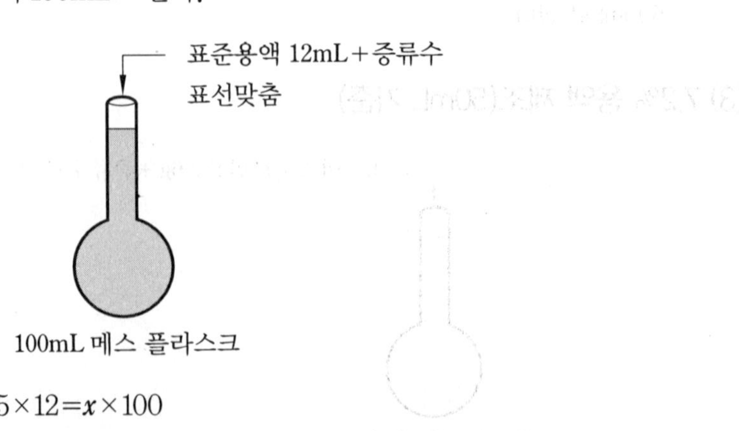

- 미지시료 1의 농도 : $5 \times 12 = x \times 100$

  $\therefore x = 0.6$ppm(이론농도)

• 실험 후 미지시료 1의 농도는 모든 계산 과정이 끝났을 때 약 0.6ppm 정도로 나와야 한다.

(7) 미지시료 2의 제조

표준용액 40mL를 취하고 100mL로 한다.

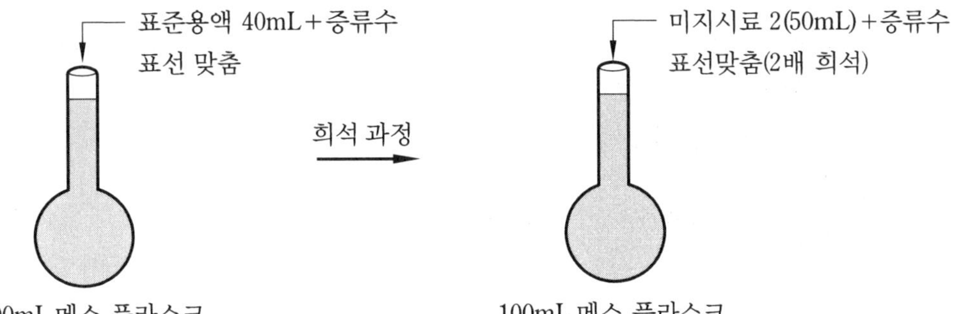

• 미지시료 2의 이론농도 : $50 \times 40 = x \times 100$

$\therefore x = 2\text{ppm}$

여기에서 조심해야 할 것은 시료 50mL 중 인의 양이 2ppm×0.05L라면 0.1mg이므로 2배 정도를 희석해야 0.06mg 이하 함유를 만족한다.

• 희석된 미지시료 2의 농도 : $2 \times 50 = x \times 100$

$\therefore x = 1\text{mg/L}$

• 실험 후 미지시료 2의 농도는 모든 계산 과정이 끝났을 때 약 2ppm 정도로 나와야 한다.

(8) 검량선 작성

①

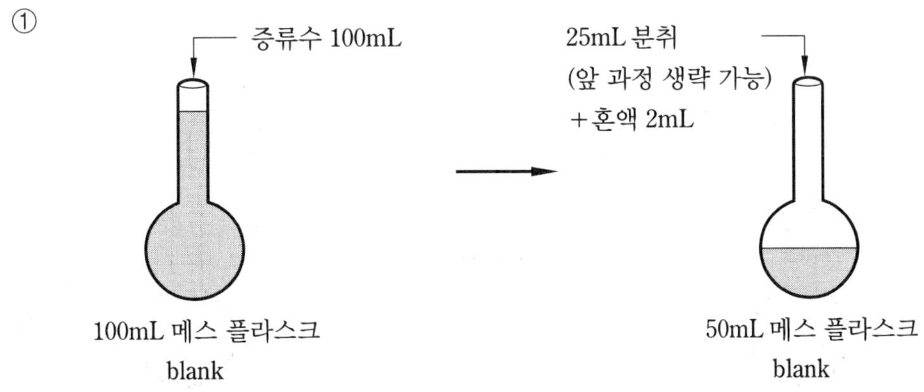

②

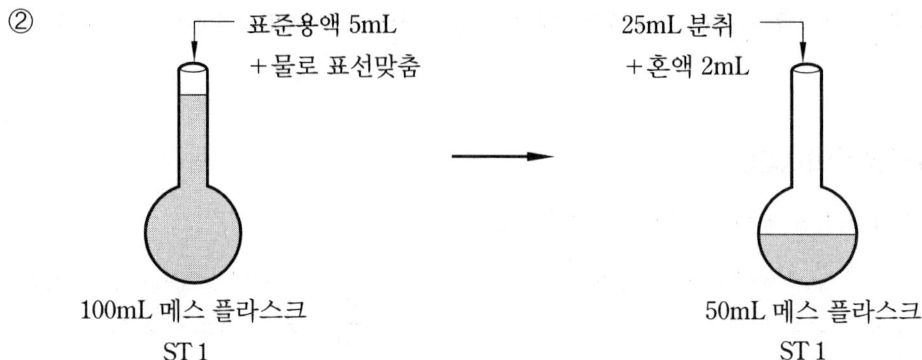

• 분취액 25mL 중 인의 양

$$\frac{5\text{ppm} \times 5\text{mL}}{100\text{mL}} \times 0.025\text{L} = 0.00625\text{mg}$$

③

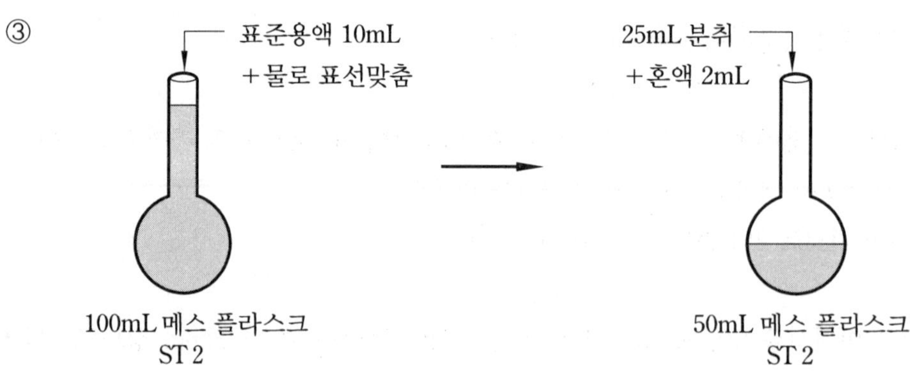

• 분취액 25mL 중 인의 양

$$\frac{5\text{ppm} \times 10\text{mL}}{100\text{mL}} \times 0.025\text{L} = 0.0125\text{mg}$$

④

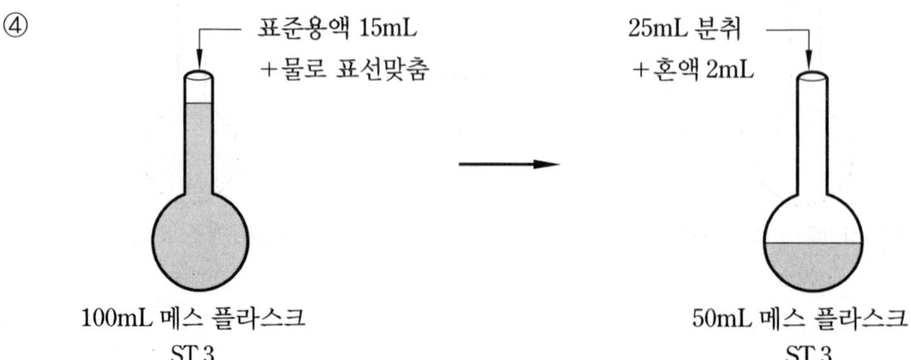

• 분취액 25mL 중 인의 양

$$\frac{5\text{ppm} \times 15\text{mL}}{100\text{mL}} \times 0.025\text{L} = 0.0188\text{mg}$$

⑤

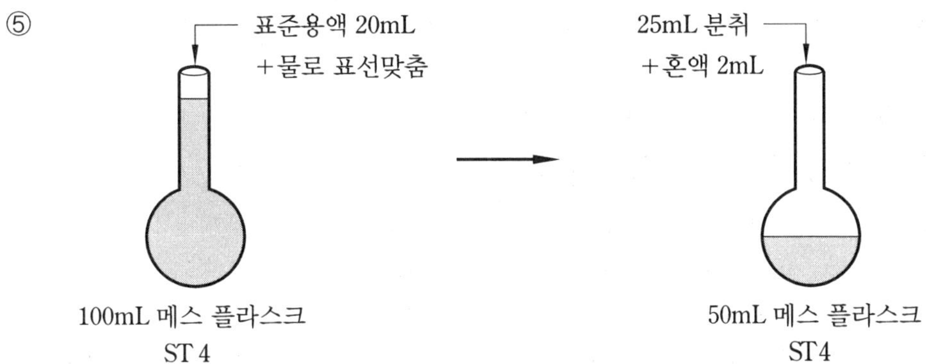

• 분취액 25mL 중 인의 양

$$\frac{5\text{ppm} \times 20\text{mL}}{100\text{mL}} \times 0.025\text{L} = 0.025\text{mg}$$

⑥

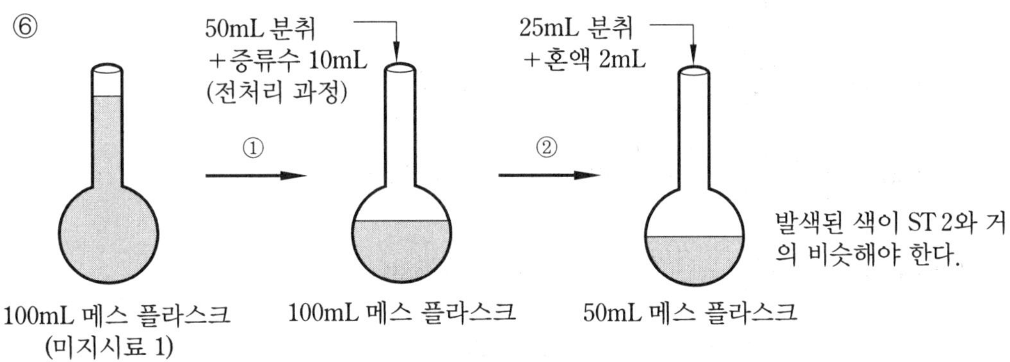

⑦

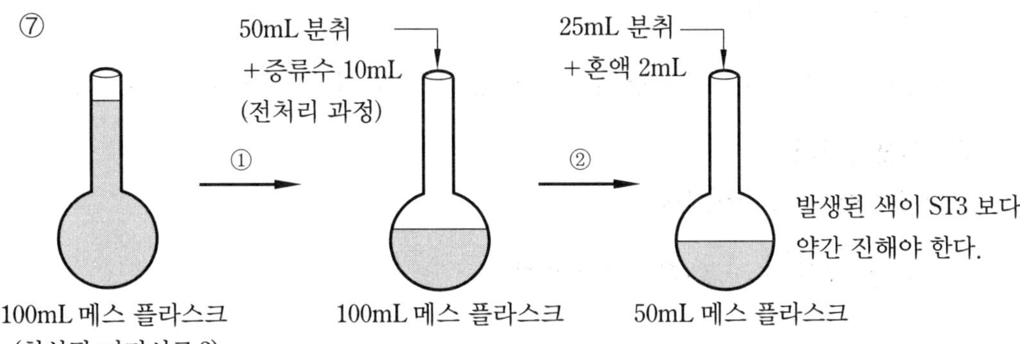

■ T-P 실험 data 연습 ■

[실험결과 data 예] : 대조셀(blank test)의 흡광도를 0으로 해주는 경우

시 료	blank	ST1	ST2	ST3	ST4	미지시료 1	미지시료 2
흡광도	0	0.184	0.337	0.502	0.674	0.3293	0.5263

1. 상관계수(R) 구하기 : 답안지에 표가 주어짐

구 분	x [mg/L]	y (흡광도)	xy	x^2	y^2
ST1	0.00625	0.184	0.00115	3.9×10^{-5}	0.0339
ST2	0.0125	0.337	0.00421	1.56×10^{-4}	0.11357
ST3	0.0188	0.502	0.00944	3.53×10^{-4}	0.252
ST4	0.025	0.674	0.01685	6.25×10^{-4}	0.454
합 계	0.06255	1.697	0.0317	0.001174	0.8537

x 축의 산출근거(25mL 중의 P의 양이다.)

① $\text{ST1(mg)}=\dfrac{5\text{mg/L}\times5\text{mL}}{100\text{mL}}\times0.025\text{L}=0.00625\text{mg}$

② $\text{ST2(mg)}=\dfrac{5\text{mg/L}\times10\text{mL}}{100\text{mL}}\times0.025\text{L}=0.0125\text{mg}$

③ $\text{ST3(mg)}=\dfrac{5\text{mg/L}\times15\text{mL}}{100\text{mL}}\times0.025\text{L}=0.0188\text{mg}$

④ $\text{ST4(mg)}=\dfrac{5\text{mg/L}\times20\text{mL}}{100\text{mL}}\times0.025\text{L}=0.025\text{mg}$

$$R=\frac{4\times0.0317-0.06255\times1.697}{\sqrt{(4\times0.001174-0.06255^2)\times(4\times0.8537-1.697^2)}}=\frac{0.02065}{0.02047}$$

$=1.00879=1.0087$

※ R 값은 1보다 클 수는 없지만 계산 상 중간값에 의하여 1보다 큰 값으로 나왔음.

2. 회귀직선식 구하기

① 회귀직선식(A, B 산출식)

$y-\overline{y}=R(\dfrac{\sigma_y}{\sigma_x})(x-\overline{x})$(꼭 암기해야 함)

② table 작성

$\overline{x}$	$\overline{y}$	σ_x	σ_y	R
0.0156	0.4243	0.00699	0.1829	1.0087

$$y-0.4243=1.0087\left(\frac{0.1829}{0.00699}\right)(x-0.0156)$$

$\therefore y-0.4243=26.394(x-0.0156)$

$\therefore y=26.394x-26.394\times0.0156+0.4243=26.394x+0.012=26.39x+0.01$

③ 회귀직선식 : $y=26.39x+0.01$

3. 검량선 작성

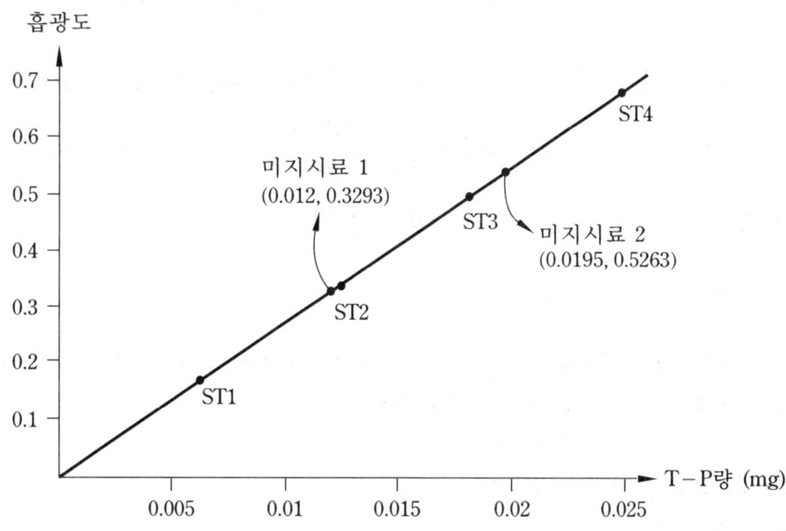

주의 ① ST(표준시료)4개는 그래프 상에 점으로만 나타낸다.

② 선은 회귀직선식의 y절편과 미지시료의 좌표값을 연결한다.

∴ 우선 미지시료 흡광도에 대한 농도값을 계산한다.

ⓐ 미지시료 1의 흡광도가 0.3293이므로

$$0.3293=26.394x+0.012$$

$$x=\frac{0.3293-0.012}{26.394}=0.012\text{mg}$$

∴ 미지시료 1의 좌표는 (0.012, 0.3293)이다.

ⓑ 미지시료 2의 흡광도가 0.5263이므로

$$0.5263=26.394x+0.012$$

$$x=\frac{0.5263-0.012}{26.394}=0.0195\text{mg}$$

∴ 미지시료 2의 좌표는 (0.0195, 0.5263)이다.

③ 이 두 좌표값을 그래프 상에 점으로 찍고 y절편(0.012)과 연결하면 된다.

4. 미지시료 농도계산

〈계산식〉 총인 농도(mg/L) $= a \times \dfrac{60}{25} \times \dfrac{1000}{50}$ (과황산칼륨 분해법)

여기서, a : 25mL 중의 총인의 양(mg)(좌표의 x값에 해당)

25 : 분취량(mL)

60 : 시료 50mL에 $K_2S_2O_8$(증류수로 대신함) 10mL가 주입되어 60mL이다.

50 : 시료의 부피(mL)

1000 : 단위환산 1000mL/L의 의미이다.

① 미지시료 1의 농도(mg/L) $= 0.012 \times \dfrac{60}{25} \times \dfrac{1000}{50} = 0.576 = 0.58$mg/L

② 미지시료 2도 같은 방법으로 구하는데 2배 희석했기 때문에 2를 곱하여야 한다.

미지시료 2의 농도(mg/L) $= 0.0195 \times \dfrac{60}{25} \times \dfrac{1000}{50} \times 2 = 1.872 = 1.87$mg/L

참고
- 질산-황산 전 처리법은 계산식만 보여주면 된다.

  총인농도(mg/L) $= a \times \dfrac{1000}{25}$

- 여기서 구한 결과값이 미지시료 1의 이론농도 0.6mg/L과 미지시료 2의 이론농도 2mg/L을 비교하여 이 값에 가까울수록 실험이 잘된 것이다.
- NH_3-N과 Fe 실험과의 차이점은

  ① 마지막에 표선을 맞추지 않는다.

  ② x축이 양(mg)이다.

  ③ 전처리를 한다.

5 구술시험 대비 시료의 보존방법

항 목		시료 용기	보존 방법	최대 보존 기간 (권장 보존 기간)
냄새		G	가능한 한 즉시 분석 또는 냉장 보관	6시간
노말헥산추출물질		G	4℃ 보관, H_2SO_4로 pH 2 이하	28일
부유물질		P, G	4℃ 보관	7일
색도		P, G	4℃ 보관	48시간
생물화학적 산소요구량		P, G	4℃ 보관	48시간(6시간)
수소이온농도		P, G	–	즉시 측정
온도		P, G	–	즉시 측정
용존산소	적정법	BOD병	즉시 용존산소 고정 후 암소 보관	8시간
	전극법	BOD병	–	즉시 측정
잔류염소		G(갈색)	즉시 분석	–
전기전도도		P, G	4℃ 보관	24시간
총 유기탄소 (용존유기탄소)		P, G	즉시 분석 또는 HCl 또는 H_3PO_4 또는 H_3SO_4를 가한 후(pH<2) 4℃ 냉암소에서 보관	28일(7일)
클로로필 a		P, G	즉시 여과하여 –20℃ 이하에서 보관	7일(24시간)
탁도		P, G	4℃ 냉암소에서 보관	48시간(24시간)
투명도		–	–	–
화학적 산소요구량		P, G	4℃ 보관, H_2SO_4로 pH 2 이하	28일(7일)
불소		P	–	28일
브롬이온		P, G	–	28일
시안		P, G	4℃ 보관, NaOH로 pH 12 이상	14일(24시간)
아질산성 질소		P, G	4℃ 보관	48시간(즉시)
암모니아성 질소		P, G	4℃ 보관, H_2SO_4로 pH 2 이하	28일(7일)
염소이온		P, G	–	28일
음이온계면활성제		P, G	4℃ 보관	48시간
인산염인		P, G	즉시 여과한 후 4℃ 보관	48시간
질산성 질소		P, G	4℃ 보관	48시간
총인(용존 총인)		P, G	4℃ 보관, H_2SO_4로 pH 2 이하	28일
총질소(용존 총질소)		P, G	4℃ 보관, H_2SO_4로 pH 2 이하	28일(7일)
퍼클로레이트		P, G	6℃ 이하 보관, 현장에서 멸균된 여과지로 여과	28일

<table>
<tr><th colspan="2">항 목</th><th>시료 용기</th><th>보존 방법</th><th>최대 보존 기간
(권장 보존 기간)</th></tr>
<tr><td colspan="2">페놀류</td><td>G</td><td>4℃ 보관, H_3PO_4로 pH 4 이하 조정한 후 시료 1L 당 $CuSO_4$ 1g 첨가</td><td>28일</td></tr>
<tr><td colspan="2">황산이온</td><td>P, G</td><td>6℃ 이하 보관</td><td>28일(48시간)</td></tr>
<tr><td colspan="2">금속류(일반)</td><td>P, G</td><td>시료 1L 당 HNO_3 2mL 첨가</td><td>6개월</td></tr>
<tr><td colspan="2">비소</td><td>P, G</td><td>1L당 HNO_3 1.5mL로 pH 2 이하</td><td>6개월</td></tr>
<tr><td colspan="2">셀레늄</td><td>P, G</td><td>1L당 HNO_3 1.5mL로 pH 2 이하</td><td>6개월</td></tr>
<tr><td colspan="2">수은(0.2 ug/L 이하)</td><td>P, G</td><td>1L당 HCl(12 M)5mL 첨가</td><td>28일</td></tr>
<tr><td colspan="2">6가크롬</td><td>P, G</td><td>4℃ 보관</td><td>24시간</td></tr>
<tr><td colspan="2">알킬수은</td><td>P, G</td><td>HNO_3 2mL/L</td><td>1개월</td></tr>
<tr><td colspan="2">다이에틸헥실프탈레이트</td><td>G(갈색)</td><td>4℃ 보관</td><td>7일(추출 후 40일)</td></tr>
<tr><td colspan="2">1.4-다이옥산</td><td>G(갈색)</td><td>HCl(1+1)을 시료 10mL당 1~2방울씩 가하여 pH 2 이하</td><td>14일</td></tr>
<tr><td colspan="2">염화비닐, 아크릴로니트릴, 브로모폼</td><td>G(갈색)</td><td>HCl(1+1)을 시료 10mL당 1~2방울씩 가하여 pH 2 이하</td><td>14일</td></tr>
<tr><td colspan="2">석유계총탄화수소</td><td>G(갈색)</td><td>4℃ 보관, H_2SO_4 또는 HCl으로 pH 2 이하</td><td>7일 이내 추출,
추출 후 40일</td></tr>
<tr><td colspan="2">유기인</td><td>G</td><td>4℃ 보관, HCl로 pH 5~9</td><td>7일(추출 후 40일)</td></tr>
<tr><td colspan="2">폴리클로리네이티드비페닐(PCB)</td><td>G</td><td>4℃ 보관, HCl로 pH 5~9</td><td>7일(추출 후 40일)</td></tr>
<tr><td colspan="2">휘발성유기화합물</td><td>G</td><td>냉장보관 또는 HCl을 가해 $pH<2$로 조정 후 4℃보관 냉암소 보관</td><td>7일(추출 후 14일)</td></tr>
<tr><td rowspan="2">총대장균군</td><td>환경기준 적용시료</td><td>P, G</td><td>저온(10℃ 이하)</td><td>24시간</td></tr>
<tr><td>배출허용 기준 및 방류수 기준 적용시료</td><td>P, G</td><td>저온(10℃ 이하)</td><td>6시간</td></tr>
<tr><td colspan="2">분원성 대장균군</td><td>P, G</td><td>저온(10℃ 이하)</td><td>24시간</td></tr>
<tr><td colspan="2">대장균</td><td>P, G</td><td>저온(10℃ 이하)</td><td>24시간</td></tr>
<tr><td colspan="2">물벼룩 급성 독성</td><td>G</td><td>4℃ 보관</td><td>36시간</td></tr>
<tr><td colspan="2">식물성 플랑크톤</td><td>P, G</td><td>즉시 분석 또는 포르말린용액을 시료의 3~5(V/V%) 가하거나 글루타르알데하이드 또는 루골용액을 시료의 1~2(V/V%) 가하여 냉암소 보관</td><td>6개월</td></tr>
</table>

주 시료 용기 – P : polyethylene, G : glass

참고 구술평가는 2018년 3회차 시험부터 시작되었으며 시료의 보존방법에 대한 부분을 질문하였고, 특히 부유물질, 생물화학적산소요구량, 잔류염소, 화학 적산소요구량, 암모니아성질소, 총질소, 총인은 질문의 횟수가 상당히 높은 편이었다. 2가지의 항목을 정하여 개인적으로 질문을 하며 배점은 2점이다.

부록 2

과년도 출제문제

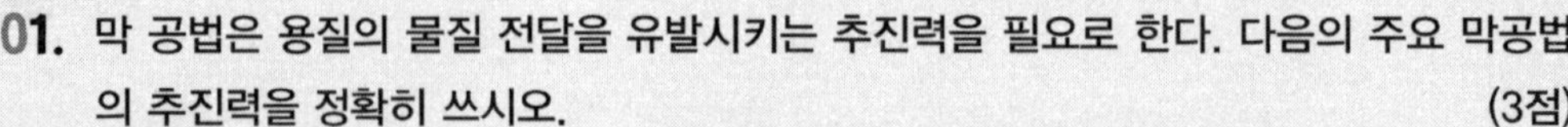

수질환경 기사 실기 과년도 문제

2010년 4월 17일 시행

01. 막 공법은 용질의 물질 전달을 유발시키는 추진력을 필요로 한다. 다음의 주요 막공법의 추진력을 정확히 쓰시오. (3점)

(가) 투석　　(나) 전기투석　　(다) 역삼투

답 (가) 투석 : 농도 차이
(나) 전기투석 : 전위 차이
(다) 역삼투 : 정수압 차이

02. 하수가 유속 0.6m/s로 절반으로 채워진 상태로 흐르고 있다. 구배가 40‰이라면 하수관의 지름은 몇 cm인가? (단, Manning 공식 적용, 조도계수=0.013) (6점)

해설 ⓐ $V=\frac{1}{n}R^{\frac{2}{3}}I^{\frac{1}{2}}$

ⓑ $0.6=\frac{1}{0.013}\times\left(\frac{D}{4}\right)^{\frac{2}{3}}\times\left(\frac{40}{1000}\right)^{\frac{1}{2}}$

∴ 지름=0.0308m=3.08cm

답 하수관의 지름=3.08cm

03. 봄 가을 저수지에서 발생하는 전도현상(turn over)은 저수지 바닥에 침전된 유기물을 부상시켜 저수지의 수질을 악화시킨다. 저수지에서 전도현상이 발생하는 이유를 설명하시오. (6점)

답 ① 봄 : 봄이 되면 얼음이 녹으면서 표수층의 수온이 높아지기 시작한다. 4℃가 되면 최대의 밀도를 가짐으로써 표수층의 물이 아래로 이동하게 되고 상대적으로 심수층의 물이 표수층으로 이동하게 된다.

② 가을 : 가을로 접어들면 표수층의 수온은 점차 감소되기 시작하며 대신 밀도는 점차 증대되기 시작한다. 표수층의 수온이 심수층 수온과 비슷해지면 호수 물은 약한 바람에 의해서도 완전히 혼합되며 이 과정은 단 몇 시간 만에 발생된다.

04. TS=325mg/L, TSS=100mg/L, FS=200mg/L, VSS=55mg/L일 때 TDS, VS, FSS, VDS, FDS를 구하시오. (5점)

해설 ① TDS=325−100=225mg/L ② VS=325−200=125mg/L
③ FSS=100−55=45mg/L ④ VDS=125−55=70mg/L
⑤ FDS=225−70=155mg/L

답 TDS=225mg/L, VS=125mg/L, FSS=45mg/L, VDS=70mg/L, FDS=155mg/L

05. 초기 농도가 2.6×10^{-4}M, 10℃에서의 속도상수가 106.8L/mol·h이고 붕괴가 2차 반응식을 따른다고 할 때 다음 물음에 답하시오. (7점)

(가) 2시간 뒤 이 물질의 농도는 얼마인가?
(나) 만약 온도가 30℃로 상승하면 2시간 뒤 이 물질의 농도는 얼마로 낮아지겠는가? (단, 10℃에서 30℃로 상승 시 θ값 온도보정계수는 1.062이다.)

해설 (가) ⓐ $\dfrac{1}{C_0}-\dfrac{1}{C_t}=-Kt$

ⓑ $\dfrac{1}{2.6\times10^{-4}}-\dfrac{1}{C_t}=-106.8\times2$

$\therefore C_t=2.46\times10^{-4}\text{M}$

(나) ⓐ $K(30℃)=K(10℃)\times\theta^{T-10}$에서 $K(30℃)=106.8\times1.062^{30-10}=355.6818$

ⓑ $\dfrac{1}{2.6\times10^{-4}}-\dfrac{1}{C_t}=-355.6818\times2$

$\therefore C_t=2.19\times10^{-4}\text{M}$

답 (가) 2.46×10^{-4}M (나) 2.19×10^{-4}M

06. 호수의 심층수에서 총인 농도가 한 달 동안에 20μg/L에서 100μg/L로 증가한 것이 측정되었다. 호수 바닥 면적이 1km^2이고 심층수의 깊이가 5m일 때 호수 바닥 흙에서 용출되는 총인의 용출률($\text{mg/m}^2\cdot\text{d}$)은 얼마인가? (단, 한 달은 30일로 계산하고 심층수 총인 농도는 바닥 흙에 의해서만 변화한다고 가정한다.) (6점)

해설 인의 용출률$=\dfrac{(100-20)\mu\text{g/L}\times(10^6\times5)\text{m}^3\times10^{-3}\text{mg}/\mu\text{g}\times10^3\text{L/m}^3}{10^6\text{m}^2\times30\text{d}}=13.33\text{mg/m}^2\cdot\text{d}$

답 인의 용출률$=13.33\text{mg/m}^2\cdot\text{d}$

07. 수중의 암모니아성 질소 NH_3-N 제거의 물리 화학적 방법인 공기탈기법(air stripping), 파괴점 염소처리법의 제거 원리(반응식 포함)를 각각 설명하시오. (4점)

(가) 공기탈기법

(나) 파괴점 염소처리법

답 (가) 공기탈기법 : 폐수의 pH가 9 이상으로 증가함에 따라 NH_4^+ 이온이 NH_3로 변하며 이때 휘저어주면 NH_3는 공기 중으로 날아간다.

$$NH_3+H_2O \rightleftarrows NH_4^+ + OH^-$$

(나) 파괴점 염소처리법 : 염소가스나 차아염소산염을 사용하는 염소 처리는 암모니아를 산화시켜 중간 생성물인 클로라민을 형성하고 최종적으로 질소가스와 염산을 생성시키는 것이다.

$$2NH_3+3Cl_2 \rightarrow 6HCl+N_2$$

08. 체류시간이 20분인 완전혼합 연속 흐름 염소 접촉실을 직렬방식으로 순차적으로 연결하여 오수 시료 중의 박테리아 수를 10^6/mL에서 15.5/mL 이하로 감소시키고자 할 때 필요한 접촉실의 수를 구하시오. (단, 접촉실의 크기는 같으며, 1차 반응 제거율 상수는 $6.5h^{-1}$이다.) (6점)

해설 $\frac{N}{N_0} \times \left(\frac{1}{1+Kt}\right)^n$에서

$$\log\frac{N}{N_0} = n\log\left(\frac{1}{1+Kt}\right)$$

$$\therefore n = \frac{\log\left(\frac{N}{N_0}\right)}{\log\left(\frac{1}{1+Kt}\right)} = \frac{\log\left(\frac{15.5}{10^6}\right)}{\log\left(\frac{1}{1+6.5h^{-1}\times 20\text{min}\times\frac{h}{60\text{mim}}}\right)} = 9.608 = 10\text{개}$$

답 필요한 접촉실의 수=10개

09. 인구 5000명인 마을에 산화구를 설치하려고 한다. 유량은 350L/인·d이고 유입 BOD_5=200mg/L이다. 처리장은 90% BOD_5 제거율을 가지며 생성계수(Y)는 0.5g MLVSS/산화되는 g BOD_5이고 내생계수는 0.06 d^{-1}, 총고형물 중 생물학적 분해 가능한 분율은 0.8, MLVSS는 MLSS의 70%이다. 산화구 운전 MLSS 농도(mg/L)를 구하시오. (단, 산화구 반응시간 : 1일, 반송비 : 0.5) (6점)

해설 ⓐ $V=Q\times(1+R)\times t=(0.35\times5000)\times(1+0.5)\times1=2625\text{m}^3$

ⓑ $W_1=YQ(S_0-S)-K_dX_vfV$에서 순슬러지 생산량$(W_1)=0$

$$X_v=\frac{0.5\times1750\times200\times0.9}{0.06\times0.8\times2625}=1250\text{mg/L}$$

$$\therefore \text{MLSS 농도}=\frac{1250}{0.7}=1785.714=1785.71\text{mg/L}$$

답 MLSS 농도=1785.71mg/L

10. 수심이 깊은 호수에서 여름철 온도 분포를 수심에 따라 그래프로 나타내고 각 층을 구분하여 명칭을 기술하시오. (단, 호수의 수심을 적절히 가정하여 작성한다.) (6점)

답

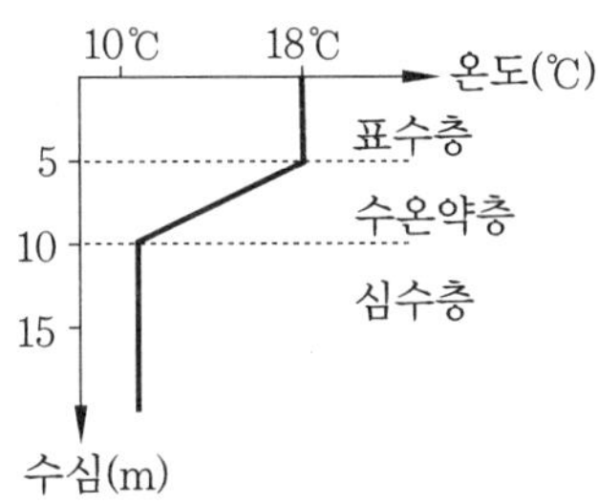

11. 아래 반응조들은 생물학적 질소, 인 제거 프로세스의 하나인 수정 Bardenpho에 대한 것을 나열한 것이다. 블록에 들어갈 각 반응조 명칭을 기술하고 각각의 주된 역할을 설명하시오. (단, 유기물 제거는 답에서 제외함, 내부 반송 생략) (5점)

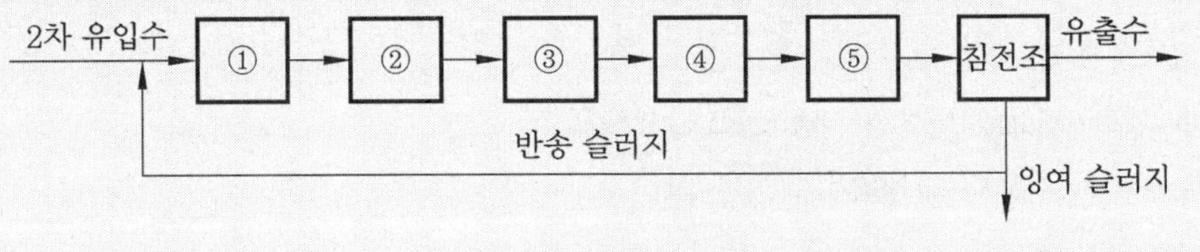

답 ① 혐기성조 : 인의 방출

② 무산소조 : 첫번째 호기성조에서 질산화된 혼합액을 탈질산화

③ 호기성조 : 질산화, 인의 섭취

④ 무산소조 : 앞 단의 호기성조에서 유입되는 질산성 질소를 탈질산화

⑤ 호기성조 : 혐기성 조건에서 인의 용출 방지

수질환경 기사 실기 과년도 문제

2010년 7월 3일 시행

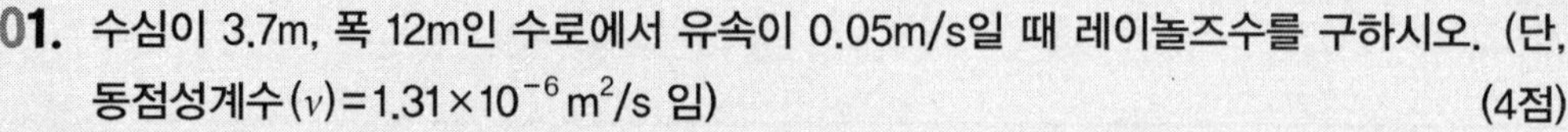

01. 수심이 3.7m, 폭 12m인 수로에서 유속이 0.05m/s일 때 레이놀즈수를 구하시오. (단, 동점성계수$(\nu)=1.31\times10^{-6}\,m^2/s$ 임) (4점)

해설 $Re=\dfrac{\rho VD}{\mu}=\dfrac{\rho V4R}{\mu}=\dfrac{V4D}{\nu}$

ⓐ $R=\dfrac{D}{4}\quad\therefore D=4R$

ⓑ ν(동점성계수)$=\dfrac{\mu}{\rho}$

$\therefore Re=\dfrac{0.05m/s\times4\times\left(\dfrac{12\times3.7}{2\times3.7+12}\right)m}{1.31\times10^{-6}m^2/s}=349413.709=349413.71$

답 레이놀즈수$=349413.71$

02. 폐수의 고도 처리에서 암모니아성 질소 10mg/L를 질산성 질소로 산화시키기 위한 이론적 필요 산소량(mg/L)을 구하시오. (5점)

해설 $NH_3+2O_2\rightarrow HNO_3+H_2O$에서

$N:2O_2=14g:2\times32g=10mg/L:x[mg/L]$

$\therefore x=45.714=45.71mg/L$

답 이론적 필요 산소량$=45.71mg/L$

03. PFR에서 물질을 분해하여 효율 95%로 처리하고자 한다. 이 물질은 0.5차 반응으로 분해되며 속도상수는 $0.05(mg/L)^{\frac{1}{2}}/h$이다. 유량은 300L/h이고 유입농도는 150mg/L로서 일정할 때 PFR의 필요한 부피를 구하시오.

(단, 물질 수지식$=QC-Q\left[C+\dfrac{\partial C}{\partial x}\Delta x\right]-KC^{\frac{1}{2}}\Delta V=0$ 적용) (6점)

해설 ⓐ $\Delta V = A \cdot dx = -\frac{Q}{K} \cdot \frac{\Delta C}{C^{\frac{1}{2}}}$

조건 : $x=0$에서 $C=C_0$, $x=L$에서 $C=C$를 이용하여 적분하면

$$A\int_0^L dx = -\frac{Q}{K}\int_{C_0}^{C}\frac{dC}{C^{\frac{1}{2}}}$$

ⓑ $V = A \cdot L = -\frac{Q}{K} \times 2(C^{\frac{1}{2}} - C_0^{\frac{1}{2}})$

$$\therefore V = -\frac{0.3\text{m}^3/\text{h}}{0.05(\text{mg/L})^{\frac{1}{2}}/\text{h}} \times 2 \times (7.5^{\frac{1}{2}} - 150^{\frac{1}{2}})(\text{mg/L})^{\frac{1}{2}} = 114.106 = 114.11\text{m}^3$$

답 PFR의 필요한 부피 $= 114.11\text{m}^3$

04. 25000명으로부터 발생되는 폐수를 활성슬러지법으로 처리하는 처리장에 저율 혐기성 소화조를 설계하려고 한다. 생슬러지 발생량은 0.11kg(건조 고형물 기준)/cap-d이며 휘발성 고형물은 건조 고형물의 70%이다. 건조 고형물은 슬러지의 5%이며 슬러지 습윤 비중은 1.01이다. 휘발성 고형물의 65%는 소화에 의해 분해되고 고정성 고형물(fixed solid)은 변하지 않는다. 소화슬러지의 건조 고형물은 7%이고 습윤 비중은 1.03이다. 운전 온도는 35℃이고 소화 기간은 23일이며 슬러지의 저장 시간은 45일이다. 소화조 하반부에 슬러지가 차 있으며 상등액과 가스가 상반부를 차지하고 있을 때 소화조의 용량을 결정하시오. (단, $V_{avg} = V_1 - \frac{2}{3}(V_1 - V_2)$, 소화조 용량은 슬러지 소화 기간, 슬러지 저장 시간을 고려한 소화조 내 총 슬러지 부피의 2배이다.) (6점)

해설 ⓐ 소화슬러지의 건량을 우선 구한다.

소화슬러지 건량 $= 0.11\text{kg/인} \cdot \text{d} \times 25000\text{인} \times (0.3 + 0.7 \times 0.35) = 1498.75\text{kg/d}$

ⓑ 생슬러지 습량 $= \frac{0.11 \times 25000 \times 10^{-3}}{0.05 \times 1.01} = 54.455\text{m}^3/\text{d}$

ⓒ 소화슬러지 습량 $= \frac{1498.75 \times 10^{-3}}{0.07 \times 1.03} = 20.787\text{m}^3/\text{d}$

ⓓ $V_{avg} = 54.455 - \frac{2}{3} \times (54.455 - 20.787) = 32.01\text{m}^3/\text{d}$

ⓔ 총 슬러지량 $= 32.01 \times 23 + 20.787 \times 45 = 1671.645\text{m}^3$

ⓕ 소화조의 용량 $= 2 \times 1671.645 = 3343.29\text{m}^3$

답 소화조의 용량 $= 3343.29\text{m}^3$

05. 실개천의 유량을 결정하기 위하여 농도가 100mg/L인 보존성 추적 물질을 1L/min의 비율로 주입하였다. 실개천 하류에서 추적 물질의 농도가 5.5mg/L로 측정되었다면 실개천의 유량(m^3/s)은 얼마인가? (4점)

해설 혼합 공식을 이용하여 유량(Q_1)을 구한다($C_1=0$).

$$5.5\text{mg/L}=\frac{100\text{mg/L}\times 0.001\text{m}^3/60\text{s}}{(x+1.667\times 10^{-5})\text{m}^3/\text{s}}$$

$$\therefore \text{실개천의 유량}(\text{m}^3/\text{s})=\frac{100\times 1.667\times 10^{-5}}{5.5}-1.667\times 10^{-5}=2.86\times 10^{-4}\text{m}^3/\text{s}$$

답 실개천의 유량$=2.86\times 10^{-4}\text{m}^3/\text{s}$

06. 염소 소독에 의한 세균의 사멸은 1차 반응 속도식에 따른다. 잔류염소 농도 0.1mg/L에서 2분간에 80%의 세균이 살균되었다면 90% 살균을 위한 소요시간(min)을 구하시오. (5점)

해설 ⓐ $K=\frac{\ln\frac{20}{100}}{-2}=0.8047\text{min}^{-1}$

ⓑ $t=\frac{\ln\frac{10}{100}}{-0.8047}=2.861=2.86\text{min}$

답 소요시간$=2.86$min

07. 정수장에서 아래의 조건으로 운전하는 급속 모래 여과지가 있을 때 1지당 여과 면적(m^2)과 총 세척수량(m^3/d)을 구하시오. (4점)

〈조건〉
1. 처리수량 : 50000m^3/d
2. 여과속도 : 180m/d
3. 여과지 수 : 8지
4. 여과지 가로, 세로 비=1 : 1
5. 역세속도 : 0.6m/min
6. 표세속도 : 0.05m/min
7. 세정시간 : 10min (전 여과지에 대해 1일 1회)

(가) 1지당 여과 면적(m^2)

(나) 총 세척수량(m^3/d)

해설 (가) $A = \frac{50000\text{m}^3/\text{d}}{180\text{m/d} \times 8\text{지}} = 34.722 = 34.72\text{m}^2/\text{지}$

(나) 총 세척수량$(\text{m}^3/\text{d}) = (0.6+0.05)\text{m/min} \times 10\text{min/d} \times 34.722\text{m}^2 \times 8 = 1805.544$

$= 1805.54\text{m}^3/\text{d}$

답 (가) 1지당 여과 면적$=34.72\text{m}^2$

(나) 총 세척수량$=1805.54\text{m}^3/\text{d}$

08. $C_5H_7O_2N$에 대한 이론적인 BOD_5/COD, BOD_5/TOC, TOC/COD의 비를 구하시오. (단, 반응은 1차 반응, 속도상수 0.1/d, base 상용대수, 화합물의 최종 생성물은 CO_2, NH_3, H_2O로 한다. COD$=BOD_u$) (6점)

해설 ① $[BOD_5/COD] = 1-10^{-0.1\times5} = 0.684 = 0.68$

② 박테리아($C_5H_7O_2N$) 내호흡 반응식을 이용한다.

$C_5H_7O_2N + 5O_2 \rightarrow 5CO_2 + 2H_2O + NH_3$

$\therefore BOD_5/TOC = \frac{5 \times 32\text{g} \times 0.684}{5 \times 12\text{g}} = 1.824 = 1.82$

③ $TOC/COD = \frac{5 \times 12\text{g}}{5 \times 32\text{g}} = 0.375 = 0.38$

답 ① $BOD_5/COD = 0.68$

② $BOD_5/TOC = 1.82$

③ $TOC/COD = 0.38$

09. 침전을 4가지 형태로 구분하고 간단히 설명하시오. (4점)

답 ⓐ 독립침전(=분리 침전(discrete settling)) : 스토크의 법칙(stokes law)이 적용되며 주로 침사지 내의 모래 입자 침전이 분리 침전의 대표적인 예이다.

ⓑ 응결침전(flocculent settling) : 침강하는 동안 입자가 서로 응결(flocculation)하여 입자가 점점 커져 침전 속도가 점점 증가해 가라앉는 침전이다.

ⓒ 지역침전(zone settling) : 고형 물질인 floc과 폐수 사이에 경계면을 일으키면서 침전할 때 floc의 밑에 있는 물이 floc 사이로 빠져 나가면서 동시에 작은 floc이 부착해 동시에 가라앉는 침전이다.

ⓓ 압축침전(compression settling) : 고형 물질의 농도가 아주 높은 농축조에서 슬러지 상호간에 서로 압축하고 있어 하부의 슬러지를 서서히 누르면서 하부의 물을 상부로 보내어 분리시키는 침전이다.

10. **다음은 생물학적 인 제거 공정인 phostrip 공정 계통도이다. 각각의 역할을 쓰시오.** **(4점)**

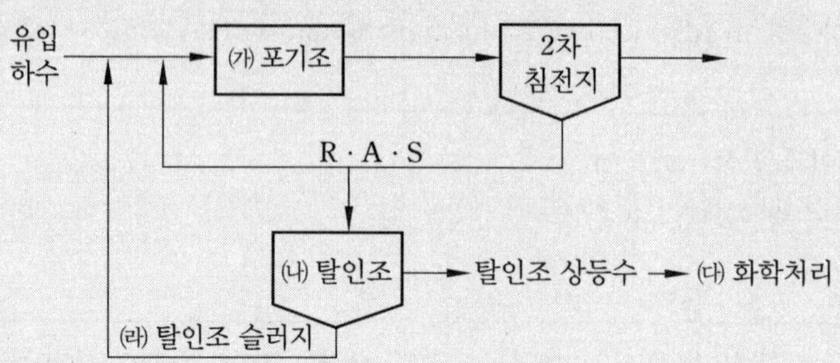

(가) 포기조
(나) 탈인조
(다) 화학처리
(라) 탈인조 슬러지

답 (가) 호기성 상태에서 인의 과잉 섭취
(나) 혐기성 상태에서 인의 방출
(다) 인을 과량 함유하는 상등수를 석회, 기타 응집제로 처리
(라) 포기조에서 인의 과잉 흡수를 유도

11. **평균 설계유량이 $3785m^3/d$이고 평균 인(P) 농도가 8mg/L인 2차 유출수로부터 인을 제거하기 위해 1일당 요구되는 액상 alum의 양(m^3)을 계산하여라. (단, Al : P의 몰(mol)비는 2 : 1로 사용, 액상 alum의 비중량은 $1331kg/m^3$이고 액상 alum 중에 Al이 4.37wt% 함유하고 있는 것으로 가정, P 원자량 31, Al의 원자량 27이다.)** **(6점)**

해설 ⓐ $2Al : P = 2\times27g : 31g = x[kg/d] : (8mg/L\times3785m^3/d\times10^{-3})kg/d$

$\therefore x = 52.746kg/d$

ⓑ $\text{alum의 양}(m^3/d) = \dfrac{52.746kg/d}{0.0437\times1331kg/m^3} = 0.907 = 0.91m^3/d$

답 액상 alum의 양 $= 0.91m^3/d$

참고 $\text{액상 alum의 양}(m^3/d) = \dfrac{\text{P의 양}(kg/d)\times\dfrac{2\times27}{31}}{\text{Al의 비}\times\text{비중량}(kg/m^3)}$

12. $C_6H_{12}O_6$의 혐기성 분해 시 메탄의 최대수율이 COD 1kg 제거당 $0.35m^3$인 것을 증명하고, 유량이 $675m^3/d$, COD가 3000mg/L인 폐수의 COD 제거율이 80%일 때 발생되는 CH_4의 양(m^3/d)을 구하시오. (6점)

해설 ① COD 1kg 제거당 $0.35m^3$인 것 증명한다.

ⓐ $C_6H_{12}O_6 + 6O_2 \rightarrow 6CO_2 + 6H_2O$

180kg : 6×32kg

x [kg] : 1kg

$$\therefore x = \frac{180 \times 1}{6 \times 32} = 0.9375\text{kg}$$

ⓑ $C_6H_{12}O_6 \rightarrow 3CO_2 + 3CH_4$

180kg : $3 \times 22.4m^3$

0.9375kg : x [m^3]

$$\therefore x = \frac{0.9375 \times 3 \times 22.4}{180} = 0.35m^3$$

② CH_4의 양(m^3/d) $= 0.35m^3$/kgCOD 제거 × $(3000 \times 675 \times 10^{-3} \times 0.8)$kg/d

$= 567m^3/d$

답 발생되는 CH_4의 양 $= 567m^3/d$

수질환경 기사 실기 과년도 문제

2010년 9월 24일 시행

01. 생물학적 탈인－탈질소법 중 5단계 Bardenpho 공법을 구성하는 조(명)를 순서대로 나열하고 각각의 주된 역할을 쓰시오. (단, 최종 침전조, 반송 라인은 생략한다.) (4점)

(가) 공법의 조 구성 순서

(나) 조별 주된 역할(단, 유기물 제거는 제외)

답 (가) 공법의 조 구성 순서

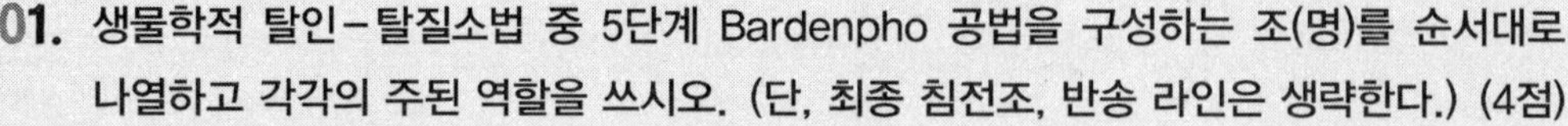

(나) 조별 주된 역할

ⓐ 혐기조 : 인의 용출

ⓑ 첫 번째 무산소조 : 첫 번째 호기조에서 질산화된 혼합액을 탈질산화

ⓒ 첫 번째 호기조 : 인의 섭취, 질산화

ⓓ 두 번째 무산소조 : 첫 번째 호기조에서 유입되는 질산성 질소를 탈질산화

ⓔ 두 번째 호기조 : 혐기성 상태에서 인이 용출되는 것을 방지하기 위하여 산소를 공급

02. HOCl과 OCl^-을 이용한 살균 소독 공정에서 pH가 6.8이고, 온도가 20℃일 때 평형상수가 2.2×10^{-8}이라면 이때 HOCl과 OCl^-의 비율$\left(\frac{[HOCl]}{[OCl-]}\right)$을 결정하시오. (6점)

해설 $HOCl \rightleftarrows H^+ + OCl^-$

여기서, $K=\frac{[H^+][OCl^-]}{[HOCl]}$에서 $\frac{[HOCl]}{[OCl^-]}=\frac{[H^+]}{K}=\frac{10^{-6.8}}{2.2\times10^{-8}}=7.204=7.20$

답 HOCl과 OCl^-의 비율=7.2

03. 미생물의 화학식은 $C_5H_7O_2N$으로 나타낼 수 있는데, 이를 BOD로 환산할 때 1.42란 계수를 사용한다. 이를 유도하여 설명하시오. (6점)

답 $C_5H_7O_2N + 5O_2 \rightarrow 5CO_2 + 2H_2O + NH_3$

$$113g : 5 \times 32g$$

$$1g : x\,[g]$$

$$\therefore x = \frac{1 \times 5 \times 32}{113} = 1.42g$$

즉, 미생물 1g을 산화시키는 데 소요되는 산소량이 1.42g이다.

04. 어느 하천에 대하여 1차 반응 정상상태의 수질 모델링을 실시하여 계산된 BOD 농도를 나타낸 것을 그림으로 표시하였다. 구간 Ⅱ와 Ⅲ에서의 농도 곡선 변화상을 설명하시오. (6점)

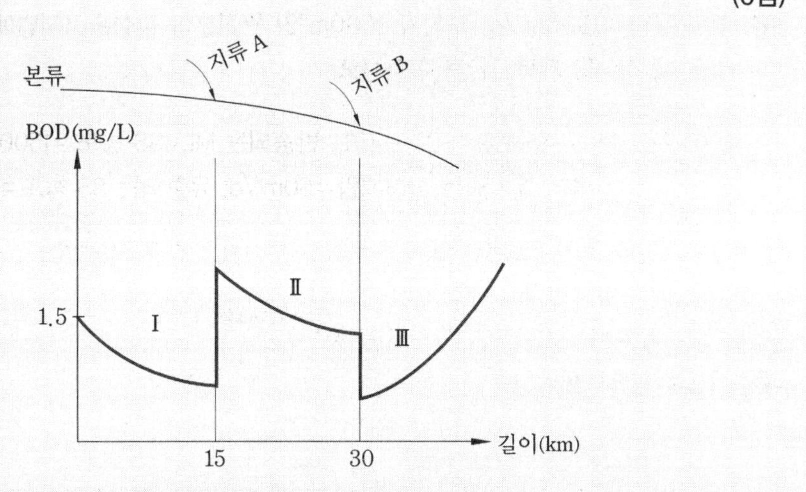

답 ⓐ 구간 Ⅱ : 본천의 BOD 농도가 약 1.5mg/L로 유입하여 흐르는 동안 BOD 농도가 높은 하수가 지천 A에서 유입되어 BOD가 높아져서 15~30km 구간을 흐르는 동안 자정작용에 의해 BOD가 낮아진다.

ⓑ 구간 Ⅲ : 지천 B에서 BOD 농도가 낮은 물이 유입되어 BOD 농도가 유입 지점에서 희석되어 낮아졌으나 질산화균에 의한 질산화가 진행되어 BOD가 높아진다.

05. 인구 6000명인 마을에 산화구를 설치하려고 한다. 유량은 380L/cap-d이고 유입 BOD_5=225mg/L이다. 처리장은 90% BOD_5 제거율을 가지며 생성계수(Y)는 0.65g MLVSS/산화되는 g BOD_5이고 내생호흡계수는 $0.06d^{-1}$, 총 고형물 중 생물학적 분해 가능한 분율은 0.8, MLVSS는 MLSS의 50%이다. 다음을 구하시오. (6점)

(가) 반응시간이 1일이고, 예상 반송비가 1.00일 때 반응조의 부피

(나) 운전 MLSS 농도(mg/L)

해설 (가) $V=Q\times(1+R)\times t=(0.38\times 6000)\times(1+1)\times 1=4560\text{m}^3$

(나) $W_1=YQ(S_0-S)-K_d X_v fV$에서 순슬러지 생산량$(W_1)=0$

$$X_v=\frac{0.65\times 2280\times 225\times 0.9}{0.06\times 0.8\times 4560}=1371.094\text{mg/L}$$

$$\therefore \text{MLSS 농도}=\frac{1371.094}{0.5}=2742.188=2742.19\text{mg/L}$$

답 (가) 반응조의 부피$=4560\text{m}^3$

(나) MLSS 농도$=2742.19\text{mg/L}$

06. 유입 유량 $10000\text{m}^3/\text{d}$, 부피가 2500m^3인 완전혼합 활성슬러지법에서 조건이 다음과 같을 때 미생물 체류시간을 구하시오. (4점)

〈조건〉 MLVSS 농도=3000mg/L, 반송되는 MLVSS 농도=15000mg/L, 하루에 폐기되는 슬러지량$=50\text{m}^3/\text{d}$, 유출되는 SS 농도=20mg/L

해설 $$\text{SRT}=\frac{2500\times 3000}{15000\times 50+(10000-50)\times 20}=7.903=7.9\text{d}$$

답 미생물 체류시간=7.9d

07. 폐수 중의 질소 제거 공법 중 생물학적 탈질법을 이용하여 질소를 제거할 때 질산성 질소$(NO_3^- - N)$ 1g을 탈질하는 데 수소 공여체로서 필요한 메탄올(CH_3OH)의 이론량을 계산하시오. (6점)

해설 $6\text{N} : 5CH_3OH=6\times 14\text{g} : 5\times 32\text{g}=1\text{g} : x[\text{g}]$

∴ 필요한 메탄올(CH_3OH)의 이론량=1.904=1.90g

답 CH_3OH의 이론량=1.90g

08. 시료 1.0L에 0.7kg의 $C_8H_{12}O_3N_2$을 포함하고 있다. 만약 $C_8H_{12}O_3N_2$ 1kg당 미생물$(C_5H_7O_2N)$ 0.5kg이 합성된다면 $C_8H_{12}O_3N_2$이 최종 생성물 및 미생물로 완전 산화되는 데 필요한 산소의 양을 계산하시오. (단, 산화에 의한 최종 생성물은 탄산가스, 암모니아 및 물이다.) (7점)

해설 ⓐ 호흡방정식

$C_8H_{12}O_3N_2 + 8O_2 \rightarrow 8CO_2 + 3H_2O + 2NH_3$

184g : 8×32g

0.344kg/L : x[kg/L]

∴ x=0.4786kg/L

여기서 합성에 사용된 유기물량을 구하여 호흡으로 산화되는 유기물의 양을 구하면

$5C_8H_{12}O_3N_2 + H_2O \rightarrow 8C_5H_7O_2N + 2NH_3$

5×184g : 8×113g

x[kg/L] : 0.5kg 세포/kg 유기물×0.7kg 유기물/L

∴ x=0.356kg/L

∴ 0.7kg/L 중 나머지 0.344kg/L은 호흡으로 산화되는 유기물의 양이 된다.

ⓑ 합성방정식 : 합성에 소요되는 산소량은 0이 된다.

$5C_8H_{12}O_3N_2 + H_2O \rightarrow 8C_5H_7O_2N + 2NH_3$

∴ 최종 생성물 및 미생물로 완전 산화하는 데 필요한 산소량=0.4786+0=0.4786
=0.48kg/L

답 완전 산화하는 데 필요한 산소량=0.48kg/L

09. $I=\dfrac{3600}{t+30}$ **[mm/h], 유역면적 2km^2, 유입시간 5분, 유출계수 0.7, 관내 유속 40m/min 인 경우 관 길이 1km인 하수관에서 흘러나오는 우수량(m^3/s)은? (단, 합리식을 이용한다.) (4점)**

해설 ⓐ 유달시간$=5+\dfrac{1000\text{m}}{40\text{m/min}}=30\text{min}$

ⓑ $I=\dfrac{3600}{30+30}=60\text{mm/h}$

ⓒ $A[\text{ha}]=2\text{km}^2\times\dfrac{10^6\text{m}^2}{\text{km}^2}\times\dfrac{\text{ha}}{10^4\text{m}^2}=200\text{ha}$

∴ $Q[\text{m}^3/\text{s}]=\dfrac{1}{360}\times0.7\times60\times200=23.333=23.33\text{m}^3/\text{s}$

답 우수량=23.33m^3/s

10. 하수 처리 인구 5000인 저율 살수여상 처리장에서 유입폐수를 단기간의 복합 시료로 분석하여 본 결과 BOD와 SS 농도는 미국 평균값과 별 차이 없었다. 이 처리장의 처리 효율은 BOD 기준으로 95%이며 1차 침전조에서 BOD의 33%, 부유 고형물의 65%가 제거된다. 1차 침전조 슬러지의 고형물 함량은 4%, 비중은 1.01이며, 2차 침전조 슬러지의 고형물 함량은 5%, 비중은 1.02이고 생성되는 생물학적 고형물의 양은 0.35kg/kg 제거된 BOD일 때 1일 발생하는 1차 및 2차 슬러지의 양(L/d)을 계산하시오. (단, 발생 SS는 0.091kg/cap－d, BOD는 0.077kg/cap－d이다.) (6점)

해설 ① 1차 슬러지의 양 $= \dfrac{(0.091 \times 5000)\text{kg/d} \times 0.65}{0.04 \times 1.01\text{kg/L}} = 7320.544 = 7320.54\text{L/d}$

② 2차 슬러지의 양 $= \dfrac{[(0.077 \times 5000)\text{kg/d} \times (1-0.33) - 0.077 \times 5000 \times (1-0.95)] \times 0.35}{0.05 \times 1.02\text{kg/L}}$

$= 1638.137 = 1638.14\text{L/d}$

답 ① 1차 슬러지의 양=7320.54L/d

② 2차 슬러지의 양=1638.14L/d

11. 폐수량 10000m^3/d, SS 100mg/L의 폐수를 $Fe_2(SO_4)_3$ 50mg/L로 처리했을 때 생성되는 슬러지량(kg/d)을 구하시오. (단, SS의 제거율은 90%이며 $Fe_2(SO_4)_3 + 3Ca(OH)_2 \rightarrow 2Fe(OH)_3(s) + 3CaSO_4$, Fe의 원자량은 56) (5점)

해설 ⓐ 생성되는 슬러지량=SS 제거량+$Fe(OH)_3$

ⓑ SS 제거량 $= 100 \times 10000 \times 10^{-3} \times 0.9 = 900\text{kg/d}$

ⓒ $Fe(OH)_3$ 생성량 $= 50 \times 10000 \times 10^{-3} \times \dfrac{2 \times 107}{400} = 267.5\text{kg/d}$

∴ 슬러지 생성량=900+267.5=1167.5kg/d

답 슬러지 생성량=1167.5kg/d

수질환경 기사 실기 과년도 문제

2011년 4월 30일 시행

01. 다음 용어를 설명하시오. (6점)

(가) 막의 열화
(나) 파울링

답 (가) 막의 열화 : 막 자체의 변질로 생긴 비가역적인 막 성능의 저하
(나) 파울링 : 막 자체의 변질이 아닌 외적 인자로 생긴 막 성능의 저하

02. 활성슬러지 포기조 유출수에 15mg/L의 아질산성 질소와 50mg/L의 암모니아성 질소가 함유되어 있다. 3차 처리로서 생물학적 질산-탈질화공정을 도입할 때 완전한 질산화에 소요되는 이론적인 산소요구량(mg O_2/L)을 산출하시오. (3점)

해설 ⓐ $NO_2^- + \frac{1}{2}O_2 \rightarrow NO_3^-$

$$N : \frac{1}{2}O_2$$

$$14g : 16g$$

$$15mg/L : x_1 \,[mg/L]$$

$$\therefore x_1 = \frac{15 \times 16}{14} = 17.143mg/L$$

ⓑ $NH_3 + 2O_2 \rightarrow HNO_3 + H_2O$

$$14g : 64g$$

$$50mg/L : x_2 \,[mg/L]$$

$$x_2 = \frac{50 \times 64}{14} = 228.571mg/L$$

$$\therefore x_1 + x_2 = 17.143 + 228.571 = 245.714 = 245.71mg/L$$

답 이론적 산소요구량=245.71mg/L

03. 플록 형성 공정 설계 시 결정해야 할 혼화강도 G 값을 P, V, μ의 함수(식)로 나타내시오. (P : 유체에 가해지는 동력, V : 탱크 내 유체 용적, μ : 유체의 점성계수) (3점)

답 $G=\sqrt{\dfrac{P}{\mu V}}$

04. 위어 수두 : 0.25m, 수로 폭 : 1m, 수로의 밑면으로부터 절단 하부점까지의 높이 : 0.8m인 직각 삼각위어의 유량(m^3/h)을 구하시오. $\left(\text{단, 유량계수}\,(K)=81.2+\dfrac{0.24}{h}+\left[8.4+\dfrac{12}{\sqrt{D}}\right]\times\left[\dfrac{h}{B}-0.09\right]^2\right)$ (6점)

해설 K를 구하면

$$K=81.2+\frac{0.24}{0.25}+\left[8.4+\frac{12}{\sqrt{0.8}}\right]\times\left[\frac{0.25}{1}-0.09\right]^2=82.7185$$

$$Q=82.7185\times 0.25^{\frac{5}{2}}=2.585\text{m}^3/\text{min}$$

$$\therefore\ Q=2.585\text{m}^3/\text{min}\times 60\text{min/h}=155.10\text{m}^3/\text{h}$$

답 위어의 유량=155.10m^3/h

05. 탈기법(stripping)에 의해 폐수 중의 암모니아성 질소를 제거하기 위하여 폐수의 pH를 조절하고자 한다. 수중 암모니아성 질소 중의 NH_3를 99%로 하기 위한 pH를 구하여라. (단, $NH_3+H_2O \rightleftarrows NH_4^++OH^{-1}$, 평형상수 $K=1.8\times10^{-5}$이다.) (6점)

해설 $$NH_3(\%)=\frac{100}{1+\dfrac{K_b}{[OH^-]}}$$

$$\therefore\ [OH^-]=\frac{1.8\times10^{-5}}{\left(\dfrac{100}{99}\right)-1}=1.782\times10^{-3}$$

$$\therefore\ \text{pH}=14+\log(1.782\times10^{-3})=11.25$$

답 pH=11.25

06. 정수장에서 유입되는 상수 원수에 맛과 냄새 감지 시 이를 제거하기 위한 일반적 방법을 3가지 적으시오. (6점)

답 ⓐ 포기

ⓑ 염소 처리

ⓒ 활성탄 처리

참고 오존 처리 및 생물 처리 등으로 한다.

07. RO법, electrodialysis에 대해 설명하시오. (6점)

해설 ① RO(역삼투법) : 물(용매)은 통과시키고 용존 고형물(용질)은 통과시키지 않는 반투막을 사용하여 삼투압보다 더 큰 압력을 역으로 가하여 이온과 물을 분리시키는 방법이다.

② electrodialysis(전기 투석법) : 역삼투법과는 달리 물은 통과시키지 않고 특별한 이온을 선택적으로 통과시킬 수 있는 플라스틱 막을 사용하여 이온과 물을 분리시키는 방법이다.

08. 정수장에서 30m 수직 고도 위에 있는 배수지에 관지름이 20cm, 총연장 200m의 배수관을 이용해 유량 0.1m³/s의 물을 양수하려 할 때 다음에 주어지는 문제에 답하시오. (4점)

(가) 펌프의 총양정(m)을 계산하시오. (단, $f=0.03$)

(나) 펌프의 소요동력(kW)을 계산하시오. (단, 펌프의 효율은 70%, 물의 밀도는 1g/cm³이다.)

해설 (가) $총양정=30\text{m}+0.03\times\dfrac{200}{0.2}\times\left(\dfrac{3.183^2}{2\times9.8}\right)=45.507=45.51\text{m}$

(나) $\text{kW}=\dfrac{1000\times0.1\times45.507}{102\times0.7}=63.735=63.74\text{kW}$

답 (가) 펌프의 총양정=45.51m

(나) 펌프의 소요동력=63.74kW

09. 용어에 대해 설명하시오. (5점)

(가) 0차 반응　(나) 1차 반응　(다) 슬러지 여과 비저항계수

(라) 슬러지 용량지표　(마) 콜로이드 제타전위

해설 (가) 반응물의 농도에 독립적인 속도로 진행되는 반응이다. $\frac{dC}{dt}=-K$

$\frac{dC}{dt}$: mg/L·h, K : mg/L·h

(나) 반응속도가 반응물의 농도에 비례하여 진행되는 반응이다. $\frac{dC}{dt}=-KC$

$\frac{dC}{dt}$: mg/L·h, K : h^{-1} , C : mg/L

(다) 슬러지 탈수 시(여과 탈수) 슬러지가 탈수 안 되려는 저항계수(단위 : m/kg)

(라) 슬러지의 침강 농축성의 지표로서 30분 침전 후 1g의 MLSS가 차지하는 부피를 mL로 나타낸 값(단위 : mL/g)

(마) 전기적으로 부하되어 있는 콜로이드 입자간에 있어서 서로 밀어내는 힘(단위 : A·s)

10. 다음에 대해 특성 2가지를 서술하시오. (4점)

(가) 입상활성탄 (나) 분말활성탄

답 (가) 입상활성탄

ⓐ 재생이 용이하고 취급이 용이하며 슬러지가 발생하지 않는다.

ⓑ 분말탄에 비하여 흡착 속도가 느리고 수질 변화에 대응성이 나쁘다.

(나) 분말활성탄

ⓐ 분말로서 비산의 우려가 있고 슬러지가 발생한다.

ⓑ 재생이 곤란하다.

참고 분말활성탄 처리와 입상활성탄 처리의 장단점

항 목	분말활성탄	입상활성탄
처리 시설	기존 처리 시설을 사용하여 처리할 수 있다.	여과지를 만들 필요가 있다.
단기간 처리하는 경우	필요량만 주입하므로 경제적이다.	비경제적이다.
장기간 처리하는 경우	경제성이 없으며 재생되지 않는다.	탄층을 두껍게 할 수 있으며 재생하여 사용할 수 있으므로 경제적이다.
미생물의 번식	사용하고 버리므로 번식이 없다.	원생동물이 번식할 우려가 있다.
폐기 시의 애로	탄분을 포함한 흑색 슬러지는 공해의 원인이다.	재생 사용할 수 있어서 문제가 없다.
누출에 의한 흑수 현상	특히 겨울철에 일어나기 쉽다.	거의 염려가 없다.
처리 관리의 난이	주입작업을 수반한다.	특별한 문제가 없다.

11. Michaelis–Menten식을 이용하여 박테리아에 의한 폐수 처리를 설명하기 위해 실험을 수행한 바 1g의 박테리아가 하루에 고농도 폐수 최대 20g을 분해하는 것으로 밝혀졌다. 실제 폐수 농도가 15mg/L일 때 같은 양의 박테리아가 10g/d의 속도로 폐수를 분해한다면, 폐수 농도가 5mg/L일 때 2g의 박테리아에 의한 폐수 분해 속도를 결정하시오. (5점)

해설 $r=\dfrac{r_{\max}\cdot S}{K_m+S}$에서 $r=\dfrac{1}{2}r_{\max}$에 대한 기질 농도가 K_m이다.

$$r=\frac{20\text{g/g}\cdot\text{d}\times 5\text{mg/L}}{(15+5)\text{mg/L}}=5\text{g/g}\cdot\text{d}$$

∴ 2g의 미생물에 의한 분해 속도(g/d)=5g/g·d×2g=10g/d

답 폐수 분해 속도=10g/d

12. 30000m^3의 저수량을 가진 저수지에 특정 오염물질이 사고에 의하여 유입되어 오염물 농도가 50mg/L로 되었다. 다음의 조건에서 이 오염물 농도가 1mg/L까지 감소하는데 몇 년이 소요될 것인지 계산하시오. (6점)

〈조건〉 1. 오염물 유입 전에는 저수지의 오염물 함유는 없었다.
2. 오염물은 저수지 내 다른 물질과 반응하지 않는다.
3. 저수지를 CFSTR이라고 가정한다.
4. 저수지의 유역 면적은 1.2ha이다.
5. 유역의 연평균 강우량은 1200mm이다.
6. 저수지의 유입 유량은 강우량만 고려한다.

해설 물질수지식 : $V\cdot\dfrac{dC}{dt}=Q\cdot C_0-QC-V\cdot KC$에서

유입량과 반응량을 0으로 하고 식을 적분하여 정리하면

$$\ln\frac{C_2}{C_1}=-\left(\frac{Q}{V}\right)\cdot t$$

$$\therefore t=\frac{\ln\dfrac{1}{50}}{-\left(\dfrac{1.2\text{m/년}\times 12000\text{m}^2}{30000\text{m}^3}\right)}=8.15\text{년}$$

답 시간=8.15년

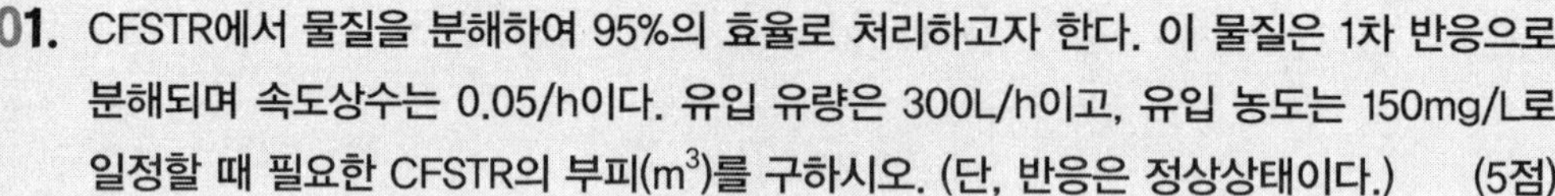

수질환경 기사 실기 과년도 문제

2011년 7월 23일 시행

01. CFSTR에서 물질을 분해하여 95%의 효율로 처리하고자 한다. 이 물질은 1차 반응으로 분해되며 속도상수는 0.05/h이다. 유입 유량은 300L/h이고, 유입 농도는 150mg/L로 일정할 때 필요한 CFSTR의 부피(m^3)를 구하시오. (단, 반응은 정상상태이다.) (5점)

해설 물질수지식 : $QC_0 = QC + V\dfrac{dC}{dt} + VKC$

정상상태에서 $\dfrac{dC}{dt} = 0$

$\therefore V = \dfrac{Q(C_0 - C)}{KC} = \dfrac{0.3 \times (150 - 7.5)}{0.05 \times 7.5} = 114\text{m}^3$

답 CFSTR의 부피 $= 114\text{m}^3$

02. 식물성 플랑크톤의 성장속도계수 비율 $\dfrac{K_{20}}{K_{10}} = 1.9$이다. 20℃에서 성장속도계수가 1.6d^{-1} 일 때 30℃에서 성장속도계수(d^{-1})를 구하시오. (6점)

해설 ⓐ 온도보정계수를 구한다. $\dfrac{K_{20}}{K_{10}} = 1.9 = \theta^{20-10}$ $\therefore \theta = 1.9^{\frac{1}{10}} = 1.066$

ⓑ 30℃에서 성장속도계수$(\text{d}^{-1}) = 1.6\text{d}^{-1} \times 1.066^{30-20} = 3.032 = 3.03\text{d}^{-1}$

답 30℃에서 성장속도계수$(\text{d}^{-1}) = 3.03\text{d}^{-1}$

03. 중력식 여과지를 사용하여 여과율 $5\text{L/m}^2 \cdot \text{min}$에서 1000t/d의 침전 유출수를 처리하려고 한다. 역세척을 위해 여과지 1기의 운전이 중지될 때 여과율은 $6\text{L/m}^2 \cdot \text{min}$을 넘지 못한다. 만약 각 여과지가 12시간마다 10분씩 $10\text{L/m}^2 \cdot \text{min}$의 세척률로 역세척되며, 여과유출수 $1\text{L/m}^2 \cdot \text{min}$이 필요한 표면세척설비가 설치되었을 때, 다음 물음에 답하시오. (6점)

(가) 소요 여과지는 몇 개인가?

(나) 역세척에 사용되는 여과 용량(여과지당 역세척 용량 / 여과지당 처리 폐수 용량)은 몇 %인가?

해설 (가) ⓐ 여과지의 전체 면적$(m^2)=\dfrac{1000m^3/d}{0.005m/min\times(1440-20)min/d}=140.845m^2$

ⓑ 1기의 운전 중지 때의 면적$(m^2)=\dfrac{1000m^3/d}{0.006m/min\times(1440-20)min/d}=117.371m^2$

ⓒ 여과지 1기의 면적은 같다.

$\dfrac{140.845}{n}=\dfrac{117.371}{n-1}$ $\quad\therefore 140.845\times(n-1)=117.371n$

$\therefore 23.474n=140.845$ $\quad\therefore n=6.000=6$개

(나) ⓐ 역세척에 사용되는 용량(m^3/d)

$=(0.01m^3/m^2\cdot min+0.001m^3/m^2\cdot min)\times140.845m^2\times\dfrac{20min}{d}=30.986m^3/d$

ⓑ 역세척에 사용되는 여과 용량의 비율(%)$=\dfrac{30.986m^3/d}{1000m^3/d}\times100=3.0986=3.10\%$

답 (가) 소요 여과지=6개

(나) 역세척에 사용되는 여과 용량의 비율=3.10%

04. 탈산소계수(K, 상용지수 기준)가 $0.1d^{-1}$인 폐수의 5일 BOD가 400mg/L이며, COD값은 900mg/L이다. 이때 생물학적으로 분해 불가능한 COD 값을 구하시오. (5점)

해설 생물학적으로 분해 불가능한 COD$=900-\dfrac{400}{1-10^{-0.1\times5}}=315.009=315.01mg/L$

답 생물학적으로 분해 불가능한 COD=315.01mg/L

05. 30만 ton의 저수량을 가진 저수지에 특정 오염물질이 사고로 인하여 유입되어 오염물 농도가 20mg/L로 되었다. 아래 조건으로 이 오염물의 농도가 1mg/L까지 감소하는 데 걸리는 시간(년)을 계산하시오. (5점)

〈조건〉
1. 오염물 유입 전에는 저수지의 오염물 함유는 없었다.
2. 오염물은 저수지 내 다른 물질과 반응하지 않는다.
3. 저수지를 CFSTR이라고 가정한다.
4. 저수지의 유역면적은 10^5m^2이다.
5. 유역의 연평균 강우량(오염물질은 없다.)은 1200mm이다.
6. 저수지의 유입 유량은 강우량만 고려한다.

해설 소요 시간 $= \dfrac{\ln\dfrac{1}{50}}{-\left(\dfrac{1.2\text{m}/\text{년}\times 10^5\text{m}^2}{300000\text{m}^3}\right)} = 7.489 = 7.49$년

답 소요 시간=7.49년

06. 수중의 NH_4^+과 NH_3가 평형상태에 있을 때 25℃, pH=11에서의 NH_3로 존재하는 분율(%)은 얼마인가? (단, 해리상수 $K_b = 1.8\times10^{-5}$이고 $NH_3 + H_2O \rightleftarrows NH_4^+ + OH^-$이다.) (5점)

해설 $NH_3(\%) = \dfrac{100}{1+\dfrac{K_b}{[OH^-]}} = \dfrac{100}{1+\dfrac{1.8\times10^{-5}}{10^{-3}}} = 98.232 = 98.23\%$

답 NH_3 분율=98.23%

07. 완전혼합 활성슬러지 공정의 설계 조건은 다음과 같다. 포기조 부피(m^3), 포기조 체류시간 HRT(h), 그리고 포기조 규격(폭×길이×깊이)을 계산하시오.(단, 포기조는 폭 : 길이=1 : 2, 깊이는 4.4m이다.) (4점)

〈조건〉
1. 포기조 유입유량=$0.32m^3/s$
2. 원폐수 BOD_5=240mg/L
3. 원폐수 TSS=280mg/L
4. 유입수 BOD_5=161.5mg/L
5. 유출수 BOD_5=5.7mg/L
6. 폐수 온도=20℃
7. 설계 평균 세포체류시간(SRT)=10d
8. MLVSS=2400mg/L
9. VSS/TSS=0.8
10. Y=0.5mg VSS/mg BOD_5
11. K_d=0.06/d
12. BOD_5/BOD_u=0.67

(가) 포기조 부피
(나) 포기조 체류시간(HRT(h))
(다) 포기조 규격

해설 (가) 포기조 부피

$\dfrac{1}{\theta_c} = \dfrac{YQ(S_0-S_1)}{VX} - K_d$에서

$V = \dfrac{YQ(S_0-S_1)}{X_v(K_d+1/\theta)} = \dfrac{0.5\times27648\times(161.5-5.7)}{2400\times(0.06+1/10)} = 5608.8m^3$

(나) 포기조 체류시간(HRT(h))

$$t = \frac{5608.8\text{m}^3}{27648\text{m}^3/\text{d} \times \text{d}/24\text{h}} = 4.869 = 4.87\text{h}$$

(다) 포기조 규격

$V = 2x \times x \times 4.4 = 5608.8\text{m}^3$

$\therefore x = 25.246 = 25.25\text{m}$

∴ 포기조의 규격 $= 25.25\text{m} \times 50.5\text{m} \times 4.4\text{m}$

답 (가) 포기조 부피 $= 5608.8\text{m}^3$

(나) 포기조 체류시간(HRT(h)) $= 4.87\text{h}$

(다) 포기조 규격 $= 25.25\text{m} \times 50.5\text{m} \times 4.4\text{m}$

08. 유입 하수에 함유된 COD, NH_3-N 성분이 다음의 생물학적 질산화－탈질 조합 공정의 포기조 및 탈질조에서의 화학적 조성 변화와 각 조의 역할에 대하여 기술하시오. (6점)

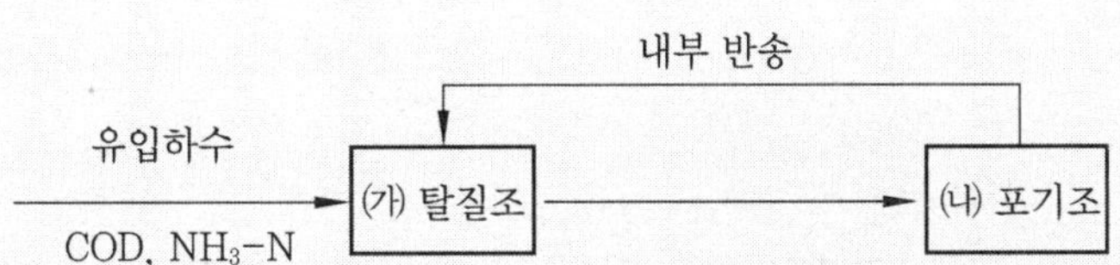

(가) 탈질조

㉠ 화학적 조성 변화

㉡ 역할

(나) 포기조

㉠ 화학적 조성 변화

㉡ 역할

답 (가) 탈질조

㉠ 화학적 조성 변화 : 질산은 질산 환원 박테리아에 의해 N_2의 형태로 대기로 방출 제거되며 $NO_3^- - N$, $NO_2^- - N$의 환원에 따른 알칼리도가 발생한다.

㉡ 역할 : 탈질화, 유기물의 섭취

(나) 포기조

㉠ 화학적 조성 변화 : 폐수 중의 암모늄 이온이 호기성 조건에서 질산화 세균들에 의해 질산성 질소로 산화되며 $NH_4^+ - N$ 산화에 따라 알칼리도가 소비된다.

㉡ 역할 : 질산화, 유기물의 산화

09. 전도현상이 일어나는 호수(깊이 20m로 가정함)에 대하여 봄, 여름, 가을, 겨울 4계절에 발생하는 수온 분포도를 각각의 그래프에 나타내고 전도현상이 일어나는 계절을 표시하시오. (단, 수온 분포를 나타내는 그래프의 가로축은 ℃로 수온을 나타내고, 세로축은 호수 깊이를 5m 간격으로 나타내며, 호수 깊이는 전도현상 등이 나타나는데 충분하다고 한다.) (6점)

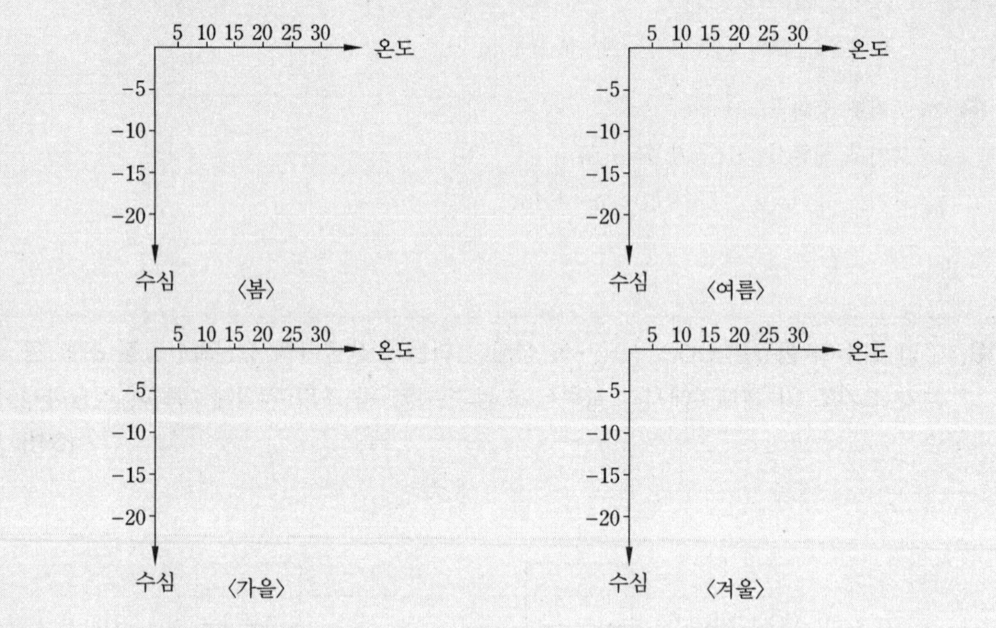

답 ① 〈봄〉 〈여름〉 〈가을〉 〈겨울〉

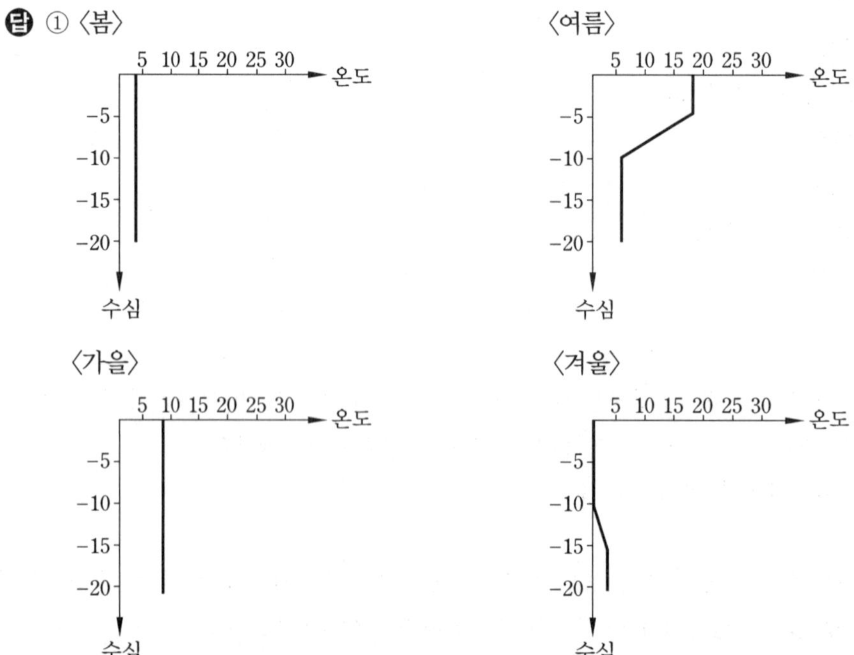

② 전도현상이 일어나는 계절 : 봄, 가을

10. 정수공정에서 물에 하이포염소산염(OCl^-)을 주입하여 살균·소독을 할 경우, 물의 pH는 어느 방향(증가, 감소 또는 변화가 없음)으로 변화하는지 화학식을 사용하여 설명하시오. (6점)

답 $NaOCl + H_2O \rightarrow HOCl + NaOH$

∴ pH는 증가한다.

11. A공장의 폐수량이 $2400m^3/d$, BOD 및 SS 농도가 각각 300mg/L, 200mg/L이다. 이 폐수가 아래 조건과 같이 활성슬러지법으로 운영되고 있을 때, 고형물 체류시간(SRT)을 구하시오. (6점)

〈조건〉 1. F/M비=0.3kg BOD/kg MLSS · d
2. 포기시간=8시간
3. 최종 침전지의 슬러지 농도=8000mg/L
4. 폐기 슬러지 유량=유입 유량의 2%
5. BOD 및 SS 제거율=각각 90%

해설 ⓐ $\text{MLSS량(g)} = \dfrac{300\text{mg/L} \times 2400\text{m}^3/\text{d}}{0.3\text{d}^{-1}} = 2400000\text{g}$

ⓑ 폐기 슬러지 유량(m^3/d)$= 2400m^3/d \times 0.02 = 48m^3/d$

ⓒ 유출수 SS 농도$=200 \times (1-0.9) = 20$mg/L

$$\therefore \text{SRT(d)} = \frac{2400000\text{g}}{[8000 \times 48 + (2400-48) \times 20]\text{g/d}} = 5.568 = 5.57\text{d}$$

답 고형물 체류시간=5.57d

수질환경 기사 실기 과년도 문제

2011년 10월 15일 시행

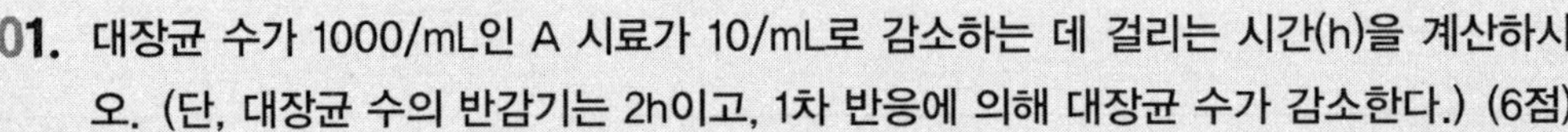

01. 대장균 수가 1000/mL인 A 시료가 10/mL로 감소하는 데 걸리는 시간(h)을 계산하시오. (단, 대장균 수의 반감기는 2h이고, 1차 반응에 의해 대장균 수가 감소한다.) (6점)

해설 ⓐ K를 구한다.

$$\ln\frac{50}{100} = -K \times 2\text{h}$$

$$\therefore K = \frac{\log\frac{50}{100}}{-2\text{h}} = 0.347$$

ⓑ $t = \dfrac{\log\frac{10}{1000}}{0.347} = 13.271 = 13.27\text{h}$

답 소요시간=13.27h

02. 하천에 오염물이 유입된 후의 탈산소와 재포기 현상은 Streeter−Phelps식으로 설명할 수 있다. 하천의 초기 용존산소 부족량과 최종 BOD가 각각 2.6mg/L와 21mg/L이며, 탈산소계수는 0.4/d이고, 대상 하천의 자정계수는 2.25라면 [오염물이 유입된 후 얼마 후에 용존산소량이 최소가 될 것인가] 라는 임계시간(h)과 임계점의 산소부족량(mg/L)은 얼마인지 계산하시오. (단, 상용대수 기준) (6점)

해설 ① 임계시간$= \dfrac{1}{0.4(2.25-1)}\log\left\{2.25\left[1-(2.25-1)\dfrac{2.6}{21}\right]\right\} = 0.558\text{d}$

$\therefore$ 임계시간(h)$= 0.558\text{d} \times \dfrac{24\text{h}}{\text{d}} = 13.392 = 13.39\text{h}$

② $D_c = \dfrac{21}{2.25} \times 10^{-0.4\times0.558} = 5.583 = 5.58\text{mg/L}$

답 ① 임계시간=13.39h

② 임계점의 산소부족량=5.58mg/L

03. 혐기성 생물학적 처리공정에서 glucose를 시료로 사용했을 때 최종 BOD 1kg당 발생 가능한 메탄(CH_4)가스의 부피는 30℃에서 몇 m^3인지 구하시오. (6점)

해설 ⓐ BOD_u 1kg에 대한 glucose의 양을 구한다.

$$C_6H_{12}O_6 + 6O_2 \rightarrow 6CO_2 + 6H_2O$$

$$180\text{kg} : 6 \times 32\text{kg}$$

$$x[\text{kg}] : 1\text{kg}$$

$$\therefore x = \frac{180 \times 1}{6 \times 32} = 0.9375\text{kg}$$

ⓑ glucose에 대한 CH_4 생성량을 구한다.

$$C_6H_{12}O_6 \rightarrow 3CO_2 + 3CH_4$$

$$180\text{kg} : 3 \times 22.4\text{m}^3$$

$$0.9375\text{kg} : x[\text{m}^3]$$

$$\therefore x = \frac{0.9375 \times 3 \times 22.4}{180} = 0.35\text{m}^3$$

ⓒ 30℃에서 메탄(CH_4) 가스의 부피 $= 0.35\text{m}^3 \times \frac{273+30}{273} = 0.39\text{m}^3$

답 메탄(CH_4)가스의 부피 $= 0.39\text{m}^3$

04. 어떤 공장폐수의 COD를 제거하기 위해 흡착제로 활성탄을 사용하였다. COD가 50mg/L인 원수에 활성탄 20mg/L를 흡착제로 주입시켰더니 COD가 15mg/L가 되었고 활성탄 50mg/L를 주입시켰더니 COD가 5mg/L가 되었다. 이 폐수의 COD를 8mg/L로 하기 위하여 주입하여야 할 활성탄의 양은 몇 mg/L인지 계산하시오. (단, Freundlich 등온흡착공식을 이용할 것) (6점)

해설 $\frac{50-15}{20} = K \times 15^{\frac{1}{n}}$ ······ ①

$\frac{50-5}{50} = K \times 5^{\frac{1}{n}}$ ······ ②

①÷②하면

$1.944 = 3^{\frac{1}{n}}$ 에서 양변에 log를 취하면

$$n = \frac{\log 3}{\log 1.944} = 1.653$$

① 식에 대입하면

$$1.75 = K \times 15^{\frac{1}{1.653}}$$

$$\therefore K = \frac{1.75}{15^{\frac{1}{1.653}}} = 0.34$$

$$\frac{50-8}{M} = 0.34 \times 8^{\frac{1}{1.653}}$$

$$\therefore M[\text{mg/L}] = \frac{50-8}{0.34 \times 8^{\frac{1}{1.653}}} = 35.11\text{mg/L}$$

답 필요 활성탄의 양=35.11mg/L

05. 다음 실험자료에 대하여 온도보정계수 θ를 결정하시오. (단, 밑수가 10인 상용로그 적용, 최종 값은 소수점 다섯째자리에서 반올림하여 소수점 넷째자리까지 계산함) (6점)

$T_1 = 4℃$, $K_1 = 0.12\text{d}^{-1}$ $T_2 = 16℃$, $K_2 = 0.20\text{d}^{-1}$

해설 ⓐ $K_2 = K_1 \times \theta^{T_2 - T_1}$

ⓑ $0.2 = 0.12 \times \theta^{16-4}$

$$\therefore \theta = \left(\frac{0.2}{0.12}\right)^{\frac{1}{12}} = 1.04348 = 1.0435$$

답 온도보정계수=1.0435

06. Michaelis-Menten식을 이용하여 박테리아에 의한 폐수 처리를 설명하기 위해 실험을 수행한 바 1g의 박테리아가 하루에 고농도 폐수 최대 20g을 분해하는 것으로 밝혀졌다. 실제 폐수 농도가 15mg/L일 때 같은 양의 박테리아가 10g/d의 속도로 폐수를 분해한다면 폐수 농도가 5mg/L일 때 2g의 박테리아에 의한 폐수 분해 속도(g/d)를 결정하시오. (4점)

해설 $r = \frac{r_{max} \cdot S}{K_m + S}$에서 $r = \frac{1}{2} r_{max}$에 대한 기질 농도가 K_m이다.

$$r = \frac{20\text{g/g} \cdot \text{d} \times 5\text{mg/L}}{(15+5)\text{mg/L}} = 5\text{g/g} \cdot \text{d}$$

∴ 2g의 미생물에 의한 분해 속도(g/d)=5g/g·d×2g=10g/d

답 폐수 분해 속도=10g/d

07. 탈기법에 의해 폐수 중 암모니아성 질소를 제거하기 위하여 폐수의 pH를 조절하고자 한다. 수중 암모니아성 질소 중의 NH_3를 95%로 하기 위한 pH를 산출하시오. (단, 암모니아성 질소의 수중에서의 평형은 다음과 같다. $NH_3+H_2O \rightleftarrows NH_4^++OH^-$, 평형상수 $K_b=1.8\times10^{-5}$) (6점)

해설 ⓐ $NH_3(\%)=\dfrac{100}{1+\dfrac{K_b}{[OH^-]}}$

ⓑ $95=\dfrac{100}{1+\dfrac{1.85\times10^{-5}}{[OH^-]}}$

$\therefore [OH^-]=\dfrac{1.8\times10^{-5}}{\dfrac{100}{95}-1}=3.42\times10^{-4}$

$\therefore pH=14+\log(3.42\times10^{-4})=10.534=10.53$

답 $pH=10.53$

08. 완전혼합 반응조(CFSTR)에서 물질을 분해하여 95%의 효율로 처리하고자 한다. 이 물질은 1차 반응으로 분해되며 속도상수는 0.1/h이다. 유입 유량은 300L/h이고, 유입 농도는 150mg/L로 일정하다. 정상상태에서의 물질 수지를 취하여 요구되는 CFSTR의 부피(m^3)를 구하시오. (4점)

해설 ⓐ 물질수지식 : $QC_0=QC+V\dfrac{dC}{dt}+VKC$

ⓑ 정상상태에서 $\dfrac{dC}{dt}=0$

$\therefore V=\dfrac{Q(C_0-C)}{KC}=\dfrac{300\text{L/h}\times10^{-3}\text{m}^3/\text{L}\times(150-7.5)\text{mg/L}}{0.1\text{h}^{-1}\times7.5\text{mg/L}}=57\text{m}^3$

여기서, $C=150\text{mg/L}\times(1-0.95)=7.5\text{mg/L}$

답 반응조의 부피$=57\text{m}^3$

09. NO_3^-를 탈질시키는 총괄반응식이 다음과 같다. NO_3^- 농도가 30mg/L 함유된 폐수 $1000m^3/d$를 탈질시키는 데 요구되는 메탄올의 양(kg/d)을 구하시오. (6점)

$$\frac{1}{6}CH_3OH+\frac{1}{5}NO_3^-+\frac{1}{5}H^+ \rightarrow \frac{1}{10}N_2+\frac{1}{6}CO_2+\frac{13}{30}H_2O$$

해설 주어진 반응식을 이용하여 정리하면

$$6NO_3^- : 5CH_3OH$$

$$6\times62g : 5\times32g$$

$$(30\times1000\times10^{-3})kg/d : x[kg/d]$$

$$\therefore x=12.9kg/d$$

답 요구되는 메탄올의 양=12.9kg/d

10. 마찰 손실계수가 0.015이고 안지름이 10cm인 관을 통하여 $0.02m^3/s$의 물이 흐를 때 생기는 마찰수두 손실이 10m가 되려면 관의 길이는 몇 m가 되어야 하는지 산출하시오. (4점)

해설 $h_L=f\cdot\frac{L}{D}\cdot\frac{V^2}{2g}$에서 V를 구하면

$$V=\frac{Q}{A}=\frac{0.02m^3/s}{\left(\frac{\pi\times0.1^2}{4}\right)m^2}=2.546m/s$$

$$\therefore L=\frac{h_L\cdot D\cdot 2g}{f\cdot V^2}=\frac{10\times0.1\times2\times9.8}{0.015\times2.546^2}=201.58m$$

답 관의 길이=201.58m

11. 다음 성분을 함유하는 물의 총 이론적 산소요구량과 총 유기탄소 농도를 각각 구하시오. (6점)

글루코스($C_6H_{12}O_6$) 150mg/L, 벤젠(C_6H_6) 15mg/L

해설 ① ⓐ $C_6H_{12}O_6 + 6O_2 \rightarrow 6CO_2 + 6H_2O$

$180g : 6 \times 32g$

$150mg/L : x[mg/L]$

$\therefore x = 160mg/L$

ⓑ $C_6H_6 + 7.5O_2 \rightarrow 6CO_2 + 3H_2O$

$78g : 7.5 \times 32g$

$15mg/L : x[mg/L]$

$\therefore x = 46.153mg/L$

∴ 총 이론적 산소요구량=160+46.153=206.153=206.15mg/L

② ⓐ $C_6H_{12}O_6 : 6C = 180g : 6 \times 12g = 150mg/L : x$

$\therefore x = 60mg/L$

ⓑ $C_6H_6 : 6C = 78g : 6 \times 12g = 15mg/L : x$

$\therefore x = 13.846 = 13.85mg/L$

∴ 총 유기탄소 농도=60+13.85=73.85mg/L

답 ① 총 이론적 산소요구량=206.15mg/L

② 총 유기탄소 농도=73.85mg/L

참고 용역 내의 유기물 화학식량을 구해 보면

ⓐ C의 농도 $= 150mg/L \times \frac{72}{180} + 15mg/L \times \frac{72}{78} = 73.85mg/L$

H의 농도 $= 150mg/L \times \frac{12}{180} + 15mg/L \times \frac{6}{78} = 11.2mg/L$

O의 농도 $= 150mg/L \times \frac{96}{180} = 80mg/L$

ⓑ M농도로 환산하면

C의 농도 $= 73.85mg/L \times \frac{10^{-3}g}{mg} \times \frac{mol}{12g} = 6.15 \times 10^{-3}M$

H의 농도 $= 11.2mg/L \times \frac{10^{-3}g}{mg} \times \frac{mol}{1g} = 11.2 \times 10^{-3}M$

O의 농도 $= 80mg/L \times \frac{10^{-3}g}{mg} \times \frac{mol}{16g} = 5 \times 10^{-3}M$

∴ 유기물 화학식량 $= C_{6.15}H_{11.2}O_5$

수질환경 기사 실기 과년도 문제

2012년 4월 21일 시행

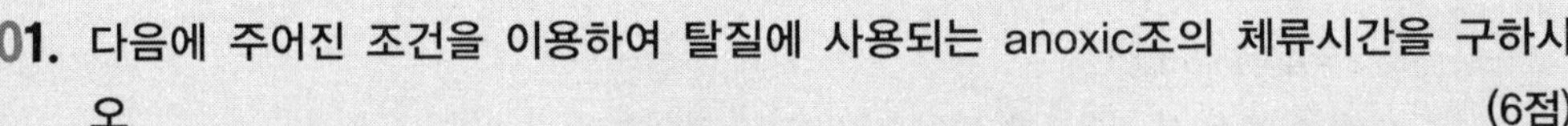

01. 다음에 주어진 조건을 이용하여 탈질에 사용되는 anoxic조의 체류시간을 구하시오. (6점)

〈조건〉 1. 유입 $NO_3^- - N$: 22mg/L　　2. 유출 $NO_3^- - N$: 3mg/L
3. MLVSS 농도 : 4000mg/L　　4. 온도 : 10℃
5. DO 농도 : 0.1mg/L　　6. U_{DN}(20℃) : 0.1/d
7. $U_{DN}' = U_{DN} \times K^{(T-20)}(1-\mathrm{DO})$ (단, $K=1.09$)

해설 ⓐ 무산소 반응조(anoxic basin)의 체류시간 $= \dfrac{S_0 - S}{U_{DN} \cdot X}$

ⓑ 우선 10℃에서의 탈질률$(U_{DN}) = 0.10/\mathrm{d} \times 1.09^{(10-20)} \times (1-0.1) = 0.038/\mathrm{d}$

$$\therefore t = \frac{(22-3)\mathrm{mg/L}}{0.038/\mathrm{d} \times \mathrm{d}/24\mathrm{h} \times 4000\mathrm{mg/L}} = 3\mathrm{h}$$

답 anoxic조의 체류시간=3h

02. 정수장에서 수돗물 속에 포함될 수 있는 트리할로메탄(THM)의 생성반응 속도에 다음 각 수질 인자가 미치는 영향을 기술하시오. (6점)

(가) 수온　　(나) pH　　(다) 불소 농도

답 (가) 수온이 높을수록 트리할로메탄(THM)의 생성반응 속도가 증가한다.
(나) pH가 높을수록 트리할로메탄(THM)의 생성반응 속도가 증가한다.
(다) 불소 농도가 높을수록 트리할로메탄(THM)의 생성반응 속도가 증가한다.

03. 지름이 6×10^{-3}cm인 원형 입자의 침강속도를 구하시오. (단, 물의 밀도=1.01g/cm^3, 입자의 밀도=2.5g/cm^3, 물의 동점성계수=0.010105cm^2/s) (6점)

해설 ⓐ 동점성계수를 점성계수로 환산한다.

$0.010105\text{cm}^2/\text{s} \times 1.01\text{g/cm}^3 = 0.010206\text{g/cm} \cdot \text{s}$

ⓑ $V_S = \dfrac{980 \times (2.5-1.01) \times (6 \times 10^{-3})^2}{18 \times 0.010206} = 0.286 = 0.29\text{cm/s}$

답 입자의 침강속도=0.29cm/s

04. SS가 거의 없고 COD가 820mg/L인 산업폐수를 활성슬러지 공정으로 처리하여 유출수 COD를 180mg/L 이하로 처리하고자 한다. 아래의 주어진 조건을 이용하여 반응시간 θ를 구하시오. (6점)

〈조건〉 1. MLSS=3000mg/L
2. MLVSS=MLSS×0.7
3. MLVSS를 기준으로한 반응속도상수(K)=0.532L/g · h
4. NBDCOD=155mg/L

해설 $(Q+Q_r)S_0 = (Q+Q_r)S + V\dfrac{dS}{dt} + VKX_vS$

정상상태에서 $\dfrac{dS}{dt} = 0$

$\therefore t = \dfrac{V}{Q+Q_r} = \dfrac{S_0 - S}{KX_vS} = \dfrac{(820-155)-(180-155)}{0.532 \times 3 \times 0.7 \times (180-155)} = 22.914 = 22.91\text{h}$

답 반응시간=22.91h

05. 염소 소독에 의한 세균의 사멸이 1차 반응속도 식에 따른다. 잔류염소농도 0.4mg/L에서 3분만에 92%의 세균이 살균되었다면 99.8% 살균을 위해서는 몇 분의 시간이 필요한가? (5점)

해설 ⓐ $K = \dfrac{\ln\dfrac{8}{100}}{-3} = 0.8419\text{min}^{-1}$

ⓑ $t = \dfrac{\ln\dfrac{0.2}{100}}{-0.8419} = 7.382 = 7.38\text{min}$

답 필요 시간=7.38min

06. 어떤 폐수처리장에서 발생되는 고형물 농도 30000mg/L의 슬러지를 농축시키기 위한 농축조를 설계하고자 실험실에서 침강 농축 실험을 하여 다음과 같은 결과를 얻었다. 농축 슬러지의 고형물 농도가 75000mg/L로 되기까지 소요되는 농축 시간을 산출하시오. (단, 상등수 고형물 농도는 0, 농축 전후의 슬러지 비중은 1이라고 가정한다.) (6점)

정치 시간(농축 시간 : h)	계면 높이(cm)	정치 시간(농축 시간 : h)	계면 높이(cm)
0	100	8	25
2	60	10	24
4	40	12	22
6	30	14	20

해설 농축 후의 계면 높이(h_2)를 구한다.

$C_1 \cdot h_1 = C_2 \cdot h_2$

$$\therefore h_2 = \frac{30000 \times 100}{75000} = 40\text{cm}$$

∴ 표에서 정치 시간은 4h이다.

답 소요 농축 시간=4h

참고 농축 전후의 양은 같다.

즉, $C_1 \cdot V_1 = C_2 \cdot V_2$

$\therefore C_1 \cdot A \cdot h_1 = C_2 \cdot A \cdot h_2$ (A는 동일하므로)

$\therefore C_1 \cdot h_1 = C_2 \cdot h_2$

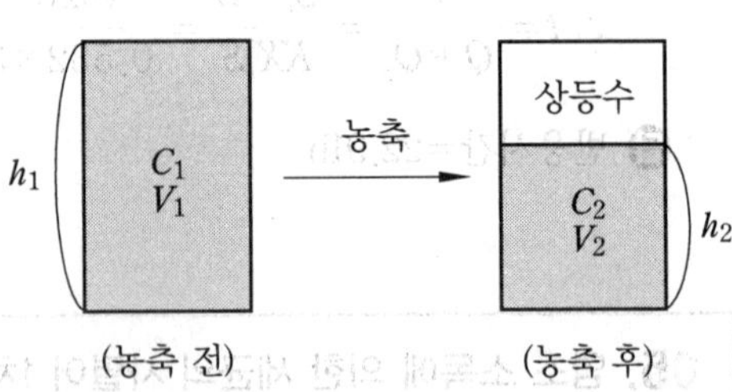

07. 활성슬러지 혼합액을 0.03%에서 0.4%로 농축시키기 위해 재순환이 있는 부상분리 농축조를 설계하고자 한다. 주어진 조건을 이용하여 반송률을 구하시오. (6점)

〈조건〉
1. 최적 A/S비 : 0.05mg air/mg solid
2. 온도 : 20℃
3. 공기 용해도 : 18.7mL/L
4. 포화도(f) : 0.6
5. 표면 부하율 : 8L/m²·min
6. 슬러지 유량 : 400m³/d
7. 운전압력 : 4atm

해설 $0.05=\frac{1.3\times18.7\times(0.6\times4-1)}{300}\times R$

$\therefore R=\frac{0.05\times300}{1.3\times18.7\times(0.6\times4-1)}=0.4407$

$\therefore R=44.07\%$

답 반송률=44.07%

08. 유입수의 BOD 농도가 150mg/L, 유량이 0.3m³/h, 속도상수는 0.05(mg/L)$^{\frac{1}{2}}$/h이다. CFSTR 반응조의 부피(m^3)를 구하시오. (단, 처리효율은 95%이며 0.5차 반응이다.) **(4점)**

해설 ⓐ 0.5차 반응 : $\frac{dC}{dt}=-KC^{\frac{1}{2}}$

ⓑ 물질수지식 : $QC_0=QC+V\frac{dC}{dt}+VKC^{\frac{1}{2}}$

정상상태에서 $\frac{dC}{dt}=0$

$\therefore V=\frac{Q(C_0-C)}{KC^{\frac{1}{2}}}=\frac{0.3m^3/h\times(150-7.5)mg/L}{0.05(mg/L)^{\frac{1}{2}}/h\times(7.5mg/L)^{\frac{1}{2}}}=312.202=312.20m^3$

여기서, C=150×(1−0.95)=7.5mg/L

답 반응조의 부피=312.2m³

09. side stream의 대표적인 공정과 원리, 장·단점을 각각 1가지씩 쓰시오. **(6점)**

(가) 공정
(나) 원리
(다) 장점
(라) 단점

답 (가) 공정 : phostrip 공정
(나) 원리 : 탈인조에서 혐기성상태에서 인을 용출시킨 후 포기조에서 인을 과잉 흡수시킨다. 탈인조 상등액은 화학 응집침전법으로 인을 슬러지로 침전 제거시킨다.
(다) 장점 : 기존 활성슬러지 처리장에 쉽게 적용 가능하다.
(라) 단점 : 인 침전을 위하여 석회주입이 필요하다.

10. 수심이 1.2m, 폭이 2.5m이고 동수구배가 0.09m/m인 구형 수로의 유량(m^3/s)을 구하시오. (단, 조도계수는 0.014이며 Manning의 공식에 의거한다.) (6점)

해설 ⓐ $V[\text{m/s}]=\dfrac{1}{0.014}\times\left(\dfrac{2.5\times1.2}{2\times1.2+2.5}\right)^{\frac{2}{3}}\times0.09^{\frac{1}{2}}=15.4505\text{m/s}$

ⓑ 유량(m^3/s)$=2.5\times1.2\times15.4505=46.3515=46.35\text{m}^3/\text{s}$

답 유량$=46.35\text{m}^3/\text{s}$

11. 포화 용존산소 농도가 9.0mg/L인 하천수에서 어느 지점의 DO 농도가 5mg/L이었다. 36시간 흐른 뒤의 하류에서 DO 농도는 얼마로 예측되는가? (단, BOD_u=10mg/L, 탈산소계수=0.1/d, 재포기계수=0.2/d로 가정하고 소수 첫째자리까지 구한다. 밑수 10) (3점)

해설 ⓐ DO 농도=포화 DO 농도$-D_t$

ⓑ $D_t=\dfrac{K_1L_0}{K_2-K_1}(10^{-K_1t}-10^{-K_2t})+D_0 10^{-K_2t}$

$=\dfrac{0.1\times10}{0.2-0.1}(10^{-0.1\times1.5}-10^{-0.2\times1.5})+(9-5)\times10^{-0.2\times1.5}=4.072\text{mg/L}$

∴ DO 농도$=9-4.072=4.928=4.9\text{mg/L}$

답 DO 농도$=4.9\text{mg/L}$

수질환경 기사 실기 과년도 문제

2012년 7월 7일 시행

01. 폭 3m, 높이 2m인 개수로의 수심이 1m이고 유량이 27.8m³/s인 경우 Manning 공식에 의한 수로의 경사를 구하시오. (단, n=0.016) (6점)

해설 $Q=(B\times h)\times\frac{1}{n}\times\left(\frac{B\times h}{2h+B}\right)^{\frac{2}{3}}\times I^{\frac{1}{2}}$

$27.8=(3\times 1)\times\frac{1}{0.016}\times\left(\frac{3}{5}\right)^{\frac{2}{3}}\times I^{\frac{1}{2}}$

$\therefore I=0.0434=0.04$

답 수로의 경사=0.04

02. 다음 반응에서 전체 유리 잔류염소 중의 HOCl의 %를 구하시오. (단, 25℃에서의 평형상수 $K=3.7\times10^{-8}$, pH=7.0) (6점)

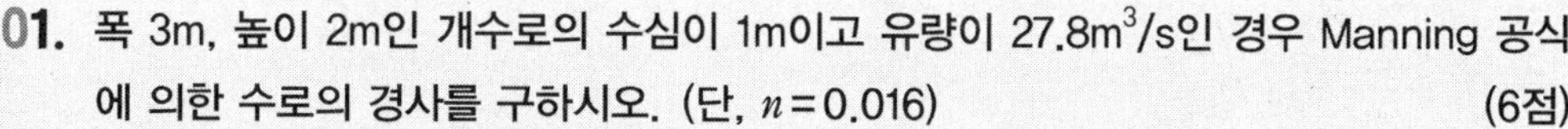

$HOCl \rightleftarrows H^+ + OCl^-$

해설 $HOCl(\%)=\frac{100}{1+\frac{K}{[H^+]}}=\frac{100}{1+\frac{3.7\times10^{-8}}{1\times10^{-7}}}=72.993=72.99\%$

답 HOCl의 비율=72.99%

03. COD가 2000mg/L인 산업폐수를 처리하기 위해 완전혼합 활성슬러지 반응조를 설계하고자 한다. 설계 MLSS=3500mg/L, 설계 SDI=7000mg/L(반송 슬러지 농도), 유출수 COD는 150mg/L 이하이어야 한다. MLSS의 70%가 MLVSS이고 MLVSS를 기준으로 한 속도상수는 20℃에서 0.469L/g·h이며 포기조의 유기물 분해는 1차 반응을 따르고 폐수 중 생물학적으로 분해 불가능한 COD는 125mg/L 일 때 슬러지 반송(2차 침전조에서 포기조 앞 관로에 혼입)이 있는 경우 반응시간(h)을 구하시오. (단, 20℃ 기준, 유입수 내 고형물(SS)은 없다고 가정함) (6점)

해설 ⓐ 물질수지식 : 유입량=유출량+변화량+반응량

$$S_0(Q+Q_R)=(Q+Q_R)S+V\frac{dS}{dt}+VKX_vS$$

정상상태에서 $\frac{dS}{dt}=0$

$$\therefore t=\frac{V}{Q+Q_R}=\frac{S_0-S}{KX_vS}$$

ⓑ $S_0=\frac{QS'+Q_RS}{Q+Q_R}$

ⓒ $Q_R=Q\times R$

ⓓ $R=\frac{X}{X_r-X}=\frac{X}{\frac{10^2}{\text{SVI}}-X}$

ⓔ $\text{SVI}=\frac{100}{\text{SDI(g/100mL)}}$

ⓕ $\text{SDI}=7000\text{mg/L}\times\frac{10^{-3}\text{g}}{\text{mg}}\times\frac{10^{-3}\text{L}}{\text{mL}}\times\frac{100\text{mL}}{100\text{mL}}=0.7$

ⓖ $\text{SVI}=\frac{100}{0.7}=142.857$

ⓗ $R=\frac{3500}{\frac{10^6}{142.857}-3500}=0.999=1$

ⓘ Q를 1로 간주　　$\therefore Q_R=1$

ⓙ $S_0=\frac{1\times1875+1\times25}{1+1}=950\text{mg/L}$

$$\therefore t=\frac{(950-25)\text{mg/L}}{0.469\text{L/g}\cdot\text{h}\times3.5\text{g/L}\times0.7\times25\text{mg/L}}=32.201=32.20\text{h}$$

답 반응시간=32.20h

참고 문제에서 SDI(mg/L)가 반송 슬러지 농도란 단서가 있으므로 해설 ⓔ, ⓕ, ⓖ 과정을 생략하고 반송률(R)을 구할 수 있다.

04. $Ca(HCO_3)_2$, CO_2의 g당량을 각각 구하시오. (단, Ca의 원자량은 40이다.) (3점)

(가) $Ca(HCO_3)_2$ g당량 (단, 반응식을 포함)

(나) CO_2 g당량 (단, 반응식을 포함)

해설 (가) $Ca(HCO_3)_2 + Ca(OH)_2 \rightarrow 2CaCO_3 + 2H_2O$

162g : 74g

x[g] : 37g

$$\therefore x = \frac{162 \times 37}{74} = 81g$$

(나) $CO_2 + H_2O \rightarrow H_2CO_3$

44g : 62g

x[g] : 31g

$$\therefore x = \frac{44 \times 31}{62} = 22g$$

답 (가) $Ca(HCO_3)_2$의 당량=81g

(나) CO_2의 당량=22g

참고 당량 : 수소 1g과 반응하는 g수 또는 산소 8g과 반응하는 g수

05. 폐수 중의 암모늄 이온이 호기성 조건에서 2단계에 걸쳐 질산성 질소(NO_3^-)로 변환되는 과정을 화학반응식으로 표시하고 각 단계에서 반응에 관여하는 미생물을 한 가지씩 쓰시오. (5점)

(가) 화학반응식

(나) 미생물

답 (가) ⓐ $NH_4^+ + \frac{3}{2}O_2 \rightarrow 2H^+ + NO_2^- + H_2O$

ⓑ $NO_2^- + \frac{1}{2}O_2 \rightarrow NO_3^-$

(나) ⓐ nitrosomonas

ⓑ nitrobacter

06. 혐기성 공정에서 메탄의 최대수율은 제거 1kg COD당 0.35m^3 CH_4임을 증명하시오. 또한 유량이 675m^3/d이고 COD가 3000mg/L인 폐수의 COD 제거율이 80%일 때 발생되는 메탄의 양(m^3/d)을 구하시오. (단, 표준상태 기준이다.) (6점)

(가) 증명

(나) 메탄의 양

해설 (나) CH_4의 양(m^3/d) $= 0.35\text{m}^3/\text{kgCOD제거} \times (3000 \times 675 \times 10^{-3} \times 0.8)\text{kg/d}$

$= 567\text{m}^3/\text{d}$

답 (가) ⓐ $C_6H_{12}O_6 + 6O_2 \rightarrow 6CO_2 + 6H_2O$

180kg : 6×32kg

x[kg] : 1kg

$$\therefore x = \frac{180 \times 1}{6 \times 32} = 0.9375\text{kg}$$

ⓑ $C_6H_{12}O_6 \rightarrow 3CO_2 + 3CH_4$

180kg : 3×22.4m^3

0.9375kg : x[m^3]

$$\therefore x = \frac{0.9375 \times 3 \times 22.4}{180} = 0.35\text{m}^3$$

(나) 발생되는 CH_4의 양 $= 567\text{m}^3/\text{d}$

07. 어느 하천에서 축산 폐수가 유입되고 있고 축산 폐수 방류지점에서의 혼합은 이상적으로 이루어지고 있다면 혼합수의 수질 및 조건이 다음과 같을 때 물음에 답하시오. (6점)

〈조건〉 1. DO 포화농도 : 9.5mg/L
2. DO 농도 : 3.5mg/L
3. 탈산소계수 : 0.1/d
4. 재폭기계수 : 0.24/d
5. 최종 BOD 농도 : 20mg/L (상용대수 기준)

(가) 2일 후 DO 농도(mg/L)

(나) 혼합 후 최저 DO 농도가 나타나는 임계시간(d)

(다) 최저 DO 농도(mg/L)

해설 (가) 2일 후 DO 농도(mg/L)

$$D_t=\frac{0.1\times 20}{0.24-0.1}\times(10^{-0.1\times 2}-10^{-0.24\times 2})+(9.5-3.5)\times 10^{-0.24\times 2}=6.27\text{mg/L}$$

∴ 2일 후 DO 농도=9.5−6.27= 3.23mg/L

(나) 혼합 후 최저 DO 농도가 나타나는 임계시간(d)

$$t_c=\frac{1}{0.1(2.4-1)}\log\left\{2.4\left[1-(2.4-1)\frac{6}{20}\right]\right\}=1.026=1.03\text{d}$$

(다) 최저 DO 농도(mg/L)

$$D_c=\frac{20}{2.4}\times 10^{-0.1\times 1.026}=6.58\text{mg/L}$$

∴ 최저 DO 농도=9.5−6.58=2.92mg/L

답 (가) 2일 후 DO 농도=3.23mg/L

(나) 임계시간=1.03d

(다) 최저 DO 농도=2.92mg/L

08. 미생물의 화학식은 $C_5H_7O_2N$으로 나타낼 수 있는데 이를 BOD로 환산할 때 1.42란 계수를 사용한다. 이를 유도하여 설명하시오. (5점)

답 $C_5H_7O_2N+5O_2 \rightarrow 5CO_2+2H_2O+NH_3$

113kg : 5×32kg=1kg : x[kg]

$$\therefore x=\frac{1\times 5\times 32}{113}=1.42\text{kg}$$

∴ 미생물의 양은 BOD로 환산할 때 1.42란 계수를 사용한다.

09. 소화조의 유출수 BOD가 3000mg/L이다. 이를 BOD 10mg/L인 희석수를 사용하여 BOD 300mg/L로 낮추어 포기조로 유입시키고자 한다. 소화조 유출수 폐수량이 200m³/h일 때 사용되는 희석수량을 구하시오. (6점)

해설 $$300=\frac{3000\times 200+10\times x}{200+x}$$

$$\therefore x=\frac{3000\times 200-300\times 200}{300-10}=1862.069=1862.07\text{m}^3/\text{h}$$

답 희석수량=1862.07m³/h

10. 다음 그림은 수정 바덴포 공정에 의한 질소, 인 제거공정을 나타낸다. a, b, c, d, e 각 조의 명칭과 c조의 주된 역할(유기물 제거는 제외함) 2가지를 쓰시오. (6점)

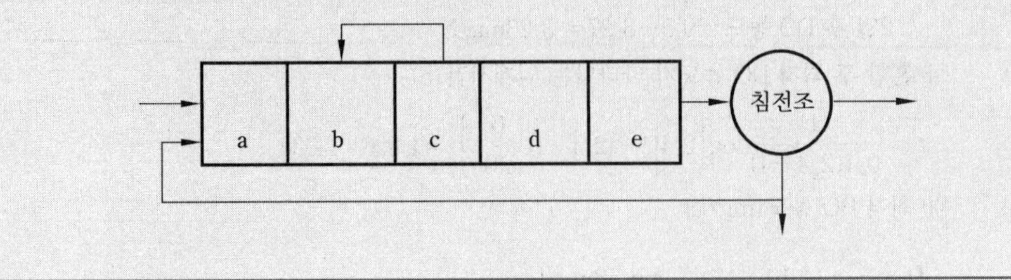

답 ① 각 조의 명칭

a : 혐기조　　b : 첫 번째 무산소조　　c : 첫 번째 호기조

d : 두 번째 무산소조　　e : 두 번째 호기조

② c조의 주된 역할 : 인의 과잉 흡수, 질산화

11. 연속회분식 활성슬러지공법(SBR : sequencing batch reactor)의 장점을 5가지 쓰시오. (5점)

답 ⓐ 수리학적 과부하에도 MLSS의 누출이 없다.

ⓑ 팽화 방지를 위한 공정의 변경이 용이하다.

ⓒ 소규모 처리장에 적합하다.

ⓓ 슬러지 반송을 위한 펌프가 필요 없어 배관과 동력이 절감된다.

ⓔ 질소와 인의 효율적인 제거가 가능하다.

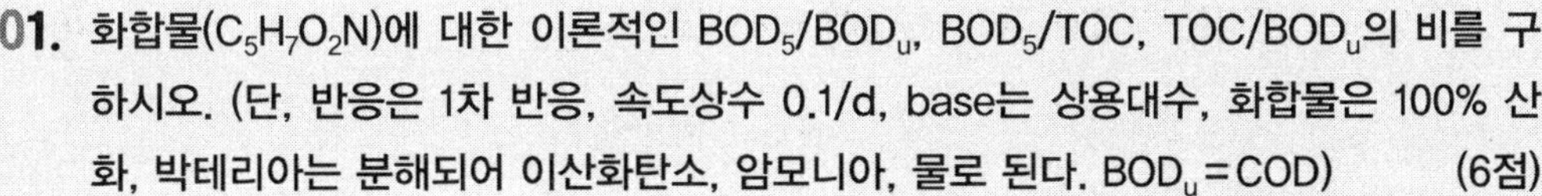

수질환경 기사 실기 과년도 문제

2012년 10월 13일 시행

01. 화합물($C_5H_7O_2N$)에 대한 이론적인 BOD_5/BOD_u, BOD_5/TOC, TOC/BOD_u의 비를 구하시오. (단, 반응은 1차 반응, 속도상수 0.1/d, base는 상용대수, 화합물은 100% 산화, 박테리아는 분해되어 이산화탄소, 암모니아, 물로 된다. BOD_u=COD) (6점)

해설 ① $[BOD_5/BOD_u]=1-10^{-0.1\times5}=0.684=0.68$

② 박테리아($C_5H_7O_2N$) 내호흡 반응식을 이용한다.

$C_5H_7O_2N+5O_2 \rightarrow 5CO_2+2H_2O+NH_3$

$$\therefore BOD_5/TOC=\frac{5\times32g\times0.684}{5\times12g}=1.824=1.82$$

③ $$TOC/BOD_u=\frac{5\times12g}{5\times32g}=0.375=0.38$$

답 ① $BOD_5/BOD_u=0.68$ ② $BOD_5/TOC=1.82$ ③ $TOC/BOD_u=0.38$

02. 다음에 주어진 조건을 이용하여 탈질에 사용되는 anoxic조의 체류시간을 구하시오. (6점)

〈조건〉
1. 반응조로의 유입수 질산염 농도 : 22mg/L
2. 반응조로부터 유출수 질산염 농도 : 3mg/L
3. MLVSS 농도 : 2000mg/L
4. 온도 : 10℃
5. 용존 산소 : 0.1mg/L
6. U_{DN}(20℃, 탈질률) : 0.1/d
7. $U_{DN}(10℃)=U_{DN}(20℃)\times1.09^{(T-20)}(1-DO)$

해설 ⓐ 무산소 반응조(anoxic basin)의 체류시간$=\dfrac{S_0-S}{U_{DN}\cdot X}$

ⓑ 10℃에서의 탈질률(U_{DN})$=0.10/d\times1.09^{(10-20)}\times(1-0.1)=0.038/d$

$$\therefore t = \frac{(22-3)\text{mg/L}}{0.038/\text{d} \times \text{d}/24\text{h} \times 2000\text{mg/L}} = 6\text{h}$$

답 anoxic조의 체류시간=6h

03. 그림과 같은 하천의 ① 지점에서 A 하수처리장 유출수와 B 지천이 합류한다. 하천에 주어지는 조건은 다음과 같다. 물음에 답하시오. (6점)

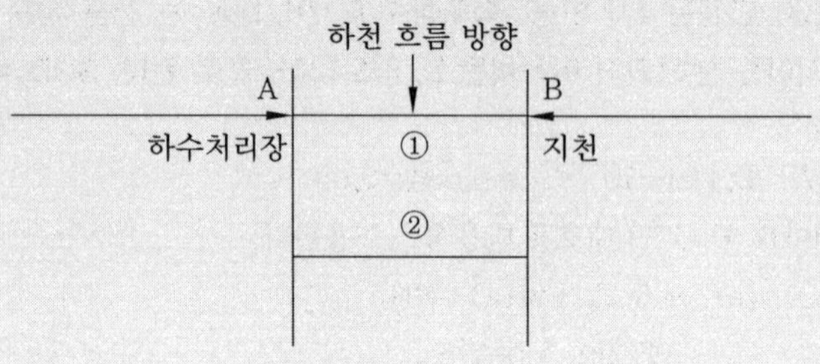

〈조건〉 1. A 하수처리장 유입수량 $4m^3/s$, 유입수 BOD_5 150mg/L, 유출수 DO 2mg/L
2. B 지천의 유량 $2m^3/s$, BOD_5 10mg/L, 유출수 DO 7mg/L
3. ① 합류점 직전의 하천 본류 유량 $50m^3/s$, BOD_5 2mg/L, 유출수 DO 9mg/L
4. ①, ② 구간 사이의 포화 DO 농도=9.50mg/L, 탈산소계수=$0.15d^{-1}$(자연대수), 재포기계수=$0.2d^{-1}$(자연대수), 유하거리 20km, 평균유속 0.8m/s
5. BOD_5를 최종 BOD로 전환 시 변환계수는 ①, ② 구간 사이의 탈산소계수와 같다.
6. ① 지점에서 합류 직후 완전 혼합된다. DO 계산 시 Streeter-Phelps 식을 사용한다.

(가) ① 지점과 ② 지점 사이의 전구간에 걸쳐서 BOD_5 수질기준 3mg/L을 만족하려면 A 하수처리장의 BOD_5 제거효율을 최소한 몇 %로 유지해야 하는가?

(나) (가)의 BOD_5 수질기준을 만족하면서 최소 비용으로 하수처리장을 운영할 때 ② 지점의 DO 값은?

해설 (가) ⓐ $3 = \frac{4 \times x + 50 \times 2 + 2 \times 10}{4 + 50 + 2}$ $\quad \therefore x = 12\text{mg/L}$

ⓑ BOD_5 제거효율 $= \frac{150-12}{150} \times 100 = 92\%$

(나) ⓐ $BOD_u = \frac{3mg/L}{1-e^{-0.15/d \times 5d}} = 5.686mg/L$

ⓑ $t = \frac{20000m}{0.8m/s} \times \frac{d}{86400s} = 0.289d$

ⓒ 합류 지점의 DO 농도$= \frac{4\times 2 + 50\times 9 + 2\times 7}{4+50+2} = 8.429mg/L$

ⓓ $D_t = \frac{0.15\times 5.686}{0.2-0.15} \times (e^{-0.15\times 0.289} - e^{-0.2\times 0.289}) + (9.5-8.429)\times e^{-0.2\times 0.289}$
$= 1.245mg/L$

∴ ② 지점의 DO 농도$=9.5-1.245=8.255=8.26mg/L$

답 (가) BOD_5 제거효율=92%
(나) ② 지점의 DO 농도=8.26mg/L

04. Cd^{+2}를 함유하는 산성수용액에 pH를 증가시키면 $Cd(OH)_2$의 침전이 생기는데 만약 pH가 11일 경우 Cd^{+2}의 농도(mg/L)는 얼마인가? (단, $Cd(OH)_2$의 K_{sp}는 4×10^{-14}이고 Cd의 원자량은 112이며 기타 공존 이온의 영향이나 착염에 의한 재용해는 없는 것으로 한다.) (6점)

해설 ⓐ $Cd(OH)_2 \rightleftarrows Cd^{+2} + 2OH^-$ ∴ $K_{sp} = [Cd^{+2}][OH^-]^2$

ⓑ $[Cd^{+2}] = \frac{4\times 10^{-14}}{(10^{-3})^2} = 4\times 10^{-8}$

∴ Cd^{+2}의 농도(mg/L)$=4\times 10^{-8}mol/L \times 112g/moL \times 10^3 mg/g = 4.48\times 10^{-3}mg/L$

답 Cd^{+2}의 농도$=4.48\times 10^{-3}mg/L$

05. 어떤 하수관에 하수가 0.6m/s의 유속으로 절반으로 채워진 상태로 흐르고 있다고 가정하자. 관의 구배가 40‰일 때 하수관(주철관)의 지름(cm)은 얼마가 되겠는가? (단, 맨닝 공식 적용, 주철관의 조도계수는 0.013으로 한다.) (6점)

해설 ⓐ $V = \frac{1}{n} R^{\frac{2}{3}} I^{\frac{1}{2}}$

ⓑ $0.6 = \frac{1}{0.013} \times \left(\frac{D}{4}\right)^{\frac{2}{3}} \times \left(\frac{40}{1000}\right)^{\frac{1}{2}}$

∴ 지름$(D)=0.0308m=3.08cm$

답 하수관의 지름=3.08cm

06. 생물 처리 공정에서 BOD는 유기물질 오염의 기준이 되고 있는데, 30℃에서 처리 시 BOD_u가 214mg/L이었다면, 그 때의 BOD_5를 계산하시오. (단, 20℃에서의 $K_1=0.1$/d(상용대수 기준), 온도보정계수 $\theta=1.05$) (6점)

해설 ⓐ $K_1(30℃)=0.1\times1.05^{30-20}=0.163/d$

ⓑ $BOD_5=214mg/L\times(1-10^{-0.163\times5})=181.234=181.23mg/L$

답 $BOD_5=181.23mg/L$

07. BOD_5가 200mg/L인 $7.57\times10^6L/d$의 도시하수를 처리하는 2단 고율 살수여상 처리장이 있다. 이 두 여과상은 지름과 깊이가 같고 반송률도 같다. 이 처리장에 대한 관계 자료는 1차 침전조에서의 BOD_5 제거효율 33%, 여과상의 지름=21.3m, 여과상의 깊이=1.68m 그리고 반송률=1.0일 때 여과상 유출수의 BOD_5(mg/L)는? (6점)

〈조건〉 1. 1단 여과상의 BOD_5 제거효율 $E_1(\%)=\dfrac{100}{1+0.443\sqrt{\dfrac{y_0}{V_1F_1}}}$

2. 2단 여과상의 BOD_5 제거효율 $E_2(\%)=\dfrac{100}{1+\dfrac{0.443}{1-E_1}\sqrt{\dfrac{y_1}{V_2F_2}}}$

여기서, y_0, y_1 : 1단, 2단 여과상에 가해지는 BOD 부하량(kg/d)

V : 쇄석여재부피(m^3)

F : 반송계수$\left[\dfrac{1+R/Q}{(1+0.1R/Q)^2}\right]$

해설 ⓐ $y_0[kg/d]=200mg/L\times7.57\times10^6L/d\times\dfrac{10^{-3}m^3}{L}\times10^{-3}\times(1-0.33)=1014.38kg/d$

ⓑ $V_1[m^3]=\dfrac{\pi\times21.3^2}{4}\times1.68=598.63m^3$

ⓒ $F_1=\dfrac{1+1}{(1+0.1\times1)^2}=1.653$

ⓓ $E_1=\dfrac{100}{1+0.443\sqrt{\dfrac{1014.38}{598.63\times1.653}}}=69.04\%$

ⓔ $y_1[kg/d]=1014.38kg/d\times(1-0.6904)=314.052kg/d$

ⓕ $E_2 = \dfrac{100}{1 + \dfrac{0.443\sqrt{\dfrac{314.052}{598.63 \times 1.653}}}{1-0.6897}} = 55.37\%$

∴ 유출수 농도 $= 200 \times (1-0.33) \times (1-0.6904) \times (1-0.5537) = 18.52\text{mg/L}$

답 유출수의 농도 $= 18.52\text{mg/L}$

08. 역삼투 장치로 하루에 760m^3의 3차 처리된 유출수를 탈염시키고자 한다. 이에 대한 조건이 다음과 같을 때 요구되는 막 면적은 얼마인가? (4점)

〈조건〉 1. 25℃에서 물질전달계수 $= 0.2068\text{L/d}\cdot\text{m}^2\cdot\text{kPa}$
2. 유입수와 유출수 사이의 압력차 $= 2400\text{kPa}$
3. 유입수와 유출수 사이의 삼투압차 $= 310\text{kPa}$
4. 최저운전온도 $= 10$℃
5. $A_{10} = 1.58A_{25}$

해설 $A[\text{m}^2] = \dfrac{1\text{m}^2 \cdot \text{d} \cdot \text{kPa}/0.2068\text{L} \times 760000\text{L/d}}{(2400-310)\text{kPa}} \times 1.58 = 2778.266 = 2778.27\text{m}^2$

답 막의 면적 $= 2778.27\text{m}^2$

09. 공장, 하수 및 폐수 종말처리장 등의 원수, 공정수, 배출수 등의 관(pipe) 내의 유량을 측정하는 방법 3가지를 기술하시오. (예시 : 피토관을 이용하는 방법, 예시된 내용은 정답에서 제외됨) (3점)

답 ⓐ 벤투리미터를 이용하는 방법
ⓑ 유량측정용 노즐을 이용하는 방법
ⓒ 오리피스를 이용하는 방법

10. 유량이 $600\text{m}^3\text{/d}$, 포기조의 용적이 200m^3인 활성슬러지공법에 있어서 $Y = 0.7$, $K_d = 0.05$/일, MLSS는 5000mg/L이며 유입수 BOD=500mg/L가 90% 처리된다고 할 때에 1일 생산되는 슬러지량(kg/d)을 계산하시오. (6점)

해설 생산되는 슬러지량(kg/d) $=(0.7\times600\times500\times0.9-0.05\times200\times5000)\times10^{-3}$

$=139$kg/d

답 슬러지량=139kg/d

11. 다음과 같은 수처리 시설의 두 탱크 사이의 관로(㉮~㉯ 구역)에서 발생할 수 있는 손실수두의 명칭을 5가지만 열거하시오. (5점)

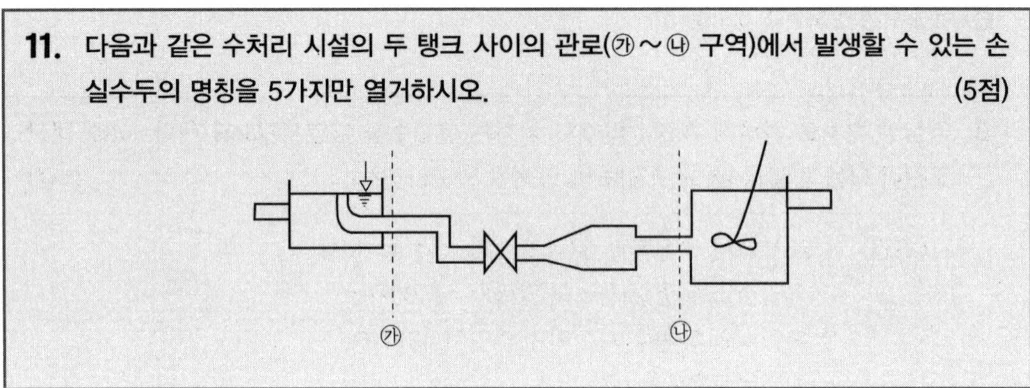

답 ⓐ 유입부 손실수두

ⓑ 유출부 손실수두

ⓒ 밸브 설치부 손실수두

ⓓ 곡관부 손실수두

ⓔ 확대관 설치부 손실수두

수질환경 기사 실기 과년도 문제

2013년 4월 20일 시행

01. 접촉시간 1시간에 대한 음용수의 염소요구량 곡선은 다음 그림과 같다. 유량 24000m^3/d에서 1시간 접촉 후 결합잔류염소 0.4mg/L, 유리잔류염소 0.5mg/L를 만들기 위해 물에 가해주어야 할 NaOCl의 1일 첨가량은 각각 얼마인가? (단, Na 및 Cl의 원자량은 23 및 35.5이다.) (6점)

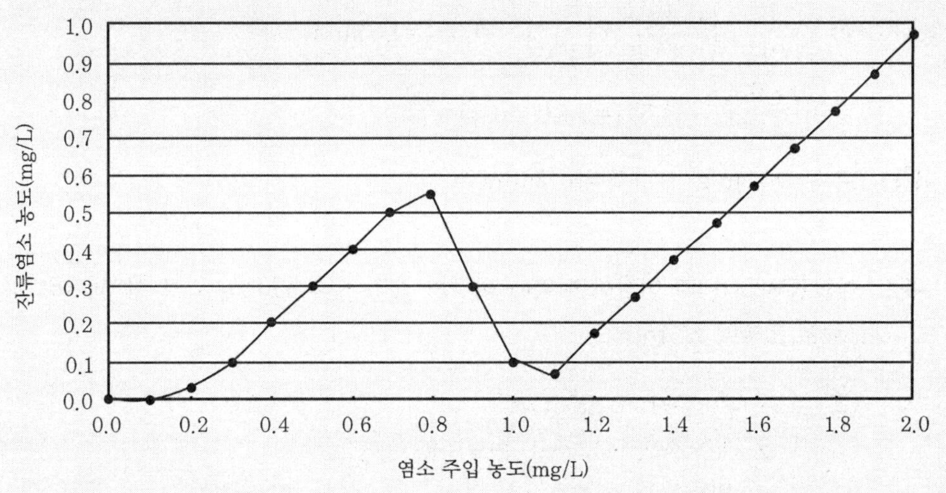

(가) 결합잔류염소 0.4mg/L

(나) 유리잔류염소 0.5mg/L

해설 (가) ⓐ Cl_2의 주입량$=0.6\times24000\times10^{-3}=14.4$kg/d

ⓑ NaOCl : Cl_2=74.5g : 71g=x[kg/d] : 14.4kg/d

∴ $x=15.1$kg/d

(나) ⓐ Cl_2의 주입량$=(1.1+0.5)\times24000\times10^{-3}=38.4$kg/d

ⓑ NaOCl : Cl_2=74.5g : 71g=x[kg/d] : 38.4kg/d

∴ $x=40.29$kg/d

답 (가) NaOCl의 1일 첨가량=15.1kg/d

(나) NaOCl의 1일 첨가량=40.29kg/d

02. 막 공법은 용질의 물질 전달을 유발시키는 추진력을 필요로 한다. 다음의 주요 막공법의 추진력을 정확히 쓰시오. (3점)

(가) 투석 (나) 전기투석 (다) 역삼투

답 (가) 투석 : 농도 차이 (나) 전기투석 : 전위 차이 (다) 역삼투 : 정수압 차이

03. 지름이 450mm인 하수관의 경사가 1%로 매설되어 있다. 만류 시 유속(m/s)과 유량(m^3/s)을 계산하시오. (단, 평균 유속 공식은 Manning식을 이용하며 조도계수 n= 0.015이다.) (6점)

해설 ① $V=\frac{1}{0.015}\times\left(\frac{0.45}{4}\right)^{\frac{2}{3}}\times\left(\frac{1}{100}\right)^{\frac{1}{2}}=1.554=1.55\text{m/s}$

② $Q=\frac{\pi\times0.45^2}{4}\times1.554=0.247=0.25\text{m}^3\text{/s}$

답 ① 유속=1.55m/s ② 유량=0.25m^3/s

04. 소석회($Ca(OH)_2$)를 이용하여 아래 조건과 같이 수중 인(PO_4^{3-}−P)을 제거하고자 한다. 다음 물음에 답하시오. (6점)

〈조건〉 1. 폐수유량 : 2000m^3/d
2. 폐수 중의 PO_4^{3-}−P 농도 : 10mgP/L
3. 화학 침전 후 유출수의 PO_4^{3-}−P 농도 : 0.2mgP/L
4. 원자량 : P=31, Ca=40

(가) 제거되는 P의 양(kg/d)을 구하시오.
(나) 소요되는 $Ca(OH)_2$의 양(kg/d)을 구하시오.
(다) 침전 슬러지[$Ca_5(PO_4)_3(OH)$]의 함수율은 95%, 비중 1.2이고 재용해되지 않는 것으로 간주할 때 발생 침전 슬러지량(m^3/d)을 구하시오.

해설 (가) P의 제거량$=(10-0.2)\times2000\times10^{-3}=19.6\text{kg/d}$

(나) $5Ca^{+2}+3PO_4^{-3}+OH^- \rightarrow Ca_5(PO_4)_3(OH)$

$Ca(OH)_2$의 소요량$=19.6\text{kg/d}\times\frac{5\times74\text{g}}{3\times31\text{g}}=77.978=77.98\text{kg/d}$

(다) 침전 슬러지량$=\frac{19.6\text{kg/d}\times\frac{502\text{g}}{3\times31\text{g}}}{0.05\times1200\text{kg/m}^3}=1.763=1.76\text{m}^3\text{/d}$

답 (가) 19.6kg/d (나) 77.98kg/d (다) $1.76m^3/d$

05. 1개월 동안 대장균의 계수 자료가 오름차 순으로 아래와 같이 제시되었다면 기하평균값과 중간값은 얼마인가? (4점)

1, 13, 60, 85, 168, 234, 330, 331

(가) 기하평균값 (나) 중간값

해설 (가) $\sqrt[8]{1\times13\times60\times85\times168\times234\times330\times331}=64.091=64.09$

(나) $\dfrac{85+168}{2}=126.5$

답 (가) 기하평균값=64.09 (나) 중간값=126.5

06. 상수 처리 시 적용되는 전염소처리와 중간염소처리의 염소제 주입 지점을 기술하시오. (6점)

(가) 전염소처리의 염소제 주입 지점

(나) 중간염소처리의 염소제 주입 지점

답 (가) 응집, 침전 이전의 처리 과정에서 주입 (나) 침전지와 여과지의 사이에서 주입

07. 인구 6000명인 마을에 산화구를 설계하고자 한다. 유량은 380L/cap-d, 그리고 유입 BOD_5는 225mg/L이다. 처리장은 90% BOD_5 제거율을 가지며 생성계수(Y)는 0.65gMLVSS/산화되는 $gBOD_5$이며 내생호흡계수는 $0.06d^{-1}$, 총고형물 중의 생물학적 분해 가능한 분율은 0.8, MLVSS는 MLSS의 50%이다. 다음을 구하시오. (6점)

(가) 반응시간이 1일이고 예상 반송비가 1.00일 때 반응조의 부피(m^3)

(나) 운전 MLSS 농도(mg/L)

해설 (가) $V=Q\times(1+R)\times t=(0.38\times6000)\times(1+1)\times1=4560m^3$

(나) $W_1=YQ(S_0-S)-K_dX_v fV$에서 순슬러지 생산량$(W_1)=0$

$$X_v=\frac{0.65\times2280\times225\times0.9}{0.06\times0.8\times4560}=1371.094mg/L$$

$$\therefore \text{MLSS 농도}=\frac{1371.094}{0.5}=2742.188=2742.19mg/L$$

답 (가) 반응조의 부피$=4560m^3$

(나) MLSS 농도=2742.19mg/L

08. DO 포화농도 9mg/L인 하천 상류의 한 지점에서 DO가 5mg/L이라면 이로부터 물이 6일 흐른 후 하류에서의 DO 농도(mg/L)를 계산하시오. (단, 하천수 20일 BOD 10mg/L, 탈산소계수 0.1d, 재포기계수 0.2/d, 상용대수 기준) (4점)

해설 $D_6=\dfrac{0.1\times10}{0.2-0.1}\times(10^{-0.1\times6}-10^{-0.2\times6})+(9-5)\times10^{-0.2\times6}=2.133\text{mg/L}$

∴ 6일 후의 DO 농도=9−2.133=6.866=6.87mg/L

답 6일 후의 DO 농도=6.87mg/L

참고 20일 BOD=최종 BOD

09. 수중의 암모니아성 질소(NH_3-N) 제거의 물리·화학적 방법인 공기탈기법(air stripping), 파괴점 염소처리법(breakpoint chlorination)의 제거 원리(화학식 포함)를 각각 설명하시오. (4점)

(가) 공기탈기법　　(나) 파괴점 염소처리법

해설 (가) 공기탈기법 : 폐수의 pH가 9 이상으로 증가함에 따라 NH_4^+ 이온이 NH_3로 변하며 이때 휘저어주면 NH_3는 공기 중으로 날아간다. $NH_3+H_2O \rightleftarrows NH_4^++OH^-$

(나) 파괴점 염소처리법 : 염소가스나 차아염소산염을 사용하는 염소처리는 암모니아를 산화시켜 중간 생성물인 클로라민을 형성하고 최종적으로 질소가스와 염산을 생성시키는 것이다. $2NH_3+3Cl_2 \rightarrow 6HCl+N_2$

10. 수분 95%의 슬러지를 120m³/d로 탈수하려고 한다. 염화제1철 및 소석회를 슬러지 고형물 건조 중량당 각각 5% 및 20% 첨가하여 15kg/m²·h의 여과속도로 탈수하여 수분 75%의 탈수 cake를 얻으려고 한다. 다음을 구하시오. (단, 비중 1.0, 연속 가동 기준) (5점)

(가) 여과기 여과면적(m²)　　(나) 탈수 cake 용적(m³/d)

해설 (가) $A=\dfrac{120\text{m}^3/\text{d}\times0.05\times1000\text{kg/m}^3\times(1+0.25)}{15\text{kg/m}^2\cdot\text{h}\times24\text{h/d}}=20.833=20.83\text{m}^2$

(나) 탈수 cake 용적$=\dfrac{(15\times24\times20.833)\text{kg/d}\times10^{-3}\text{t/kg}}{0.25\times1\text{t/m}^3}=29.999=30\text{m}^3/\text{d}$

답 (가) 여과기 여과면적=20.83m²

(나) 탈수 cake 용적=30m³/d

11. 일반적으로 수처리를 위한 약품 응집에는 알칼리도가 중요한 의미를 가진다. 다음 무기응집제에 대하여 각각 응집에 필요한 칼슘염 형태의 알칼리도를 반응시켜 floc을 형성하는 완결반응식을 쓰시오. (6점)

(가) $FeSO_4 \cdot 7H_2O$ ($Ca(OH)_2$와 반응하며, 이 반응은 DO를 필요로 한다.)

(나) $Fe_2(SO_4)_3$ ($Ca(HCO_3)_2$와 반응)

답 (가) $2FeSO_4 \cdot 7H_2O + 2Ca(OH)_2 + \frac{1}{2}O_2 \rightarrow 2Fe(OH)_3 + 2CaSO_4 + 13H_2O$

(나) $Fe_2(SO_4)_3 + 3Ca(HCO_3)_2 \rightarrow 2Fe(OH)_3 + 3CaSO_4 + 6CO_2$

12. 포도당 1000mg/L인 용액이 있다. 다음 물음에 답하시오. (단, 표준상태로 가정한다.) (4점)

(가) 혐기성 분해 시 생성되는 이론적 CH_4는 몇 mg/L인가?

(나) 이 용액 1L를 혐기성 분해시킬 때 발생되는 CH_4의 양(mL)은 얼마인가?

해설 (가) $C_6H_{12}O_6 : 3CH_4 = 180g : 3 \times 16g = 1000mg/L : x[mg/L]$

$\therefore x = 266.666 = 266.67mg/L$

(나) $C_6H_{12}O_6 : 3CH_4 = 180g : 3 \times 22.4L \times 10^3 mL/L = 1g/L \times 1L : x[mL]$

$\therefore x = 373.33mL$

답 (가) 생성되는 이론적 $CH_4 = 266.67mg/L$

(나) 발생되는 CH_4의 양$=373.33mL$

수질환경 기사 실기 과년도 문제

2013년 7월 13일 시행

01. 폐수의 영양염류를 제거하기 위하여 생물학적 방법으로 고도 처리하는 공정 중에서 하나의 탱크로 시차를 두어 아래의 과정을 거치는 SBR(sequencing batch reactor) 공정이 있다. 공정의 순서를 완성하고 각 반응조의 역할을 적으시오. (6점)

채움 → 반응 (가) → 반응 (나) → 반응 (다) → 침전 → 배출

답 (가) 혐기조 : 인의 용출

(나) 호기조 : 인의 과잉 흡수, 질산화

(다) 무산소조 : 탈질화

참고 연속회분식 반응조(SBR)는 활성슬러지의 공간 개념을 시간 개념으로 바꾼 것으로 주입, 혐기성, 호기성 및 무산소 반응, 침전, 배출 그리고 휴지(休止)공정을 반복하며 연속 운전되는데, 주입에서 휴지까지 1회 반응시간은 통상 3시간에서 24시간까지 변화 가능하다.

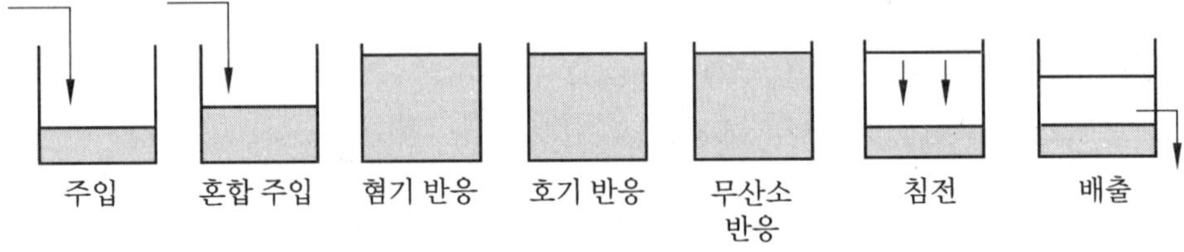

02. 냄새 또는 생물학적 처리 불능(NBD)COD를 제거하기 위하여 흡착제로 활성탄(AC)을 사용하였는데 Freundrich 등온 공식이 잘 적용되었다. COD가 56mg/L인 원수에 활성탄을 20mg/L 주입시켰더니 COD가 16mg/L로 되었고 52mg/L를 주입하였더니 COD가 4mg/L로 되었다. COD를 9mg/L로 만들기 위한 활성탄(AC)의 주입량(mg/L)을 구하시오. (6점)

해설 $\frac{56-16}{20}=K\times 16^{\frac{1}{n}}$ ································· ①

$\frac{56-4}{52}=K\times 4^{\frac{1}{n}}$ ································· ②

①÷② 하면 $2=4^{\frac{1}{n}}$, 양변에 log를 취하면 $n=\dfrac{\log 4}{\log 2}=2$

①식에 대입하면 $2=K\times 16^{\frac{1}{2}}$

$\therefore K=\dfrac{2}{16^{\frac{1}{2}}}=0.5$

$\dfrac{56-9}{M}=0.5\times 9^{\frac{1}{2}}$

$\therefore M=\dfrac{56-9}{0.5\times 9^{\frac{1}{2}}}=31.333=31.33\text{mg/L}$

답 활성탄 주입량=31.33mg/L

03. 어느 하천에 대하여 1차 반응 정상상태의 수질 모델링을 실시하여 계산된 BOD 농도를 나타낸 것을 그림으로 표시하였다. 구간 Ⅱ와 Ⅲ에서의 농도 곡선 변화상을 설명하시오. (6점)

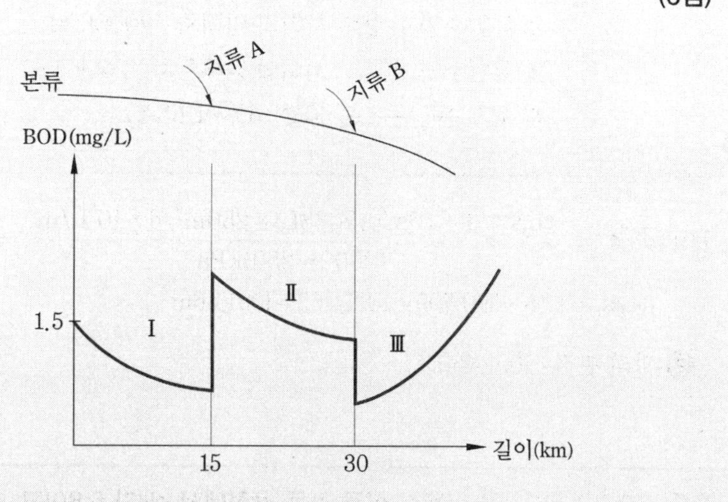

답 ⓐ 구간 Ⅱ : 본천의 BOD 농도가 약 1.5mg/L로 유입하여 흐르는 동안 BOD 농도가 높은 하수가 지천 A에서 유입되어 BOD가 높아져서 15~30km 구간을 흐르는 동안 자정작용에 의해 BOD가 낮아진다.

ⓑ 구간 Ⅲ : 지천 B에서 BOD 농도가 낮은 물이 유입되어 BOD 농도가 유입 지점에서 희석되어 농도가 낮아졌으나 질산화균에 의한 질산화가 진행되어 BOD가 높아진다.

04. A/O 공법과 phostrip 공법의 정의와 공정별 역할을 기술하시오. (6점)

답 ① A/O 공법

ⓐ 정의 : 혐기성 및 호기성 반응조의 순서로 조합된 단일슬러지 부유성장 처리공법이다.

ⓑ 공정별 역할 : 혐기조에서 인이 다량 용출되고 호기조에서 인이 과다 섭취(luxury uptake)된다.

② phostrip 공법

ⓐ 정의 : 측류 공정의 대표적인 공법으로 주로 인의 제거만을 목적으로 개발되었다.

ⓑ 공정별 역할 : 혐기조에서 인을 방출하여 화학적 처리조에서 인을 침전 제거시킨다.

05. 역삼투 장치로 하루에 $250m^3$의 폐수를 처리하고 있다. 이때 요구되는 막의 면적(m^2)을 구하시오. (6점)

〈조건〉 1. 25℃에서 물질전달계수 : 0.2068L/d·m^2·kPa
2. 유입수와 유출수 사이의 압력차 : 2000kPa
3. 유입수와 유출수 사이의 삼투압차 : 250kPa
4. 최저 운전온도는 10℃, $A_{10}=1.58A_{25}$

해설 ⓐ $A_{25}=\dfrac{(1m^2 \cdot d \cdot kPa/0.2068L)\times 250m^3/d\times 10^3L/m^3}{(2000-250)kPa}=690.799m^2$

ⓑ $A_{10}=1.58\times 690.799=1091.462=1091.46m^2$

답 막의 면적$=1091.46m^2$

06. HOCl과 OCl^-을 이용한 살균 소독 공정에서 pH가 6.8이고, 온도가 20℃일 때 평형상수가 2.2×10^{-8}이라면 이때 HOCl과 OCl^-의 비율$\left(\dfrac{[HOCl]}{[OCl^-]}\right)$을 결정하시오. (6점)

해설 $HOCl \rightleftarrows H^+ + OCl^-$

여기서, $K=\dfrac{[H^+][OCl^-]}{[HOCl]}$에서

$\dfrac{[HOCl]}{[OCl^{-1}]}=\dfrac{[H^+]}{K}=\dfrac{10^{-6.8}}{2.2\times10^{-8}}=7.204=7.20$

답 HOCl과 OCl^-의 비율$=7.2$

07. 정수장에서 수직 고도 30m 위에 있는 배수지로 관의 지름 20cm, 총연장 200m의 배수관을 통해 유량 $0.1m^3/s$의 물을 양수하려 한다. 다음 물음에 답하시오. (4점)

(가) 관로의 마찰손실수두를 고려할 때 펌프의 총양정(m)을 계산하시오. (단, $f=0.03$)

(나) 펌프의 효율을 70%라고 할 때 펌프의 소요동력(kW)을 계산하시오. (단, 물의 밀도는 $1g/cm^3$)

해설 (가) $\text{총양정}=30\text{m}+0.03\times\frac{200}{0.2}\times\left(\frac{3.183^2}{2\times9.8}\right)=45.507=45.51\text{m}$

(나) $\text{kW}=\frac{1000\times0.1\times45.507}{102\times0.7}=63.735=63.74\text{kW}$

답 (가) 총양정$=45.51$m

(나) 소요동력$=63.74$kW

08. 활성 슬러지법으로 폐수를 처리한다. 포기조의 부피가 $1000m^3$이고 MLSS 농도가 3000mg/L, SRT가 4d일 때 발생 건조 잉여슬러지의 양(kgSS/d)을 구하시오. (단, 2차 침전지 유출수 SS 농도 0mg/L) (5점)

해설 $W_1=\frac{VX}{SRT}=\frac{3000\text{mg/L}\times1000\text{m}^3\times10^{-3}}{4\text{d}}=750\text{kg/d}$

답 잉여슬러지의 양$=750$kg/d

09. 세 개의 동일 체적 CSTRs이 연속선상(직렬 연결)에 있다. 유입수 내 A 물질의 농도가 150mg/L, 유량 $0.2m^3/min$, 일차 반응, 반응속도 상수 $0.25h^{-1}$일 때 세 반응기에 대한 평균 체류시간 합과 부피의 합을 구하시오. (단, 세 반응기를 거친 유출수 내 A물질의 농도는 7.5mg/L) (5점)

(가) 평균체류시간 합(h) (나) 부피의 합(m^3)

해설 (가) $\frac{C_n}{C_0}=\left(\frac{1}{1+Kt}\right)^n$에서

$$\frac{7.5}{150}=\left(\frac{1}{1+0.25t}\right)^3$$

$$\therefore\left(\frac{7.5}{150}\right)^{\frac{1}{3}}=\frac{1}{1+0.25t}$$

$\therefore\ 1+0.25t=\left(\dfrac{150}{7.5}\right)^{\frac{1}{3}}$

$\therefore\ t=\dfrac{\left(\dfrac{150}{7.5}\right)^{\frac{1}{3}}-1}{0.25}=6.858\text{h}$

∴ 평균체류시간 합$=6.858\text{h}\times3=20.574=20.57\text{h}$

(나) 부피의 합$=Q\cdot t=0.2\text{m}^3/\text{min}\times20.574\text{h}\times60\text{min/h}=246.888=246.89\text{m}^3$

답 (가) 평균체류시간 합$=20.57\text{h}$

(나) 부피의 합$=246.89\text{m}^3$

10. 탈질소(denitrification) 과정에서는 NO_3^-가 수소 수용체(hydrogen acceptor)로 이용되므로 혐기성 반응이 되며 methanol을 탄소원으로 공급할 경우 energy 반응은 두 단계로 일어난다. 각 반응 단계와 전체 반응식을 기술하시오. (5점)

답 ① 1단계 : $6NO_3^{-1}+2CH_3OH \rightarrow 6NO_2^-+2CO_2+4H_2O$

② 2단계 : $6NO_2^-+3CH_3OH \rightarrow 3N_2+3CO_2+3H_2O+6OH^-$

③ 전체 반응 : $6NO_3^{-1}+5CH_3OH \rightarrow 5CO_2+3N_2+7H_2O+6OH^-$

11. 유분 함유 폐수가 1000m^3/d로 배출, 부상분리로 처리된다. 기름 방울 지름이 0.012cm, 기름의 밀도 0.8g/cm^3, 물의 밀도 1.0g/cm^3, 물의 점성계수 0.01g/cm·s 이다. 다음 물음에 답하시오. (4점)

(가) 기름 방울의 부상속도(m/h)

(나) 기름 방울을 분리시키기 위한 부상조의 최소 면적(m^2)

해설 (가) $V_f=\left(\dfrac{980\times(1-0.8)\times0.012^2}{18\times0.01}\right)\text{cm/s}\times10^{-2}\text{m/cm}\times3600\text{s/h}=5.645=5.65\text{m/h}$

(나) $A=\dfrac{Q}{V_f}=\dfrac{1000\text{m}^3/\text{d}\times\text{d}/24\text{h}}{5.645\text{m/h}}=7.381=7.38\text{m}^2$

답 (가) 부상속도$=5.65\text{m/h}$

(나) 최소 면적$=7.38\text{m}^2$

수질환경 기사 실기 과년도 문제

2013년 10월 5일 시행

01. 수온이 15.5℃, 유량이 $0.7m^3/s$일 때 지름이 0.60m이고 길이가 50m인 주철관에서의 에너지 손실(마찰손실수두)을 맨닝 공식을 사용하여 구하시오. (단, 만관이 기준이며 조도계수는 0.013이다. 기타 조건은 고려하지 않음) (6점)

해설 ⓐ $V=\dfrac{0.7m^3/s}{\pi\times\dfrac{0.6^2}{4}}=2.476m/s$

ⓑ $V=\dfrac{1}{0.013}\times\left(\dfrac{0.6}{4}\right)^{\frac{2}{3}}\times I^{\frac{1}{2}}=2.476$ $\quad\therefore I=\left(\dfrac{2.476}{\dfrac{1}{0.013}\times\left(\dfrac{0.6^{\frac{2}{3}}}{4}\right)}\right)^2=0.013$

$\therefore h=0.013\times50m=0.6499=0.65m$

답 마찰손실수두=0.65m

02. A^2/O 프로세스의 처리과정 중 혐기조, 무산소조, 호기조, 내부반송의 역할을 각각 쓰고 인 제거 방법에 대하여 간략히 설명하시오. (6점)

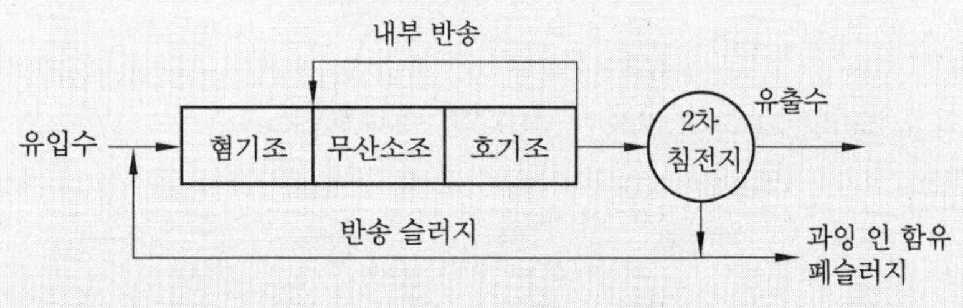

답 ① 혐기조 : 인의 방출, 유기물의 섭취

② 무산소조 : 탈질산화

③ 호기조 : 인의 과잉 흡수, 질산화, 유기물의 산화

④ 내부 반송 : 질산화된 NO_3^{-1}을 탈질산화시키고 호기조에서의 인의 과잉 섭취를 유도한다.

⑤ 인의 제거 원리 : 혐기조에서 다량으로 용출된 인을 호기조에서 미생물들의 인과다 섭취(luxury uptake)로 제거된다.

03. BOD_5가 300mg/L인 7570m^3/d의 도시하수를 처리하는 2단 고율 살수여상 처리장이 있다. 이 처리장에 대한 관계 자료는 1차 침전조에서의 BOD_5 제거효율 35%, 여과상의 부피는 동일하며 453m^3이다. 1단 여과상의 반송 유량=1.5Q, 2단 여과상의 반송 유량=0.8Q일 때 2단 여과상의 BOD_5 제거율과 여과상 유출수의 BOD_5를 구하시오. (6점)

단, 1단 여과상의 BOD_5 제거효율 $E_1(\%)=\dfrac{100}{1+0.443\sqrt{\dfrac{y_0}{V_1F_1}}}$

2단 여과상의 BOD_5 제거효율 $E_2(\%)=\dfrac{100}{1+\dfrac{0.443}{1-E_1}\sqrt{\dfrac{y_1}{V_2F_2}}}$

여기서, y_0, y_1 : 1단, 2단 여과상에 가해지는 BOD 부하량(kg/d)

V : 쇄석여재부피(m^3)

F : 반송계수$\left(\dfrac{1+\dfrac{R}{Q}}{\left(1+\dfrac{0.1R}{Q}\right)^2}\right)$

해설 ① 2단 여과상의 BOD_5 제거율(E_2)

ⓐ y_0[kg/d]=300mg/L×7570m^3/d×10^{-3}×(1−0.35)=1476.15kg/d

ⓑ $F_1=\dfrac{1+1.5}{(1+0.1\times1.5)^2}=1.89$

ⓒ $E_1=\dfrac{100}{1+0.443\sqrt{\dfrac{1476.15}{453\times1.89}}}=63.22\%$

ⓓ y_1[kg/d]=1476.15kg/d×(1−0.6322)=542.928kg/d

ⓔ $F_2=\dfrac{1+0.8}{(1+0.1\times0.8)^2}=1.543$

$\therefore E_2=\dfrac{100}{1+\dfrac{0.443\sqrt{\dfrac{542.928}{453\times1.543}}}{1-0.6322}}=48.51\%$

② 유출수 농도=300×(1−0.35)×(1−0.6322)×(1−0.4851)=36.929=36.93mg/L

답 (가) 2단 여과상의 BOD_5 제거율=48.51%

(나) 유출수의 농도=36.93mg/L

04. 시료 1.0L에 0.7kg의 $C_8H_{12}O_3N_2$을 포함하고 있다. 만약 $C_8H_{12}O_3N_2$ 1kg당 미생물($C_5H_7O_2N$) 0.5kg이 합성된다면 $C_8H_{12}O_3N_2$이 최종 생성물 및 미생물로 완전 산화되는 데 필요한 산소의 양을 계산하시오. (단, 산화에 의한 최종 생성물은 탄산가스, 암모니아 및 물이다.) (6점)

해설 ⓐ 호흡방정식

$C_8H_{12}O_3N_2 + 8O_2 \rightarrow 8CO_2 + 3H_2O + 2NH_3$

184g : 8×32g

0.344kg/L : x[kg/L]

$\therefore x = 0.4786$kg/L

여기서 합성에 사용된 유기물량을 구하여 호흡으로 산화되는 유기물의 양을 구하면

$5C_8H_{12}O_3N_2 + H_2O \rightarrow 8C_5H_7O_2N + 2NH_3$

5×184g : 8×113g

x[kg/L] : 0.5kg 세포/kg 유기물×0.7kg 유기물/L

$\therefore x = 0.356$kg/L

∴ 0.7kg/L 중 나머지 0.344kg/L은 호흡으로 산화되는 유기물의 양이 된다.

ⓑ 합성방정식 : 합성에 소요되는 산소량은 0이 된다.

$5C_8H_{12}O_3N_2 + H_2O \rightarrow 8C_5H_7O_2N + 2NH_3$

∴ 최종 생성물 및 미생물로 완전 산화하는 데 필요한 산소량=0.4786+0=0.4786=0.48kg/L

답 완전 산화하는 데 필요한 산소량=0.48kg/L

05. 공동현상(cavitation)과 수격(water hammer)작용의 정의, 원인과 대책을 2가지 적으시오. (6점)

답 ① 공동현상

ⓐ 정의 : 관 펌프의 임펠러 입구에서 특정 요인에 의해 물이 증발하거나 흡입관으로부터 공기가 혼입되어 공동이 발생하는 현상으로 캐비테이션(cavitation)이라고도 한다.

ⓑ 원인 : ㉠ impeller 입구의 압력이 포화증기압 이하로 낮아졌을 때

㉡ 이용 가능한 유효흡입양정(NPSH)가 펌프의 필요 NPSH(Net Positive Suction Head)보다 낮을 때

ⓒ 대책 : ㉠ 펌프의 설치 위치를 가능한 한 낮추어 가용유효흡입양정을 크게 한다.

㉡ 흡입관의 손실을 가능한 한 작게 하여 가용유효흡입양정을 크게 한다.

② **수격작용**

ⓐ 정의 : 관로의 밸브를 급히 제동하거나 펌프의 급제동으로 인하여 순간 유속이 0이 되면서 압력파가 발생하게 되고 이 압력파가 일정한 전파속도로 왕복하면서 충격을 주게 되는 데 이러한 작용을 수격작용(水擊作用)이라 한다.

ⓑ 원인 : ㉠ 관 내의 흐름을 급격하게 변화시킬 때 압력변화로 인하여 발생한다.

㉡ 펌프의 급정지, 관내에 공동이 생긴 경우에 발생한다.

ⓒ 대책 : ㉠ 펌프에 플라이 휠(fly wheel)을 붙여 펌프의 급격한 속도변화를 막고 급격한 압력강하를 완화시킨다.

㉡ 토출측 관로에 일방향 조압수조(one-way surge tank)를 설치한다.

06. 혐기성 소화를 시킨 슬러지의 고형물량이 2%, 비중이 1.4이다. 이 슬러지의 비중을 구하라. (단 소수점 3째 자리까지 나타내시오.) (3점)

해설 $\frac{1}{S}=\frac{0.02}{1.4}+\frac{0.98}{1}=0.9943 \qquad \therefore S=\frac{1}{0.9943}=1.0057=1.006$

답 슬러지의 비중=1.006

07. R.O(reverse osmosis) process와 electrodialysis의 기본 원리를 각각 설명하시오. (6점)

답 ① R.O(역삼투법) : 물(용매)은 통과시키고 용존 고형물(용질)은 통과시키지 않는 반투막을 사용하여 삼투압보다 더 큰 압력을 역으로 가하여 이온과 물을 분리시키는 방법이다.

② electrodialysis(전기 투석법) : 역삼투법과는 달리 물은 통과시키지 않고 특별한 이온을 선택적으로 통과시킬 수 있는 플라스틱 막을 사용하여 이온과 물을 분리시키는 방법이다.

08. Cd^{+2}를 함유하는 산성수용액에 pH를 증가시키면 $Cd(OH)_2$의 침전이 생기는 데 만약 pH가 11일 경우 Cd^{+2}의 농도(μg/L)는 얼마인가? (단, $Cd(OH)_2$의 K_{sp}는 4×10^{-14}이고 Cd의 원자량은 112이며 기타 공존 이온의 영향이나 착염에 의한 재용해는 없는 것으로 한다.) (5점)

해설 ⓐ $Cd(OH)_2 \rightleftarrows Cd^{+2}+2OH^- \quad \therefore K_{sp}=[Cd^{+2}][OH^-]^2$

ⓑ $[Cd^{+2}]=\frac{4\times10^{-14}}{(10^{-3})^2}=4\times10^{-8}$

$\therefore$ Cd^{+2}의 농도(μg/L)$=4\times10^{-8}$mol/L$\times$112g/moL$\times10^6$μg/g$=4.48$μg/L

답 Cd^{+2}의 농도 $=4.48\mu g/L$

09. 유입 유량 $10000m^3/d$, 부피가 $2500m^3$인 완전혼합 활성슬러지법에서 조건이 다음과 같을 때 미생물 체류시간을 구하시오. (4점)

〈조건〉 MLVSS 농도 = 3000mg/L
반송되는 MLVSS 농도 = 15000mg/L
하루에 폐기되는 슬러지량 = $50m^3/d$
유출되는 SS 농도 = 20mg/L

해설 $SRT=\dfrac{2500\times3000}{15000\times50+(10000-50)\times20}=7.903=7.9d$

답 미생물 체류시간 $=7.9d$

10. 중온(37℃) 혐기 소화조에서 유기성분이 75%, 무기성분이 25%인 슬러지를 소화한 후 분석한 결과, 유기성분이 60%, 무기성분이 40%로 되었다. 소화율은 얼마인가? 또한 투입한 슬러지의 초기 TOC 농도를 측정한 결과 10000mg/L이었다면 슬러지 $1m^3$당 발생하는 가스량(m^3)은 얼마인가? (단, 슬러지의 유기성분은 포도당(glucose)인 탄수화물로 구성되어 있으며, 0℃, 1atm 기준) (6점)

(가) 소화율
(나) 가스량

해설 (가) 소화율 $=\dfrac{\dfrac{75}{25}-\dfrac{60}{40}}{\dfrac{75}{25}}\times100=50\%$

(나)
$$6C : 3CO_2+3CH_4$$
$$6\times12kg : (3\times22.4+3\times22.4)m^3$$
$$(10000\times1\times10^{-3}\times0.5)kg : x[m^3]$$
$$\therefore x=9.333=9.33m^3$$

답 (가) 소화율 $=50\%$
(나) 발생하는 가스량 $=9.33m^3$

참고 glucose의 혐기성 반응식
$C_6H_{12}O_6 \rightarrow 3CO_2+3CH_4$

11. 어떤 폐수가 40mg/L의 질산성 질소(177mg/L as NO_3^-)를 함유하고 유량은 10000t/d이다. 유출수 허용기준 총질소 농도는 2mg/L로 정해졌다. 평균 미생물 체류시간이 10일, 그리고 MLSS 농도 1500mg/L를 사용하여 질소를 허용기준에 맞추어 처리를 위하여 필요한 완전혼합 반응조의 부피(m^3)와 질소 제거에 따른 미생물 생산율(kg/d), 메탄올 소비율(kg/d)을 구하시오. (단, 질소 제거에 따른 증식계수 r는 0.8, K_d는 0.04/d, 유입수의 용존산소는 5mg/L, 최종 침전지에서 유출수의 부유물질은 10mg/L이며 메탄올 요구량 : $2.47N_0+1.53N_1+0.87DO$이다. 폐수의 비중은 1.0 기준, 유입수 내 유기물의 영향은 무시한다.) (6점)

(가) 반응조 부피(m^3)

(나) 미생물 생산율(kg/d cell produced)

(다) 메탄올 소비율(kg/d)

해설 (가) $\frac{1}{10}=\frac{0.8\times(40-2)\times10000}{V\times1500}-0.04$

$\therefore V=1447.619=1447.62m^3$

(나) $W_1=\frac{1500\times1447.619}{10}\times10^{-3}-(10\times10000\times10^{-3})=117.143=117.14kg/d$

(다) 메탄올 소비율$=(2.47\times40+1.53\times0+0.87\times5)\times10000\times10^{-3}=1031.5kg/d$

답 (가) 반응조 부피$=1447.62m^3$

(나) 미생물 생산율$=117.14kg/d$

(다) 메탄올 소비율$=1031.5kg/d$

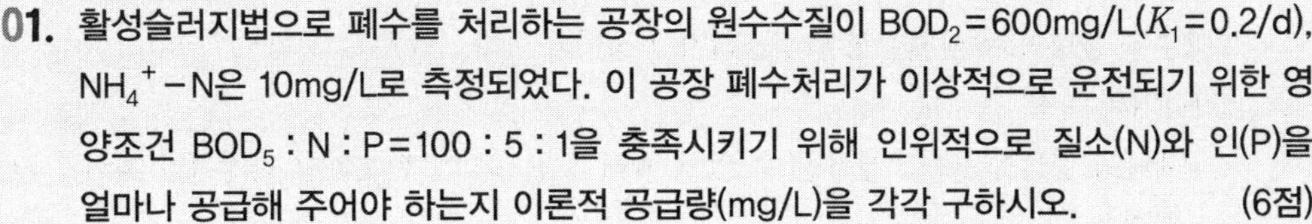

수질환경 기사 실기 과년도 문제

2014년 4월 19일 시행

01. 활성슬러지법으로 폐수를 처리하는 공장의 원수수질이 BOD_2=600mg/L(K_1=0.2/d), NH_4^+−N은 10mg/L로 측정되었다. 이 공장 폐수처리가 이상적으로 운전되기 위한 영양조건 BOD_5 : N : P=100 : 5 : 1을 충족시키기 위해 인위적으로 질소(N)와 인(P)을 얼마나 공급해 주어야 하는지 이론적 공급량(mg/L)을 각각 구하시오. (6점)

해설 ⓐ $BOD_u=\dfrac{600}{1-10^{-0.2\times2}}=996.855\text{mg/L}$

$\therefore BOD_5=996.855\times(1-10^{-0.2\times5})=897.1695\text{mg/L}$

ⓑ 공급 N의 양$=897.1695\times\dfrac{5}{100}-10=34.858=34.86\text{mg/L}$

공급 P의 양$=897.1695\times\dfrac{1}{100}=8.971=8.97\text{mg/L}$

답 N=34.86mg/L, P=8.97mg/L

02. glucose($C_6H_{12}O_6$)를 기질로 하여 BOD_L 1kg이 혐기성 분해 시 표준상태에서 발생될 수 있는 이론적 메탄가스의 양(m^3)을 계산하시오. (단, BOD_L=최종BOD) (5점)

해설 ⓐ BOD_u 1kg에 대한 glucose의 양을 구한다.

$C_6H_{12}O_6+6O_2 \rightarrow 6CO_2+6H_2O$

180kg : 6×32kg

x[kg] : 1kg

$\therefore x=\dfrac{180\times1}{6\times32}=0.9375\text{kg}$

ⓑ $C_6H_{12}O_6 \rightarrow 3CO_2+3CH_4$

180kg : 3×22.4m^3

0.9375kg : x[m^3]

$\therefore x=\dfrac{0.9375\times3\times22.4}{180}=0.35m^3$

답 이론적 메탄가스의 양=$0.35m^3$

03. MBR의 원리와 특징을 4가지 이상 서술하시오. (4점)

답 ① MBR의 원리

활성슬러지 공정과 분리막(membrane) 기술의 장점을 결합하여, 기존 활성슬러지 공정의 단점을 해결하고자 중력침전에 의한 고액분리를 막분리로 대신하는 방식들을 활성슬러지 막분리 공정 또는 막결합형 활성슬러지 공정이라 한다.

② MBR의 특징

ⓐ 부유고형물을 100% 제거할 수 있어 슬러지 침강성에 관계없이 안정적인 처리가 가능하다.

ⓑ 활성슬러지법에 비해 미생물 농도를 3~4배 높게 유지하는 것이 가능하다.

ⓒ 침전조가 필요없고 농축조 부피 또한 감소되므로 공정의 compact가 가능하다.

ⓓ 슬러지 체류시간(SRT)의 극대화가 가능하여 질산화를 유도할 수 있으며, 잉여슬러지 발생량이 적어진다.

ⓔ 막 단독으로 제거할 수 없는 저분자 용존 유기물질을 미생물이 분해 또는 균체 성분으로 전환시켜 처리 수질이 향상된다.

ⓕ 세균이나 바이러스의 제거가 가능하다.

04. 폐수 중의 질소 제거 공법 중 생물학적 탈질법을 이용하여 질소를 제거할 때에 질산성 질소($NO_3^- -N$) 1g을 탈질하는 데 수소 공여체로서 필요한 메탄올(CH_3OH)의 이론량을 계산하시오. (6점)

해설 $6N : 5CH_3OH = 6\times14g : 5\times32g = 1g : x[g]$

∴ 필요한 메탄올(CH_3OH)의 이론량=1.904=1.90g

답 메탄올(CH_3OH)의 이론량=1.90g

05. BOD가 195mg/L이고 유량이 $3785m^3$/d인 도시 하수를 2단계 살수여상으로 처리하고자 한다. 요구되는 최종 유출수의 BOD는 20mg/L이다. 반송비(R)가 1.8일 때 요구되는 1단계 여상의 지름을 구하시오. (단, $E_1=E_2$, E_1 : 1단계 살수여상 효율, E_2 : 2단계 살수여상 효율, $F=\dfrac{1+R}{\left(1+\dfrac{R}{10}\right)^2}$, $E_t=\dfrac{100}{1+0.432\sqrt{\dfrac{W}{VF}}}$, 여상조의 깊이는 2m) (6점)

해설 ⓐ 우선 E_1을 구한다.

$$20=195\times(1-x)^2$$

$$\therefore x=1-\left(\frac{20}{195}\right)^{\frac{1}{2}}=0.6797$$

ⓑ 유입 BOD의 양=195mg/L× 3785m^3/d×10^{-3}=738.075kg/d

ⓒ $$F=\frac{1+1.8}{\left(1+\frac{1.8}{10}\right)^2}=2.011$$

ⓓ $$67.97=\frac{100}{1+0.432\sqrt{\frac{738.075}{V\times 2.011}}}$$

$$\therefore \sqrt{\frac{738.075}{V\times 2.011}}=\frac{\frac{100}{67.97}-1}{0.432}=1.091$$

ⓔ $$V=\frac{738.075}{1.091^2\times 2.011}=308.346\text{m}^3$$

ⓕ $$A=\frac{\pi\times D^2}{4}=\frac{308.346\text{m}^3}{2\text{m}}=154.173\text{m}^2$$

$$\therefore D=\sqrt{\frac{4\times 154.173}{\pi}}=14.011=14.01\text{m}$$

답 1단계 여상의 지름=14.01m

06. 봄 가을 저수지에서 발생하는 전도현상(turn over)은 저수지 바닥에 참전된 유기물을 부상시켜 저수지의 수질을 악화시킨다. 저수지에서 전도현상이 발생하는 이유를 설명하시오. (6점)

답 ① 봄 : 봄이 되면 얼음이 녹으면서 표수층의 수온이 높아지기 시작한다. 4℃가 되면 최대의 밀도를 가짐으로써 표수층의 물이 아래로 이동하게 되고 상대적으로 심수층의 물이 표수층으로 이동하게 된다.

② 가을 : 가을로 접어들면 표수층의 수온은 점차 감소되기 시작하며 대신 밀도는 점차 증대되기 시작한다. 표수층의 수온이 심수층 수온과 비슷해지면 호수 물은 약한 바람에 의해서도 완전히 혼합되며 이 과정은 단 몇 시간 만에 발생된다.

07. 부피가 1000m^{3}인 응집조에서 G값을 30/s로 유지하는 데 필요한 이론적 소요동력(W)과 paddle의 이론적 면적을 구하시오. (단, $P=F_D \cdot V_p=\frac{C_D A \rho V_p^3}{2}$, μ는 1.14×10^{-3}N·s/m^2, C_D는 1.8, paddle의 상대속도 $V_p=0.5$m/s, 비중 1000kg/m^3) (6점)

해설 ① $G=\sqrt{\frac{P}{\mu V}}$

$\therefore P=1.14\times10^{-3}\times1000\times30^2=1026\text{W}$

② 주어진 식을 A에 대하여 정리를 한다.

$$A=\frac{2P}{C_D\cdot\rho\cdot V_p^3}$$

$$\therefore A=\frac{2\times1026}{1.8\times1000\times0.5^3}=9.12\text{m}^2$$

답 ① 이론적 소요동력=1026W ② paddle의 이론적 면적=9.12m^2

08. 식물성 플랑크톤의 성장속도계수 비율 $\frac{K_{20}}{K_{10}}=1.9$이다. 20℃에서 성장속도계수가 1.6d^{-1}일 때 30℃에서 성장속도계수(d^{-1})를 구하시오. (6점)

해설 ⓐ 온도보정계수를 구한다. $\frac{K_{20}}{K_{10}}=1.9=\theta^{20-10}$

$\therefore \theta=1.9^{\frac{1}{10}}=1.066$

ⓑ 30℃에서 성장속도계수(d^{-1})$=1.6\text{d}^{-1}\times1.066^{30-20}=3.032=3.03\text{d}^{-1}$

답 30℃에서 성장속도계수(d^{-1})$=3.03\text{d}^{-1}$

09. 완전혼합반응조(CFSTR)에서 오염물질이 분해하여 95%의 효율로 처리하고자 한다. 오염물질은 1차 반응으로 분해되며 속도상수는 0.05/h이다. 유입유량은 300L/h이고 유입농도는 150mg/L로 일정하다. 정상상태 물질수지를 이용하여 요구되는 CFSTR의 부피(m^3)를 구하시오. (5점)

해설 물질수지식 : $QC_0=QC+V\frac{dC}{dt}+VKC$

정상상태에서 $\frac{dC}{dt}=0$

$$\therefore V=\frac{Q(C_0-C)}{KC}=\frac{300\text{L/h}\times10^{-3}\text{m}^3/\text{L}\times(150-7.5)\text{mg/L}}{0.05\text{h}^{-1}\times7.5\text{mg/L}}=114\text{m}^3$$

여기서, $C = 150\text{mg/L} \times (1-0.95) = 7.5\text{mg/L}$

답 CFSTR의 부피$=114\text{m}^3$

10. **다음과 같은 가정하에서 glycine[$CH_2(NH_2)COOH$]에 대한 ThOD(이론적 산소요구량)을 구하시오. (4점)**

1단계 반응 : C와 N은 CO_2와 NH_3로 전환된다.
2단계 반응 : NH_3는 NO_2로 산화된 뒤 다시 NO_3로 산화된다.

해설 ⓐ $CH_2(NH_2)COOH + \frac{3}{2}O_2 \rightarrow 2CO_2 + H_2O + NH_3$

ⓑ $NH_3 + \frac{3}{2}O_2 \rightarrow HNO_2 + H_2O$

ⓒ $NHO_2 + \frac{1}{2}O_2 \rightarrow HNO_3$

$\therefore CH_2(NH_2)COOH + \frac{7}{2}O_2 \rightarrow 2CO_2 + 2H_2O + HNO_3$

$\therefore \text{ThOD} = \frac{\frac{7}{2} \times 32\text{g}}{\text{mol}} = \frac{112\text{g}}{\text{mol}}$

답 이론적 산소요구량$=\frac{112\text{g}}{\text{mol}}$

11. **생물학적 탈인-탈질소법 중 5단계 Bardenpho공법을 구성하는 조(명)를 순서대로 나열하고 각각 조의 주된 역할을 쓰시오. (단, 최종 침전조, 반송라인은 생략한다.) (6점)**

(가) 공법의 조 구성 순서
(나) 조별 주된 역할 (단, 유기물 제거는 제외)

답 (가) 공법의 조 구성 순서 : 혐기성조 → 무산소조 → 호기성조 → 무산소조 → 호기성조

(나) 조별 주된 역할

ⓐ 혐기성조 : 인의 방출
ⓑ 첫번째 무산소조 : 첫번째 호기성조에서 질산화된 혼합액을 탈질산화
ⓒ 첫번째 호기성조 : 질산화, 인의 섭취
ⓓ 두번째 무산소조 : 앞 단의 호기성조에서 유입되는 질산성 질소를 탈질산화
ⓔ 두번째 호기성조 : 혐기성 조건에서 인의 용출 방지

수질환경 기사 실기 과년도 문제

2014년 7월 5일 시행

01. 활성슬러지 공법에서 포기조의 혼합액 DO농도가 낮아지는 이유에 대한 알고리즘(algorithm)을 완성하시오. (3점)

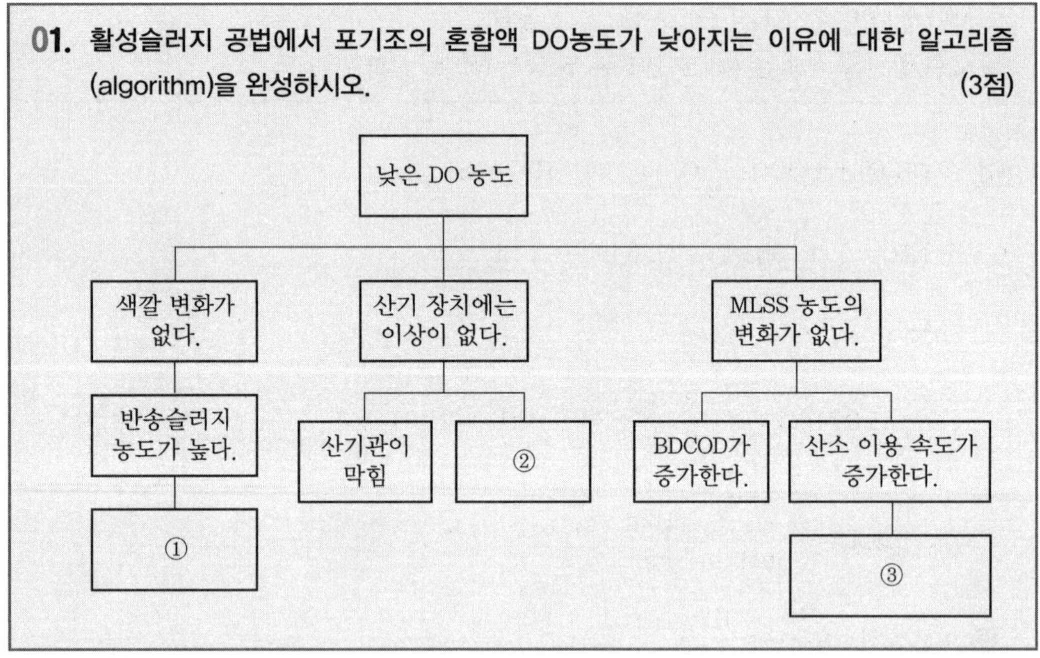

답 ① 미생물의 내호흡량 증가
② 산기관의 개수 부족
③ 유기물의 제거량 증가

02. 침전을 4가지 형태로 구분하고 간단히 설명하시오. (4점)

답 ⓐ 독립침전(=분리 침전(discrete settling)) : 스토크의 법칙(stokes law)이 적용되며 주로 침사지 내의 모래 입자 침전이 분리 침전의 대표적인 예이다.

ⓑ 응결침전(flocculent settling) : 침강하는 동안 입자가 서로 응결(flocculation)하여 입자가 점점 커져 침전 속도가 점점 증가해 가라앉는 침전이다.

ⓒ 지역침전(zone settling) : 고형 물질인 floc과 폐수 사이에 경계면을 일으키면서 침전할 때 floc의 밑에 있는 물이 floc 사이로 빠져 나가면서 동시에 작은 floc이 부착해 동시에 가라앉는 침전이다.

ⓓ 압축침전(compression settling) : 고형 물질의 농도가 아주 높은 농축조에서 슬러지 상호간에 서로 압축하고 있어 하부의 슬러지를 서서히 누르면서 하부의 물을 상부로 보내어 분리시키는 침전이다.

03. 하수 내 영양물질 제거를 위해 개발된 고도처리방법인 side streem의 대표적인 공정과 원리, 장·단점을 1가지씩 쓰시오. (6점)

답 ① 공정 : phostrip 공정

② 원리 : 탈인조에서 혐기성 상태에서 인을 용출시킨 후 포기조에서 인을 과잉 흡수시킨다. 탈인조 상등액은 화학 응집침전법으로 인을 슬러지로 침전 제거시킨다.

③ 장점 : 기존 활성슬러지 처리장에 쉽게 적용 가능하다.

④ 단점 : 인 침전을 위하여 석회주입이 필요하다.

참고 장점 :
- 공정 운전성이 좋다.
- main stream 화학침전에 비하여 약품 사용량이 훨씬 적다.
- 유출수 내의 인 농도를 안정적으로 낮출 수 있다.

단점 :
- 최종침전지에서 인 용출을 방지하기 위하여 DO 농도를 높게 유지해야 한다.
- 응집 침전을 위한 별도의 반응조가 필요하다.
- 석회 scale에 의한 유지관리에 문제가 있다.

04. 어떤 폐수를 살수 여상법으로 처리하였다. BOD를 80% 제거시키는 데 5시간이 소요되었다. 똑같은 조건으로 BOD를 90% 제거시키기 위해서는 얼마의 통과시간이 소요되는지 구하시오. (단, BOD의 제거속도는 1차 반응으로 가정한다.) (4점)

해설 ⓐ $K=\dfrac{\ln\dfrac{20}{100}}{-5\text{h}}=0.322\text{h}^{-1}$

ⓑ $t=\dfrac{\ln\dfrac{10}{100}}{-0.322\text{h}^{-1}}=7.15\text{h}$

답 통과시간=7.15h

참고 1차 반응식 : $\ln\dfrac{C_t}{C_o}=-Kt$

05. TS가 5%이고, TS 중 VS가 65%인 분뇨 100kL/d를 혐기성 소화시키고 있다. 소화된 슬러지 내의 VS 함량은 TS의 45%이었으며, 1kg−VS 제거당 가스생산량은 1.2m³이었다. 분뇨 및 슬러지의 비중은 1.0이다. 다음을 구하시오. (6점)

(가) VS 제거율(%)

(나) TS 제거율(%)

(다) 가스 생산량과 분뇨 유입량의 배수

해설 (가) VS 제거율 $= \dfrac{\dfrac{65}{35}-\dfrac{45}{55}}{\dfrac{65}{35}} \times 100 = 55.944 = 55.94\%$

(나) TS 제거율 $= \dfrac{1-\dfrac{35}{55}}{1} \times 100 = 36.363 = 36.36\%$

(다) 가스생산량 $= \dfrac{1.2\text{m}^3}{\text{kgVS 제거}} \times (100 \times 0.05 \times 1000 \times 0.65 \times 0.5594)\text{kgVS 제거/d}$

$= 2181.66\text{m}^3/\text{d}$

$\therefore$ 배수 $= \dfrac{\text{가스생산량}}{\text{분뇨유입량}} = \dfrac{2181.66}{100} = 21.816 = 21.82$배

답 (가) VS 제거율=55.94% (나) TS 제거율=36.36% (다) 배수=21.82배

06. 하천에 오염물이 유입된 후의 탈산소와 재포기 현상은 Streeter−Phelps식으로 설명할 수 있다. 하천의 초기 용존산소 부족량과 최종 BOD가 각각 2.6mg/L와 21mg/L이며, 탈산소계수는 0.4/d이고, 대상 하천의 자정계수는 2.25라면 [오염물이 유입된 후 얼마 후에 용존산소량이 최소가 될 것인가] 라는 임계시간(h)과 임계점의 산소부족량(mg/L)은 얼마인지 계산하시오. (단, 상용대수 기준) (6점)

해설 ① 임계시간 $= \dfrac{1}{0.4(2.25-1)} \log\left\{2.25\left[1-(2.25-1)\dfrac{2.6}{21}\right]\right\} = 0.558\text{d}$

$\therefore$ 임계시간(h) $= 0.558\text{d} \times \dfrac{24\text{h}}{\text{d}} = 13.392 = 13.39\text{h}$

② $D_c = \dfrac{21}{2.25} \times 10^{-0.4 \times 0.558} = 5.583 = 5.58\text{mg/L}$

답 ① 체류시간=13.39h

② 임계점의 산소부족량=5.58mg/L

07. 혐기성 생물학적 처리공정에서 glucose를 시료로 사용했을 때 최종 BOD 1kg당 발생 가능한 메탄(CH_4) 가스의 부피는 30℃에서 몇 m^3인지 구하시오. (6점)

해설 ⓐ $C_6H_{12}O_6 + 6O_2 \rightarrow 6CO_2 + 6H_2O$

ⓑ $C_6H_{12}O_6 \rightarrow 3CO_2 + 3CH_4$

∴ 발생 CH_4 부피(0℃ 기준)$=1kg \times \dfrac{180kg}{6 \times 32kg} \times \dfrac{3 \times 22.4m^3}{180kg} = 0.35m^3$

ⓒ 30℃에서 메탄(CH_4) 가스의 부피$=0.35m^3 \times \dfrac{273+30}{273} = 0.39m^3$

답 메탄(CH_4) 가스의 부피$=0.39m^3$

08. 30cm×30cm×30cm인 상자에 흙과 모래를 채운 후 잔디를 심고 물을 주었다. 1일째 무게가 20kg, 3일째의 무게가 19.2kg이었다면 증발산 양(cm/d)을 구하시오. (5점)

해설 증발산 양$=\dfrac{m^3}{1000kg} \times \dfrac{(20-19.2)kg}{1} \times \dfrac{1}{(0.3 \times 0.3)m^2} \times \dfrac{1}{2d} \times \dfrac{100cm}{m} = 0.444$

$=0.44cm/d$

답 증발산 양$=0.44cm/d$

09. SS농도가 100mg/L이고 폐수 유량이 10000m^3/d인 흐름에서 황산제이철[$Fe_2(SO_4)_3$]을 응집제로 사용하여 50mg/L로 주입한다. 침전지에서 전체 고형물의 90%가 제거된다면 매일 제거되는 고형물의 양(kg/d)을 구하시오.(단, Fe 원자량은 55.8이며 응집보조제로 소석회를 사용하며 SS는 전량 응집된다. $Fe_2(SO_4)_3 + 3Ca(OH)_2 \rightarrow 2Fe(OH)_3(S) + 3CaSO_4$) (5점)

해설 ⓐ 제거되는 고형물의 양=(SS 유입량+$Fe(OH)_3$생성량)×제거율

ⓑ SS 유입량$=100 \times 10000 \times 10^{-3} = 1000kg/d$

ⓒ $Fe(OH)_3$ 생성량$=50 \times 10000 \times 10^{-3} \times \dfrac{2 \times (55.8 + 17 \times 3)}{(55.8 \times 2 + 96 \times 3)} = 267.267kg/d$

∴ 제거되는 고형물의 양$=(1000+267.267) \times 0.9 = 1140.54kg/d$

답 제거되는 고형물의 양$=1140.54kg/d$

10. 농축조를 설치하기 위하여 회분 침강 농축 실험 결과 다음과 같은 특성 곡선을 얻었다. 슬러지의 초기 농도가 10g/L이었다고 하면 6시간 정치 후 슬러지의 평균농도를 구하시오. (5점)

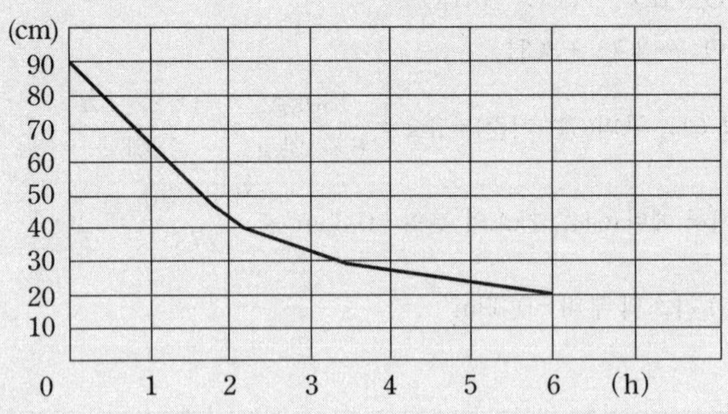

해설 농축 전후의 슬러지의 건량은 같다.

$$C_1 \cdot h_1 = C_2 \cdot h_2 \quad \therefore C_2 = \frac{10 \times 90}{20} = 45\text{g/L}$$

답 슬러지 농도=45g/L

11. 한 실험자가 BOD를 측정하기 위해서 온도를 20℃일 때 측정하고 2일이 완전히 끝난 뒤, 다른 사람이 25℃로 맞춰 놓고 BOD를 측정하였다. 최종 BOD가 330mg/L일 때 BOD_5를 계산하시오. (단, 20℃에서 K_1=0.14/d, 온도보정계수=1.047, 온도보정에 따른 걸린 시간은 무시하고 연속적으로 실험한 것으로 한다.) (6점)

해설 ⓐ $BOD_2 = 330 \times (1 - 10^{-0.14 \times 2}) = 156.814\text{mg/L}$

ⓑ 2일 후 잔존 BOD=330−156.814=173.186mg/L

ⓒ $BOD_3 = 173.186 \times (1 - 10^{-0.14 \times 1.047^{25-20} \times 3}) = 121.889\text{mg/L}$

$\therefore BOD_5 = 156.814 + 121.889 = 278.703 = 278.7\text{mg/L}$

답 BOD_5=278.7mg/L

12. 0.1M NaOH 100mL을 2M H_2SO_4로 중화할 경우 H_2SO_4 소요량을 구하시오. (4점)

해설 $0.1 \times 1 \times 100 = 2 \times 2 \times x$

$\therefore x = 2.5\text{mL}$

답 H_2SO_4 소요량=2.5mL

수질환경 기사 실기 과년도 문제

2014년 10월 4일 시행

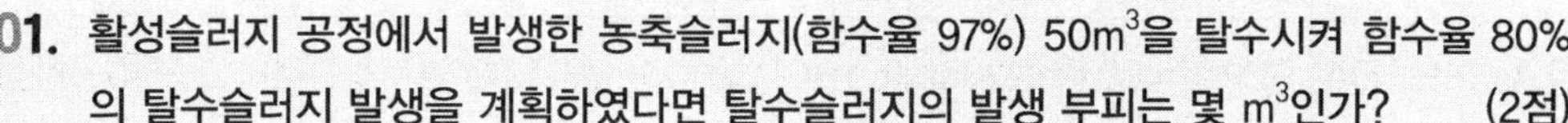

01. 활성슬러지 공정에서 발생한 농축슬러지(함수율 97%) 50m^{3}을 탈수시켜 함수율 80%의 탈수슬러지 발생을 계획하였다면 탈수슬러지의 발생 부피는 몇 m^{3}인가? (2점)

해설 $V_2 = \dfrac{50\text{m}^3 \times 0.03}{0.2} = 7.5\text{m}^3$

답 탈수슬러지의 발생 부피 = 7.5m^3

02. 정수장에서 수돗물 속에 포함될 수 있는 트리할로메탄(THM)의 생성반응 속도에 다음 각 수질 인자가 미치는 영향을 기술하시오. (6점)

(가) 수온 (나) pH (다) 불소농도

답 (가) 수온이 높을수록 트리할로메탄(THM)의 생성반응 속도가 증가한다.
(나) pH가 높을수록 트리할로메탄(THM)의 생성반응 속도가 증가한다.
(다) 불소 농도가 높을수록 트리할로메탄(THM)의 생성반응 속도가 증가한다.

03. 처리용량 50000m^3/d인 오수처리장에서 발생되는 슬러지의 농축시설을 아래 조건하에서 설계하고자 한다. 다음 물음에 답하시오. (6점)

〈조건〉
1. 1차 슬러지량 및 함수율 = 200m^3/d, 98%
2. 2차 슬러지량 및 함수율 = 650m^3/d, 99.2%
3. 농축조 고형물 부하량 = 80kg/m^2 · d
4. 농축시간 = 12시간
5. 농축 슬러지 함수율 = 96.5%
6. 슬러지 비중 = 1.0

(가) 농축시설의 유효용적(m^3)
(나) 농축시설의 소요 수면적(m^2)
(다) 농축 슬러지량(m^3/d)

해설 (가) $V=Q\cdot t=(200+650)\text{m}^3/\text{d}\times 12\text{h}\times \text{d}/24\text{h}=425\text{m}^3$

(나) $A=\dfrac{(200\text{m}^3/\text{d}\times 0.02+650\text{m}^3/\text{d}\times 0.008)\times 1000\text{kg}/\text{m}^3}{80\text{kg}/\text{m}^2\cdot \text{d}}=115\text{m}^2$

(다) 농축슬러지 습량$(\text{m}^3/\text{d})=\dfrac{80\times 115\times 10^{-3}}{0.035\times 1}=262.857=262.86\text{m}^3/\text{d}$

답 (가) 유효 용적$=425\text{m}^3$ (나) 소요 수면적$=115\text{m}^2$ (다) 농축 슬러지 습량$=262.86\text{m}^3/\text{d}$

04. 어느 전분 공장의 폐수량 $300\text{m}^3/\text{d}$, BOD 2000mg/L인데 N, P가 없다고 한다. 활성 슬러지법으로 처리하기 위해서는 황산암모늄[$(NH_4)_2SO_4$] 및 인산(H_3PO_4)은 각각 1일 몇 kg씩 첨가해야 하는지 산출하시오. (단, $(NH_4)_2SO_4$의 분자량=132, H_3PO_4의 분자량=98, BOD : N : P=100 : 5 : 1이다.) (4점)

해설 ① $(NH_4)_2SO_4$의 소요량

ⓐ BOD : N=100 : 5=2000 : x_1

$\therefore x_1=\dfrac{2000\times 5}{100}=100\text{mg/L}$

ⓑ $(NH_4)_2SO_4$: 2N=132 : 2×14=x_2 : $100\times 300\times 10^{-3}$

$\therefore x_2=\dfrac{132\times 100\times 300\times 10^{-3}}{2\times 14}=141.43=141.43\text{kg/d}$

② H_3PO_4의 소요량

ⓐ BOD : P=100 : 1=2000 : x_1

$\therefore x_1=\dfrac{2000\times 1}{100}=20\text{mg/L}$

ⓑ H_3PO_4 : P=98 : 31=x_2 : $20\times 300\times 10^{-3}$

$\therefore x_2=\dfrac{98\times 20\times 300\times 10^{-3}}{31}=18.968=18.97\text{kg/d}$

답 ① $(NH_4)_2SO_4$의 소요량=141.43kg/d ② H_3PO_4의 소요량=18.97kg/d

05. 수중의 NH_4^+와 NH_3가 평형상태에 있을 때 25℃, pH=11에서의 NH_3로 존재하는 분율(%)은 얼마인가? (단, 해리상수 $K_b=1.8\times 10^{-5}$이고 $NH_3+H_2O \rightleftarrows NH_4^++OH^{-1}$) (5점)

해설 $NH_3(\%)=\dfrac{100}{1+\dfrac{K_b}{[OH^-]}}=\dfrac{100}{1+\dfrac{1.8\times 10^{-5}}{10^{-3}}}=98.232=98.23\%$

답 NH_3로 존재하는 분율=98.23%

06. 하수관에 H_2S에 의한 관정부식이 일어나는 것을 막기 위한 방법 3가지를 쓰시오. (단, 주기적인 청소, 퇴적물 제거 제외) (3점)

답 ⓐ 하수의 유속을 증가시킨다.
ⓑ 하수의 염소로 처리하여 황화물을 산화시킨다.
ⓒ 콘크리트관 내부를 PVC나 기타 물질로 피복시킨다.

07. $C_6H_{12}O_6$의 혐기성 분해 시 메탄의 최대수율이 COD 1kg 제거당 $0.35m^3$인 것을 증명하고, 유량이 $675m^3/d$, COD가 3000mg/L인 폐수의 COD 제거율이 80%일 때 발생되는 CH_4의 양(m^3/d)을 구하시오. (6점)

해설 ① COD 1kg제거당 $0.35m^3$인 것을 증명한다.

ⓐ $C_6H_{12}O_6 + 6O_2 \rightarrow 6CO_2 + 6H_2O$

180kg : 6×32kg

x[kg] : 1kg

$$\therefore x = \frac{180 \times 1}{6 \times 32} = 0.9375\text{kg}$$

ⓑ $C_6H_{12}O_6 \rightarrow 3CH_4 + 3CO_2$

180kg : $3 \times 22.4m^3$

0.9375kg : $x[m^3]$

$$\therefore x = \frac{0.9375 \times 3 \times 22.4}{180} = 0.35m^3$$

② CH_4의 양(m^3/d)$=0.35m^3$/kg COD 제거$\times(3000 \times 675 \times 10^{-3} \times 0.8)kg/d=567m^3/d$

답 발생되는 CH_4의 양$=567m^3/d$

08. 연속회분식 활성슬러지공법(SBR : sequencing batch reactor)의 장점을 4가지 서술하시오. (4점)

답 ⓐ 수리학적 과부하에도 MLSS의 누출이 없다.
ⓑ 팽화 방지를 위한 공정의 변경이 용이하다.
ⓒ 소규모 처리장에 적합하다.
ⓓ 슬러지 반송을 위한 펌프가 필요 없어 배관과 동력이 절감된다.

09. 인구 5000명인 마을에 산화구를 설치하려고 한다. 유량은 350L/인·d이고 유입 BOD_5=200mg/L이다. 처리장은 90% BOD_5 제거율을 가지며 생성계수(Y_b)는 0.5g MLVSS/g BOD_5이고 내생계수는 0.06 d^{-1}, 총고형물 중 생물학적 분해가능한 분율은 0.8, MLVSS는 MLSS의 70%이다. 산화구 운전 MLSS 농도(mg/L)을 구하시오. (단, 산화구 반응시간 : 1일, 반송비 : 0.5) (6점)

해설 ⓐ $V=Q\times(1+R)\times t=(0.35\times5000)\times(1+0.5)\times1=2625\text{m}^3$

ⓑ $W_1=YQ(S_0-S)-K_dX_vfV$에서 순슬러지 생산량(W_1)=0

$$x_v=\frac{0.5\times1750\times200\times0.9}{0.06\times0.8\times2625}=1250\text{mg/L}$$

$$\therefore \text{MLSS 농도}=\frac{1250}{0.7}=1785.714=1785.71\text{mg/L}$$

답 MLSS 농도=1785.71mg/L

10. 400000톤의 저수량을 가진 저수지에 특정오염물질이 사고에 의하여 유입되어 오염물 농도가 30mg/L로 되었다. 다음의 조건에서 이 오염물 농도가 3mg/L까지 감소하는데 몇 년이 소요될 것인지 계산하시오. (6점)

〈조건〉
1. 오염물 유입 전에는 저수지의 오염물 함유는 없었다.
2. 오염물은 저수지내 다른 물질과 반응하지 않는다.
3. 저수지를 CFSTR이라고 가정한다.
4. 저수지의 유역면적은 100000m^2이다.
5. 유역의 연평균강우량은 1200mm이다.
6. 저수지의 유입 유량은 강우량만 고려한다.

해설 물질수지식 : $V\cdot\frac{dC}{dt}=QC_0-QC-V\cdot KC$에서 유입량=0, 반응량=0

$$\therefore V\frac{dC}{dt}=-QC \qquad \therefore \frac{dC}{C}=-\left(\frac{Q}{V}\right)dt$$

조건 $t=0$, $C=C_1$, $t=t$에서 $C=C_2$ 이용 적분하면

$$\int_{C_1}^{C_2}\frac{dC}{C}=-\left(\frac{Q}{V}\right)\int_0^t dt \qquad \therefore \ln\frac{C_2}{C_1}=-\left(\frac{Q}{V}\right)\cdot t$$

$$\therefore t=\frac{\ln\frac{C_2}{C_1}}{-\left(\frac{Q}{V}\right)}=\frac{\ln\frac{3}{30}}{-\left(\frac{1.2\text{m/y}\times10^5\text{m}^2}{400000\text{m}^3}\right)}=7.68\text{y}$$

답 소요시간=7.68year

11. 다음은 생물학적 인제거 공정인 Phostrip 공정 계통도이다. 각각의 역할을 쓰시오. (4점)

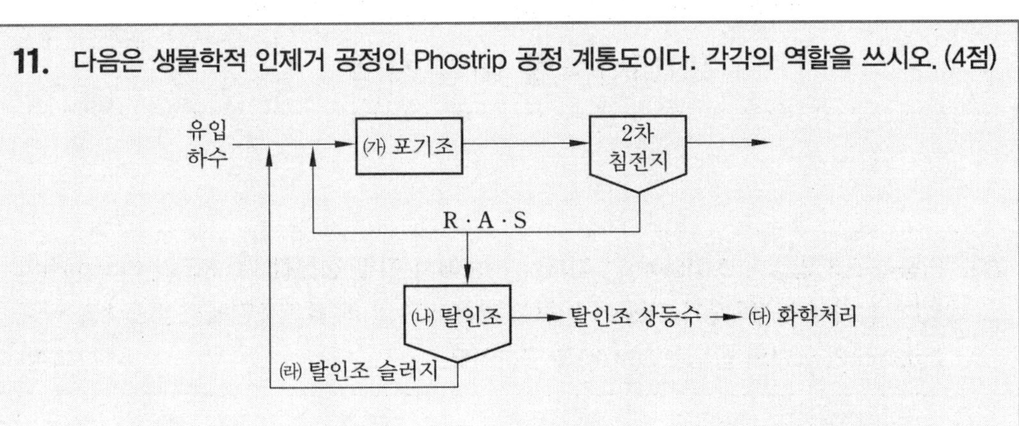

(가) 포기조 (나) 탈인조 (다) 화학처리 (라) 탈인조 슬러지

답 (가) 호기성 상태에서 인의 과잉 섭취

(나) 혐기성 상태에서 인의 방출

(다) 인을 과량 함유하는 상등수를 석회, 기타 응집제로 처리

(라) 포기조에서 인의 과잉 흡수를 유도

12. 탈질산화 시 탈질세균은 용존 유기물을 이용하는데 이러한 유기물질로 이용할 수 있는 것을 3가지 적으시오. (3점)

답 ⓐ CH_3OH ⓑ CH_3COOH ⓒ $C_6H_{12}O_6$

13. Michaelis–Menten식을 이용하여 박테리아에 의한 폐수처리를 설명하기 위해 실험을 수행한 바 1g의 박테리아가 하루에 고농도 폐수 최대 20g을 분해하는 것으로 밝혀졌다. 실제 폐수 농도가 15mg/L일 때 같은 양의 박테리아가 10g/d의 속도로 폐수를 분해한다면, 폐수 농도가 5mg/L일때 2g의 박테리아에 의한 폐수 분해속도를 결정하시오. (5점)

해설 $r=\dfrac{r_{max}\cdot S}{K_m+S}$에서

$r=\dfrac{1}{2}r_{max}$에 대한 기질농도가 K_m이다.

$r=\dfrac{20g/g\cdot d\times 15mg/L}{(15+5)mg/L}=5g/g\cdot d$

∴ 2g의 미생물에 의한 분해속도(g/d)=5g/g·d×2g=10g/d

답 폐수 분해속도=10g/d

수질환경 기사 실기 과년도 문제

2015년 4월 18일 시행

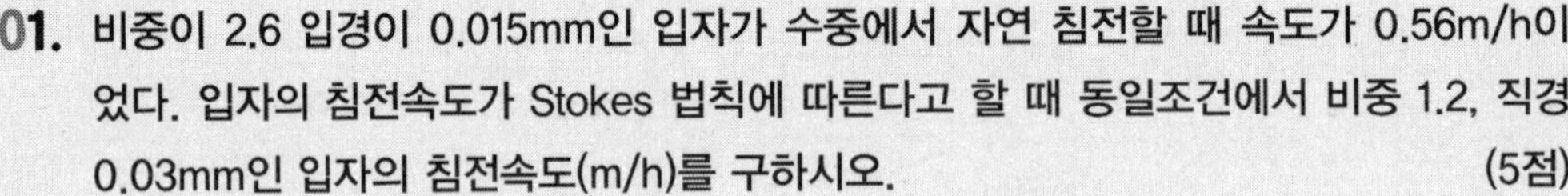

01. 비중이 2.6 입경이 0.015mm인 입자가 수중에서 자연 침전할 때 속도가 0.56m/h이었다. 입자의 침전속도가 Stokes 법칙에 따른다고 할 때 동일조건에서 비중 1.2, 직경 0.03mm인 입자의 침전속도(m/h)를 구하시오. (5점)

해설 $V_s = 0.56\text{m/h} \times \dfrac{(1.2-1)}{(2.6-1)} \times \dfrac{0.03^2}{0.015^2} = 0.28\text{m/h}$

답 입자의 침전속도=0.28m/h

02. 마찰 손실계수가 0.015이고 내경이 10cm인 관을 통하여 $0.02\text{m}^3/\text{s}$의 물이 흐를 때 생기는 마찰수두손실이 10m가 되려면 관의 길이는 몇 m가 되어야 하는지 산출하시오. (4점)

해설 $h_L = f \cdot \dfrac{L}{D} \cdot \dfrac{V^2}{2g}$에서 V를 구하면

$$V = \frac{Q}{A} = \frac{0.02\text{m}^3/\text{s}}{\left(\dfrac{\pi \times 0.1^2}{4}\right)\text{m}^2} = 2.546\text{m/s}$$

$$\therefore L = \frac{h_L \cdot D \cdot 2g}{f \cdot V^2} = \frac{10 \times 0.1 \times 2 \times 9.8}{0.015 \times 2.546^2} = 201.58\text{m}$$

답 관의 길이=201.58m

03. 지하수가 다음과 같은 4개의 대수층을 통과할 때 수평방향(X)과 수직방향(Y)의 평균 투수계수 K_X와 K_Y를 각각 결정하시오. (6점)

투수계수	두께
$K_1 = 10\text{cm/d}$	↕ 20cm
$K_2 = 50\text{cm/d}$	↕ 5cm
$K_3 = 1\text{cm/d}$	↕ 10cm
$K_4 = 5\text{cm/d}$	↕ 10cm

해설 ① 수평방향으로의 평균 투수계수

$$K_X = \frac{K_1h_1 + K_2h_2 + K_3h_3 + K_4h_4}{h_1 + h_2 + h_3 + h_4} = \frac{10 \times 20 + 50 \times 5 + 1 \times 10 + 5 \times 10}{20 + 5 + 10 + 10}$$

$$= 11.333 = 11.33\text{cm/d}$$

② 수직방향으로의 평균 투수계수

$$K_Y = \frac{h_1 + h_2 + h_3 + h_4}{\frac{h_1}{K_1} + \frac{h_2}{K_2} + \frac{h_3}{K_3} + \frac{h_4}{K_4}} = \frac{20 + 5 + 10 + 10}{\frac{20}{10} + \frac{5}{50} + \frac{10}{1} + \frac{10}{5}} = 3.191 = 3.19\text{cm/d}$$

답 ① $K_X = 11.33\text{cm/d}$ ② $K_Y = 3.19\text{cm/d}$

04. 호수의 면적이 1000ha 이다. 빗속의 PCB 농도가 100ng/L이고 연평균 강수량이 70cm라면 강우에 의하여 호수로 직접 유입되는 PCB의 양은 연간 몇 톤(t/y)인가? (단, 기타 조건은 고려하지 않음) (5점)

해설 $\text{PCB의 양} = 100\text{ng/L} \times 0.7\text{m/y} \times 1000\text{ha} \times \frac{10^4\text{m}^2}{\text{ha}} \times 10^{-15}\text{t/ng} \times 10^3\text{L/m}^3$

$= 7 \times 10^{-4}\text{t/y}$

답 유입되는 PCB의 양 $= 7 \times 10^{-4}\text{t/y}$

05. 다음은 하천수의 기본적인 용존산소 모델식인 streeter-phelphs model을 표현한 것이다. 공식에서 사용하는 기호의 의미와 단위는 무엇인가? (4점)

$$D_t = \frac{K_1 L_a}{K_2 - K_1}(10^{-K_1 t} - 10^{-K_2 t}) + D_a 10^{-K_2 t}$$

답 ① L_a : 최종 BOD 농도(mg/L) ② K_1 : 탈산소계수(d^{-1})
③ K_2 : 재폭기계수(d^{-1}) ④ D_a : 최초 DO부족 농도(mg/L)

06. $Ca(HCO_3)_2$, CO_2의 g당량을 각각 구하시오. (단, Ca의 원자량은 40) (3점)

(가) $Ca(HCO_3)_2$ g당량 (단, 반응식을 포함)

(나) CO_2 g당량 (단, 반응식을 포함)

해설 (가) $Ca(HCO_3)_2 + Ca(OH)_2 \rightarrow 2CaCO_3 + 2H_2O$

162g : 74g

x[g] : 37g

$$\therefore x = \frac{162 \times 37}{74} = 81\text{g}$$

(나) $CO_2 + H_2O \rightarrow H_2CO_3$

44g : 62g

x[g] : 31g

$$\therefore x = \frac{44 \times 31}{62} = 22\text{g}$$

답 (가) $Ca(HCO_3)_2$ g당량=81g　　(나) CO_2 g당량=22g

07. 중력식 여과지를 사용하여 여과율 5L/m^2·min에서 1000t/d의 침전 유출수를 처리하려고 한다. 역세척을 위해 여과지 1기의 운전이 중지될 때 여과율은 6L/m^2·min을 넘지 못한다. 만약 각 여과지가 12시간마다 10분씩 10L/m^2·min의 세척률로 역세척되며, 여과유출수 1L/m^2·min이 필요한 표면세척설비가 설치되었을 때, 다음 물음에 답하시오. **(6점)**

(가) 소요 여과지는 몇 개인가?

(나) 역세척에 사용되는 여과 용량$\left(\frac{\text{여과지당 역세척 용량}}{\text{여과지당 처리 폐수 용량}}\right)$은 몇 %인가?

해설 (가) ⓐ 여과지의 전체 면적(m^2)$= \dfrac{1000\text{m}^3/\text{d}}{0.005\text{m/min} \times (1440-20)\text{min/d}} = 140.845\text{m}^2$

ⓑ 1기의 운전 중지 때의 면적(m^2)$= \dfrac{1000\text{m}^3/\text{d}}{0.006\text{m/min} \times (1440-20)\text{min/d}} = 117.371\text{m}^2$

ⓒ 여과지 1기의 면적은 같다.

$$\frac{140.845}{n} = \frac{117.371}{n-1}$$

$140.845 \times (n-1) = 117.371n$　　$\therefore 23.474n = 140.845$

$\therefore n = 6.000 = 6$개

(나) ⓐ 역세척에 사용되는 용량(m^3/d)

$= (0.01\text{m}^3/\text{m}^2 \cdot \text{min} + 0.001\text{m}^3/\text{m}^2 \cdot \text{min}) \times 140.845\text{m}^2 \times \dfrac{20\text{min}}{\text{d}} = 30.986\text{m}^3/\text{d}$

ⓑ 역세척에 사용되는 여과 용량의 비율(%)$= \dfrac{30.986\text{m}^3/\text{d}}{1000\text{m}^3/\text{d}} \times 100 = 3.0986 = 3.10\%$

답 (가) 소요 여과지=6개

(나) 역세척에 사용되는 여과 용량의 비율=3.10%

08. 완전혼합반응조(CFSTR)에서 물질을 분해하여 95%의 효율로 처리하고자 한다. 이 물질은 1차 반응으로 분해되며 속도상수는 0.1/h이다. 유입 유량은 300L/h이고, 유입 농도는 150mg/L로 일정하다. 정상상태에서의 물질 수지를 취하여 요구되는 CFSTR의 부피(m^3)를 구하시오. (4점)

해설 ⓐ 물질수지식 : $QC_0=QC+V\dfrac{dC}{dt}+VKC$

ⓑ 정상상태에서 $\dfrac{dC}{dt}=0$

$$\therefore V=\frac{Q(C_0-C)}{KC}=\frac{300\text{L/h}\times10^{-3}\text{m}^3\text{/L}\times(150-7.5)\text{mg/L}}{0.1\text{h}^{-1}\times7.5\text{mg/L}}=57\text{m}^3$$

여기서, $C=150\text{mg/L}\times(1-0.95)=7.5\text{mg/L}$

답 반응조의 부피=57m^3

09. 경도가 300mg$CaCO_3$/L인 1일 6000m^3의 물 중 일부를 이온교환수지를 사용하여 경도 100mg$CaCO_3$/L인 물을 얻고자 한다. 허용 파괴점에 도달시간을 15일로 할 때 습윤 상태를 기준한 수지량은 몇 kg이 필요한가? (단, 수지의 함수율은 40%이고 건조무게를 기준할 때 수지 100g당 제거되는 경도는 250meq임) (5점)

해설 폐수의 처리량을 구하면

폐수 처리량(g당량)=(300−100)mg/L×6000m^3/d×15d×당량/50=360000g당량

수지 건조 무게(kg)=0.1kg수지/0.25g당량×360000g당량=144000kg

$$\therefore \text{습윤상태 수지량(kg)}=\frac{144000}{0.6}=240000\text{kg}$$

답 습윤상태 수지량=240000kg

10. 생물처리 공정에서 BOD는 유기물질 오염의 기준이 되고 있는데, 30℃에서 처리시 BOD_u가 214mg/L이었다면, 그 때의 BOD_5를 계산하시오. (단, 20℃에서의 K_1=0.1/d (상용대수 기준), 온도보정계수 θ=1.05 at 20℃) (6점)

해설 ⓐ $K_1(30℃)=0.1\times1.05^{30-20}=0.163/d$
ⓑ $BOD_5=214mg/L\times(1-10^{-0.163\times5})=181.234=181.23mg/L$

답 $BOD_5=181.23mg/L$

11. 다음에 주어진 조건을 이용하여 탈질에 사용되는 anoxic조의 체류시간을 구하시오. (6점)

〈조건〉 1. 유입 NO_3^-−N : 22mg/L
2. 유출 NO_3^-−N : 3mg/L
3. MLVSS농도 : 4000mg/L
4. 온도 : 10℃
5. DO 농도 : 0.1mg/L
6. U_{DN}(20℃) : 0.1/d
7. $U'_{DN}=U_{DN}\times K^{(T-20)}\,(1-DO)$ (단, $K=1.09$)

해설 ⓐ 무산소 반응조(anoxic basin)의 체류시간$=\dfrac{S_0-S}{U_{DN}\cdot X}$
ⓑ 10℃에서의 탈질률(U_{DN})$=0.10/d\times1.09^{(10-20)}\times(1-0.1)=0.038/d$

$\therefore t=\dfrac{(22-3)mg/L}{0.038/d\times d/24h\times4000mg/L}=3h$

답 anoxic조의 체류시간=3h

12. 고도처리 방법인 막분리 공정에서 사용하는 분리막 모듈의 형식 3가지를 기술하시오. (6점)

답 ⓐ 관형 ⓑ 판형 ⓒ 나선형

수질환경 기사 실기 과년도 문제

2015년 7월 11일 시행

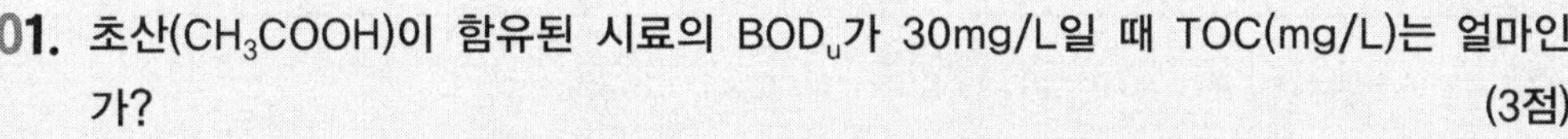

01. 초산(CH_3COOH)이 함유된 시료의 BOD_u가 30mg/L일 때 TOC(mg/L)는 얼마인가? (3점)

해설 $CH_3COOH + 2O_2 \rightarrow 2CO_2 + 2H_2O$

$2C : 2O_2 = 2\times12g : 2\times32g = x[mg/L] : 30mg/L$

$$\therefore x = \frac{30mg/L \times 2 \times 12}{2 \times 32} = 11.25mg/L$$

답 TOC=11.25mg/L

02. CO_2 g당량(가수분해 적용)을 구하고 설명하시오. (5점)

답 $CO_2 + H_2O \rightarrow 2H^+ + CO_3^{-2}$

44g : 2g

xg : 1g

$\therefore$ CO_2 당량=22g

03. 일차반응에 의해 대장균 수가 감소하고 있다면 대장균수가 1000/mL인 어떤 시료가 10/mL로 감소하는데 걸리는 시간은? (단, 대장균수의 반감기는 2h이다.) (5점)

해설 ⓐ 우선 K를 구한다.

$$\ln\frac{50}{100} = -K \times 2h$$

$$\therefore K = \frac{\ln\frac{50}{100}}{-2h} = 0.3466h^{-1}$$

ⓑ $$t = \frac{\ln\frac{10}{1000}}{-0.3466h^{-1}} = 13.287 = 13.29h$$

답 소요시간=13.29h

04. 인구 6000명인 마을에 산화구를 설계하고자 한다. 유량은 380L/cap-d, 그리고 유입 BOD_5는 225mg/L이다. 처리장은 90% BOD_5 제거율을 가지며 생성계수(Y)는 0.65gMLVSS/산화되는 $gBOD_5$이며 내생호흡계수는 $0.06d^{-1}$, 총고형물 중의 생물학적 분해가능한 분율은 0.8, MLVSS는 MLSS의 50%일 때 다음을 구하시오. (6점)

(가) 반응시간이 1일이고 예상 반송비가 1.00일 때 반응조의 부피(m^3)

(나) 운전 MLSS농도(mg/L)

해설 (가) $V=Q\times(1+R)\times t=(0.38\times6000)\times(1+1)\times1=4560m^3$

(나) $W_1=YQ(S_0-S)-K_dX_vfV$에서 순슬러지 생산량$(W_1)=0$

$$X_v=\frac{0.65\times2280\times225\times0.9}{0.06\times0.8\times4560}=1371.094mg/L$$

$$\therefore \text{MLSS 농도}=\frac{1371.094}{0.5}=2742.188=2742.19mg/L$$

답 (가) 반응조의 부피 $=4560m^3$ (나) MLSS농도 $=2742.19mg/L$

05. 최근 대규모 생물학적 하수처리 공정이 활성슬러지 공법에서 유기물, 질소 및 인을 동시에 제거할 수 있는 고도처리 공정으로 변하고 있다. 이 중 5단계 Bardenpho 공정에 대해 공정도를 그리고 호기성 반응조의 역할 2가지에 대해 간단히 기술하시오. (5점)

(가) 공정도(반응조 명칭, 내부반송, 슬러지 반송 표시)

(나) '호기조'의 주된 역할 2가지(단, 유기물 제거는 정답에서 제외함

답 (가)

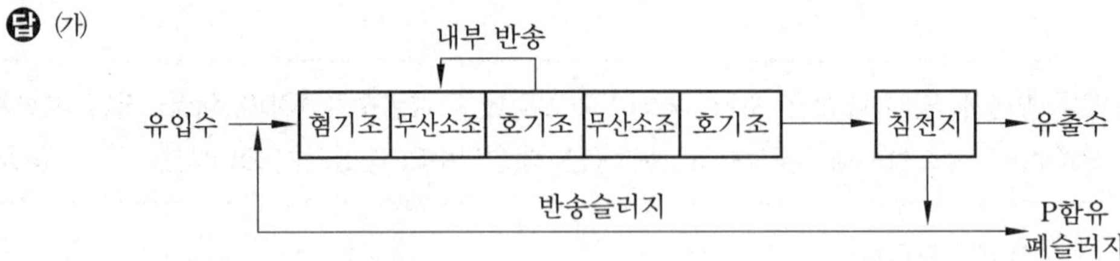

(나) 인의 과잉 흡수와 질산화

06. 포도당 1000mg/L인 용액이 있다. 물음에 답하시오. (단, 표준상태로 가정한다.) (4점)

(가) 혐기성 분해시 생성되는 이론적 CH_4는 몇 mg/L인가?

(나) 이 용액 1L를 혐기성 분해시킬 때 발생되는 CH_4의 양(mL)은 얼마인가?

해설 (가) $C_6H_{12}O_6 : 3CH_4=180g : 3\times16g=1000mg/L : x[mg/L]$

$\therefore x=266.666=266.67mg/L$

(나) $C_6H_{12}O_6 : 3CH_4 = 180g : 3 \times 22.4L \times 10^3 mL/L = 1g/L \times 1L : x[mL]$

$\therefore x = 373.33mL$

답 (가) 생성되는 이론적 $CH_4 = 266.67mg/L$

(나) 발생되는 CH_4의 양$=373.33mL$

07. 어떤 도시의 인구가 10년간 3.25배 증가하였다. 이 도시의 인구 증가가 등비급수법에 따른다고 가정할 때 연평균 증가율(%)을 구하시오. (4점)

해설 ⓐ $P_n = P_0 \times (1+r)^n$

ⓑ $r = \left(\dfrac{P_n}{P_0}\right)^{\frac{1}{n}} - 1 = \left(\dfrac{1}{3.25}\right)^{-\frac{1}{10}} - 1 = 0.12509$

$\therefore r = 12.509 = 12.51\%$

답 연평균 증가율$=12.51\%$

08. 기계식 봉 스크린이 접근유속(최대속도) 0.64m/s의 진입 수로에 설치되었다. 봉의 두께는 10mm이고 간격은 30mm이다. 봉 사이의 속도와 손실수두(m)를 구하시오. (단, 손실수두계수는 1.43이며 $A = WD$, $A' = 0.75WD$임) (4점)

(가) 봉 사이의 속도(m/s) (나) 손실 수두(m)

해설 (가) $Q = AV = A'V'$에서

$V' = 0.64 \times \dfrac{WD}{0.75WD} = 0.85m/s$

(나) $h_L = f \cdot \dfrac{V'^2 - V^2}{2g} = 1.43 \times \dfrac{(0.85^2 - 0.64^2)}{2 \times 9.8} = 0.0228 = 0.02m$

답 (가) 봉 사이의 속도$=0.85m/s$ (나) 손실수두$=0.02m$

09. 정수장에서 불화물을 제거하는데 사용하는 약품 2가지를 쓰고 그 성상을 구분하시오. (고체, 액체, 기체로 표시) (3점)

답 ⓐ 황산알루미늄(고체, 액체) ⓑ 활성알루미나(고체)

10. 수심 3.7m, 폭 12m인 침사지에서 유속이 0.05m/s인 경우 프루드수(Fr : Froude number)를 구하시오. (단, $F_r = \dfrac{V^2}{gR}$) (5점)

해설 $R = \frac{3.7 \times 12}{2 \times 3.7 + 12} = 2.289\text{m}$

$\therefore Fr = \frac{0.05^2}{9.8 \times 2.289} = 1.11 \times 10^{-4}$

답 프루드수 $= 1.11 \times 10^{-4}$

11. 1L 폐수에 3.4g의 CH_3COOH와 0.63g의 CH_3COONa을 용해시켰을 때 pH를 구하시오. (단, 완충용액 적용, CH_3COOH의 Ka는 1.8×10^{-5}, Na의 원자량은 23) (6점)

해설 ⓐ $3.4\text{g/L} \times \text{mol}/60\text{g} = 0.0567\ \text{mol/L}$ ⓑ $0.63\text{g/L} \times \text{mol}/82\text{g} = 0.00768\ \text{mol/L}$

$\therefore \text{pH} = -\log(1.8 \times 10^{-5}) + \log\frac{0.00768}{0.0567} = 3.876 = 3.88$

답 pH=3.88

12. 역삼투 장치로 하루에 760m^3의 3차 처리된 유출수를 탈염시키고자 한다. 이에 대한 조건이 다음과 같은 때 요구되는 막 면적은 얼마인가? (4점)

〈조건〉 1. 25℃에서 물질전달계수 $= 0.2068\text{L/d} \cdot \text{m}^2 \cdot \text{kPa}$
2. 유입수와 유출수 사이의 압력차 = 2400kPa
3. 유입수와 유출수 사이의 삼투압차 = 310kPa
4. 최저운전온도 = 10℃
5. A10 = 1.58A25

해설 $A[\text{m}^2] = \frac{1\text{m}^2 \cdot \text{d} \cdot \text{kPa}/0.2068\text{L} \times 760000\text{L/d}}{(2400 - 310)\text{kPa}} \times 1.58 = 2778.266 = 2778.27\text{m}^2$

답 막의 면적 $= 2778.27\text{m}^2$

13. 다음의 설명에서 빈칸을 채우시오. (6점)

유기탄소를 영양분으로 사용하는 미생물을 (①)이라 하고, 에너지를 생산할 때 빛을 필요로 하는 미생물을 (②)이라고 한다. 유기물 산화에는 일반적으로 용존산소가 사용되지만 (③)조건에서 NO_3^-, NO_2^- 중의 산소를 전자수용체로 사용한다.

답 ① 종속영양균 ② 광합성균 ③ 혐기성

수질환경 기사 실기 과년도 문제

2015년 10월 3일 시행

01. 다음 그림은 생물학적 영양물질을 제거하는 고도처리공법 중 하나이다. 공법명과 각 공정의 역할(유기물 제거 제외)을 기술하시오. (4점)

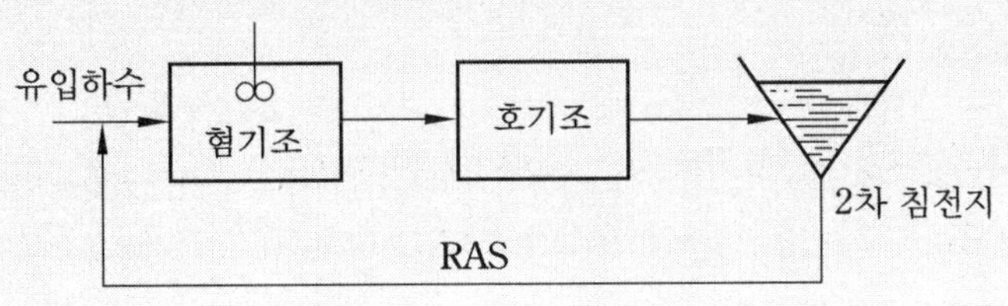

답 ① 공법명 : A/O 공법

② 공정의 역할

ⓐ 혐기조 : 인의 방출　　ⓑ 호기조 : 인의 과잉 흡수

02. 슬러지가 4%(고형물농도)에서 7%로 농축되었을 때 슬러지 부피감소율(%)를 계산하시오. (단, 1일 슬러지 생성량은 $100m^3$, 비중은 1.0 이다.) (5점)

해설 ⓐ 농축 후의 슬러지 부피를 구한다.

$$V_2 = \frac{100m^3/d \times 0.04}{0.07} = 57.143m^3/d$$

ⓑ 부피감소율 $= \frac{100-57.143}{100} \times 100 = 42.857 = 42.86\%$

답 슬러지 부피감소율=42.86%

03. 회분식 반응조를 일차반응의 조건으로 설계하고 A 오염물질의 제거 또는 전환율이 99%가 되게 하고자 한다. 이 회분식 반응조의 체류시간을 구하시오. (단, K=0.35/h) (6점)

해설 $\ln\frac{1}{100} = -0.35 \times t$　　$\therefore t = 13.158 = 13.16h$

답 체류시간=13.16h

04. CSTR에서 물질을 분해하여 95%의 효율로 처리하고자 한다. 이 물질은 0.5차 반응으로 분해되며, 속도상수는 0.05(mg/L)$^{\frac{1}{2}}$/h이다. 유입유량은 300L/h이고, 유입농도는 150mg/L로 일정하다면 필요한 CSTR의 부피(m^3)를 구하시오. (단, (mg/L)$^{\frac{1}{2}}$/h는 단위, 반응은 정상상태이다.) (5점)

해설 ⓐ 0.5차 반응 : $\frac{dC}{dt}=-KC^{\frac{1}{2}}$

ⓑ 물질수지식 : $QC_0=QC+V\frac{dC}{dt}+VKC^{\frac{1}{2}}$

정상상태에서 $\frac{dC}{dt}=0$

$$\therefore V=\frac{Q(C_0-C)}{KC^{\frac{1}{2}}}=\frac{0.3\text{m}^3/\text{h}\times(150-7.5)\text{mg/L}}{0.05(\text{mg/L})^{\frac{1}{2}}/\text{h}\times(7.5\text{mg/L})^{\frac{1}{2}}}=312.202=312.2\text{m}^3$$

여기서, $C=150\times(1-0.95)=7.5\text{mg/L}$

답 CSTR의 부피=312.2m^3

05. 초기농도가 2.6×10^{-4}M, 10℃에서의 속도상수가 106.8L/mol·h이고 붕괴가 2차 반응식을 따른다고 할 때 다음 물음에 답하시오. (7점)

(가) 2시간 뒤 이물질의 농도는 얼마인가?

(나) 만약 온도가 30℃로 상승하면 2시간 뒤 이 물질의 농도는 얼마로 낮아지겠는가?
(단, 10℃에서 30℃로 상승한데 θ값 온도보정계수 1.062이다.)

해설 (가) ⓐ $\frac{1}{C_0}-\frac{1}{C_t}=-Kt$

ⓑ $\frac{1}{2.6\times10^{-4}}-\frac{1}{C_t}=-106.8\times2$

$\therefore C_t=2.46\times10^{-4}\text{M}$

(나) ⓐ $K(30℃)=K(10℃)\times\theta^{T-10}$에서

$K(30℃)=106.8\times1.062^{30-10}=355.6818$

ⓑ $\frac{1}{2.6\times10^{-4}}-\frac{1}{C_t}=-355.6818\times2$

$\therefore C_t=2.19\times10^{-4}\text{M}$

답 (가) 2.46×10^{-4}M

(나) 2.19×10^{-4}M

06. 수온 18℃인 침전지에 폐수의 SS 입자 직경이 0.03mm이고 비중이 3.5일 때, SS 입자를 완전히 제거하는데 요구되는 침전지의 체류시간(min)을 stokes 식을 이용하여 구하시오. (단, 수심은 3m이며, 18℃에서 물의 밀도는 0.998g/cm³, 물의 점도는 9.9 ×10⁻³g/cm·s) (6점)

해설 $\left(\dfrac{980\times(3.5-0.998)\times 0.003^2}{18\times 9.9\times 10^{-3}}\right)\text{cm/s}\times 10^{-2}\text{m/cm}\times 60\text{s/min}=\dfrac{3\text{m}}{t[\text{min}]}$

∴ $t=40.376=40.38\text{min}$

답 침전지의 체류시간=40.38min

참고 $Vs=\dfrac{g(\rho_s-\rho_w)d^2}{18\mu}=\dfrac{h}{t}$

07. 다음 반응과 같이 호기성 조건하에서 폐수의 암모니아를 질산염으로 산화시키려 한다. (단, 폐수의 암모니아성 질소 농도가 22mg/L이고 폐수량은 1000m³이다.) (6점)

$$0.13NH_4^+ + 0.225O_2 + 0.25CO_2 + 0.005HCO_3^- \rightarrow 0.005C_5H_7O_2N + 0.125NO_3^- + 0.25H^+ + 0.12H_2O$$

(가) 완전 산화 시 총산소 소모량(kg)은?

(나) 생성된 세포의 건조 중량(kg)은?

(다) 처리수의 질산성 질소(NO_3 –N)의 농도(mg/L)는?

해설 (가) $0.13N : 0.225O_2 = 0.13\times 14g : 0.225\times 32g = 22mg/L\times 1000m^3\times 10^{-3} : x\ [kg]$

∴ $x=87.033=87.03kg$

(나) $0.13N : 0.005C_5H_7O_2N = 0.13\times 14g : 0.005\times 113g$
$= 22mg/L\times 1000m^3\times 10^{-3} : x\ [kg]$

∴ $x=6.829=6.83kg$

(다) $0.13N : 0.125N = 0.13\times 14g : 0.125\times 14g = 22mg/L : x\ [mg/L]$

∴ $x=21.154=21.15mg/L$

답 (가) 총산소 소모량=87.03kg

(나) 세포의 건조 중량=6.83kg

(다) 질산성 질소의 농도=21.15mg/L

08. 다음 성분을 함유하는 물의 총 이론적 산소요구량과 총 유기탄소농도를 각각 구하시오. (6점)

Glucose($C_6H_{12}O_6$) 150mg/L, 벤젠(C_6H_6) 15mg/L

해설 ① ⓐ $C_6H_{12}O_6 + 6O_2 \rightarrow 6CO_2 + 6H_2O$

180g : 6×32g

150mg/L : x [mg/L]

∴ x=160mg/L

ⓑ $C_6H_6 + 7.5O_2 \rightarrow 6CO_2 + 3H_2O$

78g : 7.5×32g

15mg/L : x [mg/L]

∴ x=46.153mg/L

∴ 총 이론적 산소요구량=160+46.153=206.153=206.15mg/L

② ⓐ $C_6H_{12}O_6$: 6C=180g : 6×12g=150mg/L : x

∴ x=60mg/L

ⓑ C_6H_6 : 6C=78g : 6×12g=15mg/L : x

∴ x=13.846=13.85mg/L

∴ 총 유기탄소 농도=60+13.85=73.85mg/L

답 ① 총 이론적 산소요구량=206.15mg/L

② 총 유기탄소 농도=73.85mg/L

09. 막 공법은 용질의 물질전달을 유발시키는 추진력을 필요로 한다. 다음의 주요 막공법의 추진력을 정확히 쓰시오. (3점)

(가) 투석 (나) 전기투석 (다) 역삼투

답 (가) 농도 차이 (나) 전위 차이 (다) 정수압 차이

10. 정수장의 급속 혼화지에서 응집제의 성능을 판단하기 위하여 실험실 규모의 자 테스트(Jar test)를 실시한다. 이 자 테스트의 기본적인 목적 중 3가지를 쓰시오. (6점)

답 ⓐ 최적 응집제의 주입 농도 ⓑ 최적 pH ⓒ 처리수에 적합한 응집제의 종류

참고 이외에도 후처리 가능 여부, 응집 처리 효율 등이 있다.

11. 평균유량 7570m^3/d인 도시하수처리장의 1차 침전지를 설계하고자 한다. 1차 침전지에 대한 권장 설계기준은 최대 월류율=89.6m^3/d·m^2, 평균 월류율=36.7m^3/d·m^2, 최소 수면깊이=3m, 최대 위어 월류부하=389m^3/d·m, $\frac{\text{최대유량}}{\text{평균유량}}$=2.75이다. 원주 위어의 최대 위어 월류부하(weir loading)가 적절한가에 대하여 판단하고 근거를 설명하시오. (단, 원형침전지 기준) (6점)

해설 ⓐ $89.6=\frac{7570\times 2.75}{A}$

$\therefore A=232.34\text{m}^2$

ⓑ $36.7=\frac{7570}{A}$

$\therefore A=206.27\text{m}^2$

ⓒ 설계단면적은 232.34m^{2}이다.

$\therefore A=\frac{\pi\times d^2}{4}=232.34$

$\therefore d=17.2\text{m}$

∴ 최대 위어 월류부하$=\frac{7570\times 2.75}{\pi\times 17.2}=385.257=385.26\text{m}^3/\text{d}\cdot\text{m}$

답 이 값은 허용치 389m^3/d·m보다 작기 때문에 적절하다.

수질환경 기사 실기 과년도 문제

2016년 4월 17일 시행

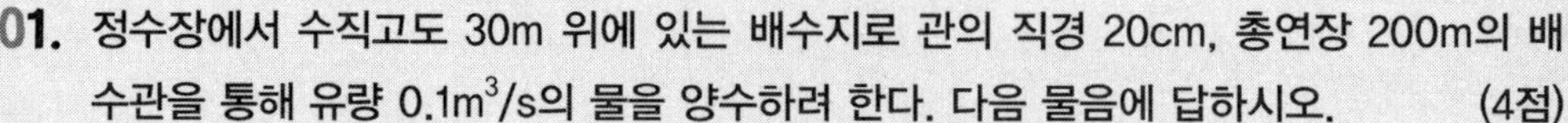

01. 정수장에서 수직고도 30m 위에 있는 배수지로 관의 직경 20cm, 총연장 200m의 배수관을 통해 유량 $0.1m^3/s$의 물을 양수하려 한다. 다음 물음에 답하시오. (4점)

(가) 관로의 마찰손실수두를 고려할 때 펌프의 총양정(m)을 계산하시오. (단, $f=0.03$이다.)

(나) 펌프의 효율을 70%라 할 때 펌프의 소요동력(kW)을 계산하시오. (단, 물의 밀도는 $1g/cm^3$이다.)

해설 (가) $h_L=0.03\times\dfrac{200}{0.2}\times\dfrac{3.183^2}{2\times9.8}=15.507\text{m}$

∴ 총양정 $=30+15.507=45.507=45.51\text{m}$

(나) $\text{kW}=\dfrac{1000\times0.1\times45.507}{102\times0.7}=63.735=63.74\text{kW}$

답 (가) 총양정 $=45.51\text{m}$

(나) 소요동력 $=63.74\text{kW}$

02. 하수관에 H_2S에 의한 관정부식이 일어나는 것을 막기 위한 방법 3가지를 쓰시오. (단, 주기적인 청소, 퇴적물 제거 제외) (6점)

답 ⓐ 하수의 유속을 증가시킨다.

ⓑ 하수를 염소로 처리하여 황화물을 산화시킨다.

ⓒ 콘크리트관 내부를 PVC나 기타 물질로 피복시킨다.

03. 화합물($C_5H_7O_2N$, 박테리아)에 대한 이론적인 $\dfrac{BOD_5}{COD}$, $\dfrac{BOD_5}{TOC}$, $\dfrac{TOC}{COD}$의 비를 구하시오. (단, 반응은 1차 반응, 속도상수는 $0.1/d$, base는 상용대수, 화합물은 100% 산화, 박테리아는 분해되어 이산화탄소, 암모니아, 물로 된다. $BOD_u=COD$) (6점)

해설 ① $\dfrac{BOD_5}{BOD_u}=1-10^{-0.1\times5}=0.684=0.68$

② 박테리아($C_5H_7O_2N$) 내호흡 반응식을 이용한다.

$C_5H_7O_2N + 5O_2 \rightarrow 5CO_2 + 2H_2O + NH_3$

$$\therefore \frac{BOD_5}{TOC} = \frac{5 \times 32g \times 0.684}{5 \times 12g} = 1.824 = 1.82$$

③ $\frac{TOC}{BOD_u} = \frac{5 \times 12g}{5 \times 32g} = 0.375 = 0.38$

답 ① $\frac{BOD_5}{BOD_u} = 0.68$ ② $\frac{BOD_5}{TOC} = 1.82$ ③ $\frac{TOC}{BOD_u} = 0.38$

04. A도시에서의 폐수량 변동은 다음과 같다. 만약 평균유량의 조건에서 저류지의 체류시간이 6시간이라면 오전 8시에서 오후 6시까지의 저류조의 평균 체류시간을 구하시오. (6점)

일중시간	오전 0	2	4	6	8	10	12
평균유량의 백분율	88	77	69	66	88	102	125
일중시간	오후 0	2	4	6	8	10	12
평균유량의 백분율	138	147	150	148	99	103	98

해설 평균 유량의 백분율을 구한다.

$$\text{평균 유량의 백분율} = \frac{88+102+125+138+147+150+148}{7} = 128.286$$

$100 \times 6 = 128.286 \times x$

$\therefore x = 4.677 = 4.68h$

답 체류시간$=4.68h$

05. 수질예측모형 분류의 한 방법으로 동적모형(dynamic model)과 정상적 모형(steady state model)으로 구분할 수 있다. 이 두 모형의 차이점에 대해 설명하시오. (4점)

답 ⓐ 동적 모형 : 부영양화의 예측과 관리 등을 위하여 적용된다. 즉 계절에 따른 식물성 플랑크톤의 군집변화와 이로 인해 발생하는 여러 가지 환경 변화를 추적하는 모델이다.

ⓑ 정상적 모형 : 시스템을 기술하는 수식에서 변수가 시간의 변화에 상관없이 항상 일정함을 의미하는 모델이다.

06. 어떤 폐수처리장에서 발생되는 고형물 농도 30000mg/L의 슬러지를 농축시키기 위한 농축조를 설계하고자 실험실에서 침강 농축 실험을 하여 다음과 같은 결과를 얻었다. 농축 슬러지의 고형물농도가 75000mg/L로 되기까지 소요되는 농축시간을 산출하여라. (단, 상등수 고형물 농도는 0, 농축 전후의 슬러지 비중은 1이라고 가정한다.) (6점)

정치 시간(농축 시간 : h)	계면 높이(cm)
0	100
2	60
4	40
6	30
8	25
10	24
12	22
14	20

해설 $h_2 = \frac{30000 \times 100}{75000} = 40\text{cm}$

∴ 표에서 정치시간은 4h이다.

답 소요 농축시간=4h

07. CSTR(completely stirred tank reactor)에서 물질을 분해하여 95%의 효율로 처리하고자 한다. 이 물질은 0.5차 반응으로 분해되며, 속도상수는 $0.05(\text{mg/L})^{\frac{1}{2}}/\text{h}$이다. 유입유량은 300L/h이고, 유입농도는 150mg/L로 일정하다면 필요한 CSTR의 부피(m^3)는 얼마인가? (단, $(\text{mg/L})^{\frac{1}{2}}/\text{h}$는 단위, 반응은 정상상태이다.) (4점)

해설 ⓐ 0.5차 반응 : $\frac{dC}{dt} = -KC^{\frac{1}{2}}$

ⓑ 물질수지식 : $QC_0 = QC + V\frac{dC}{dt} + VKC^{\frac{1}{2}}$

정상상태에서 $\frac{dC}{dt} = 0$

$$\therefore V = \frac{Q(C_0 - C)}{KC^{\frac{1}{2}}} = \frac{0.3\text{m}^3/\text{h} \times (150 - 7.5)\text{mg/L}}{0.05(\text{mg/L})^{\frac{1}{2}}/\text{h} \times (7.5\text{mg/L})^{\frac{1}{2}}} = 312.202 = 312.20\text{m}^3$$

여기서, $C = 150 \times (1 - 0.95) = 7.5\text{mg/L}$

답 반응조의 부피=312.20m^3

08. 폐수의 영양염류를 제거하기 위하여 생물학적 방법으로 고도 처리하는 공정 중에서 하나의 탱크로 시차를 두어 아래의 과정을 거치는 SBR(Sequencing Batch Reactor) 공정이 있다. 공정의 순서를 완성하고 각 반응조의 역할을 적으시오. (6점)

채움 → 반응 (가) → 반응 (나) → 반응 (다) → 침전 → 배출

답 (가) 혐기조 : 인의 용출

(나) 호기조 : 인의 과잉 흡수, 질산화

(다) 무산소조 : 탈질화

참고 연속회분식반응조(SBR)는 활성슬러지의 공간개념을 시간개념으로 바꾼 것으로 주입, 혐기성, 호기성 및 무산소 반응, 침전, 배출 그리고 휴지(休止)공정으로 반복하며 연속 운전되는데 주입에서 휴지까지 1회 반응시간은 통상 3시간에서 24시간까지 변화가능하다.

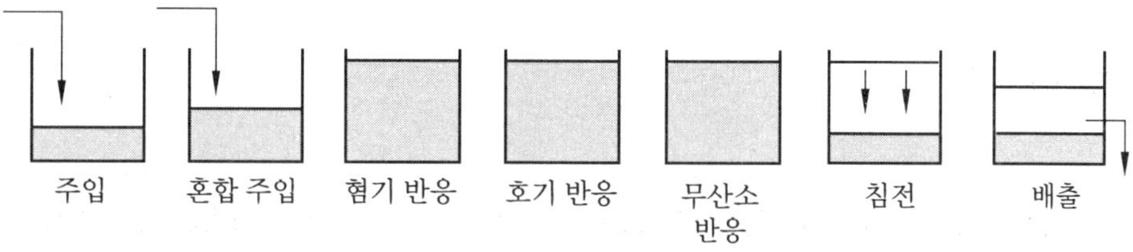

09. 유량이 675m³/d이고 COD가 3000mg/L인 폐수의 COD 제거율이 80%일 때 발생되는 메탄의 이론량(m³/d)을 구하시오.(단, 혐기성 공정, 표준상태 기준, 제거 COD는 완전분해되며 메탄의 최대수율을 산출하여 계산함) (6점)

해설 ⓐ 메탄의 최대수율을 산출한다.

$C_6H_{12}O_6 + 6O_2 \rightarrow 6CO_2 + 6H_2O$

$180\text{kg} : 6 \times 32\text{kg}$

$x[\text{kg}] : 1\text{kg}$

$\therefore x = \dfrac{180 \times 1}{6 \times 32} = 0.9375\text{kg}$

$C_6H_{12}O_6 \rightarrow 3CO_2 + 3CH_4$

$180\text{kg} : 3 \times 22.4\text{m}^3$

$0.9375\text{kg} : x[\text{m}^3]$

$\therefore x = \dfrac{0.9375 \times 3 \times 22.4}{180} = 0.35\text{m}^3$

ⓑ CH_4의 생성량$(\text{m}^3/\text{d}) = 0.35\text{m}^3/\text{kg} \times (3{,}000 \times 675 \times 10^{-3} \times 0.8)\text{kg/d} = 567\text{m}^3/\text{d}$

답 CH_4의 생성량$= 567\text{m}^3/\text{d}$

10. 어느 활성슬러지 공법의 SVI를 측정한 결과 100이었다. MLSS의 농도가 3000mg/L 이라면 리터당 침전된 슬러지의 부피(cm^3)를 구하시오. (4점)

해설 $SVI = \dfrac{SV(cm^3/L) \times 10^3}{MLSS\ 농도(mg/L)}$ $\therefore SV = \dfrac{100 \times 3000}{10^3} = 300cm^3/L$

답 슬러지의 부피$=300cm^3/L$

11. 회분식 반응조를 1차 반응의 조건으로 설계하고 A성분의 제거 또는 전환율이 90%가 되게 하고자 한다. 만일 반응상수 K가 0.35/h이면 이 회분식 반응조의 체류시간을 구하시오. (4점)

해설 $\ln\dfrac{10}{100} = -0.35 \times x$ $\therefore x = 6.579 = 6.58h$

답 체류시간$=6.58h$

12. 용적 $10m^3$의 정방형 급속 혼화조에 기계식 혼합을 위한 산기관을 설치하였다. 속도구배(G)는 $1000s^{-1}$, 점성계수(μ)는 $0.00131N \cdot s/m^2$의 운전조건에서 혼합을 위한 필요 공기량(m^3/min)을 구하시오. (단, 급속 혼화조의 수심은 2.5m, 1atm=10.4mH_2O이다.) (4점)

해설 ⓐ 필요한 동력을 구한다.

$$1000 = \sqrt{\frac{x}{0.00131 \times 10}} \qquad \therefore x = 13100W$$

ⓑ 공기유량 구하는 공식을 이용한다.

$$P = C_1 \times G_a \times \log\left(\frac{h + C_2}{C_2}\right)$$

여기서, C_1 : 3904

G_a : 운전온도와 운전압력 하에서 공기유량(m^3/min)

h : 산기관의 깊이(m)

C_2 : 10.4

$$\therefore 13100 = 3904 \times x \times \log\left(\frac{2.5 + 10.4}{10.4}\right)$$

$$\therefore x = 35.866 = 35.87m^3/min$$

답 필요 공기량$=35.87m^3/min$

수질환경 기사 실기 과년도 문제

2016년 6월 25일 시행

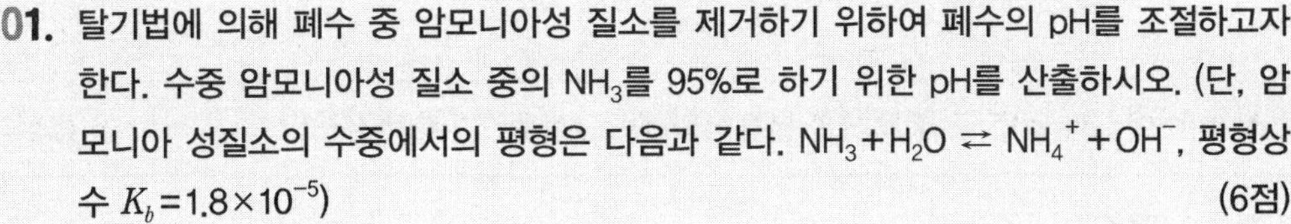

01. 탈기법에 의해 폐수 중 암모니아성 질소를 제거하기 위하여 폐수의 pH를 조절하고자 한다. 수중 암모니아성 질소 중의 NH_3를 95%로 하기 위한 pH를 산출하시오. (단, 암모니아 성질소의 수중에서의 평형은 다음과 같다. $NH_3 + H_2O \rightleftarrows NH_4^+ + OH^-$, 평형상수 $K_b = 1.8 \times 10^{-5}$) (6점)

해설 ⓐ $NH_3(\%) = \dfrac{100}{1 + \dfrac{K_b}{[OH^-]}}$

ⓑ $95 = \dfrac{100}{1 + \dfrac{1.85 \times 10^{-5}}{[OH^-]}}$

$\therefore [OH^-] = \dfrac{1.8 \times 10^{-5}}{\dfrac{100}{95 - 1}} = 3.42 \times 10^{-4}$

$\therefore pH = 14 + \log(3.42 \times 10^{-4}) = 10.534 = 10.53$

답 pH=10.53

02. QUAL-Ⅱ는 하천 수질 모의에 광범위하게 사용되는 모델로서 흐름방향으로 1차원인 정상 상태의 수질을 모의할 수 있다. 이때 모의 가능한 수질항목을 5가지 적으시오. (5점)

답 ⓐ 용존산소(DO) ⓑ 온도 ⓒ 생물화학적 산소요구량(BOD) ⓓ 조류 ⓔ 유기질소

참고 이외에도 암모니아성 질소, 아질산성 질소, 질산성 질소, 유기인, 용존인, 대장균, 반응성 물질, 비반응성 물질 등이 있다.

03. 호소의 부영양화 방지대책은 호소 외 대책과 호소 내 대책으로 구분할 수 있고 또한 호소내 대책에서는 물리적, 화학적 및 생물학적 대책으로 각각 나눌 수 있다. 이들 중 물리적 대책 4가지만 쓰시오. (4점)

답 ⓐ 외부의 수류를 끌어 들여 수 교환율을 높인다.
ⓑ 성층 파괴를 위한 심층 포기나 강제 순환을 시킨다.
ⓒ 수심이 깊은 호소에서 영양염류농도가 높은 심층수를 방류시킨다.
ⓓ 저질토를 합성수지 등으로 도포하여 저질토에서 나오는 물질을 차단시킨다.

참고 ⓐ 영양염류가 농축되어 있는 저질토를 준설한다.
ⓑ 차광막을 설치하여 조류 증식에 필요한 광을 차단한다.
ⓒ 수체로부터의 수초 및 부착 조류를 제거한다.

04. 하수의 배수방법 중 합류식과 분류식의 장·단점을 2가지씩 쓰시오. (5점)

답 ① **합류식**
ⓐ 장점 : ㉠ 건설비가 저렴하고 시공이 용이하다.
㉡ 구배가 완만하고 매설깊이가 얕아진다.
ⓑ 단점 : ㉠ 수질 오탁의 원인이 된다.
㉡ 관내에 오물이 퇴적한다.
② **분류식**
ⓐ 장점 : ㉠ 하수처리장의 규모가 작다.
㉡ 하수의 수질 변동이 적다.
ⓑ 단점 : ㉠ 건설비가 많이 들고 시공이 어렵다.
㉡ 소구경관으로 매설 깊이가 깊어진다.

05. HOCl과 OCl^-을 이용한 살균 소독 공정에서 pH가 6.8이고, 온도가 20℃일 때 평형상수가 2.2×10^{-8}이라면 이때 HOCl과 OCl^-의 비율$\left(\frac{HOCl}{OCl^-}\right)$을 결정하시오. (6점)

해설 $HOCl \rightleftarrows H^+ + OCl^-$

여기서, $K=\frac{[H^+][OCl^-]}{[HOCl]}$에서

$$\frac{[HOCl]}{[OCl^-]}=\frac{[H^+]}{K}=\frac{10^{-6.8}}{2.2\times10^{-8}}=7.204=7.20$$

답 HOCl과 OCl^-의 비율=7.2

06. 수심이 3.7m, 폭 12m의 수로에서 유속이 0.05m/s일 때 레이놀즈수를 구하시오. (단, 동점성계수(ν)=1.31×10^{-6}m^2/s 임) (5점)

해설 $Re=\dfrac{\rho VD}{\mu}=\dfrac{\rho V4R}{\mu}=\dfrac{V4R}{\nu}$

ⓐ $R=\dfrac{D}{4}$ $\therefore D=4R$

ⓑ ν(동점성계수)$=\dfrac{\mu}{\rho}$

$\therefore Re=\dfrac{0.05\text{m/s}\times4\times\dfrac{12\times3.7}{2\times3.7+12}\text{m}}{1.31\times10^{-6}\text{m}^2/\text{s}}=349413.709=349413.71$

답 레이놀즈수=349413.71

07. 다음에 주어진 조건을 이용하여 탈질에 사용되는 anoxic조의 체류시간을 구하시오. (6점)

〈조건〉 1. 반응조로의 유입수 질산염 농도 : 22mg/L
2. 반응조로부터 유출수 질산염 농도 : 3mg/L
3. MLVSS 농도 : 2000mg/L
4. 온도 : 10℃
5. 용존산소 : 0.1mg/L
6. U_{DN}(20℃, 탈질률) : 0.1/d
7. $U_{DN}(10℃)=U_{DN}(20℃)\times1.09^{(T-20)}(1-DO)$

해설 ⓐ 무산소 반응조(anoxic basin)의 체류시간$=\dfrac{S_0-S}{U_{DN}\cdot X}$

ⓑ 우선 10℃에서의 탈질률(U_{DN})$=0.10/\text{d}\times1.09^{(10-20)}\times(1-0.1)=0.038/\text{d}$

$\therefore t=\dfrac{(22-3)\text{mg/L}}{0.038/\text{d}\times\text{d}/24\text{h}\times2000\text{mg/L}}=6\text{h}$

답 anoxic조의 체류시간=6h

08. 다음에 대해 특성 2가지를 서술하시오. (4점)

(가) 입상활성탄 (나) 분말활성탄

답 (가) 입상활성탄

ⓐ 재생이 용이하고 취급이 용이하며 슬러지가 발생하지 않는다.

ⓑ 분말탄에 비하여 흡착속도가 느리고 수질 변화에 대응성이 나쁘다.

(나) 분말활성탄

ⓐ 분말로서 비산의 우려가 있고 슬러지가 발생한다.

ⓑ 재생이 곤란하다.

참고 분말활성탄 처리와 입상활성탄 처리의 장단점

항 목	분말활성탄	입상활성탄
처리 시설	기존 처리 시설을 사용하여 처리할 수 있다.	여과지를 만들 필요가 있다.
단기간 처리하는 경우	필요량만 주입하므로 경제적이다.	비경제적이다.
장기간 처리하는 경우	경제성이 없으며 재생되지 않는다.	탄층을 두껍게 할 수 있으며 재생하여 사용할 수 있으므로 경제적이다.
미생물의 번식	사용하고 버리므로 번식이 없다.	원생동물이 번식할 우려가 있다.
폐기 시의 애로	탄분을 포함한 흑색 슬러지는 공해의 원인이다.	재생 사용할 수 있어서 문제가 없다.
누출에 의한 흑수 현상	특히 겨울철에 일어나기 쉽다.	거의 염려가 없다.
처리 관리의 난이	주입작업을 수반한다.	특별한 문제가 없다.

09. 중온(37℃) 혐기 소화조에서 유기성분이 75%, 무기성분이 25%의 슬러지를 소화한 후 분석한 결과, 유기성분이 60%, 무기성분이 40%로 되었다. 소화율은 얼마인가? 또한 투입한 슬러지의 초기 TOC 농도를 측정한 결과 10000mg/L이었다면 슬러지 $1m^3$당 발생하는 가스량(m^3)은 얼마인가? (단, 슬러지의 유기성분은 포도당(Glucose)인 탄수화물로 구성되어 있으며, 0℃, 1atm 기준) (6점)

(가) 소화율 (나) 가스량

해설 (가) 소화율 $= \dfrac{\dfrac{75}{25} - \dfrac{60}{40}}{\dfrac{75}{25}} \times 100 = 50\%$

(나)

$$6C : 3CO_2 + 3CH_4$$

$$6 \times 12kg : (3 \times 22.4 + 3 \times 22.4)m^3$$

$$(10000 \times 1 \times 10^{-3} \times 0.5)kg : x[m^3]$$

$\therefore x=9.333=9.33\text{m}^3$

답 (가) 소화율=50% (나) 발생하는 가스량=9.33m^3

10. 유입수 BOD_5가 250mg/L, 유출수 BOD_5가 20mg/L, 유입 하수량 $0.25\text{m}^3/\text{s}$인 활성 슬러지법에 의한 하수 처리장의 포기조에 대하여 다음 물음에 답하시오. (단, $BOD_5/BOD_u=0.7$, 잉여 슬러지량 1700kg/d, 공기 밀도 1.2kg/m^3, 공기중 산소의 중량분율 0.23, 산소전달효율 0.08, 안전율은 2로 하고 $O_2[\text{kg/d}]=\dfrac{Q(S_0-S)(10^3\text{g/kg})^{-1}}{f}-1.42(P_x)$의 식을 이용할 것) (4점)

(가) 산소의 필요량(kg/d) (나) 설계 시 공기필요량(m^3/d)

해설 (가) $O_2[\text{kg/d}]=\dfrac{0.25\text{m}^3/\text{s}\times(250-20)\text{mg/L}\times10^{-3}\times86400\text{s/d}}{0.7}-1.42\times1700\text{kg/d}$

$=4683.143=4683.14\text{kg/d}$

(나) 공기필요량$[\text{m}^3/\text{d}]=\dfrac{4683.14\text{kg/d}\times2}{0.08\times0.23\times1.2\text{kg/m}^3}=424197.464=424197.46\text{m}^3/\text{d}$

답 (가) 산소의 필요량=4683.14kg/d (나) 설계 시 공기필요량=$424197.46\text{m}^3/\text{d}$

11. 막공법은 용질의 물질전달을 유발시키는 추진력을 필요로 한다. 다음의 막공법의 추진력을 정확히 기술하시오. (3점)

(가) 투석 (나) 전기 투석 (다) 역삼투

답 (가) 농도 차이 (나) 전위 차이 (다) 정수압 차이

12. 수면적 부하 $28.8\text{m}^3/\text{m}^2\cdot\text{d}$인 보통 침전지가 있다. 여기에 유입되는 SS의 침강속도 분포는 다음 표와 같다. 전체 SS 제거율은 몇 %로 기대되는지 구하시오. (6점)

침강속도(cm/min)	3	2	1	0.7	0.5
SS 백분율(%)	20	25	30	15	10

해설 SS 제거율$=20+25+30\times\dfrac{1}{2}+15\times\dfrac{0.7}{2}+10\times\dfrac{0.5}{2}=67.75\%$

답 전체 SS 제거율=67.75%

수질환경 기사 실기 과년도 문제

2016년 10월 8일 시행

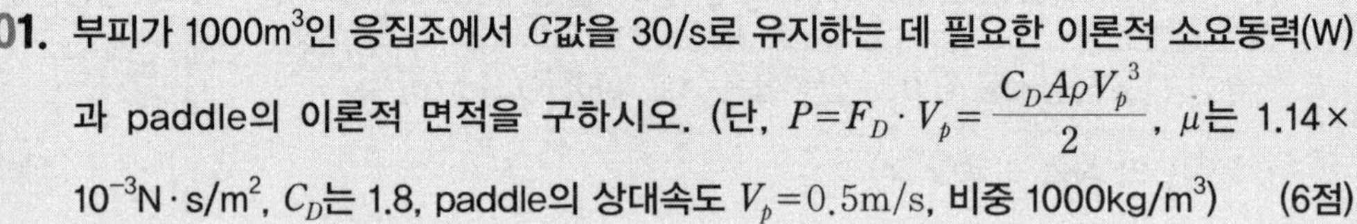

01. 부피가 1000m^{3}인 응집조에서 G값을 30/s로 유지하는 데 필요한 이론적 소요동력(W)과 paddle의 이론적 면적을 구하시오. (단, $P=F_D \cdot V_p = \dfrac{C_D A \rho V_p^3}{2}$, μ는 1.14×10^{-3}N·s/m^2, C_D는 1.8, paddle의 상대속도 $V_p=0.5\text{m/s}$, 비중 1000kg/m^3) (6점)

해설 ① $G=\sqrt{\dfrac{P}{\mu V}}$

$\therefore P=1.14\times10^{-3}\times1000\times30^2=1026\text{W}$

② 주어진 식을 A에 대하여 정리한다.

$$A=\frac{2P}{C_D\cdot\rho\cdot V_p^3}$$

$$\therefore A=\frac{2\times1026}{1.8\times1000\times0.5^3}=9.12\text{m}^2$$

답 ① 이론적 소요동력=1026W ② paddle의 이론적 면적=9.12m^2

02. 이온 크로마토그래피에서 제거장치(서프레스)의 역할을 2가지 쓰시오. (4점)

답 ⓐ 분리 칼럼으로부터 용리된 각 성분이 검출기에 들어가기 전에 용리액 자체의 전도도를 감소시킨다.

ⓑ 목적 성분의 전도도를 증가시켜 높은 감도로 분석한다.

03. 활성슬러지법에 의한 오수처리에서 슬러지 부피지수(SVI)가 100이고 슬러지 반송률(R)이 45%일 때 포기조의 MLSS 농도를 구하시오. (단, 유입 SS 농도를 고려하지 않음) (4점)

해설 $0.45=\dfrac{x}{\dfrac{10^6}{100}-x}$ $\therefore x=3103.448=3103.45\text{mg/L}$

답 MLSS 농도=3103.45mg/L

04. R.O(reverse osmosis) process와 electrodialysis의 기본 원리를 각각 설명하시오. (6점)

답 ① R.O(역삼투법) : 물(용매)은 통과시키고 용존 고형물(용질)은 통과시키지 않는 반투막을 사용하여 삼투압보다 더 큰 압력을 역으로 가하여 이온과 물을 분리시키는 방법이다.

② electrodialysis(전기 투석법) : 역삼투법과는 달리 물은 통과시키지 않고 특별한 이온을 선택적으로 통과시킬 수 있는 플라스틱 막을 사용하여 이온과 물을 분리시키는 방법이다.

05. 환경영향평가에서 수질모델링 절차 중 감응도 분석(sensitivity analysis)이란 무엇인지 간단히 설명하시오. (3점)

답 입력자료의 변화 정도가 수질항목 농도에 미치는 영향을 분석하는 것을 말한다.

06. 공장, 하수 및 폐수 종말처리장 등의 원수, 공정수, 배출수 등의 관(pipe) 내의 유량을 측정하는 방법 3가지를 기술하시오. (예시: 피토관을 이용하는 방법, 예시된 내용은 정답에서 제외됨) (3점)

답 ⓐ 벤투리미터를 이용하는 방법

ⓑ 유량측정용 노즐을 이용하는 방법

ⓒ 오리피스를 이용하는 방법

07. 생물학적 탈인-탈질소법 중 5단계 Bardenpho공법을 구성하는 조(명)를 순서대로 나열하고 각각 조의 주된 역할을 쓰시오. (단, 최종 침전조, 반송라인은 생략한다.) (4점)

(가) 공법의 조 구성 순서

(나) 조별 주된 역할 (단, 유기물 제거는 제외)

답 (가) 혐기성조 → 무산소조 → 호기성조 → 무산소조 → 호기성조

(나) ⓐ 혐기성조 : 인의 방출

ⓑ 첫번째 무산소조 : 첫번째 호기성조에서 질산화된 혼합액을 탈질산화

ⓒ 첫번째 호기성조 : 질산화, 인의 섭취

ⓓ 두번째 무산소조 : 앞단의 호기성조에서 유입되는 질산성 질소를 탈질산화

ⓔ 두번째 호기성조 : 침전지에서의 인의 방출 방지

08. 공장 폐수처리장에서 발생된 슬러지를 직접 가압 탈수시키고자 한다. 다음과 같은 조건하에서 다음 각 물음에 답하시오. (6점)

〈조건〉 1. 1일 슬러지 발생량 : $12m^3/d$
2. 1일 슬러지 발생량 중 고형물량 : 500kg/d
3. 슬러지 내 고형물의 밀도 : 2.5kg/L
4. 탈수케이크의 고형물 농도 : 30%
5. 탈수여액 중의 고형물 농도 : 0.5%
6. 물의 밀도 : 1kg/L

(가) 탈수케이크의 밀도(kg/L)를 산출하시오.
(나) 탈수여액의 밀도(kg/L)를 산출하시오.
(다) 1일 여액 발생량(m^3/d)을 산출하시오.
(라) 1일 탈수케이크 발생량을 산출하시오.

해설 (가) $\frac{1}{S}=\frac{0.3}{2.5}+\frac{0.7}{1}=0.82 \qquad \therefore S=1.22\text{kg/L}$

(나) $\frac{1}{S}=\frac{0.005}{2.5}+\frac{0.995}{1}=0.997 \qquad \therefore S=1.003=1.00\text{kg/L}$

(다) $500\text{kg/d}=(12-x)\times1.22\times10^3\times0.3+x\times1.003\times10^3\times0.005$

$$\therefore x[\text{m}^3/\text{d}]=\frac{12\times1.22\times10^3\times0.3-500}{(1.22\times10^3\times0.3-1.003\times10^3\times0.005)}=10.782=10.78\text{m}^3/\text{d}$$

(라) 탈수케이크의 발생량(kg/d) $=(12-10.782)\text{m}^3/\text{d}\times10^3\text{L/m}^3\times1.22\text{kg/L}$
$=1485.96\text{kg/d}$

답 (가) 1.22kg/L (나) 1.00kg/L (다) $10.78m^3/d$ (라) 1485.96kg/d

09. 염소 소독 시 수중에 존재하는 2종류의 유리잔류염소와 수중에 암모니아와 반응하여 존재하는 3종류의 결합잔류염소에 대한 반응식을 나타내시오. (6점)

답 ① 유리잔류염소(free available chlorine)
$Cl_2+H_2O \rightleftarrows HOCl+H^++Cl^-$
$HOCl \rightleftarrows H^++OCl^-$
② 결합잔류염소(chloramine)
$NH_3+HOCl \rightarrow NH_2Cl+H_2O$(monochloramine)
$NH_3+2HOCl \rightarrow NHCl_2+2H_2O$(dichloramine)
$NH_3+3HOCl \rightarrow NCl_3+3H_2O$(trichloramine)

10. 하천의 흐름을 일정한 단면이나 구간에 대해 시간적 또는 공간적으로 흐름 특성을 구분할 수 있다. 이러한 측면에서 정상류(steady flow)와 비정상류(unsteady flow) 및 등류(uniform flow)와 부등류(non-uniform flow)를 구분하여 정의하시오. (6점)

답 ① 정상류 : 하천 내의 어느 임의의 한 점에 있어서 유동조건이 시간에 관계 없이 항상 일정한 흐름

② 비정상류 : 하천 내의 어느 임의의 한 점에 있어서 유동조건이 시간에 따라서 변하는 흐름

③ 등류 : 유동상태에서 거리의 변화에 관계 없이 속도가 항상 일정한 흐름

④ 부등류 : 유동상태에서 거리의 변화에 따라 속도의 변화가 있는 흐름

11. 분산 플러그 흐름 반응조가 설계되고 첫 번째 시행에서 깊이가 4.57m이고 너비가 9.14m, 길이가 61m인 반응조가 얻어졌다. 반응조로의 총 흐름은 10600000L/d이고, 공기유속 Q_a는 25m³/min−1000m³일 때 분산수 $d=\frac{D}{VL}$를 구하여라. (단, $D=3.118W^2Q_a^{0.346}$, W : 너비, L : 길이) (6점)

해설 ⓐ $D=3.118\times9.14^2\times25^{0.346}=793.333\text{m}^3/\text{h}$

ⓑ 축방향 속도$(V)=\dfrac{10600\text{m}^3/\text{d}\times\dfrac{\text{d}}{24\text{h}}}{(9.14\times4.57)\text{m}^2}=10.574\text{m/h}$

$\therefore$ 분산수$(d)=\dfrac{D}{V\times L}=\dfrac{793.333\text{m}^2/\text{h}}{(10.574\times61)\text{m}^2/\text{h}}=1.229=1.23$

답 분산수=1.23

12. 다음은 알칼리 염소 산화법의 공정도이다. 물음에 답하시오. (6점)

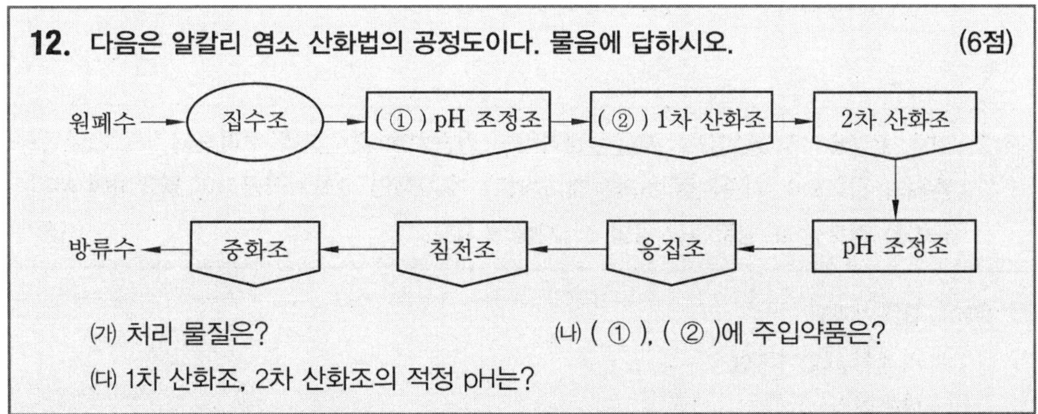

(가) 처리 물질은? (나) (①), (②)에 주입약품은?

(다) 1차 산화조, 2차 산화조의 적정 pH는?

답 (가) 시안 (나) ① : NaOH ② : NaOCl

(다) ① 1차 산화조의 pH=10.5~11 ② 2차 산화조의 pH=8~8.5

수질환경 기사 실기 과년도 문제

2017년 4월 16일 시행

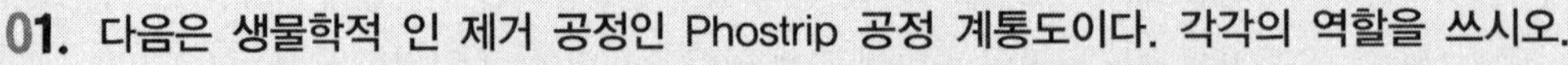

01. 다음은 생물학적 인 제거 공정인 Phostrip 공정 계통도이다. 각각의 역할을 쓰시오. (8점)

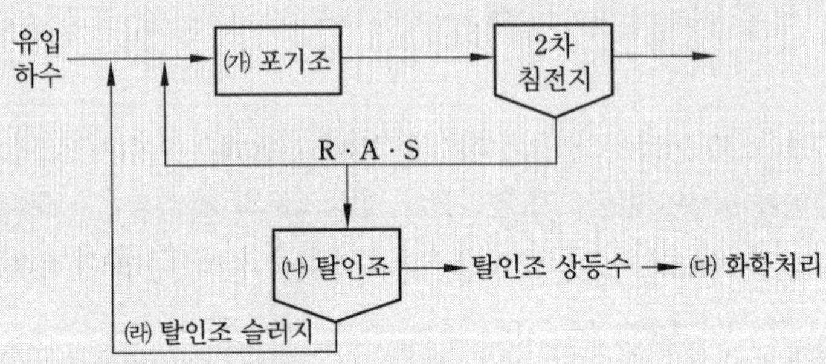

(가) 포기조(유기물 제거 제외)

(나) 탈인조

(다) 화학처리

(라) 탈인조 슬러지

답 (가) 포기조(유기물 제거 제외) : 호기성 상태에서 인의 과잉 섭취

(나) 탈인조 : 혐기성 상태에서 인의 방출

(다) 화학처리 : 인을 과량 함유하는 상등수를 석회, 기타 응집제로 처리

(라) 탈인조 슬러지 : 포기조에서 인의 과잉 흡수를 유도

02. 기존 활성슬러지 공법으로 부유성장물(SS) 기준치를 준수하여 처리하고 있었으나 기준치가 강화되어 기준치를 초과하게 되었다. 추가적인 고도처리공정이 필요하여 처리공법을 검토할 때 검토대상 공법 3가지를 쓰시오. (6점)

답 ⓐ 급속여과법

ⓑ 기계식 표면여과법

ⓒ 막분리법

참고 ⓐ 급속여과법은 안정된 처리 성능을 얻을 수 있고 운전도 용이하며 2차 처리수질의 향상을 기대할 수 있는 고도처리의 기본 공정이다. 급속여과법은 모래, 모래와 안트라사이트,

섬유사, 폴리에틸렌 등의 여재로 이루어진 여층에 비교적 높은 속도로 유입수를 통과시켜 부유물을 제거하는 방법이다.

ⓑ 표면여과(surface filtration)는 얇은 격벽(septum ; 여재)을 통해 액체를 통과시켜 기계적 체거름에 의해 액체 안의 부유입자들을 제거하는 것이다. 여과 격벽으로 사용되는 물질에는 엮어진 금속 직물, 섬유 직물, 합성물질 등이 있다. 여재(여과막) 표면여과의 간극 크기는 10~30μm 정도이다. 대표적인 여재(여과막) 표면여과기에는 디스크 필터(disc filter, DF)와 섬유여재 디스크 필터(cloth-media disk filter, CMDF) 등이 있다.

ⓒ 압력차에 의해서 막을 통과시켜 물질을 분리하는 방법이 막분리법이다. 막의 두께는 보통 0.052mm 정도이다. 한외여과시설이 고분자량 물질의 분리를 목적으로 하는 것에 비하여 역삼투시설에서는 저분자량의 이온영역까지의 분리를 목적으로 한다. 나노여과는 역삼투의 변형으로 분리 범위도 역삼투와 비슷하나 주로 조대 유기분자들이 제거된다. 정밀여과에서 분리되는 입경이 가장 크며 주로 부유물, 박테리아, 효소 등이 제거된다.

03. 200mg/L의 CN^-(시안)을 함유한 폐수 $500m^3/d$를 알칼리염소법으로 처리하는 데 필요한 이론적인 염소량(ton/d)을 구하시오. (단, Cl의 원자량은 35.5) (5점)

$$2CN^- + 5Cl_2 + 4H_2O \rightarrow 2CO_2 + N_2 + 8HCl + 2Cl^-$$

해설 염소량 $= 200 \times 500 \times 10^{-6} \times \dfrac{5 \times 71}{2 \times 26} = 0.683 = 0.68\text{ton/d}$

답 염소량 $= 0.68$ton/d

04. 수중의 암모니아성 질소(NH_3-N) 제거의 물리·화학적 방법인 공기 탈기법(air stripping), 파괴점 염소처리법(breakpoint chlorination)의 제거원리(화학식 포함)를 각각 설명하시오. (4점)

(가) 공기탈기법
(나) 파괴점 염소처리법

답 (가) 공기탈기법 : 폐수의 pH가 9 이상으로 증가함에 따라 NH_4^+ 이온이 NH_3로 변하며 이때 휘저어주면 NH_3는 공기 중으로 날아간다.

$NH_3 + H_2O \rightleftarrows NH_4^+ + OH^-$

(나) 파괴점 염소처리법 : 염소가스나 차아염소산염을 사용하는 염소처리는 암모니아를 산화시켜 중간 생성물인 클로라민을 형성하고 최종적으로 질소가스와 염산을 생성시키는 것이다.

$2NH_3 + 3Cl_2 \rightarrow 6HCl + N_2$

05. 바다의 적조현상의 원인이 되는 환경조건 2가지와 영양조건(원소명) 3가지를 쓰시오. (10점)

답 ① 환경조건 : ⓐ 햇빛이 강하고 수온이 높을 때
ⓑ 영양염류가 과다 유입되고 염분 농도가 낮을 때
② 영양조건 : 질소(N), 인(P), 규소(Si)

06. 수격작용 원인과 방지대책을 각각 2가지씩 쓰시오. (8점)

답 ① 원인 : ⓐ 펌프의 운전 중에 정전에 의해서
ⓑ 펌프의 정상운전일 때의 유체에 압력변동이 생길 때
② 대책 : ⓐ 펌프에 플라이 휠(fly wheel)을 붙여 펌프의 급격한 속도변화를 막고 급격한 압력 강하를 완화시킨다.
ⓑ 토출측 관로에 일방향 조압수조(one-way surge tank)를 설치한다.

07. Trichloroethylene의 최대오염물 기준(MCL)은 0.005mg/L이다. Trichloroethylene의 농도 33ug/L를 MCL까지 감소시키는 데 PAC 최소 주입량(mg/L)을 구하시오. (등온 흡착식 이용, $K=28$ $n=1.61$) (5점)

해설 $\frac{0.033-0.005}{x}=28\times0.005^{\frac{1}{1.61}}$ $\therefore x=0.027=0.03\text{mg/L}$

답 PAC 최소 주입량=0.03mg/L

참고 Freundrich 등온공식 : $\frac{X}{M}=KC^{\frac{1}{n}}$

08. 유량이 200m³/d인 폐수의 SS농도는 300mg/L이다. 공기부상실험에서 최적 A/S비는 0.05mgAir/mgSolid, 실험온도는 20℃이며, 이 온도에서 공기의 용해도는 18.7mL/L, 공기의 포화분율은 0.6, 표면부하율 8L/m² · min, 운전압력이 4atm일 때 반송률을 구하시오. (5점)

해설 $0.05=\frac{1.3\times18.7\times(0.6\times4-1)}{300}\times R$

$R=\frac{0.05\times300}{1.3\times18.7\times(0.6\times4-1)}=0.4407$ $\therefore R=44.07\%$

답 반송률=44.07%

09. 도수관로의 기능을 저하시키는 원인 4가지를 쓰시오. (4점)

답 ⓐ 관로의 노후화에 의한 관로 벽면의 부식
ⓑ 생물막의 증식
ⓒ 누수의 발생
ⓓ 관로 내의 급격한 밸브 조작이나 pump 가동 중지 등으로 인한 수격압의 발생

10. pH 3인 폐수 1000m^3/d와 pH 5인 폐수 2000m^3/d가 혼합되어 폐수처리장에 유입 시 유입수의 pH를 구하시오. (5점)

해설 $10^{-3} \times 1000 + 10^{-5} \times 2000 = x \times (1000+2000)$

$\therefore x = 3.4 \times 10^{-4}$

$\therefore \text{pH} = -\log(3.4 \times 10^{-4}) = 3.469 = 3.47$

답 pH=3.47

참고 ⓐ 액성이 같은 경우(산+산, 알칼리+알칼리)

$NV + N'V' = N''(V+V')$

ⓑ 액성이 다른 경우(산+알칼리)

$NV - N'V' = N''(V+V')$

㉠ 다른 액성을 혼합하는 경우이므로 NV와 $N'V'$의 값을 비교하여 큰 값을 앞에 둔다. 이때 알칼리의 경우 반드시 pOH로 해서 OH^-의 N농도로 해야 한다.

㉡ 혼합 후의 액성도 큰 값을 따른다.

ⓒ pH는 용액 중에 유리상태로 있는 수소이온 농도의 역수 대수치이다.

$$\text{pH} = \log\frac{1}{[H^+]} = -\log[H^+]$$

ⓓ $\text{pH} = 14 - \text{pOH} = 14 - (-\log[OH^-]) = 14 + \log[OH^-]$

수질환경 기사 실기 과년도 문제

2017년 6월 25일 시행

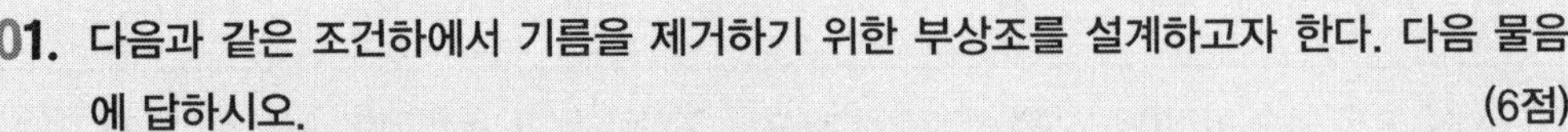

01. 다음과 같은 조건하에서 기름을 제거하기 위한 부상조를 설계하고자 한다. 다음 물음에 답하시오. (6점)

〈조건〉 1. 제거대상 유적의 직경 : 200μm
2. 유적의 밀도 : $0.9g/cm^3$
3. 액체의 점도 : 0.01g/cm · s
4. 액체의 밀도 : $1.0g/cm^3$
5. 처리 유량 : $20000m^3/d$
6. 부상조의 단면 규격 : 유효수심=3m, 폭=4m
7. 부상조의 유체 흐름은 완전 층류라 가정한다.

(가) 유적이 수면까지 부상하는 데 소요되는 시간(분)을 산출하시오.
(나) 부상조의 소요 길이를 구하시오.

해설 (가) $t=\dfrac{H}{V_f}$ 에서

$$V_f[\mathrm{m/d}]=\left\{\frac{980\times(1.0-0.9)\times(200\times10^{-4})^2}{18\times0.01}\right\}\mathrm{cm/s}\times10^{-2}\mathrm{m/cm}\times86400\mathrm{s/d}$$

$$=188.16\mathrm{m/d}$$

$$\therefore t=\frac{3\mathrm{m}}{188.16\mathrm{m/d}\times\mathrm{d}/1440\mathrm{min}}=22.959=22.96\mathrm{min}$$

(나) $V_f=\dfrac{Q}{A}=\dfrac{Q}{L\times B}$

$$\therefore L=\frac{20000\mathrm{m^3/d}}{188.16\mathrm{m/d}\times4\mathrm{m}}=26.573=26.57\mathrm{m}$$

답 (가) 부상 시간(t)=22.96min
(나) 부상조 소요 길이(L)=26.57m

02. 일반적으로 수처리를 위한 약품 응집에는 알칼리도가 중요한 의미를 가진다. 다음 무기응집제에 대하여 각각 응집에 필요한 칼슘염 형태의 알칼리도를 반응시켜 floc을 형성하는 완결반응식을 쓰시오. (6점)

(가) $FeSO_4 \cdot 7H_2O$($Ca(OH)_2$와 반응하며, 이 반응은 DO를 필요로 한다.)

(나) $Fe_2(SO_4)_3$ ($Ca(HCO_3)_2$와 반응)

답 (가) $2FeSO_4 \cdot 7H_2O + 2Ca(OH)_2 + 1/2O_2 \rightarrow 2Fe(OH)_3 + 2CaSO_4 + 13H_2O$

(나) $Fe_2(SO_4)_3 + 3Ca(HCO_3)_2 \rightarrow 2Fe(OH)_3 + 3CaSO_4 + 6CO_2$

03. 평균 설계유량이 $3785m^3/d$이고 평균 인(P) 농도가 8mg/L인 2차 유출수로부터 인을 제거하기 위해 1일당 요구되는 액상 alum의 양(m^3)을 계산하여라. (단, Al : P의 몰(mol)비는 2 : 1로 사용, 액상 alum의 비중량은 $1331kg/m^3$이고 액상 alum 중에 Al이 4.37wt% 함유하고 있는 것으로 가정, P 원자량 31, Al의 원자량 27이다.) (6점)

해설 ⓐ $2Al : P = 2 \times 27g : 31g = x[kg/d] : 8mg/L \times 3785m^3/d \times 10^{-3}$

$\therefore x = 52.746kg/d$

ⓑ alum의 양(m^3/d)$= \dfrac{52.746kg/d}{0.0437 \times 1331kg/m^3} = 0.907 = 0.91m^3/d$

답 액상 alum의 양$=0.91m^3/d$

04. 하수의 배수방법 중 합류식의 장·단점을 2가지씩 쓰시오. (4점)

답 ① 장점 : ㉠ 건설비가 저렴하고 시공이 용이하다.

㉡ 구배가 완만하고 매설깊이가 얕아진다.

② 단점 : ㉠ 수질오탁의 원인이 된다.

㉡ 관내에 오물이 퇴적한다.

05. 수격작용과 공동현상의 원인과 방지대책을 각각 2가지씩 쓰시오. (4점)

답 ① **수격작용**

ⓐ 원인 : ㉠ 펌프의 운전 중에 정전에 의해서

㉡ 펌프의 정상운전일 때의 유체에 압력변동이 생길 때

ⓑ 대책 : ㉠ 펌프에 플라이 휠(fly wheel)을 붙여 펌프의 급격한 속도변화를 막고 급격한 압력 강하를 완화시킨다.

㉡ 토출측 관로에 일방향 조압수조(one－way surge tank)를 설치한다.

② 공동현상

ⓐ 원인 : ㉠ Impeller 입구의 압력이 포화증기압 이하로 낮아졌을 때

㉡ 이용 가능한 유효흡입양정(NPSH)이 펌프의 필요 NPSH(Net Positive Suction Head)보다 낮을 때

ⓑ 대책 : ㉠ 펌프의 설치 위치를 가능한 한 낮추어 가용 유효흡입양정을 크게 한다.

㉡ 흡입관을 되도록 짧게 하고 관경은 크게 하여 손실수두를 감소시킨다.

06. 수심이 깊은 호수에서 여름철 온도 분포를 수심에 따라 그래프로 나타내고 각 층을 구분하여 명칭을 기술하시오. (단, 호수의 수심을 적절히 가정하여 작성하시오.) (6점)

답

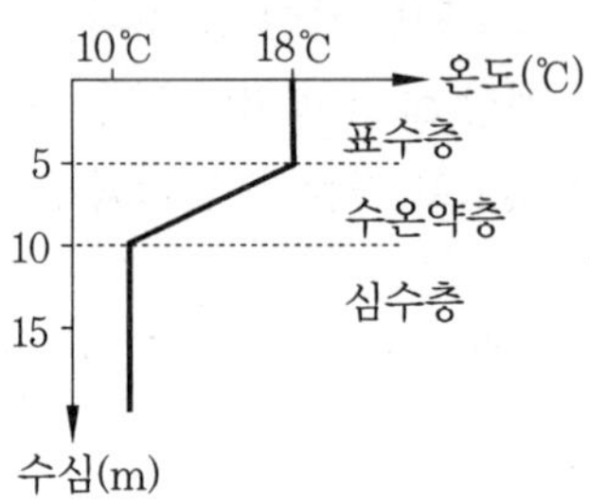

07. 다음 용어를 간략히 정의하고 단위를 쓰시오. (10점)

(가) 0차 반응 (나) 1차 반응

(다) 슬러지 여과 비저항계수 (라) 슬러지 용량지표

(마) 콜로이드 제타 전위

답 (가) 반응물의 농도에 독립적인 속도로 진행되는 반응 $\frac{dC}{dt}=-K$

$\frac{dC}{dt}$: mg/L·h, K : mg/L·h

(나) 반응속도가 반응물의 농도에 비례하여 진행되는 반응 $\frac{dC}{dt}=-KC$

$\frac{dC}{dt}$: mg/L·h, K : h^{-1}, C : mg/L

(다) 슬러지 탈수 시(여과 탈수) 슬러지가 탈수 안 되려는 저항계수(단위 : m/kg)

(라) 슬러지의 침강 농축성의 지표로서 30분 침전 후 1g의 MLSS가 차지하는 부피를 mL로 나타낸 값(단위 : mL/g)

(마) 전기적으로 부하되어 있는 콜로이드 입자 간에 있어서 서로 밀어내는 힘(단위 : A·s)

08. 활성슬러지법으로 폐수를 처리하는 공장의 원수수질이 BOD_2=600mg/L(K_1=0.2/d), NH_4^+-N은 10mg/L로 측정되었다. 이 공장 폐수처리가 이상적으로 운전되기 위한 영양조건 BOD_5 : N : P=100 : 5 : 1을 충족시키기 위해 인위적으로 질소(N)와 인(P)을 얼마나 공급해 주어야 하는지 이론적 공급량(mg/L)을 각각 구하시오. (6점)

해설 ⓐ $BOD_u = \dfrac{600}{1-10^{-0.2\times 2}} = 996.855\text{mg/L}$

$\therefore BOD_5 = 996.855\times(1-10^{-0.2\times 5}) = 897.1695\text{mg/L}$

ⓑ 공급 N의 양 $= 897.1695\times\dfrac{5}{100} - 10 = 34.858 = 34.86\text{mg/L}$

공급 P의 양 $= 897.1695\times\dfrac{1}{100} = 8.971 = 8.97\text{mg/L}$

답 N=34.86mg/L, P=8.97mg/L

09. 다음과 같은 조건 하에서 2차 처리수의 살균을 위한 염소 접촉조를 설계하고자 한다. 접촉조의 소요 길이를 산출하시오. (6점)

〈조건〉 1. 유입 유량 : $1.2m^3/s$
2. 접촉조 단면 : 폭=2m, 유효 수심=2m
3. 계획 살균 효율 : 95%
4. 살균 반응은 다음 식에 따른다고 한다.

$$\frac{dN}{dt} = -KNt$$

N : 시간 t에서의 생존 미생물 수, K : 살균반응 속도상수, t : 시간

5. 살균반응 속도상수 $K=0.1/\text{min}^2$ (밑수 e)
6. 접촉조 내의 흐름은 plug flow라고 가정한다.

해설 V(체적)$=L\times B\times h=Q\cdot t$에서 접촉 시간 t를 구한다.

$$\frac{dN}{dt} = -KN\cdot t\,(\text{base } e)$$

$$\therefore \frac{dN}{N} = -K\cdot tdt$$

조건 $t=0$에서 $N=N_0$, $t=t$에서 $N=N_t$를 이용하여 적분하면

$$\int_{N_0}^{N_t}\frac{dN}{N} = -K\int_0^t tdt$$

$$\therefore \left[\ln N\right]_{N_0}^{N_t} = -K\left[\frac{t^2}{2}\right]_0^t$$

$$\therefore \ln\frac{N_t}{N_0} = -K \cdot \frac{t^2}{2}$$

$$\therefore t = \sqrt{\frac{\ln\frac{N_t}{N_0}\times 2}{-K}} = \sqrt{\frac{\ln\frac{5}{100}\times 2}{-0.1/\text{min}^2}} = 7.74\text{min}$$

$$\therefore L = \frac{Q\cdot t}{B\times h} = \frac{1.2\text{m}^3/\text{s}\times 7.74\text{min}\times 60\text{s/min}}{(2\times 2)\text{m}^2} = 139.32\text{m}$$

답 접촉조의 소요 길이=139.32m

10. 유입 폐수를 2단 접촉산화법으로 처리하고자 한다. 유입 유량이 300m³/d, 유입 BOD는 200mg/L, 유출 BOD는 30mg/L이 되도록 할 때 접촉산화조의 총용적(m^3), 1실의 용적(m^3), 2실의 용적(m^3)을 구하시오. (단, 총 BOD 용적부하량은 $0.3kg/m^3 \cdot d$, 평균 유량은 유입유량의 2/3, 제1실의 BOD 용적부하량은 $0.5kg/m^3 \cdot d$ 이다.) (6점)

해설 ① $0.3 = \dfrac{200\times 300\times 10^{-3}}{x}$ $\quad\therefore x = 200\text{m}^3$

② $0.5 = \dfrac{200\times 300\times 10^{-3}}{x}$ $\quad\therefore x = 120\text{m}^3$

③ 2실 용적$=200-120=80\text{m}^3$

답 ① 총용적$=200\text{m}^3$

② 1실 용적$=120\text{m}^3$

③ 2실 용적$=80\text{m}^3$

수질환경 기사 실기 과년도 문제

2017년 10월 14일 시행

01. $Ca(HCO_3)_2$, CO_2의 g당량을 각각 구하시오. (단, Ca의 원자량은 40이다.) (6점)

(가) $Ca(HCO_3)_2$ g당량 (단, 반응식을 포함)

(나) CO_2 g당량 (단, 반응식을 포함)

해설 (가) $Ca(HCO_3)_2 + Ca(OH)_2 \rightarrow 2CaCO_3 + 2H_2O$

$$162g : 74g$$

$$x[g] : 37g$$

$$\therefore x = \frac{162 \times 37}{74} = 81g$$

(나) $CO_2 + H_2O \rightarrow H_2CO_3$

$$44g : 62g$$

$$x[g] : 31g$$

$$\therefore x = \frac{44 \times 31}{62} = 22g$$

답 (가) $Ca(HCO_3)_2$의 당량$=81g$

(나) CO_2의 당량$=22g$

참고 당량 : 수소 1g과 반응하는 g수 또는 산소 8g과 반응하는 g수

02. 포화 용존산소 농도가 9mg/L인 하천수에서 어느 지점의 DO 농도가 5mg/L이었다. 36시간 흐른 뒤의 하류에서 DO 농도는 얼마로 예측되는가? (단, BOD_u=10mg/L, 탈산소계수=0.1/d, 재폭기계수=0.2/d로 가정하고, 소수 첫째자리까지 구하시오. 밑수 10) (4점)

해설 $$D_t = \frac{0.1 \times 10}{0.2 - 0.1}(10^{-0.1 \times 1.5} - 10^{-0.2 \times 1.5}) + 4 \times 10^{-0.2 \times 1.5} = 4.072mg/L$$

$\therefore$ DO 농도$=9-4.072=4.928=4.9mg/L$

답 하류에서 DO 농도$=4.9mg/L$

03. 유입 BOD 250mg/L, 유량 2000m^3/d, 체류시간 6시간인 완전혼합 활성슬러지법에서 조건이 다음과 같을 때 물음에 답하시오. (6점)

〈조건〉 1. MLSS 농도 : 3000mg/L
2. 생산계수(Y) : 0.8
3. 내생호흡계수(b) : 0.05/d
4. BOD 제거율 : 90%

(가) 세포 체류시간(SRT : d)을 구하시오.
(나) F/M비를 구하시오.
(다) 슬러지 생산량(kg/d)을 구하시오.

해설 (가) $\frac{1}{\text{SRT}}=\frac{0.8\times2000\times250\times0.9}{500\times3000}-0.05=0.19$

$\therefore$ SRT=5.263=5.26d

(나) $\text{F/M비}=\frac{250\times2000}{3000\times500}=0.333=0.33\text{d}^{-1}$

(다) $W_1=\frac{500\times3000}{5.263}\times10^{-3}=285.008=285.01\text{kg/d}$

답 (가) 세포 체류시간=5.26d
(나) F/M비=0.33d^{-1}
(다) 슬러지 생산량=285.01kg/d

04. SS농도가 100mg/L이고 폐수 유량이 10000m^3/d인 흐름에서 황산제이철[$Fe_2(SO_4)_3$]을 응집제로 사용하여 50mg/L로 주입한다. 침전지에서 전체 고형물의 90%가 제거된다면 매일 제거되는 고형물의 양(kg/d)을 구하시오. (단, Fe 원자량은 55.8이며 응집보조제로 소석회를 사용하며 SS는 전량 응집된다. $Fe_2(SO_4)_3+3Ca(OH)_2\rightarrow 2Fe(OH)_3(S)+3CaSO_4$) (4점)

해설 ⓐ 제거되는 고형물의 양=(SS 유입량+$Fe(OH)_3$생성량)×제거율
ⓑ SS 유입량$=100\times10000\times10^{-3}=1000\text{kg/d}$
ⓒ $Fe(OH)_3$ 생성량$=50\times10000\times10^{-3}\times\frac{2\times(55.8+17\times3)}{(55.8\times2+96\times3)}=267.267\text{kg/d}$

$\therefore$ 제거되는 고형물의 양$=(1000+267.267)\times0.9=1140.54\text{kg/d}$

답 제거되는 고형물의 양=1140.54kg/d

05. 혐기성 소화시킨 슬러지의 고형물량이 2%, 비중이 1.4이다. 이 슬러지의 비중을 구하시오. (단, 소수 셋째자리까지 나타낸다.) (4점)

해설 $\frac{1}{x}=\frac{0.02}{1.4}+\frac{0.98}{1}$ $\therefore x=1.0057=1.006$

답 슬러지의 비중=1.006

06. 황산(비중 1.84, 순도 96%)을 이용하여 0.1N 황산 500mL를 제조하고자 한다. 이때 희석수량을 구하시오. (5점)

해설 $\frac{1.84\times10\times96}{49}\times x=0.1\times500$ $\therefore x=1.387\text{mL}$

$\therefore$ 희석수량=500−1.387=498.613=498.61mL

답 희석수량=498.61mL

07. 상수원 및 취수지점 선정 시 고려해야 될 사항을 4가지 쓰시오. (예 수질이 양호하며 수량이 풍부하여야 한다.) (8점)

답 ⓐ 가능한 한 주위에 오염원이 없는 곳이어야 한다.
ⓑ 소비지로부터 가까운 곳에 위치하여야 한다.
ⓒ 계절적으로 수량 및 수질의 변동이 적어야 한다.
ⓓ 수리학적으로 가능한 한 자연유하식을 이용할 수 있는 곳이어야 한다.

08. 봄 가을 저수지에서 발생하는 전도현상(turn over)은 저수지 바닥에 침전된 유기물을 부상시켜 저수지의 수질을 악화시킨다. 저수지에서 전도현상이 발생하는 이유를 설명하시오. (6점)

답 ① 봄 : 봄이 되면 얼음이 녹으면서 표수층의 수온이 높아지기 시작한다. 4℃가 되면 최대의 밀도를 가짐으로써 표수층의 물이 아래로 이동하게 되고 상대적으로 심수층의 물이 표수층으로 이동하게 된다.
② 가을 : 가을로 접어들면 표수층의 수온은 점차 감소되기 시작하며 대신 밀도는 점차 증대되기 시작한다. 표수층의 수온이 심수층 수온과 비슷해지면 호수 물은 약한 바람에 의해서도 완전히 혼합되며 이 과정은 단 몇 시간 만에 발생된다.

09. 정수장에서 수돗물 속에 포함될 수 있는 트리할로메탄(THM)의 생성반응 속도에 다음 각 수질 인자가 미치는 영향을 기술하시오. (6점)

(가) 수온

(나) pH

(다) 불소농도

답 (가) 수온이 높을수록 트리할로메탄(THM)의 생성반응 속도가 증가한다.

(나) pH가 높을수록 트리할로메탄(THM)의 생성반응 속도가 증가한다.

(다) 불소농도가 높을수록 트리할로메탄(THM)의 생성반응 속도가 증가한다.

10. 비점오염저감시설의 효율 평가 방법을 3가지 적으시오. (6점)

답 ⓐ 부하량 합산법(summation of loads)

ⓑ 제거효율법(efficiency ratio)

ⓒ 평균 농도법(mean concentration)

11. 활성탄을 재생하는 방법 5가지를 적으시오. (5점)

답 ⓐ 가열 재생법(가열탈착, 고온가열 재생)

ⓑ 약품 재생법(무기약품, 유기약품)

ⓒ 생물학적 재생법

ⓓ 습식 산화분해 재생법

ⓔ 전기 화학적 재생법

수질환경 기사 실기 과년도 문제
2018년 4월 15일 시행

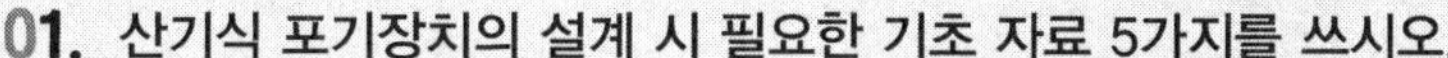

01. 산기식 포기장치의 설계 시 필요한 기초 자료 5가지를 쓰시오. (5점)

답 ⓐ 유입하수 성상 ⓑ 포기조 MLSS 농도 ⓒ SRT 범위
ⓓ 포기조 HRT ⓔ 포기조 산소 소요량

02. 소석회를 이용하여 화학침전법으로 인을 제거하고자 한다. 주어진 조건에 따라 다음 물음에 답하시오. (6점)

〈조건〉
1. 폐수유량 = $2000m^3/d$
2. 폐수 중의 PO_4^{-3}−P 농도 = 10mg/L
3. 화학침전 후 유출수 중의 PO_4^{-3}−P 농도 = 0.2mg/L
4. P의 원자량 = 31
5. $Ca_5(PO_4)_3(OH)$의 분자량 = 502

(가) 소석회 주입으로 인해 제거되는 P의 제거량(kg/d)을 구하시오.
(나) 인 제거에 사용한 $Ca(OH)_2$의 사용량(kg/d)을 구하시오.
(다) 발생되는 슬러지의 부피(m^3/d)를 구하시오.
(단, 침전슬러지의 함수율은 95%, 비중은 1.2, $Ca_5(PO_4)_3(OH)$의 침전율은 100%)

해설 (가) P의 제거량 $= (10-0.2)\times 2000\times 10^{-3} = 19.6\text{kg/d}$

(나) $5Ca^{+2} + 3PO_4^{-3} + OH^{-1} \leftrightarrow Ca_5(PO_4)_3(OH)\downarrow$

$$\therefore Ca(OH)_2\text{의 사용량} = 19.6\text{kg/d} \times \frac{5\times 74}{3\times 31} = 77.978 = 77.98\text{kg/d}$$

(다) $$\text{슬러지의 부피} = \frac{19.6\text{kg/d}\times 10^{-3}\text{t/kg}\times \dfrac{502}{3\times 31}}{0.05\times 1.2\text{t/m}^3} = 1.763 = 1.76\text{m}^3/\text{d}$$

답 (가) P의 제거량 = 19.6kg/d
(나) $Ca(OH)_2$의 사용량 = 77.98kg/d
(다) 슬러지의 부피 = $1.76m^3/d$

03. 하루 8000m^{3}의 유량을 처리하기 위해 조의 깊이가 폭의 1.25배인 정방형 급속혼합조를 설계하려고 한다. 체류시간이 40초이면 급속혼합조의 유효수심(m)과 폭(m)을 구하시오. (6점)

해설 ⓐ 정방형이므로 길이과 폭의 길이는 같다. 깊이는 폭의 1.25배이다.

$\therefore V=Q\cdot t=L\times B\times h=x\times x\times 1.25x$

ⓑ $V=8000\text{m}^3/\text{d}\times 40\text{s}\times \text{d}/86400\text{s}=3.704\text{m}^3$

$x=\sqrt[3]{\frac{3.704}{1.25}}=1.436=1.44\text{m}$

$\therefore$ 깊이$=1.436\times 1.25=1.795=1.8\text{m}$

답 유효수심=1.8m, 폭=1.44m

04. 상수원 및 취수지점 선정 시 고려해야 될 사항을 4가지 쓰시오. (예 수질이 양호하며 수량이 풍부하여야 한다.) (4점)

답 ⓐ 가능한 한 주위에 오염원이 없는 곳이어야 한다.

ⓑ 소비지로부터 가까운 곳에 위치하여야 한다.

ⓒ 계절적으로 수량 및 수질의 변동이 적어야 한다.

ⓓ 수리학적으로 가능한 한 자연유하식을 이용할 수 있는 곳이어야 한다.

05. 마찰 손실계수가 0.015이고 내경이 10cm인 관을 통하여 0.02m^3/s의 물이 흐를 때 생기는 마찰수두 손실이 10m가 되려면 관의 길이는 몇 m가 되어야 하는지 산출하시오. (4점)

해설 $h_L=f\cdot\frac{L}{D}\cdot\frac{V^2}{2g}$에서 V를 구하면

$$V=\frac{Q}{A}=\frac{0.02\text{m}^3/\text{s}}{\left(\frac{\pi\times 0.1^2}{4}\right)\text{m}^2}=2.546\text{m/s}$$

$$\therefore L=\frac{h_L\cdot D\cdot 2g}{f\cdot V^2}=\frac{10\times 0.1\times 2\times 9.8}{0.015\times 2.546^2}=201.58\text{m}$$

답 관의 길이=201.58m

06. TS=325mg/L, TSS=100mg/L, FS=200mg/L, VSS=55mg/L일 때 TDS, VS, FSS, VDS, FDS를 구하시오. (10점)

해설 ① TDS=325−100=225mg/L

② VS=325−200=125mg/L

③ FSS=100−55=45mg/L

④ VDS=125−55=70mg/L

⑤ FDS=225−70=155mg/L

답 TDS=225mg/L, VS=125mg/L, FSS=45mg/L, VDS=70mg/L, FDS=155mg/L

07. 슬러지 소화조에서는 고정식 지붕과 부유식 지붕이 가장 많이 이용된다. 고정식 지붕에 비하여 부유식 지붕의 장점을 3가지 쓰시오. (6점)

답 ⓐ 부피가 변하므로 운영상의 융통성이 크다.

ⓑ 소화가스와 산소가 혼합되어 폭발가스가 될 위험을 최소화시킨다.

ⓒ 스컴이 수중에 잠기게 되므로 스컴을 혼합시킬 필요가 없다.

참고 이외에도, 통상 0.6~1.8m의 높이를 이동할 수 있으므로 지붕 아래에 가스 저장을 위한 공간이 부여되는 장점이 있지만, 부유식 지붕은 고정식에 비하여 고가라는 단점이 있다.

08. 어떤 도시의 인구가 10년간 3.25배 증가하였다. 이 도시의 인구 증가가 등비급수법에 따른다고 가정할 때 연평균 증가율(%)을 구하시오. (5점)

해설 ⓐ $P_n=P_0(1+r)^n$

ⓑ $r=\left(\frac{P_n}{P_0}\right)^{\frac{1}{n}}-1=\left(\frac{1}{3.25}\right)^{-\frac{1}{10}}-1=0.12509$

$\therefore r=12.509=12.51\%$

답 연평균 증가율=12.51%

09. CSTR(Continuous flow Stirred Tank Reactor)에서 물질을 분해하여 95%의 효율로 처리하고자 한다. 이 물질은 1차 반응으로 분해되며, 속도상수는 0.05/h이다. 유입 유량은 300L/h이고, 유입농도는 150mg/L이라면 필요한 CSTR의 부피(m^3)를 구하시오. (단, 반응은 정상상태이다.) (5점)

해설 물질수지식 : $QC_0 = QC + V\frac{dC}{dt} + VKC$

정상상태에서 $\frac{dC}{dt} = 0$

$$\therefore V = \frac{Q(C_0 - C)}{KC} = \frac{0.3 \times (150 - 7.5)}{0.05 \times 7.5} = 114\text{m}^3$$

답 CSTR의 부피 $= 114\text{m}^3$

10. 연속회분식활성슬러지공법(SBR : Sequencing Batch Reactor)의 장점을 4가지 쓰시오. (4점)

답 ⓐ 수리학적 과부하에도 MLSS의 누출이 없다.
ⓑ 팽화 방지를 위한 공정의 변경이 용이하다.
ⓒ 소규모 처리장에 적합하다.
ⓓ 슬러지 반송을 위한 펌프가 필요 없어 배관과 동력이 절감된다.

참고 질소와 인의 효율적인 제거가 가능하다.

11. 아래 반응조들은 생물학적 질소, 인 제거 프로세스의 하나인 수정 Bardenpho에 대한 것을 나열한 것이다. 블록에 들어갈 각 반응조 명을 기술하고 각각의 주된 역할을 설명하시오. (단, 유기물 제거는 답에서 제외함, 내부반송 생략) (5점)

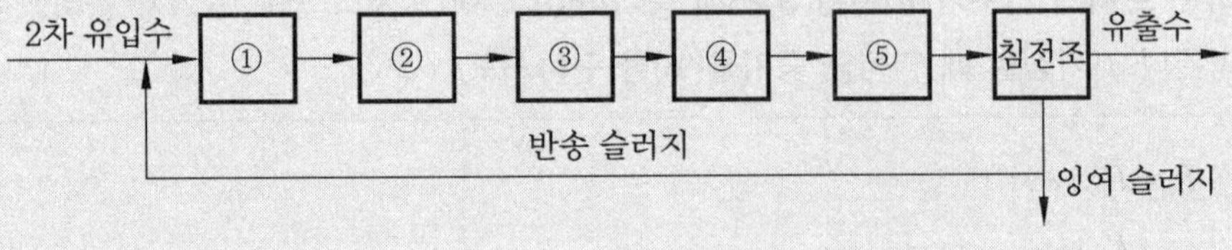

답 ① 혐기조 : 인의 방출
② 무산소조 : 첫 번째 호기성조에서 질산화된 혼합액을 탈질화
③ 호기성조 : 질산화, 인의 과잉 섭취
④ 무산소조 : 앞 단의 호기성조에서 유입되는 질산성 질소를 탈질화
⑤ 호기성조 : 혐기성 조건에서 인의 용출 방지

수질환경 기사 실기 과년도 문제

2018년 6월 30일 시행

01. 400000톤의 저수량을 가진 저수지에 특정 오염물질이 사고에 의하여 유입되어 오염물 농도가 30mg/L로 되었다. 다음의 조건에서 이 오염물 농도가 3mg/L까지 감소하는 데 몇 년이 소요될 것인지 계산하시오. (6점)

〈조건〉 1. 오염물 유입 전에는 저수지의 오염물 함유는 없었다.
2. 오염물은 저수지 내 다른 물질과 반응하지 않는다.
3. 저수지를 CFSTR이라고 가정한다.
4. 저수지의 유역면적은 100000m^{2}이다.
5. 유역의 연평균 강우량은 1200mm이다.
6. 저수지의 유입 유량은 강우량만 고려한다.

해설 물질수지식 : $V \cdot \dfrac{dC}{dt} = Q \cdot C_0 - Q \cdot C - V \cdot KC$에서

유입량과 반응량을 0으로 하고 식을 적분하여 정리하면

$$\ln\frac{C_2}{C_1} = -\left(\frac{Q}{V}\right) \cdot t$$

$$\therefore t = \frac{\ln\dfrac{3}{30}}{-\left(\dfrac{1.2\text{m/년} \times 10^5\text{m}^2}{400000\text{m}^3}\right)} = 7.675 = 7.68\text{년}$$

답 소요시간=7.68년

02. 입상여재를 이용한 여과지에서 여층의 구성을 결정할 때 고려할 인자 5가지를 쓰시오. (5점)

답 ⓐ 여과 속도 ⓑ 지속 시간 ⓒ 손실 수두 ⓓ 유입수의 수질 ⓔ 세척 방식

03. 농축조를 설치하기 위하여 회분 침강 농축을 실험한 결과로 다음과 같은 특성곡선을 얻었다. 슬러지 초기농도가 10g/L이었다고 하면 6시간 정치 후 슬러지 농도는? (5점)

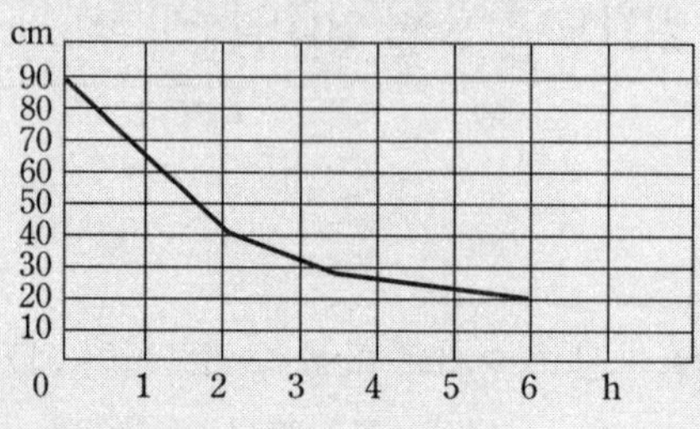

해설 $10g/L \times 90cm = x[g/L] \times 20cm \quad \therefore x = 45g/L$

답 슬러지 농도=45g/L

04. 고도처리 방법인 막분리 공정에서 사용하는 분리막 모듈의 형식 3가지를 기술하시오. (6점)

답 ⓐ 관형 ⓑ 판형 ⓒ 나선형

05. 미생물을 살균하기 위해서는 살균제를 투입하게 된다. 이때 살균 작용에 영향을 미치는 인자들을 5가지만 쓰시오. (5점)

답 ⓐ 살균제의 접촉시간 ⓑ 살균제의 종류와 농도 ⓒ 적용 온도
ⓓ 미생물의 수 ⓔ 적용 pH

06. 최근 대규모 생물학적 하수처리공정이 활성슬러지 공법에서 유기물, 질소 및 인을 동시에 제거할 수 있는 고도처리 동정으로 변하고 있다. 이중 5단계 Bardenpho 공정에 대해 공정도를 그리고 호기조 반응조의 주된 역할 2가지에 대해 간단히 기술하시오. (5점)

(가) 공정도(반응조 명칭, 내부반송, 슬러지 반송 표시)

(나) '호기조'의 주된 역할 2가지(단, 유기물 제거는 정답에서 제외함)

답 (가)

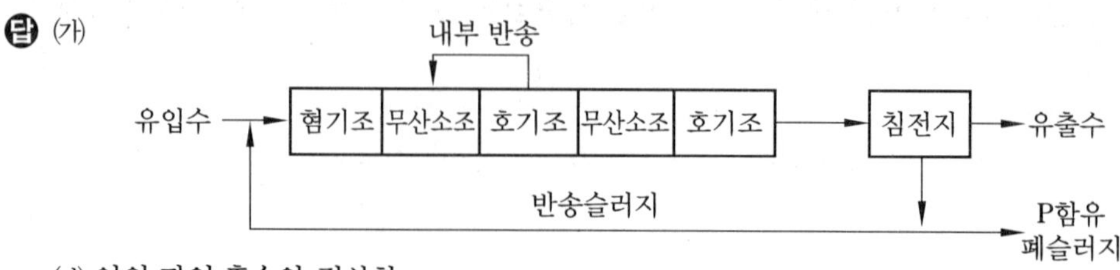

(나) 인의 과잉 흡수와 질산화

07. 지하수가 다음과 같은 4개의 대수층을 통과할 때 수평방향(X)과 수직방향(Y)의 평균 투수계수 K_X와 K_Y를 각각 결정하시오. (6점)

$K_1=10cm/d$	↕	20cm
$K_2=50cm/d$	↕	5cm
$K_3=1cm/d$	↕	10cm
$K_4=5cm/d$	↕	10cm

(가) 수평방향(x) 평균투수계수 K_X　　(나) 수직방향(y) 평균투수계수 K_Y

해설 (가) 수평방향으로의 투수계수

$$\therefore K_X=\frac{K_1h_1+K_2h_2+K_3h_3+K_4h_4}{h_1+h_2+h_3+h_4}$$

$$=\frac{10\times20+50\times5+1\times10+5\times10}{20+5+10+10}=11.333=11.33cm/d$$

(나) 수직방향으로의 투수계수

$$\therefore K_Y=\frac{h_1+h_2+h_3+h_4}{\frac{h_1}{K_1}+\frac{h_2}{K_2}+\frac{h_3}{K_3}+\frac{h_4}{K_4}}$$

$$=\frac{20+5+10+10}{\frac{20}{10}+\frac{5}{50}+\frac{10}{1}+\frac{10}{5}}=3.191=3.19cm/d$$

답 (가) $K_X=11.33cm/d$　　(나) $K_Y=3.19cm/d$

08. 평균 유량 20000m^3/d인 도시하수처리장의 1차 침전지를 설계하려고 한다. 1차침전지에 대한 권장 설계기준은 최대 표면 부하율이 90m^3/m^2·d, 평균 부하율은 35m^3/m^2·d이고 최대 유량/평균 유량=2.75이다. 침전지의 지름을 구하고 표준규격 지름을 선택하시오. (단, 침전지의 표준규격은 지름 기준으로 10m, 15m, 20m, 25m, 30m, 35m, 40m이다.) (6점)

해설 ① 침전지의 지름을 구한다(최대 지름으로 선택).

ⓐ 평균 표면 부하율$=\dfrac{\text{평균 유량}}{A}$

$$\therefore A=\frac{\pi D^2}{4}=\frac{20000}{35}\qquad\therefore D=\sqrt{\frac{4\times20000}{\pi\times35}}=26.97m$$

ⓑ 최대 표면 부하율$=\dfrac{2.75\times \text{평균 유량}}{A}$

$\therefore D=\sqrt{\dfrac{4\times 2.75\times 20000}{\pi\times 90}}=27.89\text{m}$

② 침전지의 표준 규격 지름=30m

답 ① 침전지의 지름=27.89m

② 침전지의 표준 규격 지름=30m

09. 수심 0.5m, 폭 1.2m인 직사각형 단면수로(구배 $\dfrac{1}{800}$)의 유량(m^3/min)을 구하시오. (단, 소수 첫째자리까지 계산하고, Bazin의 유속공식을 이용한다.) (5점)

$$V=\frac{87}{1+\dfrac{r}{\sqrt{R}}}\sqrt{RI}\,[\text{m/s}] \qquad \text{조도상수}=0.3$$

해설 $V=\dfrac{87}{1+\dfrac{r}{\sqrt{R}}}\sqrt{RI}$에서 R은 다음 공식을 이용하여 구한다.

$$R=\frac{1.2\times 0.5}{2\times 0.5+1.2}=0.273\text{m}$$

$$\therefore V[\text{m/s}]=\frac{87}{1+\dfrac{0.3}{\sqrt{0.273}}}\times\sqrt{0.273\times\frac{1}{800}}=1.021\text{m/s}$$

$$\therefore Q[\text{m}^3/\text{min}]=A\cdot V=(1.2\times 0.5)\text{m}^2\times 1.021\text{m/s}\times 60\text{s/min}=36.756=36.8\text{m}^3/\text{min}$$

답 유량$=36.8\text{m}^3/\text{min}$

10. 다음과 같은 여과지에서 아래 각 물음에 답하시오. (6점)

[여과지 조건]

1. 처리 수량 : $50000\text{m}^3/\text{d}$
2. 여과 속도 : $5\text{m}^3/\text{m}^2\cdot\text{h}$
3. 여과지 수 : 5개
4. 1회 역 세척 시간 : 20분
5. 1일 역세척 횟수 : 6회
6. 여과지 1개의 규격은 길이 : 폭=2 : 1

(가) 1일 실제 여과 시간(h/d)을 산출하시오.

(나) 1지당 소요되는 이론적인 여과 면적(m^2)을 산출하시오.

(다) 1지당 여과지의 길이(m)와 폭(m)을 결정하시오.

해설 (가) 실제 여과 시간은 역세 시간을 빼면 구할 수 있다.

즉, 실제 여과 시간(h/d)=24h/d−20min/회×6회/d×h/60min=22h/d

(나) 1지의 여과 면적(m^2/지)$=\dfrac{50000m^3/d}{5m^3/m^2 \cdot h \times 22h/d \times 5\text{지}}$=90.909=90.91$m^2$/지

(다) $A=L \times B=2x \cdot x=90.91m^2$

$\therefore x=\sqrt{\dfrac{90.91}{2}}=6.742=6.74m$

길이$=2x=6.742\times 2=13.484=13.48m$

답 (가) 실제 여과 시간(t)=22h/d

(나) 1지의 여과 면적(A)=90.91m^2/지

(다) 길이(L)=13.48m, 폭(B)=6.74m

11. 활성슬러지 공법에서 포기조의 혼합액 DO농도가 낮아지는 이유에 대한 알고리즘(algorithm)을 완성하시오. (3점)

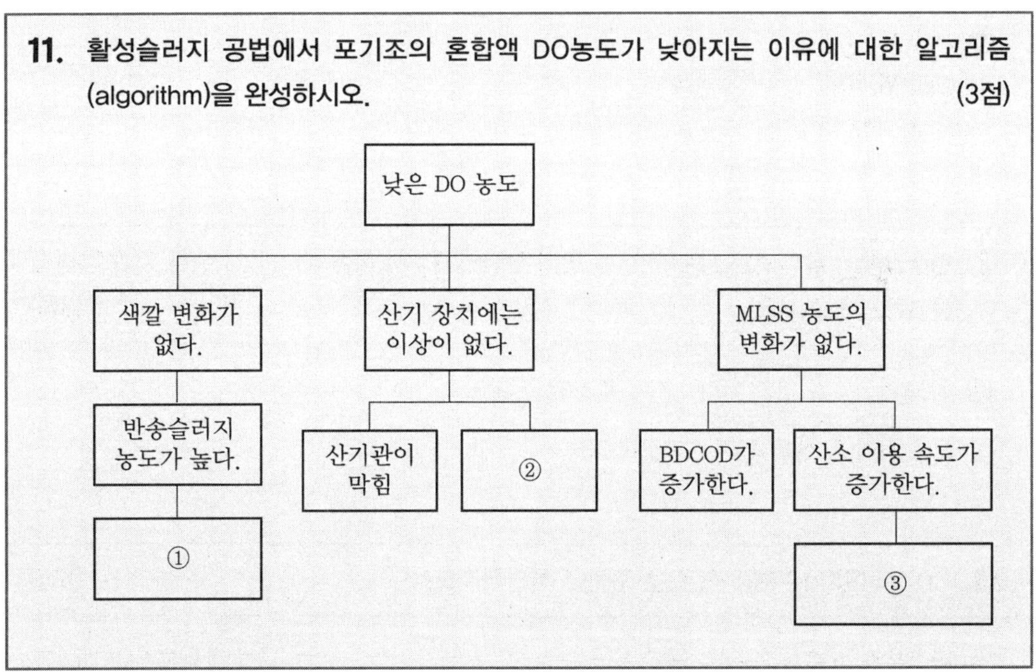

답 ① 미생물의 내호흡량 증가

② 산기관의 개수 부족

③ 유기물의 제거량 증가

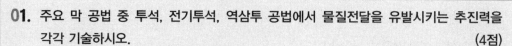

수질환경 기사 실기 과년도 문제

2018년 10월 7일 시행

01. 주요 막 공법 중 투석, 전기투석, 역삼투 공법에서 물질전달을 유발시키는 추진력을 각각 기술하시오. (4점)

(가) 투석 :

(나) 전기투석 :

(다) 역삼투 :

답 (가) 농도 차이

(나) 전위 차이

(다) 정수압 차이

02. 정수장에서 유입되는 상수 원수에 맛과 냄새 감지 시 이를 제거하기 위한 일반적 방법을 3가지 적으시오. (6점)

답 ⓐ 포기 ⓑ 염소 처리 ⓒ 활성탄 처리

참고 오존 처리 및 생물 처리 등으로 한다.

03. CO_2 g당량(가수분해 적용)을 구하고 설명하시오. (5점)

해설 가수분해 : $CO_2 + H_2O \rightarrow H_2CO_3$

$$\therefore CO_2 : H_2CO_3$$

$$44g : 62g$$

$$x[g] : 31g$$

$$\therefore \frac{44 \times 31}{62} = 22g$$

답 CO_2 g당량은 22g이다.

참고 $CO_2 + H_2O \rightarrow 2H^+ + CO_3^{-2}$에서 H^+의 당량을 이용해서 구해도 된다.

04. 30000m³의 저수량을 가진 저수지에 특정 오염물질이 사고에 의하여 유입되어 오염물 농도가 50mg/L로 되었다. 다음의 조건에서 이 오염물 농도가 1mg/L까지 감소하는 데 몇 년이 소요될 것인지 계산하시오. (6점)

〈조건〉 1. 오염물 유입 전에는 저수지의 오염물 함유는 없었다.
2. 오염물은 저수지 내 다른 물질과 반응하지 않는다.
3. 저수지를 CFSTR이라고 가정한다.
4. 저수지의 유역 면적은 1.2ha이다.
5. 유역의 연평균 강우량은 1200mm이다.
6. 저수지의 유입 유량은 강우량만 고려한다.

해설 물질수지식 : $V \cdot \frac{dC}{dt} = Q \cdot C_0 - QC - V \cdot KC$에서

유입량과 반응량을 0으로 하고 식을 적분하여 정리하면

$$\ln\frac{C_2}{C_1} = -\left(\frac{Q}{V}\right) \cdot t$$

$$\therefore t = \frac{\ln\frac{1}{50}}{-\left(\frac{1.2\text{m/년} \times 12000\text{m}^2}{30000\text{m}^3}\right)} = 8.15\text{년}$$

답 시간=8.15년

05. 다음의 설명에서 빈칸을 채우시오. (6점)

유기탄소를 영양분으로 사용하는 미생물을 (①)이라 하고, 에너지를 생산할 때 빛을 필요로 하는 미생물을 (②)이라고 한다. 유기물 산화에는 일반적으로 용존산소가 사용되지만 (③) 조건에서 NO_3^-, NO_2^- 중의 산소를 전자수용체로 사용한다.

답 ① 종속영양균
② 광합성균
③ 혐기성

06. 하수의 배제 방식인 분류식과 합류식을 다음의 조건을 이용하여 비교 설명하시오. (5점)

(가) 관거오접
(나) 토사 유입
(다) 건설 비용
(라) 우천 시 월류
(마) 슬러지 내 중금속 함량

답 (가) 분류식은 관거오접에 대한 철저한 감시가 필요하고 합류식은 관거오접이 없다.
(나) 분류식은 토사의 유입은 있으나 합류식 정도는 아니며, 합류식은 우천 시에 처리장으로 다량의 토사가 유입된다.
(다) 분류식은 오수관거와 우수관거의 2계통을 건설하는 경우 비싸지며, 합류식은 1계통으로 건설되어 분류식에 비하여 건설 비용이 저렴하다.
(라) 분류식은 우천 시 월류가 없으며, 합류식은 일정량 이상이 되면 우천 시 월류가 된다.
(마) 슬러지 내 중금속 함량은 분류식보다 합류식이 많다.

07. 역삼투 장치로 하루에 760m^{3}의 3차 처리된 유출수를 탈염시키고자 한다. 이에 대한 조건이 다음과 같을 때 요구되는 막 면적을 구하시오. (5점)

〈조건〉 1. 25℃에서 물질전달계수＝0.2068L/d·m^2·kPa
2. 유입수와 유출수 사이의 압력차＝2400kPa
3. 유입수와 유출수 사이의 삼투압차＝310kPa
4. 최저운전온도＝10℃
5. $A_{10}=1.58A_{25}$

해설 $A[\text{m}^2]=\dfrac{1\text{m}^2\cdot\text{d}\cdot\text{kPa}/0.2068\text{L}\times 760000\text{L/d}}{(2400-310)\text{kPa}}\times 1.58=2778.266=2778.27\text{m}^2$

답 막의 면적＝2778.27m^2

참고 $Q_F=K(\Delta P-\Delta\pi)$

여기서, Q_F : 유출수량(L/m^2·d)
K : 막의 물질전달계수(L/d·m^2·kPa)
ΔP : 압력차(유입측－유출측)(kPa)
$\Delta\pi$: 삼투압차(유입측－유출측)(kPa)

08. 다음 일반적인 도수 하수 처리 계통도 중 잘못 배열된 시설을 찾고 포기조 용적을 산출하시오. (6점)

1. 처리 계통도

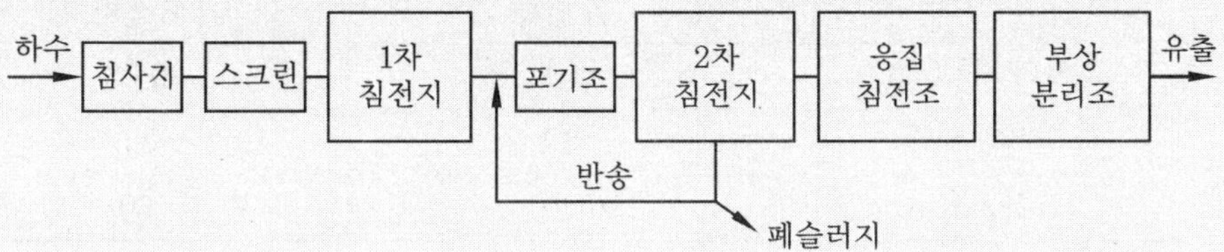

2. 설계 조건
   ① 하수량 : 10000m^3/d
   ② 유입수 BOD와 SS : 각각 600mg/L, 800mg/L
   ③ 포기조 F/M비 : 0.4kg BOD/kg MLSS·d
   ④ MLSS 농도 : 2500mg/L

해설 $\text{F/M비} = \dfrac{\text{BOD농도} \times Q}{\text{MLSS농도} \times V}$

$\therefore V = \dfrac{600 \times 10000}{2500 \times 0.4} = 6000\text{m}^3$

답 ① 잘못 배열된 시설

ⓐ 도수 하수 처리 계통도의 경우 일반적으로 스크린을 침사지 앞에 설치한다.

ⓑ 응집조와 부상분리조는 폐수 처리에서 1차 처리로 활용되는 것이 보통이고 때로는 3차 처리에서 활용되는 경우가 있으나 도수 하수의 후처리로는 거의 이용되지 않고 또한 필요성이 없다.

② 포기조 용적=6000m^3

09. 환경영향평가 과정을 7단계로 나누어 기술하시오. (5점)

평가사업 대상 결정 → (①) → (②) → (③) → (④) → 대안 평가 → (⑤)

답 ① 중점 평가 항목 선정
② 현황 조사
③ 예측 및 평가
④ 저감 방안 설정
⑤ 사후 관리

10. 수면적 부하가 $50m^3/m^2 \cdot d$의 보통 침전지가 있다. 여기에서 유입수 중의 SS입자의 조건이 다음 표와 같다. 침전지가 이상적인 상태로 있을 때 SS 제거율을 구하시오. (단, 물의 동점성계수는 $1.003 \times 10^{-6} m^2/s$) (6점)

	A 입자	B 입자
입자의 지름(mm)	0.02	0.03
입자의 비중	2.1	2.5
SS 분포율(%)	40	60

해설 ⓐ $V_s = \dfrac{9.8 \times (2100-1000) \times (0.02 \times 10^{-3})^2}{18 \times 1.003 \times 10^{-6} \times 1000} = 2.388 \times 10^{-4} \text{m/s}$

ⓑ $V_s = \dfrac{9.8 \times (2500-1000) \times (0.03 \times 10^{-3})^2}{18 \times 1.003 \times 10^{-6} \times 1000} = 7.328 \times 10^{-4} \text{m/s}$

ⓒ 수면적 부하$= \dfrac{50\text{m}}{\text{d}} \times \dfrac{\text{d}}{86400\text{s}} = 5.787 \times 10^{-4} \text{m/s}$

∴ SS 제거율$= 40 \times \dfrac{2.388 \times 10^{-4}}{5.787 \times 10^{-4}} + 60 = 76.506 = 76.51\%$

답 SS 제거율=76.51%

참고 A입자는 침강속도가 수면적 부하보다 작으므로 $E = \dfrac{V_s}{Q/A}$ 만큼 제거되며, B입자는 침강속도가 수면적 부하보다 크므로 모두(100%) 제거된다.

11. 어느 시추공에서 $1200m^3/d$로 양수하면서 1000m 떨어진 관측정에서 시간별로 수위강하를 반대수 그래프 용지에 도시하였더니 아래와 같이 나타났다. 이때 대수층의 저계수(S)와 투수량계수(T)를 jacob의 방법에 의하여 구하시오. $\left(\text{단, } T = \dfrac{2.3Q}{4\pi \Delta S},\ S = \dfrac{2.25T \times t_0}{r^2}\right)$ (6점)

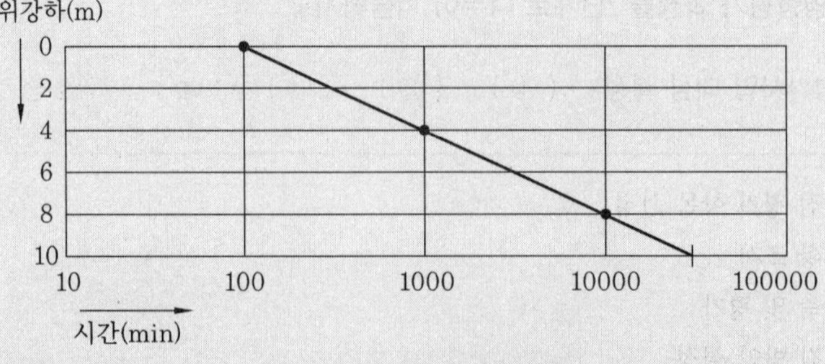

(가) 투수량계수 (나) 저류계수

해설 (가) $T=\dfrac{2.3\times1200}{4\times\pi\times4}=54.908=54.91\text{m}^2/\text{d}$

(나) $S=\dfrac{2.25\times54.908\times\dfrac{100}{1440}}{1000^2}=8.579\times10^{-6}=8.58\times10^{-6}$

답 (가) 투수량계수$=54.91\text{m}^2/\text{d}$ (나) 저류계수$=8.58\times10^{-6}$

참고 **제이콥의 직선법(시간－수위강하법)**

Jacob과 Cooper는 u값이 작을 경우 무한급수로 표현되는 우물함수$W(u)$가 최초 2개 항만 이용하여 근사적으로 표현할 수 있는 점을 이용하여 Theis의 방정식을 다음과 같이 표현하였다.

$$T=\frac{Q}{4\pi(h_0-h)}\times\left[-0.577216-\ln\left(\frac{r^2S}{4Tt}\right)\right]$$

이를 상용로그로 표현하면 다음과 같다.

$$T=\frac{2.3Q}{4\pi(h_0-h)}\times\log\left(\frac{2.25Tt}{r^2S}\right)$$

양수로 인한 관측정에서의 수위강하는 아래에서 보는 바와 같이 반대수 그래프에서 일직선으로 나타난다. 시간－수위강하 그래프가 준비되면 수위강하는 Y축에, 시간은 X축에 표시한다. 이 직선의 경사는 양수율과 투수량계수에 비례하며 Jacob은 여기에서 투수량계수와 저류계수를 계산하는 공식을 유도하였다.

$$T=\frac{2.3Q}{4\pi\Delta S},\ S=\frac{2.25T\times t_0}{r^2}$$

여기서, Q : 양수율(m^3/일)

Δs : 시간 1로그 주기 동안의 수위변화(m)

t_0 : 직선의 연장과 수위 강하가 0인 선과의 교차점에서의 시간(일)

r : 양수정에서 관측정까지의 거리(m)

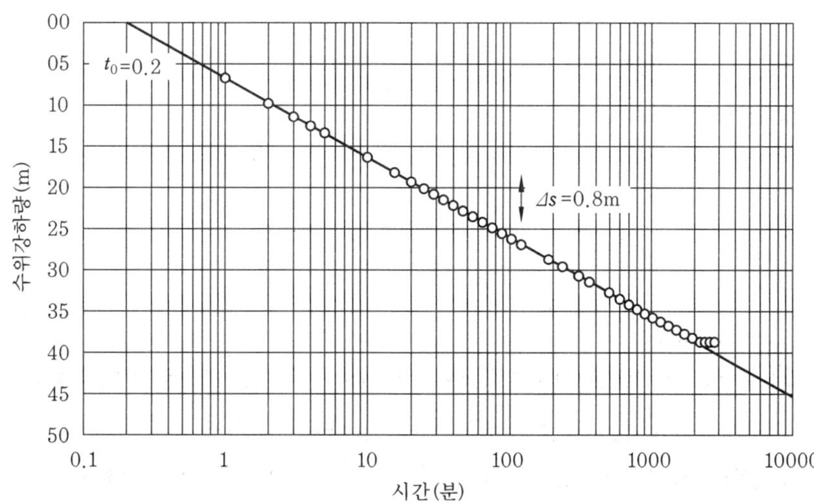

수질환경 기사 실기 과년도 문제

2019년 4월 14일 시행

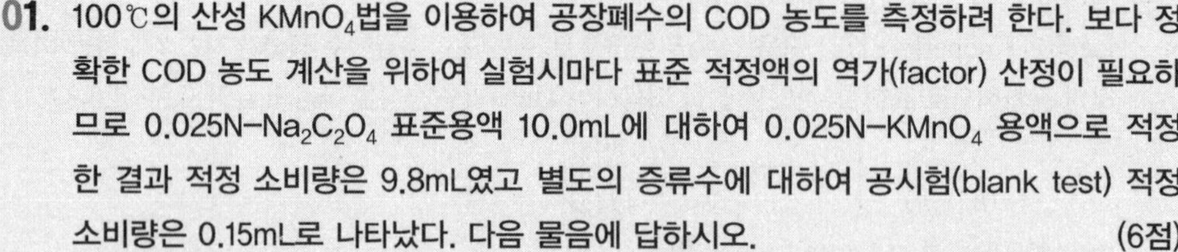

01. 100℃의 산성 $KMnO_4$법을 이용하여 공장폐수의 COD 농도를 측정하려 한다. 보다 정확한 COD 농도 계산을 위하여 실험시마다 표준 적정액의 역가(factor) 산정이 필요하므로 0.025N-$Na_2C_2O_4$ 표준용액 10.0mL에 대하여 0.025N-$KMnO_4$ 용액으로 적정한 결과 적정 소비량은 9.8mL였고 별도의 증류수에 대하여 공시험(blank test) 적정 소비량은 0.15mL로 나타났다. 다음 물음에 답하시오. (6점)

(가) 0.025N-$KMnO_4$ 표준 적정액의 역가를 구하시오. (단, 소숫점 셋째자리까지로 함)

(나) 공장폐수 50mL를 검수하여 역적정 시에 위의 표준 적정 용액 7.70mL가 소비되었다면 적정액의 역가를 고려한 이 폐수의 COD 농도를 구하시오. (단, 공시험 적정 소비량은 0.2mL, 소숫점 첫째자리까지로 함)

해설 (가) $NVf=N'V'f'$

$$\therefore f'=\frac{0.025\times10\times1}{0.025\times(9.8-0.15)}=1.0363=1.036$$

(나) $COD=(7.7-0.2)\times1.036\times\frac{1000}{50}\times0.2=31.08mg/L$

답 (가) 역가=1.036 (나) COD=31.08mg/L

02. 막공법은 용질의 물질전달을 유발시키는 추진력을 필요로 한다. 다음의 주요 막공법의 추진력을 정확히 쓰시오. (6점)

(가) 투석 (나) 전기투석 (다) 역삼투

답 (가) 농도 차이 (나) 전위 차이 (다) 정수압 차이

03. 포도당 1000mg/L인 용액이 있다. 물음에 답하시오. (단, 표준상태로 가정한다.) (4점)

(가) 혐기성 분해 시 생성되는 이론적 CH_4(mg/L)을 구하시오.

(나) 이 용액 1L를 혐기성 분해시킬 때 발생되는 CH_4의 양(mL)을 구하시오.

해설 (가) $C_6H_{12}O_6 \rightarrow 3CO_2 + 3CH_4$

$C_6H_{12}O_6 : 3CH_4 = 180g : 3 \times 16g = 1000mg/L : x[mg/L]$

$\therefore x = 266.666 = 266.67mg/L$

(나) $C_6H_{12}O_6 : 3CH_4 = 180g : 3 \times 22.4L \times 10^3 mL/L = 1g/L \times 1L : x[mL]$

$\therefore x = 373.33mL$

답 (가) 생성되는 이론적 $CH_4 = 266.67mg/L$

(나) 발생되는 CH_4의 양$= 373.33mL$

04. 호수의 부영양화 억제 방법 3가지를 적으시오. (6점)

답 ⓐ 생태학적 관리(ecological management)

ⓑ 고도처리(advanced treatment)

ⓒ 살조제(algicides) 사용

05. 평균유량 $7570m^3/d$인 도시하수처리장의 1차 침전지를 설계하고자 한다. 1차 침전지에 대한 권장 설계기준은 최대 월류율$=89.6m^3/d \cdot m^2$, 평균 월류율$=36.7m^3/d \cdot m^2$, 최소 수면깊이$=3m$, 최대 위어 월류부하$=389m^3/d \cdot m$, $\frac{\text{최대유량}}{\text{평균유량}} = 2.75$이다. 원주 위어의 최대 위어 월류부하(weir loading)가 적절한가에 대하여 판단하고 근거를 설명하시오. (단, 원형침전지 기준) (6점)

해설 ⓐ $89.6 = \frac{7570 \times 2.75}{A}$

$\therefore A = 232.34m^2$

ⓑ $36.7 = \frac{7570}{A}$

$\therefore A = 206.27m^2$

ⓒ 설계단면적은 $232.34m^2$이다.

$\therefore A = \frac{\pi \times d^2}{4} = 232.34$

$\therefore d = 17.2m$

$\therefore$ 최대 위어 월류부하$= \frac{7570 \times 2.75}{\pi \times 17.2} = 385.257 = 385.26m^3/d \cdot m$

답 이 값은 허용치 $389m^3/d \cdot m$보다 작기 때문에 적절하다.

06. 해수담수 방식 중 상변화 방식에 속하는 방법 3가지, 상불변 방식에 속하는 방법 2가지를 각각 쓰시오. (예 투과기화법, 예시된 내용은 정답에서 제외됨) (4점)

(가) 상변화 방식
(나) 상불변 방식

답 (가) 가스 수화물법, 증발법, 냉동법
(나) 역삼투법, 전기투석법, 용매추출법

참고 해수담수 방식을 분류하면 다음과 같다.

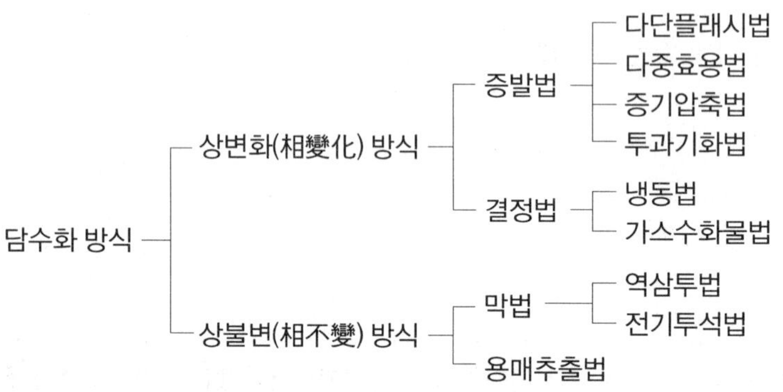

07. 아래의 표는 처리장에서 생물학적 고도처리를 하기 전, 후의 $\frac{COD}{TOC}$ 및 $\frac{BOD_5}{TOC}$의 비를 나타낸 것이다. 처리장으로 유입되는 폐수에 비해 처리수의 $\frac{COD}{TOC}$ 및 $\frac{BOD_5}{TOC}$의 비가 작아지는 이유를 3가지 적으시오. (6점)

폐수의 종류	$\frac{COD}{TOC}$ 비		$\frac{BOD_5}{TOC}$ 비	
	처리 전	처리 후	처리 전	처리 후
가정 하수	5.8	2.8	2.3	1.5
화학공장 폐수	6.5	4.0	–	–
하천수	–	–	1.5	1.1
석유화학 폐수	3.5	2.3	–	–

답 ⓐ 처리시설이 고도처리 공법을 채택하고 있어 난분해성 유기물질이 효율적으로 처리되어 처리수의 COD 값이 감소하였다.

ⓑ 생물학적 분해 가능한 유기물질이 처리과정에서 제거되어 처리수의 COD와 BOD_5 값이

감소하였다.

ⓒ 처리시설에서 산화 분해된 유기탄소가 이산화탄소로 전환되면서 처리수의 TOC의 값이 증가하였다.

08. 분뇨 슬러지를 혐기성 소화법으로 처리할 경우 호기성 소화법과 비교할 때 장, 단점을 3가지 적으시오. (6점)

답 ① 장점

ⓐ 유효한 자원인 메탄이 생성된다.

ⓑ 처리 후 슬러지 생성량이 적다.

ⓒ 동력비 및 유지 관리비가 적게 든다.

② 단점

ⓐ 미생물의 성장 속도가 느리기 때문에 초기에 운전이 까다롭다.

ⓑ 암모니아와 H_2S에 의한 악취가 발생한다.

ⓒ 비료 가치가 작다.

09. 1일 80000m³의 물을 여과하는 급속사여과지(병렬기준)에 대해 아래 물음에 답하시오. (6점)

(가) 급속여과지가 10지(地)로 되어 있을 경우 1지당 여과면적(m²)을 구하시오. (단, 여과 속도는 120m/d이다.)

(나) 여과지를 표면세척 및 역세척을 병행하여 세척할 경우 1지당 소요되는 총세척수량(m³)을 구하시오. (단, 1일 기준 표면세척 속도는 30cm/min에서 3분간, 역세척 속도는 50cm/min에서 6분간 한다.)

해설 (가) $A=\frac{80000\text{m}^3/\text{d}}{120\text{m}/\text{d}\times 10\text{지}}=66.67\text{m}^2/\text{지}$

(나) ⓐ 역세수량 $=66.67\text{m}^2/\text{지}\times 0.5\text{m}/\text{min}\times 6\text{min}=200.01\text{m}^3/\text{지}$

ⓑ 표면세척수량 $=66.67\text{m}^2/\text{지}\times 0.3\text{m}/\text{min}\times 3\text{min}=60.003\text{m}^3/\text{지}$

∴ ⓐ+ⓑ $=260.01\text{m}^3/\text{지}$

답 (가) 여과면적 $=66.67\text{m}^2/\text{지}$

(나) 총세척수량 $=260.01\text{m}^3/\text{지}$

10. 침전을 4가지 형태로 구분하고 간단히 설명하시오. (4점)

답 ⓐ 독립 침전 : 스토크의 법칙이 적용되며 주로 침사지 내의 모래 입자 침전이 분리 침전의 대표적인 예이다.
ⓑ 응결 침전 : 침강하는 동안 입자가 서로 응결하여 입자가 점점 커져 침전속도가 점점 증가해 가라앉는 침전이다.
ⓒ 지역 침전 : 고형물질인 floc과 폐수 사이에 경계면을 일으키면서 침전할 때 floc의 밑에 있는 물이 floc 사이로 빠져 나가면서 동시에 작은 floc이 부착해 동시에 가라앉는 침전이다.
ⓓ 압축 침전 : 고형물질의 농도가 아주 높은 농축조에서 슬러지 상호간에 서로 압축하고 있어 하부의 슬러지를 서서히 누르면서 하부의 물을 상부로 보내어 분리시키는 침전이다.

11. 용적 $10m^3$의 정방형 급속 혼화조에 기계식 혼합을 위한 산기관을 설치하였다. 속도구배(G)는 $1000s^{-1}$, 점성계수(μ)는 $0.00131N \cdot s/m^2$의 운전조건에서 혼합을 위한 필요 공기량(m^3/min)을 구하시오. (단, 급속 혼화조의 수심은 2.5m, $1atm = 10.4mH_2O$이다.) (6점)

해설 ⓐ 필요한 동력을 구한다.

$$1000 = \sqrt{\frac{x}{0.00131 \times 10}} \quad \therefore x = 13100W$$

ⓑ 공기유량 구하는 공식을 이용한다.

$$P = C_1 \times G_a \times \log\left(\frac{h + C_2}{C_2}\right)$$

여기서, C_1 : 3904
G_a : 운전온도와 운전압력 하에서 공기유량(m^3/min)
h : 산기관의 깊이(m)
C_2 : 10.4

$$\therefore 13100 = 3904 \times x \times \log\left(\frac{2.5 + 10.4}{10.4}\right)$$

$$\therefore x = 35.866 = 35.87m^3/min$$

답 필요 공기량$=35.87m^3/min$

수질환경 기사 실기 과년도 문제

2019년 6월 29일 시행

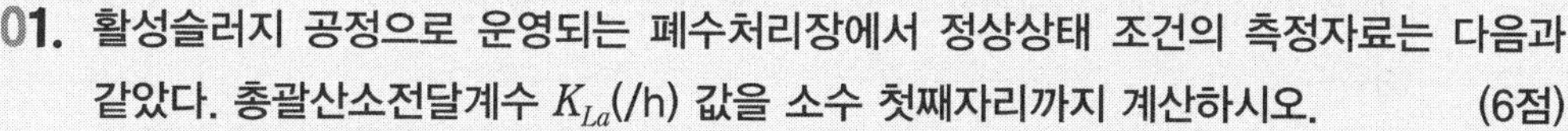

01. 활성슬러지 공정으로 운영되는 폐수처리장에서 정상상태 조건의 측정자료는 다음과 같았다. 총괄산소전달계수 K_{La}(/h) 값을 소수 첫째자리까지 계산하시오. (6점)

〈정상상태 측정치〉

DO＝2.8mg/L, 산소섭취율(oxygen uptake rate)＝0.835mg/L·min

수온＝20℃, 20℃에서의 포화용존산소＝8.7mg/L

해설 $\frac{dC}{dt}=K_{La}(C_s-C_t)-R_r$에서 $\frac{dC}{dt}=0$

$$\therefore K_{La}=\frac{R_r}{C_s-C_t}=\frac{0.835\text{mg/L}\cdot\text{min}\times 60\text{min/hr}}{(8.7-2.8)\text{mg/L}}=8.49=8.5\text{h}^{-1}$$

답 $K_{La}=8.5\text{h}^{-1}$

02. 300mL BOD병에 50mL의 시료를 넣고 희석수로 채운 후 용존산소가 8mg/L이었고, 5일 후의 용존산소가 6mg/L이라면 시료의 BOD를 구하시오. (5점)

해설 $\text{BOD}=(8-6)\times\frac{300}{50}=12\text{mg/L}$

답 시료의 BOD＝12mg/L

참고 $\text{BOD}=(D_1-D_2)\times P$

03. 호수의 면적이 1000ha이다. 빗속의 PCB 농도가 100ng/L이고 연평균 강수량이 70cm이라면 강우에 의하여 호수로 직접 유입되는 PCB의 양은 연간 몇 톤(t/년)인가? (단, 기타 조건은 고려하지 않음) (5점)

해설 PCB의 양$=100\text{ng/L}\times 0.7\text{m/년}\times 1000\text{ha}\times\frac{10^4\text{m}^2}{\text{ha}}\times 10^{-15}\text{t/ng}\times 10^3\text{L/m}^3=7\times 10^{-4}\text{t/년}$

답 유입되는 PCB의 양$=7\times 10^{-4}\text{t/년}$

04. MBR의 원리와 특징을 4가지 이상 서술하시오. (6점)

답 ① **MBR의 원리** : 활성슬러지 공정과 분리막(membrane) 기술의 장점을 결합하여, 기존 활성슬러지 공정의 단점을 해결하고자 중력침전에 의한 고액분리를 막분리로 대신하는 방식들을 활성슬러지 막분리 공정 또는 막결합형 활성슬러지 공정이라 한다.

② **MBR의 특징**

ⓐ 부유고형물을 100% 제거할 수 있어 슬러지 침강성에 관계없이 안정적인 처리가 가능하다.

ⓑ 활성슬러지법에 비해 미생물 농도를 3~4배 높게 유지하는 것이 가능하다.

ⓒ 침전조가 필요 없고 농축조 부피 또한 감소되므로 공정의 compact가 가능하다.

ⓓ 슬러지 체류시간(SRT)의 극대화가 가능하여 질산화를 유도할 수 있으며, 잉여슬러지 발생량이 적어진다.

참고 ⓐ 막 단독으로 제거할 수 없는 저분자 용존 유기물질을 미생물이 분해 또는 균체 성분으로 전환시켜 처리수질이 향상된다.

ⓑ 세균이나 바이러스의 제거가 가능하다.

05. 정수장에서 유입되는 상수 원수에 맛과 냄새 감지 시 이를 제거하기 위한 일반적 방법을 3가지 적으시오. (6점)

답 ⓐ 폭기 ⓑ 염소처리 ⓒ 활성탄처리

참고 오존처리 및 생물처리 등으로 한다.

06. 폴리염화알루미늄(poly aluminum chloride)의 장점을 5가지 적으시오. (5점)

답 ⓐ floc의 형성속도가 빠르다.

ⓑ 최적 응집 pH 범위가 넓다.

ⓒ 전기적 중화능력과 가교작용에 있어서 황산알루미늄보다 성능이 좋다.

ⓓ 알칼리도 및 pH 저하현상이 없다.

ⓔ 저온 열화하지 않는다.

참고 정수처리시설의 유지관리가 용이하다.

07. 수온이 20℃인 폐수 내의 SS 비중이 3.5, 직경이 0.03mm인 입자를 완전히 제거하는 데 요구되는 침전지의 체류시간(min)을 구하시오. (단, 침전지의 수심은 3m이며 20℃에서 폐수의 밀도는 1g/cm^3, 점성계수는 9.9×10^{-3}g/cm·s, 입자의 유동은 스토크스 법칙에 준한다.) (5점)

해설 ⓐ $V_s = \dfrac{980\times(3.5-1)\times0.003^2}{18\times9.9\times10^{-3}} = 0.1237\text{cm/s}$

ⓑ $t = \dfrac{3\,\text{m}}{0.1237\,\text{cm/s}\times\dfrac{10^{-2}\text{m}}{\text{cm}}\times\dfrac{60\text{s}}{\text{min}}} = 40.42\text{min}$

답 침전지의 체류시간=40.42min

08. 펌프의 특성곡선과 필요 유효 흡입 양정에 대해서 간략하게 설명하시오. (6점)

답 ① **펌프의 특성곡선** : 각 펌프는 일정한 양수량에 대하여 특정한 양정, 축동력, 효율을 나타내는데 이를 그래프로 나타낸 것이다.

② **필요 유효 흡입 양정** : 공동현상을 일으키지 않고 물을 임펠러에 흡입하는 데 필요한 펌프의 흡입기준면에 대한 최소한도의 수두를 말한다.

참고 가용 유효 흡입 양정은 회전차 입구의 압력이 포화 증기압에 대하여 어느 정도 여유를 가지고 있는가를 나타내는 양을 말한다.

09. 유입 유량이 10000m^3/d, 부피가 2500m^{3}인 완전혼합 활성슬러지법에서 조건이 다음과 같을 때 미생물 체류시간을 구하시오. (6점)

〈조건〉 MLVSS 농도 : 3000mg/L, 반송되는 MLVSS 농도 : 15000mg/L,
하루에 폐기되는 슬러지량 : 50m^3/d, 유출되는 SS 농도 : 20mg/L

해설 $\text{SRT} = \dfrac{2500\times3000}{15000\times50+(10000-50)\times20} = 7.903 = 7.9\text{d}$

답 미생물 체류시간=7.9d

10. 정수처리 시 오존 접촉방식을 2가지 적으시오. (6점)

답 ⓐ 기계식 산기 오존 접촉방식(Mechanical Ozone Contact Method, MOCM)
ⓑ 고농도 순간 접촉방식(Dissolved Ozone Contact Method, DOCM)

11. 폐수처리장을 설계할 때 흐름도를 선정하고 해당 물리적 시설과 연결 배관을 결정한 다음에 평균 및 첨두 유량에 관한 수력학적 종단면도(hydraulic profile)를 모두 작성한다. 수력학적 종단면도를 작성하는 이유를 3가지 쓰시오. (4점)

답 ⓐ 폐수가 전체 처리시설을 중력으로 흐르도록 수력학적 구배가 적절한가 확인
ⓑ 펌프를 사용할 필요가 있을 때 펌프에 요구되는 수두 설정
ⓒ 첨두 유량일 때 플랜트(plant) 시설에서 범람되지 않고 견딜 수 있는가를 확인

수질환경 기사 실기

2019년 7월 10일 인쇄
2019년 7월 15일 발행

저　자 : 손기수
펴낸이 : 이정일

펴낸곳 : 도서출판 일진사
www.iljinsa.com
(우) 04317 서울시 용산구 효창원로 64길 6
전화 : 704-1616 / 팩스 : 715-3536
등록 : 제1979-000009호 (1979.4.2)

값 20,000 원

ISBN : 978-89-429-1592-7